Gerlach · Dötzel

Einführung in die Mikrosystemtechnik

Gerald Gerlach
Wolfram Dötzel

Einführung in die Mikrosystemtechnik

Ein Kursbuch für Studierende

mit 169 Bildern, 49 Beispielen sowie 54 Aufgaben

Fachbuchverlag Leipzig
im Carl Hanser Verlag

Autoren

Prof. Dr.-Ing. habil. Gerald Gerlach
(Kapitel 1, 2, 3, 5, 9, Abschn.4.1 bis 4.12, 4.14, 7.1, 7.2.5)
Technische Universität Dresden, Fakultät Elektrotechnik und Informationstechnik
http://ife.et.tu-dresden.de/

Prof. Dr.-Ing. Wolfram Dötzel
(Kapitel 1, Abschn. 4.13, 6.1, 6.3, 7.2.1 bis 7.2.4)
Technische Universität Chemnitz, Fakultät für Elektrotechnik und Informationstechnik
http://www.tu-chemnitz.de/etit/microsys/

Dr.-Ing. habil. Jan Mehner
(Kapitel 8)
Fraunhofer Institut für Zuverlässigkeit und Mikrointegration (IZM, Institutsteil Chemnitz)

Prof. Dr.-Ing. Nam-Trung Nguyen
(Abschn. 6.2)
Nanyang Technological University, Singapore

Bibliografische Information Der Deutschen Bibliothek
Die Deutsche Bibliothek verzeichnet diese Publikation in der Deutschen Nationalbibliografie; detaillierte bibliografische Daten sind im Internet über http://dnb.ddb.de abrufbar.

ISBN-10: 3-446-22558-7
ISBN-13: 978-3-446-22558-9

Fachbuchverlag Leipzig im Carl Hanser Verlag

Internet: http://www.fachbuch-leipzig.hanser.de

Lektorat: Christine Fritzsch
Herstellung: Renate Roßbach
Satz: Nam-Trung Nguyen
Umschlaggestaltung: MCP · Susanne Kraus GbR, Holzkirchen
Druck und Bindung: Kösel, Krugzell
Printed in Germany

Vorwort

Silizium ist ein faszinierendes Material. Es lässt sich mit hoher Reinheit und fast perfekt einkristallin herstellen. Durch Beigabe geringer Mengen an Dotieratomen kann der spezifische Widerstand um mehr als sechs Größenordnungen verändert werden, so dass sich sehr gut leitende oder fast isolierende Siliziumbereiche schaffen lassen. Außerdem ist es technologisch einfach möglich, an der Siliziumoberfläche quasi defektfreie hochisolierende Schichten zu erzeugen. Gemeinsam mit der Fotolithografie, die eine parallele Strukturübertragung für Tausende und Millionen Bauelemente gleichzeitig ermöglicht, waren diese Eigenschaften die Ursache dafür, dass die Mikroelektronik eine bis heute andauernde stürmische Entwicklung nehmen konnte.

Die Entdeckung des piezoresistiven Effekts in Halbleitern, die CHARLES S. SMITH 1953 an den Bell Telephone Laboratories gemacht hatte, verursachte bald eine ebenso rasante Entwicklung hin zu miniaturisierten Sensoren aus Silizium. Zu den anfänglich vorzugsweise mechanischen Sensoren kamen später weitere Funktionen hinzu, die einerseits aktorische und signalverarbeitende, andererseits mikrofluidische, mikrooptische, magnetische und viele andere Komponenten betrafen. Miniaturisierung und Integration haben somit zu einem neuartigen technischen Gebiet geführt, das heute in Deutschland als **Mikrosystemtechnik**, in den USA als **MicroElectroMechanical Systems** (MEMS) und in Japan als **Micromachining** bezeichnet wird. Der amerikanische Physiker und Nobelpreisträger RICHARD P. FEYNMAN hatte 1959 in seiner berühmt gewordenen Rede „There is plenty of room at the bottom“[1] am California Institute of Technology erstmalig auf die Möglichkeit von miniaturisierten Maschinen aufmerksam gemacht. KURT E. PETERSEN stellte dann 1982 mit seinem Artikel „Silicon as a mechanical material“[2] erstmals das Potenzial der Mikrosystemtechnik in seiner gesamten Breite dar. Seitdem hat eine gewaltige Entwicklung stattgefunden, viele neue Technologien und Anwendungen sind entstanden. Gleichermaßen wurde inzwischen eine Vielzahl von teilweise hervorragenden Lehr- und Fachbüchern herausgegeben, die das Themengebiet darstellen.

Das vorliegende Buch stellt für die Ausbildung an den Hochschulen im deutschsprachigen Raum ein Kursbuch für Studierende zur Verfügung, das die grundlegenden As-

---

1 Feynman, R. P.: There is a plenty of room at the bottom. Journal of Microelectromechanical Systems 1(1992)1, S. 60-66

2 Petersen, K. E.: Silicon as a mechanical material. Proceedings of the IEEE 70 (1982), S. 420-457

pekte der Mikrosystemtechnik einführend darstellt. Die Autoren haben trotz der notwendigen Beschränkung beim Umfang des Buches versucht, der Komplexität des Stoffes Rechnung zu tragen. Dazu wurde der Bogen von den typischerweise verwendeten Werkstoffen der Mikrosystemtechnik über die wichtigsten mikrotechnischen Fertigungsverfahren und die technologischen Methoden der Systemintegration hin zum Entwurf von Funktionskomponenten und kompletten Systemen geschlagen. Mit diesem Vorgehen finden sowohl die funktionellen und technologischen Aspekte der Mikrotechniken Berücksichtigung als auch die funktionellen und technologischen Aspekte der Systemtechniken, die die Mikrosystemtechnik charakterisieren.

Das Buch basiert auf Vorlesungen an den Technischen Universitäten Dresden und Chemnitz. Es ist für Studenten geschrieben, die Mikrosystemtechnik als Haupt-, Wahl- oder Nebenfach belegen, wird aber auch den Ingenieuren und Facharbeitern des Bereiches Mikrosystemtechnik als Wissensspeicher und Nachschlagewerk sehr nützlich sein. Das Buch enthält, gemäß seinem Untertitel „Ein Kursbuch für Studierende", über einhundert Beispiele und Aufgaben. Die Beispiele ziehen sich textbegleitend durch alle Kapitel und vertiefen deren Inhalt. Die Aufgaben am Ende jedes Kapitels sollen dem Leser dazu dienen, das erworbene Wissen aktiv, durch eigene Mitarbeit zu überprüfen und zu festigen. Zur Kontrolle sind die Lösungen im Internet abrufbar:

http://www.tu-chemnitz.de/etit/microsys/mst-buch2006 bzw.
http://ife.et.tu-dresden.de/mst-buch2006

Die im Buch verwendeten Symbole und Abkürzungen sind am Ende angegeben. Wichtige physikalische Konstanten und spezielle physikalische Ableitungen, die zum besseren Verständnis dienen, sind im Anhang zusammengestellt. Die Literaturangaben sind kapitelweise geordnet.

Unser Dank geht an die Mitautoren, die ihre umfangreichen Kenntnisse zu speziellen Gebieten, die aber für die heutige Entwicklung der Mikrosystemtechnik von großer Bedeutung sind, in dieses Buch eingebracht haben. Besonders hervorzuheben ist das Engagement unseres Mitautors Nam-Trung Nguyen, der alle Manuskriptteile in die endgültige Form gebracht hat. Frau Heike Collasch und Herr Alexey Shaporin haben sich um die Anfertigung von Texten und Bildern verdient gemacht, ihnen sei an dieser Stelle herzlich gedankt. Für die Überlassung von Bildern danken wir den in den Bildunterschriften genannten Firmen und Einrichtungen. Schließlich möchten wir dem Carl Hanser Verlag, und hier insbesondere Frau Christine Fritzsch, sehr herzlich für die kollegiale Zusammenarbeit danken, aber auch für die Geduld, da sich die Fertigstellung des Manuskriptes durch die Arbeitsbelastung der Autoren immer wieder verzögert hat.

Dresden und Chemnitz, Dezember 2005

Gerald Gerlach
Wolfram Dötzel

Inhaltsverzeichnis

1 Einführung

Mit der Erfindung des Transistors 1947 und der Realisierung der ersten integrierten Halbleiterschaltung 1958 ist eine dramatische Umwälzung der gesamten Elektronik eingeleitet worden. Seither hat sich die Elektronik nahezu vollständig zu einer Halbleiter-Elektronik gewandelt. Mikroelektronische Fertigungsverfahren erlauben die parallele Herstellung vieler gleichartiger Komponenten und Bauelemente mit so kleinen Abmessungen, wie sie mit der Feinwerktechnik und Präzisionsmechanik nicht erreichbar sind. Mit der Entdeckung des piezoresistiven Effekts im Jahre 1953 (**Bild 1.1**, **Tabelle 1.1**) wurde die Voraussetzung dafür geschaffen, dass Halbleiterwerkstoffe und mikroelektronische Fertigungsverfahren auch für nichtelektrische Komponenten und Bauelemente angewendet werden können. Im Jahre 1962 wurde erstmals beschrieben, wie sich eine Siliziumscheibe mit integrierten Piezowiderständen als mechanischer Deformationskörper verwenden lässt.

Bis zum heutigen Tag sind seitdem unzählige neue miniaturisierte Funktions- und Formelemente, Komponenten und Herstellungsverfahren vorgestellt worden, die elektrische mit nichtelektrischen Funktionen vereinen und die halbleitertechnologischen Fertigungsverfahren oder gar speziell entwickelte Mikrotechniken nutzen (**Bild 1.2**).

PHYSICAL REVIEW VOLUME 94, NUMBER 1 APRIL 1, 1954

Piezoresistance Effect in Germanium and Silicon

CHARLES S. SMITH
Bell Telephone Laboratories, Murray Hill, New Jersey
(Received December 30, 1953)

Uniaxial tension causes a change of resistivity in silicon and germanium of both *n* and *p* types. The complete tensor piezoresistance has been determined experimentally for these materials and expressed in terms of the pressure coefficient of resistivity and two simple shear coefficients. One of the shear coefficients for each of the materials is exceptionally large and cannot be explained in terms of previously known mechanisms. A possible microscopic mechanism proposed by C. Herring which could account for one large shear constant is discussed. This so called electron transfer effect arises in the structure of the energy bands of these semiconductors, and piezoresistance may therefore give important direct experimental information about this structure.

INTRODUCTION

THE effect of pure hydrostatic pressure on resistance has been extensively studied, notably by Bridgman, who also made the first piezoresistance measurements[1] known to us on several polycrystalline from two to six are reported for pressure experiments;[9] these values agree fairly well for a number of metals with a simple calculation[9] of the change of mobility produced by the change in the amplitude of thermal vibrations with volume *v*,

Bild 1.1 Veröffentlichung von Charles S. Smith zur Entdeckung des piezoresistiven Effekts in den Halbleitern Germanium und Silizium (Physical Review 94 (1954), S. 42-49)

Tabelle 1.1 Stationen der Entwicklung der Mikrosystemtechnik (Auswahl) [GERLACH05]

Jahr	Ereignis
1939	pn-Übergänge in Halbleitern (W. SCHOTTKY)
23.12.1947	Erfindung des Transistors (J. BARDEEN, W. H. BRATTAIN, W. SHOCKLEY; Bell Telephone Laboratories, NOBELpreis 1948)
1953	Entdeckung des piezoresistiven Effekts in Halbleitern (C. S. SMITH; Case Institute of Technology bzw. Bell Telephone Laboratories)
1957	erster kommerziell hergestellter Planartransistor (Fairchild Semiconductor)
1958	Herstellung der ersten integrierten Halbleiterschaltung (J. S. KILBY; Texas Instruments, NOBELpreis 2000)
1959	erster planarer Silizium-Schaltkreis (R. NOYCE; Fairchild Semiconductor)
1962	Siliziumwafer mit integrierten Piezowiderständen als Verformungskörper (O. N. TUFTE, P. W. CHAPMAN, D. LONG)
1965	Oberflächenmikromechanik: resonanter beschleunigungsempfindlicher Feldeffekttransistor (H. C. NATHANSON, R. A. WICKSTROM; Westinghouse)
1967	anisotropes **Tiefenätzen** in Silizium (H. A. WAGGENER und Mitarbeiter; R. M. FINNE, D. L. KLEIN)
1968	Entwicklung des **anodischen Bondens** (D. I. POMERANTZ)
1973	Integration von Siliziumdrucksensoren mit bipolarer Signalverarbeitungselektronik (Fa. Integrated Transducers)
1974	erster Massestückzahl-Drucksensor (National Semiconductor)
1977	erster piezoresistiver Beschleunigungssensor aus Silizium (L. M. ROYLANCE, J. B. ANGELL; Stanford University)
1979	Mikrosystem auf einer Siliziumscheibe: Gaschromatograph zur Luftanalyse (S. C. TERRY, J. H. JERMAN, J. B. ANGELL)
1983	Druckmessumformer mit digitalem Sensorsignalprozessor (Honeywell)
1985	Entwicklung der LIGA-Technologie (W. EHRFELD und Mitarbeiter)
1986	Entwicklung des Silizium-Direktbondens (M. SHIMBO und Mitarbeiter)
1988	kommerzielle Nutzung des Silizium-Direktbondens: 1000 Drucksensoren auf einer 100 mm-Si-Scheibe (NovaSensor)
1988	frei bewegliche mikromechanische Strukturen (R. S. MULLER sowie W. S. N. TRIMMER mit Mitarbeitern)
1991	Marktvolumen für Mikrodrucksensoren übersteigt 1 Mrd. $
1992	oberflächennahe Mikromechanik: SCREAM-Prozess (N. C. MACDONALD; Cornell University, Ithaca)
1993	Projektionsdisplay: 768 × 576-Spiegelarray (Texas Instruments)
1994	erster kommerzieller Beschleunigungssensor in Oberflächenmikromechanik (Analog Devices)

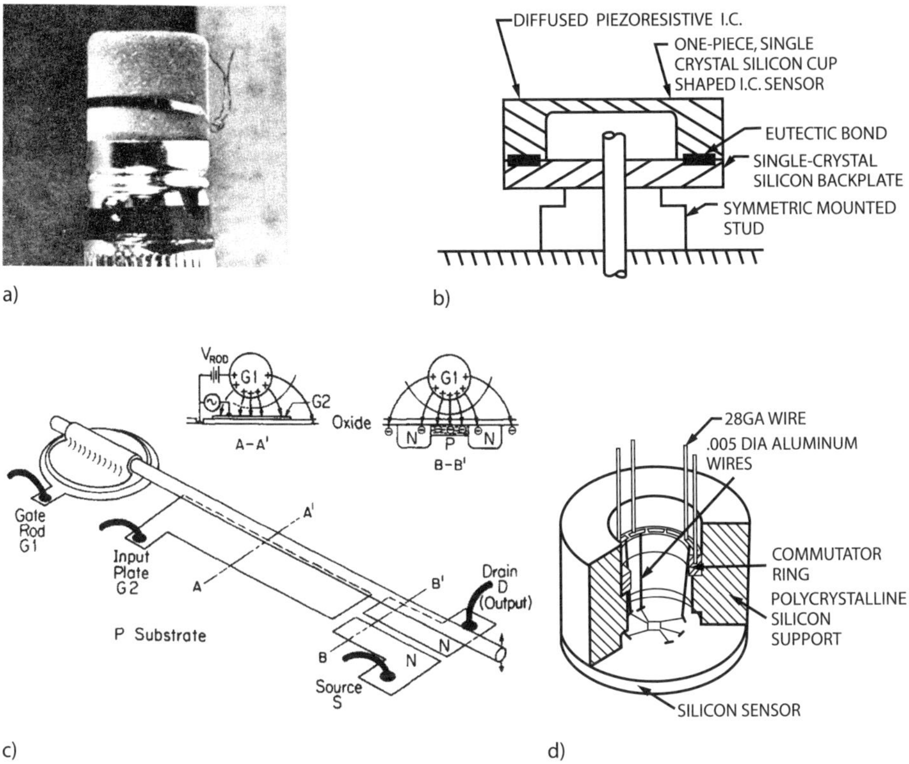

Bild 1.2 Frühe Mikrosysteme:
a) Piezoresistiver Silizium-Dehnungsmessstreifen, um einen Bleistift gewickelt (Micro Systems, ca. 1961)[1];
b) integrierter piezoresistiver Drucksensor[2];
c) erster in Oberflächenmikro-mechanik hergestellter Beschleunigungssensor (durch Beschleunigung ausgelenkte Biegezunge als Gate eines Feldeffekttransistors)[3];
d) Drucksensor mit diffundierter Widerstandsstruktur in einer monokristallinen Siliziumscheibe[4]

Seitdem findet der Begriff „Mikrosystemtechnik" für ein sehr breites Spektrum sowohl von miniaturisierten technischen Lösungen als auch für die entsprechenden Fertigungstechniken Anwendung, ohne dass dieser Begriff bisher einheitlich definiert und abgegrenzt ist.

---

[1] Mallon, J. R.: Fiftieth birthday of piezoresistive sensing: progenitor to MEMS http://www.rgrace.com/Conferences/detroit04xtra/mems/memvent.doc

[2] Peake, E.R., et al.: Solid-state digital pressure transducer. IEEE Trans. Electron Devices 16 (1969), S. 870-876

[3] Nathanson, H.C., Wichstrom, R.A: A resonant gate silicon surface transistor with high-Q band-pass properties. Applied Physics Letters 7 (1965) 4, S. 84-86

[4] Kotnik, J.T., Hamilton J.H.: Pressure transmitter employing a diffused silicon sensor. IEEE Transactions on Industrial Electronics IECI-17 (1970) 4, S. 285-291

Analog zur Mikroelektronik wird hier entsprechend der nichtelektrischen Domäne von **Mikromechanik**, Mikrofluidik oder Mikrooptik gesprochen. Bis Mitte der 80er Jahre standen vorrangig miniaturisierte Sensoren, in wenigen Fällen Mikroaktoren im Vordergrund von Forschung und Entwicklung, ehe mit Beispielen von mikroelektromechanischen Systemen (MEMS) bzw. allgemein mit Mikrosystemen komplexe miniaturisierte Systeme vorgestellt wurden (z. B. Gaschromatograph, Tintendruckdüsen, kraftkompensierte Sensoren, Analysesysteme).

1.1 Was ist ein Mikrosystem?

Im Rahmen dieses Buches soll der Begriff „Mikrosystemtechnik" im folgenden Sinne verwendet werden:

> **Die Mikrosystemtechnik umfasst den Entwurf, die Fertigung und die Applikation von miniaturisierten technischen Systemen, deren Elemente und Komponenten typische Strukturgrößen im Mikrometer- und Nanometerbereich besitzen.**

Ein Mikrosystem kann durch die Semantik der Wortbestandteile „Mikro" und „System" charakterisiert werden:

- Komponenten oder Elemente von Mikrosystemen besitzen typische funktionsbestimmende Abmessungen im Submillimeterbereich, dabei i. Allg. im Mikrometer- bis in den Nanometerbereich (**Bild 1.3**). Diese kleinen Strukturgrößen lassen sich vorteilhaft durch direkt übernommene oder adaptierte halbleitertechnologische Fertigungs-

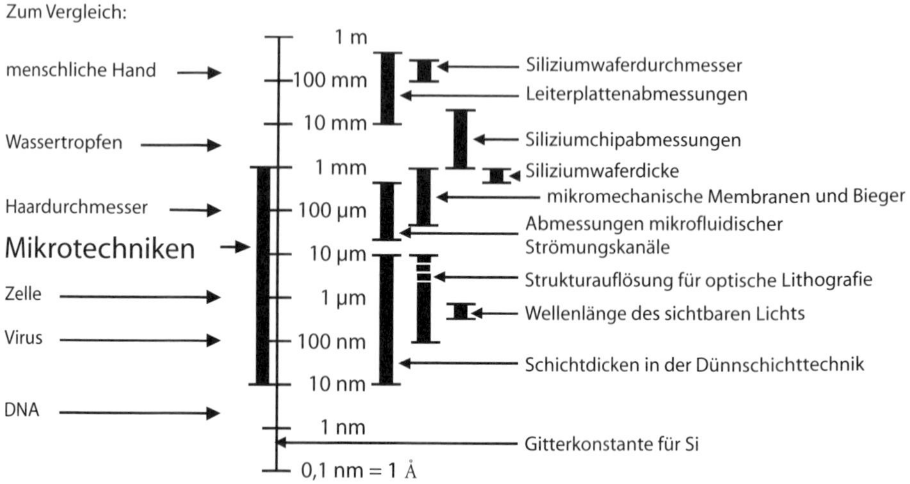

Bild 1.3 Dimensionen der Mikrotechniken

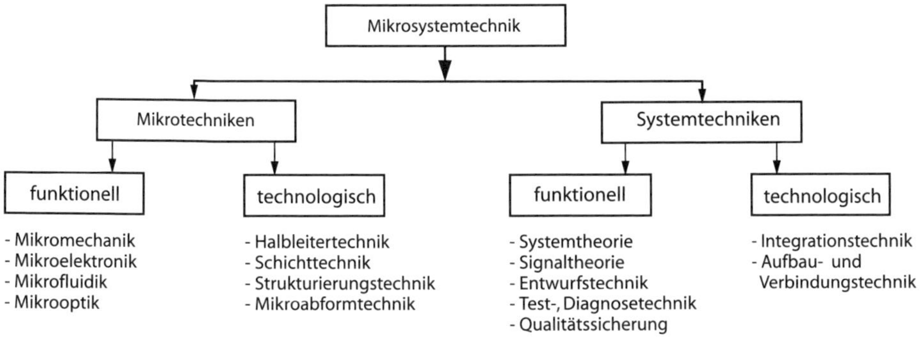

Bild 1.4 Mikrosystemtechniken

verfahren sowie durch speziell entwickelte mikroelektroniknahe Herstellungsprozesse erreichen (**Bild 1.4**).

- In jüngster Zeit ist die Nanotechnologie stark in den Fokus der öffentlichen Aufmerksamkeit gerückt. Die Vorsilbe „nano" wird dabei unter zwei Aspekten verwendet. Einerseits lässt sich durch Verkleinerung (**Down-scaling**) eine Verringerung typischer Abmessungen, z. B. der Dicke von Funktionsschichten, aus dem Mikrometer- in den Nanometerbereich erreichen. Typische Gatedicken in mikroelektronischen CMOS-Transistoren besitzen bereits heute nur noch Dicken von wenigen zehn Nanometern. Hier lässt sich Nanotechnik (Nanoelektronik, nanoelektromechanische Bauelemente) als eine extrem verkleinerte Mikrotechnik auffassen, die mit den bekannten Beschreibungs- und Entwurfsverfahren behandelt werden kann. Andererseits versteht man unter Nanotechnik Verfahren und Komponenten, die nur bei einer bestimmten Kleinheit auftreten. Beispiele dafür sind Quanteneffekte (Quantenpunkte bzw. quantum dots) sowie Tunneleffekt- und Einelektronenbauelemente. Solche Komponenten und Bauelemente werden in diesem Lehrbuch nicht behandelt.
- Mikrosysteme bestehen aus mehreren Komponenten, diese wiederum aus Funktions- und Formelementen (**Bild 1.5**). Die Komponenten erfüllen jeweils dezidierte, z. B. sensorische, aktorische, Übertragungs-, Speicher- oder Signalverarbeitungsfunktionen und können konstruktiv autonome Gebilde sein (z. B. ein integrierter Schaltkreis). Mikrosysteme enthalten sowohl nichtelektrische als auch (mikro-) elektronische und elektrische Komponenten. Der Systemcharakter kommt darin zum Ausdruck, dass die Gesamtfunktion nur durch das Zusammenwirken dieser Komponenten als komplexe miniaturisierte Einheit erfüllt werden kann.

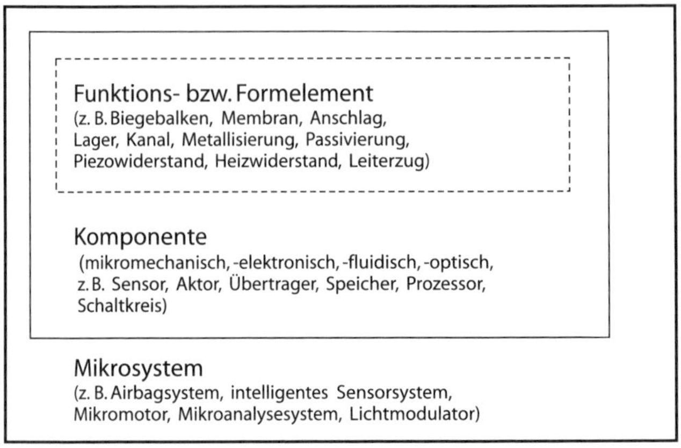

Bild 1.5 Begriffshierarchie zur Mikrosystemtechnik

Bild 1.6 zeigt den typischen Aufbau von Mikrosystemen. Systemfähige Sensoren und Aktoren sowie Signalverarbeitungskomponenten sind über geeignete Schnittstellen untereinander, aber auch mit der Mikrosystemumgebung, z. B. einem zu regelnden technischen Prozess, verbunden. Die Einzelkomponenten bestehen jeweils aus einer Reihe von Funktions- und Formelementen, die auf der Basis nutzbarer Werkstoffe mit Mikro- und Systemtechniken herstellbar sind (s. **Bild 1.6**). Die funktionelle Integration der Systemkomponenten erfolgt ebenfalls über Mikrosystemtechniken.

Zusammengefasst soll nun unter einem „Mikrosystem" Folgendes verstanden werden:

Ein Mikrosystem ist ein integriertes, miniaturisiertes System,

- das elektrische, mechanische und ggf. weitere (z. B. optische, fluidische, chemische, biologische) Komponenten enthält,
- das durch halbleiter- und mikrotechnologische Fertigungsverfahren hergestellt wird,
- das sensorische, aktorische und signalverarbeitende Funktionen enthält,
- das Funktionselemente und Komponenten im Mikro- und Nanometerbereich besitzt und das selbst Abmessungen im Bereich von Mikrometern bis Millimetern aufweist.

Diese Definition unterscheidet nicht strikt nach Mikro- und Nanosystemen. Mit der Nutzung von ultradünnen Schichten im Bereich weniger Nanometer hat die Mikroelektronik längst den Übergang zur Nanotechnik vollzogen. Piezoresistive Widerstände als Standardfunktionselemente der Mikrosystemtechnik wirken als Leitungsgebiet für ein zweidimensionales Elektronengas, wenn ihre Dicke kleiner als 10 nm ist[5]. Die dadurch

[5] Ivanov, T.: Piezoresistive Cantilever with an Integrated Bimorph Actuator. Dissertation. Universität Kassel 2004

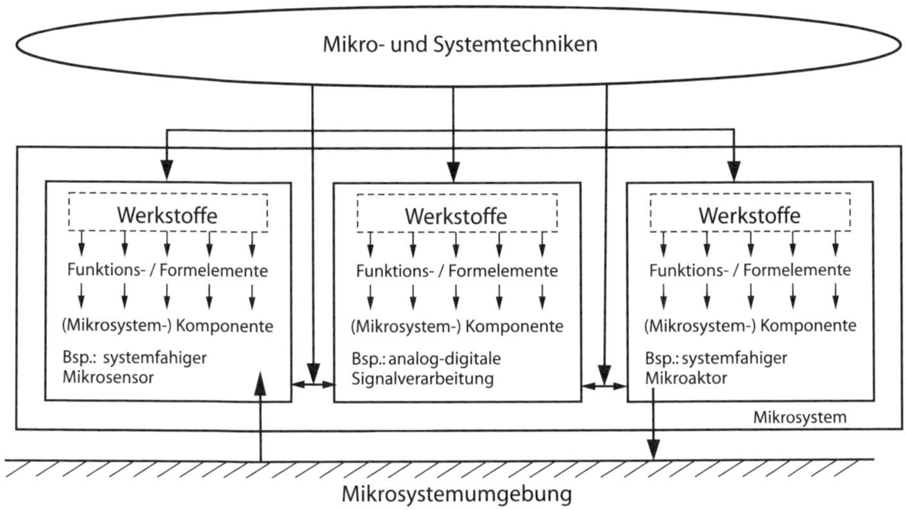

Bild 1.6 Aufbau und Einbindung von Mikrosystemen

wirkenden Quanteneffekte führen zu einem erheblichen Ansteigen der piezoresistiven Koeffizienten. Mikrosysteme enthalten in der Regel mindestens elektrische und mechanische Komponenten. So besitzen Sensoren Funktionselemente für die Detektion nichtelektrischer Größen (z. B. mechanische Verformungskörper wie Biegefedern oder Biegeplatten, die unter dem Einfluss der Messgröße Kraft oder Druck deformiert werden), Wandlerelemente für die Transformation der Messgröße in eine elektrische Größe (z. B. piezoresistive Widerstände in den Biegeelementen) sowie elektrische Signalverarbeitungskomponenten. Umgekehrt gilt dies ebenso für elektromechanische Antriebe. Elektrische Funktionen und ihre entsprechenden Mikrosystemkomponenten dienen damit zur Signalgewinnung und -verarbeitung sowie zur Energieversorgung. Ebenso besitzen Mikrosysteme zumindest mechanische Träger- und Stützfunktionen, oftmals auch weit darüber hinaus gehende mechanische Funktionalitäten. Entsprechend dem Funktionszweck des Mikrosystems kann es neben diesen elektrischen und mechanischen auch andere Funktionselemente aufweisen. Die Kleinheit der Funktionskomponenten von Mikrosystemen ist oft die Voraussetzung dafür, dass sich bestimmte Funktionsprinzipien überhaupt anwenden lassen. Andererseits erschwert die Miniaturisierung die Kopplung an technische Systeme in unserer „Makrowelt". Komplette Mikrosysteme weisen deshalb oft Abmessungen im Millimeterbereich auf, was ihre Integration in andere Systeme erheblich vereinfacht. Hier ist der Übergang zwischen Mikro- und Makrowelt oft schon im **Packaging** des Mikrosystems erfolgt. Trotzdem spricht man üblicherweise auch hier noch von Mikrosystemen.

1.2 Mikroelektronik und Mikrosystemtechnik

Die Entwicklung der Mikrosystemtechnik resultiert unmittelbar aus der Mikroelektronik, die durch zwei wesentliche Nachteile charakterisiert ist:

1. Die Mikroelektronik beschränkt sich auf elektronische Bauelemente und die Integration elektronischer Funktionen. Damit ist es in der Regel unmöglich, nichtelektrische Größen zu verarbeiten und umzusetzen. Um komplexe Systeme aufzubauen, die Signale aus der Systemumgebung sensorisch aufnehmen und über Aktoren wieder auf die Umgebung Einfluss nehmen können, müssen mikroelektronische mit klassischen feinwerktechnischen Komponenten verbunden werden. Dadurch vermindern sich das Miniaturisierungspotenzial und der erreichbare Integrationsgrad erheblich, die Zuverlässigkeit sinkt.
2. Mit den Herstellungsverfahren der Halbleitertechnologie lassen sich im Wesentlichen nur flächenhafte, aber keine räumlichen Strukturen herstellen. Für eine Reihe von Funktionen, insbesondere nichtelektrischer Art, sind aber dreidimensionale Funktionskomponenten sowie deren räumliche Integration erforderlich.

Dass die Entwicklung der Mikrosystemtechnik sehr eng mit der Mikroelektronik verbunden ist, hat mehrere Gründe:

- In der Reihe der Mikrotechniken wie Mikromechanik, Mikrofluidik, Mikrooptik usw. hat die Mikroelektronik eine zentrale Stellung: Mikrosysteme ohne elektronische Komponenten zur analogen bzw. digitalen Signalverarbeitung erscheinen beim gegenwärtigen Stand der Technik als wenig sinnvoll.
- Nur mit den Halbleiter- und Schichttechnologien sind Fertigungsverfahren verfügbar, mit denen sich Strukturen im Mikrometer- und Nanometerbereich herstellen lassen. Gleichzeitig können weitere Vorteile mikroelektronischer Herstellungsverfahren genutzt werden: die parallele Bearbeitung vieler gleichartiger Elemente bzw. Komponenten innerhalb eines Fertigungsprozesses sowie die Nutzung völlig neuer physikalisch-chemischer Verfahren, die sich grundlegend von den klassischen Herstellungstechniken unterscheiden.
- Sehr häufig kommen in der Mikrosystemtechnik Werkstoffe der Mikroelektronik zur Anwendung. Dabei ist die Dominanz von Silizium, verglichen z. B. mit Verbundhalbleitern, aufgrund seiner hervorragenden Eigenschaften in der Mikrosystemtechnik ebenso groß wie in der Mikroelektronik. Das ergibt sich einerseits aus der Tatsache, dass in Mikrosystemen elektronischen Komponenten eine große Bedeutung zukommt und sich Silizium damit für Integrationstechniken geradezu anbietet, aber auch daraus, dass Silizium in höchster chemischer Reinheit mit größter Kristallperfektion hergestellt werden kann und eine erhebliche Anzahl von technologischen

Verfahren sowie von sensorischen und aktorischen Effekten gerade diese Kristalleigenschaften ausnutzt.

Tabelle 1.2 vergleicht typische Merkmale der Mikroelektronik mit denen der Mikrosystemtechnik. Aus den dargestellten Kriterien wird ersichtlich, dass die Mikrosystemtechnik auch in der Perspektive vorrangig Technologien der Mikroelektronik nutzen wird. Die hohen Stückzahlen und die weitgehende Standardisierung des Bauelementesortiments in der Mikroelektronik ist nur durch die Programmiermöglichkeiten von Mikroprozessoren und Mikrocomputern sowie von Speicherschaltkreisen möglich. Daher konnte die Siliziumtechnologie ein Entwicklungspotenzial auf sich ziehen, das für die Mikrosystemtechnik undenkbar ist. In der Mikrosystemtechnik lässt sich durch die Vielgestaltigkeit und Heterogenität kein entsprechend standardisiertes Anwendungsfeld mit vergleichbar großen Stückzahlen finden. Als Ausweg bieten sich hier nur die Adaption und Weiterentwicklung der hoch entwickelten halbleitertechnologischen Fertigungsverfahren an. Eigenständige Technologieentwicklungen, wie z. B. die LIGA-Technik, sind eher als Ausnahme anzusehen. Bei der Nutzung mikroelektronischer Herstellungsverfahren sind gegenwärtig folgende Entwicklungen erkennbar:

- Transformation zweidimensionaler Strukturierungsprozesse auf dreidimensionale Anwendungen (z. B. Oberflächen- und **oberflächennahe Mikromechanik**, s. Kapitel 4),
- Entwicklung modifizierter technologischer Systemtechniken (z. B. Integrations- sowie Aufbau- und Verbindungstechniken, s. Kapitel 5),
- Weiterentwicklung und Anpassung mikroelektronischer Entwurfsverfahren auf komplexe heterogene Systeme, wie sie für die Mikrosystemtechnik charakteristisch sind (s. Kapitel 8).

Tabelle 1.2 Vergleich typischer Eigenschaften von Mikroelektronik und Mikrosystemtechnik

Kriterium	Mikroelektronik	Mikrosystemtechnik
Komponenten	standardisiert (z. B. Speicher, Prozessoren)	vielgestaltig
Stückzahlen	$10^5 ... 10^8$	$10^2 ... 10^6$
Anwendungen	elektronisch	mechanisch, elektronisch, fluidisch, optisch, ...
Strukturdimension	zweidimensional	dreidimensional
Entwurf	automatisiert	heterogen mit geringer Entwurfsunterstützung

1.3 Anwendungsfelder und Entwicklungstrends

Die Entwicklung der Mikrosystemtechnik wurde anfänglich von der Untersuchung (1953–1958) und Kommerzialisierung (1958–1972) piezoresistiver Sensoren bestimmt [GERLACH05]. Seitdem hat sich das Spektrum dramatisch erweitert [KOVACS98]. Standen zu Beginn insbesondere die Vorteile der Miniaturisierung im Vordergrund, die neuartige Anwendungen z. B. in Automobilen (Messung des Ausgangdrucks in Verbrennungsmotoren zur Reduktion der Schadstoffemissionen) und für intrakorporale biomedizinische Sensoren ermöglichten, sind inzwischen auch Anwendungsbereiche in den Fokus gerückt, die große Stückzahlen, geringe Stückkosten und eine hohe Zuverlässigkeit erfordern.

Die wichtigen Anwendungsbeispiele für Mikrosysteme sind gegenwärtig:

- **Automatisierungstechnik:** Moderne Kraftfahrzeuge besitzen eine Vielzahl neuer Systeme für verbesserte Fahrsicherheit und erhöhten Fahrkomfort. Mikrosystemtechnische Lösungen erlauben bei großen Stückzahlen geringe Systemkosten und eine hohe Zuverlässigkeit. Beispiele sind Beschleunigungssensoren für ABS- und Airbaganwendungen, Drehratensensoren für die Fahrstabilität und Luftstromsensoren für die Regelung des Fahrzeuginnenraumklimas. Mehr als die Hälfte aller Mikrosystemanwendungen betreffen gegenwärtig den Automobilsektor.
- **Medizintechnik:** Mikrosysteme mit Abmessungen im Mikro- bis Millimeterbereich ermöglichen vielfältige Anwendungen für die intrakorporale Nutzung. Prominente Beispiele sind Katheter zur Herzdruckmessung, Sonden für die minimalinvasive Diagnostik und Therapie sowie Dosiersysteme.
- **Umwelttechnik, Gentechnik und Biotechnologie:** Mikroanalyse- und Mikrodosiersysteme lassen sich für die chemische und biotechnologische Analyse von Gasen und Flüssigkeiten verwenden. Mikroreaktoren erlauben chemische Prozesse für kleinste Volumina und sonst unübliche Randbedingungen.
- **Mikrofluidsysteme:** Die miniaturisierte Integration elektrischer, mechanischer und fluidischer Funktionen ermöglicht die preisgünstige Herstellung von Tintendruckköpfen.
- **Nanotechnologie:** Für die Erzeugung, Manipulation und Charakterisierung von Nanostrukturen werden Werkzeuge benötigt, die eine genaue Bewegung und Positionierung erlauben. Systeme auf der Grundlage von Rastertunnel- und Atomkraftverfahren basieren häufig auf miniaturisierten Biegern (**Cantilever**) mit Spitzen im Nanometerbereich. Die Mikrosystemtechnik erlaubt die effektive Herstellung solcher Werkzeuge.

Folgende Trends bei der Entwicklung der Mikrosystemtechnik lassen sich gegenwärtig erkennen:

- Mikrosystemlösungen werden hauptsächlich durch Anwendungsbereiche getragen, in denen der Markt große Stückzahlen ermöglicht.
- Die Herstellung von Mikrosystemen nutzt zunehmend kommerziell verfügbare Halbleiterfertigungsprozesse. Die Entwicklung von Sondertechnologien ist nur dort möglich, wo große Stückzahlen den Aufwand rechtfertigen, oder wo sich, wie in der minimalinvasiven Medizin, zu Mikrosystemen keine Alternativen eröffnen und sich damit hohe Stückpreise erzielen lassen.
- Die Bedeutung von Zuverlässigkeit und Lebensdauer für Mikrosysteme nimmt zu, ebenso Fragen der Stabilität und Genauigkeit. Das gilt besonders für den industriellen Einsatz von chemischen und biologischen Sensoren und Analysesystemen.
- Nicht technologische, sondern wirtschaftliche Randbedingungen entscheiden, welche Integrationstechniken zur Herstellung von Mikrotechniken verwendet werden. Ging man in der Vergangenheit von der monolithischen Integration als Hauptziel aus, ist gegenwärtig für kleine und mittlere Stückzahlen fast ausschließlich die Hybridintegration anzutreffen. Trotzdem laufen umfangreiche Arbeiten zur Weiterentwicklung monolithischer Integrationsverfahren, die sich insbesondere mit der Einbindung von Mikrotechniken in kommerzielle Halbleiterprozesse befassen (z. B. CMOS-Prozesse). Die dreidimensionale Formgebung sowie die Einbindung anderer mikrosystemtechnischer Verfahren erfolgt dabei zumeist als Backend-Prozess im Anschluss an den mikroelektronischen Fertigungsprozess.
- Da sich die Mikrosystemtechnik wesentlich auf die Werkstoffe und Verfahren der Mikroelektronik stützen kann, liegt ein Hauptschwerpunkt bei der Entwicklung von Mikrosystemen im Entwurfsprozess. Dabei besteht gegenwärtig ein großer Bedarf in der Schaffung geeigneter Entwurfswerkzeuge zur Modellierung und Simulation komplexer und heterogener Systeme (s. Kapitel 8).

1.4 Beispiel Drehratensensor

Im Folgenden soll beispielhaft ein komplexes Mikrosystem vorgestellt werden. Dabei wird einerseits der Aufbau eines Mikrosystems aus verschiedenen Komponenten und Funktionselementen gezeigt, andererseits dargestellt, dass es ein enges Zusammenspiel von Werkstoffeigenschaften, Fertigungstechnologie und Entwurf gibt.

1.4.1 Aufbau und Funktion

Die Winkelgeschwindigkeit Ω (Drehrate, engl. Yaw Rate) ist eine wichtige Kenngröße für die Bewegung von Körpern im Raum. Drehratensensoren haben deshalb große Bedeutung für die Fahrstabilität von Kraftfahrzeugen. **Bild 1.7** und **Bild 1.9** zeigen einen solchen Drehratensensor, der auf dem CORIOLIS-Prinzip basiert.

Der Sensor besteht aus einem Siliziumchip, in dem mit Verfahren der Volumenmikromechanik (s. Abschn. 4.6) zwei Massen herausgeätzt werden, die an Federn aufgehangen sind. Im magnetischen Gleichfeld B_z erzeugt ein Wechselstrom $\underline{I}_y$ durch Leitbahnen auf den Federbändern sinusförmige LORENTZ-Kräfte $\underline{F}_x$, die die Massen m in harmonische Schwingungen mit der Geschwindigkeit $\underline{v}_x$ in x-Richtung versetzen (vgl. Wirkungskette in **Bild 1.8**). Wenn beide Massen gegenläufig schwingen, verbleibt der Sensorchip insgesamt in Ruhe und kann translatorisch als fest angesehen werden. Die Biegefedern bestehen ebenso wie die Massen aus einkristallinem Silizium (vgl. Abschn. 3.2) und besitzen deshalb ein langzeitstabiles, ideal elastisches Verhalten. Wirkt senkrecht zur Schwingungsrichtung eine Winkelgeschwindigkeit $\underline{\Omega}_z$, entsteht eine CORIOLIS-Kraft $\underline{F}_y$ in y-Richtung.

Zur Auswertung dieser Kraft wird im konkreten Beispiel ein kapazitiver Beschleunigungsaufnehmer benutzt. Dieser ist als interdigitale **Fingerstruktur** aufgebaut, wobei sich zwischen Fingern, die fest auf der Masse verankert sind, bewegliche Finger befinden. Die beweglichen Finger sind an einem Mittelsteg befestigt, der über Federbänder nachgiebig aufgehangen ist. Die CORIOLIS-Kraft $\underline{F}_y$ kann damit die Masse m_{BA} des Beschleunigungsaufnehmers um einen Weg $\underline{s}_y$ auslenken, was wiederum zu einer Änderung der Kapazität $\Delta\underline{C}$ zwischen den beweglichen und festen Fingern in Abhängigkeit von deren Abstand führt. Die Kapazitätsänderung des Beschleunigungsaufnehmers kann in eine geeignete elektronische Signalform, z. B. eine Spannungsänderung $\Delta\underline{U}(\Omega)$ oder eine Frequenzänderung $\Delta f(\Omega)$ umgeformt werden.

Der Beschleunigungsaufnehmer ist mittels Verfahren der Oberflächenmikromechanik (s. Abschn. 4.11) auf der Silizium-Masse m hergestellt. Dies erfolgt durch Abscheidung und selektive Strukturierung dünner Schichten mit Dicken im Bereich weniger Mikrometer, deren Eigenschaften das Verhalten des Beschleunigungsaufnehmers bestimmen.

Für den sicheren und zuverlässigen Betrieb des Sensors ist der Sensorchip mit den Methoden der Aufbau- und Verbindungstechnik (s. Kapitel 5) in ein Gehäuse eingebaut. Dieses besteht aus einem Glasträger, der einen an das Silizium angepassten thermischen Längenausdehnungskoeffizienten besitzt, sowie aus einer geeignet geformten Siliziumabdeckung.

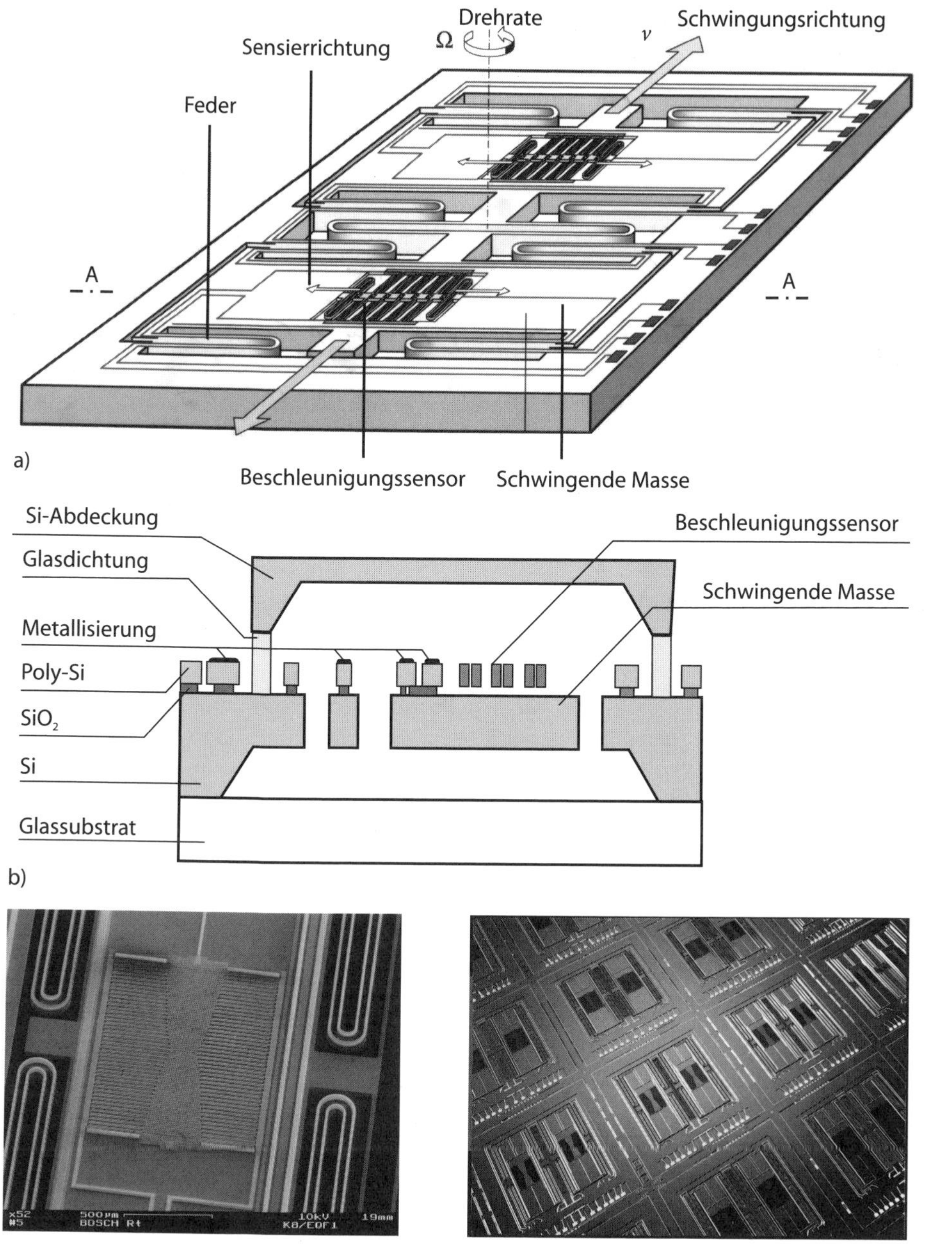

Bild 1.7 Drehratensensor: a) 3D-Ansicht; b) Querschnitt A-A; c) Mikroskopbild; d) mehrere Sensoren im Waferverbund (Quelle: Bosch)

1.4.2 Funktionskomponenten und -elemente

Der Drehratensensor besteht aus zwei Komponenten (**Bild 1.8**):

- Elektrisch in Schwingung versetzte Masse m (elektromechanischer Aktor). Die Masse m und die vier Federbänder n_x bilden dabei als Funktionselemente ein schwingungsfähiges mechanisches Resonanzsystem.
- Drehratenabhängiger Interdigitalkondensator (Beschleunigungssensor). Diese mechanoelektrische Sensorstruktur beseht aus der schwingenden Masse m mit der fest aufgebrachten Fingerstruktur, der nachgiebig aufgehängten (Nachgiebigkeit n_y) beweglichen Fingerstruktur (Masse m_{BA}) sowie den daraus gebildeten Kondensatorelektroden.

Die Wirkungsweise der Funktionselemente, der Funktionskomponenten und des kompletten Mikrosystems kann mit den zugrunde liegenden physikalischen Wirkprinzipien beschrieben werden. Dies soll im Folgenden für die einzelnen Funktionselemente des Drehratensensors betrachtet werden.

Bild 1.9a zeigt schematisch die Funktionselemente des elektromechanischen Aktors, der die sinusförmige Schwingungsbewegung des Beschleunigungssensors erzeugt. Die Masse m ist dabei von vier Federn n_x gehalten, die als Parallelfedergelenk nur eine translatorische Auslenkung in x-Richtung zulassen. Auf den Federbändern befinden sich Leitbahnen, durch die ein Strom $I_v(t) = I_0 \cdot \sin\omega_0 t$ geschickt wird, wobei ω_0 hier die Kreisfrequenz des Anregungsstromes ist.

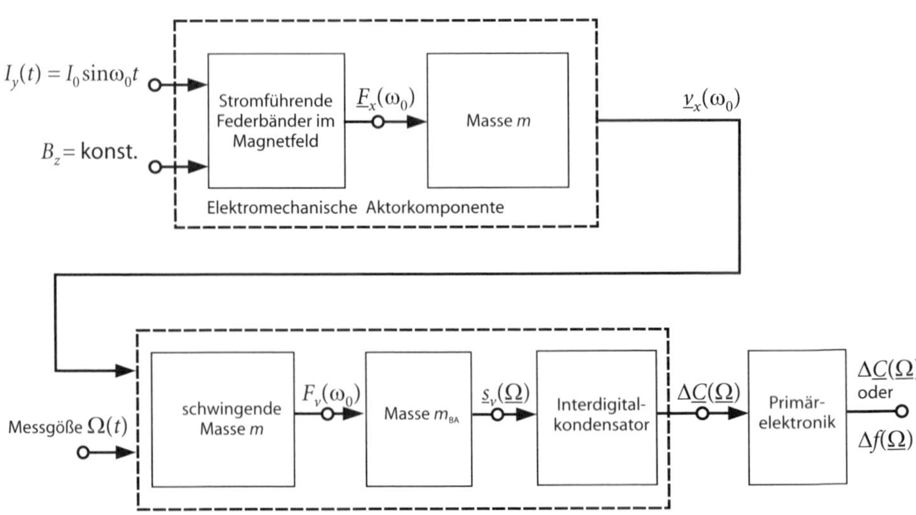

Bild 1.8 Wirkungskette für den Drehratensensor von Bild 1.7

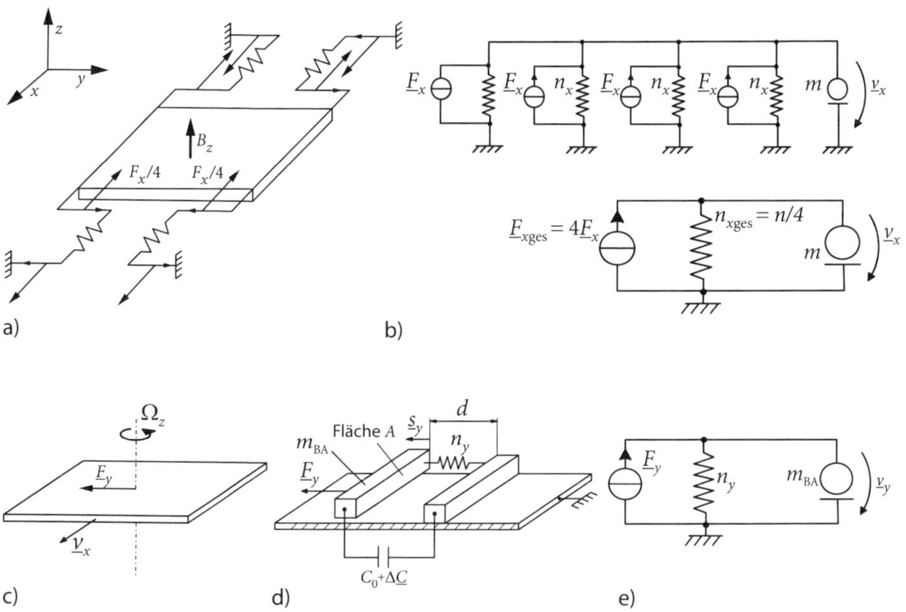

Bild 1.9 Details des Drehratensensors von Bild 1.7: a) schwingende Masse m mit Stromfluss I entlang der Federbänder; b) mechanisches Schema für die schwingende Masse unter Einfluss der LORENTZ-Kraft F_x; c) CORIOLIS-Kraft F_y infolge der Drehgeschwindigkeit Ω; d) Detail der kapazitiven Interdigitalfingerstruktur des Bescheunigungsaufnehmers auf der schwingenden Masse m; e) mechanisches Schema für den Interdigitalwandler von d)

Wirkt in z-Richtung das Magnetfeld $\vec{B} = B_z \cdot \vec{e_z}$, dann entsteht auf jedes der in y-Richtung orientierten Federstücke der Länge ℓ_y entsprechend dem Gesetz von BIOT-SAVART eine LORENTZ-Kraft

$$\vec{F_x} = I\ell_y\left(\vec{e_y} \times \vec{B}\right) \text{ bzw.} \tag{1.1}$$

$$F_x(t) = I(t) \cdot \ell_y \cdot B_z \tag{1.2}$$

in positiver bzw. negativer x-Richtung.

Die Kraft F_x deformiert periodisch die entsprechende Teilfeder n_x und trägt zur Auslenkung der Masse m bei. Bei richtiger Stromflussrichtung durch alle vier Federelemente addieren sich die vier Teilkräfte, wie es im mechanischen Schema von **Bild 1.9b** gezeigt ist. Die resultierende Gesamtkraft F_{xges} beträgt dann das Vierfache der Einzelkräfte:

$$\underline{F}_{xges} = 4\underline{F}_x. \tag{1.3}$$

Die Gesamtnachgiebigkeit n_{xges} beträgt nur ein Viertel der Einzelnachgiebigkeit n_x:

$$n_{xges} = n_x \| n_x \| n_x \| n_x = n_x / 4. \tag{1.4}$$

Für die Auslenkung der Masse m ergibt sich damit im Komplexen

$$\begin{aligned} \underline{v}_x &= \underline{F}_{xges} \cdot \left(j\omega_0 n_{xges} \,||\, \frac{1}{j\omega_0 m} \right) = \underline{F}_{xges} \cdot \frac{j\omega_0 n_{xges} \cdot \frac{1}{j\omega_0 m}}{j\omega_0 n_{xges} + \frac{1}{j\omega_0 m}} \\ &= \underline{F}_{xges} \cdot j\omega_0 n_{xges} \frac{1}{1-\omega_0^2 m n_{xges}} \end{aligned} \tag{1.5}$$

bzw. mit Gleichung (1.1)

$$\underline{v}_x = j\omega_0 n_{xges} \ell_y B_z \underline{I} \frac{1}{1-\omega_0^2 m n_{xges}}. \tag{1.6}$$

Die imaginäre Einheit j charakterisiert die Phasenverschiebung zwischen dem Strom $I(t)$ und der Schwinggeschwindigkeit $v_x(t)$ der Masse. Das letzte Glied von Gl. (1.6) ergibt sich daraus, dass m_x und n_{xges} ein Resonanzsystem bilden. Für $\omega_0{}^2 \cdot m n_{xges} = 1$ würde $\underline{v}_x$ unendlich groß werden. Praktisch werden solche Systeme in Resonanz betrieben, weil in diesem Fall bei geringem Leistungsaufwand große Schwingamplituden erreichbar sind. Die Auslenkung kann allerdings nicht unendlich groß werden, da bisher vernachlässigte **Dämpfungseinflüsse** berücksichtigt werden müssten. Wird angenommen, dass in **Bild 1.9b** parallel zu n_{xges} und m eine Reibung $r = \underline{F}_r / \underline{v}_x$ wirksam sei, wäre in Gl. (1.5) der Ausdruck $j\omega_0 m$ durch $(j\omega_0 m + r)$ zu ersetzen. Mit der **Resonanzgüte** $Q = 1/\omega_0 n r$ ergibt sich dann aus den Gl. (1.5) und (1.6)

$$\underline{v}_x = j\omega_0 n_{xges} \ell_y B_z \underline{I} \frac{1}{1-\omega_0^2 m n_{xges} + j\frac{1}{Q}} \tag{1.7}$$

bzw. für $\omega_0^2 = 1/m n_{xges}$

$$\underline{v}_x = \omega_0 n_{xges} \ell_y B_z \underline{I} \cdot Q. \tag{1.8}$$

Die Güte Q nimmt in Luft typischerweise Werte um 10 und im Vakuum von $10^4 \ldots 10^6$ an.

Durch die Winkelgeschwindigkeit $\Omega(t)$ wirkt nun auf die schwingende Masse m die CORIOLIS-Kraft

$$\vec{\underline{F}}_y = 2m \left(\vec{v}_x \times \vec{\Omega}_z \right). \tag{1.9}$$

Für die Anordnung nach **Bild 1.9c** wird daraus für die Skalarkomponenten

$$\underline{F}_y = 2m\,\underline{v}_x \cdot \underline{\underline{\Omega}}_z = \omega_0 n_{\text{xges}} \ell_y B_z Q \underline{I} \cdot \underline{\underline{\Omega}}_z . \qquad (1.10)$$

Die Interdigitalstruktur des Beschleunigungssensors auf der Masse m kann entsprechend **Bild 1.9d** abgebildet werden. Es entsteht wieder ein schwingungsfähiges System, das aus der Masse m_{BA} der beweglichen Finger und der Gesamtnachgiebigkeit n_y, mit der diese aufgehängt sind, gebildet wird. Analog zum System von **Bild 1.9a** ergibt sich das mechanische Schema von **Bild 1.9e**. Die Auslenkung $\underline{s}_y$ der beweglichen Fingerelektroden ist dabei

$$\underline{s}_y = \frac{\underline{v}_y}{j\omega} = \underline{F}_y n_y \cdot \frac{1}{1-\omega^2 m_{\text{BA}} n_y} . \qquad (1.11)$$

Die Kreisfrequenz Ω ist hier die Drehratenfrequenz, die für praktische Anwendungsfälle durch komplexe Kreisfrequenzen zu ersetzen ist, da die Messgröße $\Omega(t) = \Omega_z(t)$ beliebige Zeitfunktionen aufweisen kann.

Die drehratenabhängige Auslenkung des linken beweglichen Fingers in **Bild 1.9d** ergibt sich mit den Gln. (1.10) und (1.11) zu

$$\frac{\Delta \underline{C}}{C_0} \approx -\frac{\underline{s}_y}{d} = \omega_0 Q n_{\text{xges}} n_y \ell_y \frac{1}{d} B_z \underline{I}(\omega_0) \frac{1}{1-\omega^2 m_{\text{BA}} \cdot n_y} \cdot \underline{\Omega}(\omega) . \qquad (1.12)$$

Aus Gl. (1.12) lassen sich folgende Schlussfolgerungen ziehen:

- Große Kapazitätsänderungen sind durch weich aufgehängte Massen m (große Nachgiebigkeit n_x, großes ℓ_y) zu erreichen.
- Eine hohe Güte Q kann im Vakuum erreicht werden. Dies erfordert Verbindungsverfahren für den Systemaufbau gemäß **Bild 1.7b**, die im Vakuum stattfinden können, um ein nachträgliches Evakuieren zu vermeiden.
- Der Abstand d zwischen den Fingerelementen des Interdigitalkondensators sollte im Bereich weniger Mikrometer liegen, allerdings muss er wesentlich größer als die maximal zulässigen Auslenkungen s_y sein.
- B_z ist durch die magnetische Flussdichte typischer Hartmagneten begrenzt, die im Bereich unterhalb von 1 T liegt.
- Der Speisestrom I für den elektromechanischen Aktor wird durch die OHMschen Verluste in den Leitbahnen sowie durch die in der Mikrosystemtechnik wie in der Mikroelektronik häufig verwendeten kleinen Speisespannungen begrenzt.

Aufgaben

1.1 Erläutern Sie die Funktionsprinzipien der Mikrosysteme von **Bild 1.1**!

1.2 Kennzeichnen Sie Funktionselemente und Komponenten folgender Mikrosysteme:
a) piezoresistiver Drucksensor (Abschn. 7.2.5, **Bild 7.17**);
b) Mikropumpe (Abschn. 6.2.4, **Bild 6.13**);
c) Bolometerarray!

1.3 Suchen Sie im Internet Beispiele für Mikrosysteme aus den Bereichen Automobilsensoren (Drucksensoren, Crash-Sensoren, Luftstromsensoren, Drehratensensoren), medizinische Kathetersensoren, Tintendrucktechnik und Mikroanalysesysteme!

Literatur

[GERLACH05] *Gerlach, G., Werthschützky, R.*: 50 Jahre Entdeckung des piezoresistiven Effekts – Geschichte und Entwicklung piezoresistiver Sensoren. Technisches Messen 72 (2005) 2, S. 53 – 76

[KOVACS98] *Kovacs, G. T. A.*: Micromachined Transducers Sourcebook. Boston u. a.: WCB/McGraw-Hill 1998

2 Skalierung und Ähnlichkeit

Wie bei der Abgrenzung der Mikrosystemtechnik in Kapitel 1 betont worden war, verwendet die Mikrosystemtechnik Form- und Funktionselemente mit Abmessungen im Mikro- bis hinunter in den Nanometerbereich. Diese gegenüber Elementen des Maschinenbaus und der Feinwerktechnik drastische Reduktion der Abmessungen hat natürlich einen großen Einfluss auf deren Funktion, wenn nicht gar auf deren prinzipielle Funktionsfähigkeit. So wie die Mikroelektronik durch die immer weiter vorausschreitende Integration und Miniaturisierung entsprechende Skalierungsgesetze beachten muss (z. B. das bekannte MOOREsche Gesetz)[1], hat die Verringerung der Abmessungen bei Mikro- und Nanosystemen erheblichen Einfluss auf die Auswahl und Anwendung bestimmter Funktionsprinzipien sowie die Konstruktion solcher Elemente und Komponenten. Beispielsweise dominieren im Maschinenbau elektromagnetische Antriebe (z. B. Elektromotoren), während in der Mikrosystemtechnik elektrostatische Antriebe die größte Verbreitung gefunden haben. Im Folgenden soll deshalb untersucht werden, in welcher Weise die Miniaturisierung bzw. Skalierung die Funktion von Funktionselementen beeinflusst. Dabei soll betrachtet werden, inwieweit physikalische Wirkprinzipien überhaupt von der Makro- auf die Mikrowelt übertragbar sind, d. h. ob sie **ähnlich** sind. Diese **Ähnlichkeit** wird in der Praxis häufig durch **Kennzahlen** angegeben.

2.1 Skalierung

Der Einfluss der Skalierung auf die Funktion mikrosystemtechnischer Elemente und Komponenten muss an der **Übertragungsfunktion** der entsprechenden Funktionseinheit untersucht werden. Dies ist z. B. bei Sensoren die **Sensitivität** S

$$S = \frac{\text{Ausgangsgröße}}{\text{Eingangsgröße}} = \frac{U_a}{x}, \tag{2.1}$$

wo U_a die Ausgangsspannung des Sensors und x die Messgröße (z. B. Druck p, Beschleunigung a) sind. Für einen Aktor ist oft gewünscht, dass eine aufgebrachte An-

---

[1] Krautschneider, W. H., Kohlhase, A., Terletzki, H.: Scaling down and reliability problems of gigabit CMOS circuits. Microelectronics Reliability 37 (1997) 1, S. 19-37

triebsgröße (z. B. elektrische Energie) eine maximale Abtriebsgröße (z. B. Stellgröße, mechanische Energie) hervorbringt. Dieses Verhältnis wird hier in Analogie zur Sensitivität als **Aktivität** A

$$A = \frac{\text{Abtriebsgröße}}{\text{Antriebsgröße}} \tag{2.2}$$

bezeichnet.

Im Folgenden soll der Einfluss der Skalierung auf die Funktionalität mikromechanischer Komponenten am Beispiel elektrostatischer Antriebe betrachtet werden. Diese bestehen aus einer feststehenden und einer beweglichen Elektrode (**Bild 2.1**).

Die potenzielle Energie des elektrostatischen Feldes einer solchen Kondensatoranordnung ist

$$W_{\text{el}} = \frac{1}{2}\frac{Q^2}{C} = \frac{1}{2}C \cdot U^2 = \frac{\varepsilon \cdot \ell \cdot b}{2d}U^2, \tag{2.3}$$

mit U Antriebsspannung, Q Ladung an den Elektroden, C Kapazität der Anordnung, ε Permittivität des Mediums im Kondensator (z. B. Luft $\varepsilon = \varepsilon_0$). Aus dem Gradienten der Energie W_{el} ergibt sich die Kraftwirkung für die beiden Anordnungen in **Bild 2.1** über die allgemeine Beziehung

$$\vec{F}(\vec{r}) = -\operatorname{grad} W_{\text{el}}(\vec{r}) \tag{2.4}$$

(dabei ist $\vec{r}$ der Ortsvektor) zu

$$F_1 = \frac{\varepsilon \cdot \ell}{2d}U^2, \tag{2.5}$$

$$F_3 = \frac{\varepsilon \ell b}{2d^2}U^2. \tag{2.6}$$

Betrachten wir nun die geometrischen Abmessungen eines Makrosystems (Index 0) mit ℓ_0, b_0 und d_0 und die eines miniaturisierten Systems (Index m) mit $\ell_m = \lambda_\ell \cdot \ell_0$, $b_m = \lambda_b \cdot b_0$ und

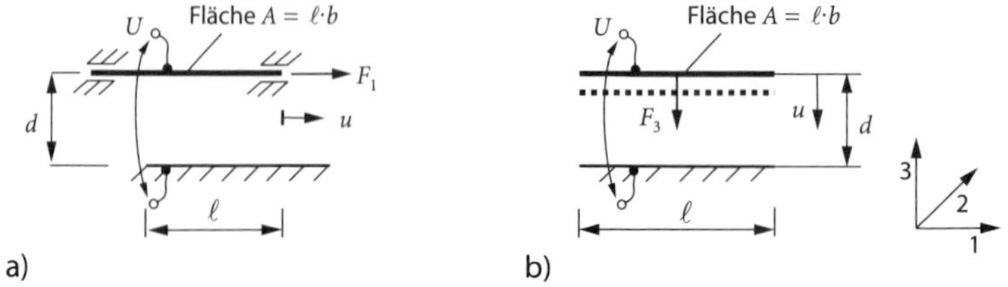

Bild 2.1 Elektrostatische Antriebe

$d_m = \lambda_d \cdot d_0$, dann ergibt sich aus den Gln. (2.5) und (2.6) für miniaturisierte Systeme:

$$F_{1m} = \frac{\lambda_\ell}{\lambda_d} \cdot \frac{\varepsilon_0 \ell_0}{2d_0} U^2 = \frac{\lambda_\ell}{\lambda_d} F_{10}, \tag{2.7}$$

$$F_{3m} = \frac{\lambda_\ell \lambda_b}{\lambda_d^2} \cdot \frac{\varepsilon \ell_0 b_0}{2d_0^2} U^2 = \frac{\lambda_\ell \lambda_b}{\lambda_d^2} F_{30}. \tag{2.8}$$

Miniaturisierung heißt, dass für die Reduktionskoeffizienten λ_i in den Gln. (2.7) und (2.8) $0 < \lambda_i \leq 1$ gilt. Die λ_i sind nun möglichst so zu wählen, dass die **Sensitivität** S bzw. die **Aktivität** A aus den Gln. (2.1) und (2.2) groß wird. Dies entspricht für den Fall der statischen Auslenkung elektrostatischer Antriebe

$$A \sim \frac{F_{im}}{U^2} \sim \frac{F_{im}}{F_{i0}}. \tag{2.9}$$

Mit den Gln. (2.7) und (2.8) ergibt sich für die beiden Fälle von **Bild 2.1**

$$\frac{F_{1m}}{F_{10}} = \frac{\lambda_\ell}{\lambda_d}, \tag{2.10}$$

$$\frac{F_{3m}}{F_{30}} = \frac{\lambda_\ell \lambda_b}{\lambda_d{}^2}. \tag{2.11}$$

Wegen $\lambda_i \leq 1$ sind für die Miniaturisierung all jene Abmessungen interessant, deren Reduktionskoeffizient im Nenner steht. Dies bedeutet, dass der Abstand $d_m = \lambda_d \cdot d_0$ möglichst klein zu wählen ist, während die Fläche $A = \ell \cdot b$ groß sein sollte. In der Praxis wird das oft so umgesetzt, dass die Elektrodenfläche mittels Interdigital-(Finger-)strukturen sehr groß gestaltet und der Abstand zwischen beweglichen und feststehenden Elektroden minimiert wird (s. Abschn. 7.2.1).

Beispiel 2.1 Einfluss der Skalierung auf die Sensitivität kapazitiver Sensoren

Bild 2.2 zeigt den Grundaufbau kapazitiver Sensoren, wie sie zur Messung von Druck, Beschleunigung und Drehrate verwendet werden. Die jeweilige Messgröße x bewirkt dabei immer eine Auslenkung einer federnd aufgehängten Elektrode, die die bewegliche Gegenelektrode des Kondensators K darstellt. Die federnde Aufhängung soll in unserem Beispiel durch eine Parallelfeder aus einem Doppelbiegebalken der Länge ℓ_B, der Bereite b_B und der Dicke h_B gebildet werden. Die Kondensatorfläche ist $A_K = \ell_K b_K$. Der Kondensatorgrundabstand d_K verringert sich bei Messkrafteinwirkung um die Elektrodenauslenkung u. Aus der Beziehung für die Kapazität C gemäß Gl. (2.13) ergibt sich mit Gl. (2.12) für den Doppelbiegebalken die relative Kapazitätsänderung $\Delta C/C_0$ nach Gl. (2.14). Für die verschiedenen Messgrößen Druck p, Beschleunigung a und Drehrate Ω ergeben sich im

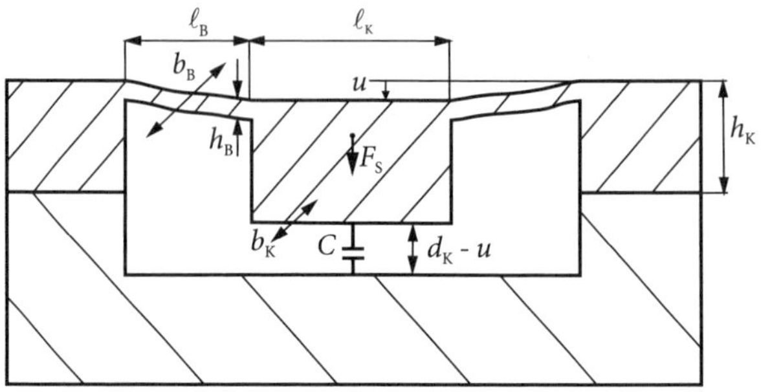

Nachgiebigkeit: $$n = \frac{u}{F_S} = \frac{1}{2Eb_B}\left(\frac{\ell_B}{h_B}\right)^3 \qquad (2.12)$$

Messkondensator: $$C = \varepsilon \cdot \frac{b_K \ell_K}{d_K - u} = \varepsilon \frac{b_K \ell_K}{d_K} \frac{1}{1 - \frac{u}{d_K}} \approx \varepsilon \frac{b_K \ell_K}{d_K}\left(1 + \frac{u}{d_K}\right) \qquad (2.13)$$

Relative Kapazitätsänderung: $$\frac{\Delta C}{C_0} \approx \frac{u}{d_K} = \frac{1}{2E} \frac{1}{d_K b_B}\left(\frac{\ell_B}{h_B}\right)^3 F_S \qquad (2.14)$$

Bild 2.2 Aufbau kapazitiver Sensoren
Index K bewegliche Kondensatorelektrode, Index B Biegebalken, ℓ_B, b_B, h_B Länge, Breite und Dicke des Biegebalkens, $\ell_K \cdot b_K$ Kondensatorfläche, d_K Abstand der Kondensatorelektrode, u Auslenkung der beweglichen Kondensatorelektrode, C Kapazität, F_S Sensorkraft

quasistatischen Fall unterschiedliche Sensorkräfte F_S (**Tabelle 2.1**) und dem entsprechende relative Kapazitätsänderungen $\Delta C/C_0$ (Gln. (2.15) bis (2.17)).

Das Verhältnis $\Delta C/C_0$ zur jeweiligen Messgröße p, a bzw. Ω entspricht der Sensitivität S von Gl. (2.1).

Tabelle 2.1 betrachtet nun den Fall, dass alle geometrischen Abmessungen der Sensoren gleichmäßig um den Faktor $\lambda < 1$ verringert werden. Dies hat für die drei unterschiedlichen Sensoren jeweils andere Auswirkungen:

- Für kapazitive Drucksensoren ergibt sich keine Veränderung der Sensitivität. Miniaturisierung ermöglicht hier in erster Linie eine Verkleinerung der Bauelementeabmessungen.
- Die Miniaturisierung von Beschleunigungs- und Drehratensensoren in allen Abmessungen verschlechtert deren Sensitivität. Die Ursache dafür ist, dass die Sensitivität von der Masse m abhängt, die bei allseitiger Größenverringerung um den Faktor λ insgesamt mit λ^3 abnimmt. Der Kondensatorabstand d_K, der die relative Kapazitätsänderung bestimmt, kompensiert diesen Effekt nur um den Faktor λ.

Tabelle 2.1 Kapazitive Sensoren gemäß dem Grundaufbau von Bild 2.2[2]

Messgröße	**Druck *p***	**Beschleunigung *a***	**Drehrate Ω**
Sensorkraft	$F_S = A_K p$ $F_S = b_K \ell_K p$	$F_S = m \cdot a$ $F_S = \rho \cdot b_K \ell_K h_K a$	$\vec{F_S} = 2m(\vec{v} \times \vec{\Omega})$ $F_S = 2\rho b_K \ell_K h_K v_0 \Omega$
Sensoranordnung	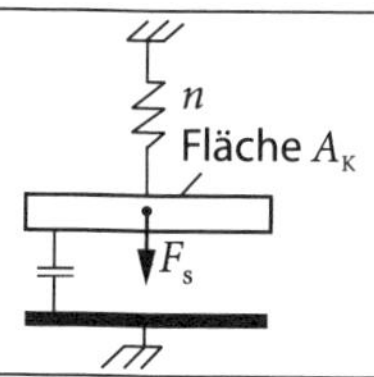	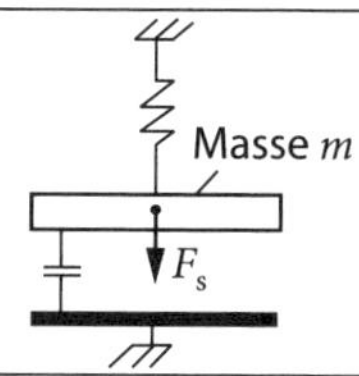	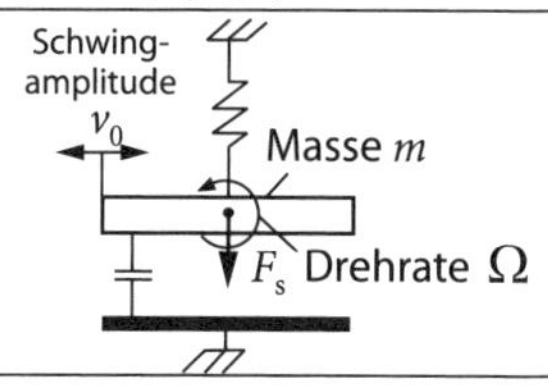
Miniaturisierung aller Abmessungen	$b_{Km} = \lambda\, d_K$ $\quad b_{Bm} = \lambda\, b_B$ $\ell_{Km} = \lambda\, \ell_K$ $\quad \ell_{Bm} = \lambda\, \ell_B$ $\quad v_{0m} = \lambda\, v_0$ $d_{Km} = \lambda\, d_K$ $\quad h_{Bm} = \lambda\, h_B$		
$\frac{\Delta C}{C_0}$	$\frac{(\ell_B/h_B)^3 b_K \ell_K p}{2Ed_K b_B}$ (2.15)	$\frac{\rho(\ell_B/h_B)^3 b_K \ell_K h_K a}{2Ed_K b_B}$ (2.16)	$\frac{\rho(\ell_B/h_B)^3 b_K \ell_K h_K v_0 \Omega}{Ed_K b_B}$ (2.17)
$\frac{(\Delta C)_m}{\Delta C}$	1	λ	λ^2

Die Gln. (2.15) bis (2.17) zeigen, dass für die Erhöhung bzw. die Erhaltung der Sensitivität vorteilhafterweise nur bestimmte Abmessungen verkleinert werden sollten. Dies betrifft alle die Größen, die in den Gln. (2.15) bis (2.17) im Nenner stehen, insbesondere dabei der Elektrodenabstand d_K und die Dicke h_B des Biegebalkens.

Beispiel 2.2 Einfluss der Skalierung auf die Kraft elektrostatischer Antriebe

Im Abschn. 7.2.1 werden elektrostatische Antriebe in ihren Eigenschaften ausführlich beschrieben. Sie können als Umkehrung der im vorangegangenen Beispiel betrachteten kapazitiven Sensoren angesehen werden. Die elektrostatische Kraft ergab sich nach **Bild 2.1** und Gl. (2.5) zu

$$F_1 = \frac{\varepsilon \cdot \ell}{2d} U^2 = \frac{\varepsilon \cdot \ell \cdot d}{2} \cdot \frac{U}{d}. \tag{2.18}$$

---

[2] Hierold, C.: From micro- to nanosystems: mechanical sensors go nano. Journal of Micromechanics and Microengineering 14 (2004), S. 1-11

Die geometrischen Abmessungen sollen für das Makro- und das Mikrosystem wieder ℓ_0 und d_0 bzw. $\ell_m = \lambda_\ell \cdot \ell_0$ und $d_m = \lambda_d \cdot d_0$ sein.

Für kleine Kondensatorspalten zeigt sich außerdem der PASCHEN-Effekt: Die kritische **Durchbruchsfeldstärke** $E_D = U/d$ erhöht sich mit kleiner werdendem Plattenabstand. Für $d \geq 1$ mm beträgt $E_D \approx 3 \cdot 10^6$ V/m, für $d \approx 1$ µm ist $E_D \approx 1{,}5 \cdot 10^8$ V/m. Näherungsweise kann dies durch

$$E_{\mathrm{Dm}} \propto \lambda_{\mathrm{d}}^{-0,5} \cdot E_{\mathrm{D0}} \tag{2.19}$$

abgebildet werden.

Die Kraft F_1 skaliert damit folgendermaßen:

$$F_{1\mathrm{m}} = \frac{\varepsilon \cdot \lambda_\ell \ell_0 \cdot \lambda_d \cdot d_0}{2} \cdot \frac{E_{\mathrm{D0}}^2}{\lambda_d} = \lambda_\ell \cdot F_{10} \,. \tag{2.20}$$

Die Kraft $F_{1\mathrm{m}}$ verringert sich also proportional zur Verkleinerung λ_ℓ der Abmessungen. Wir wollen jedoch auch das Verhältnis der elektrostatischen Kraft F_1 zur Kraft F_{m} für die Beschleunigung der trägen Masse m

$$F_{\mathrm{m}} = m \cdot g = \rho \cdot a^3 \cdot g \tag{2.21}$$

betrachten, wo g die Erdbeschleunigung, ρ die Dichte und a die Abmessung der Masse sind. Die Abmessung a skaliert mit

$$a_{\mathrm{m}} = \lambda_a \cdot a_0 \,, \tag{2.22}$$

so dass sich

$$F_{\mathrm{mm}} = \lambda_a^3 \cdot F_{\mathrm{m0}} \tag{2.23}$$

ergibt. Das Kräfteverhältnis aus elektrostatischer und Beschleunigungskraft wird damit für Mikrosysteme zu

$$\frac{F_{1\mathrm{m}}}{F_{\mathrm{mm}}} = \frac{\lambda_\ell}{\lambda_a^3} \cdot \frac{F_{10}}{F_{\mathrm{m0}}} \,. \tag{2.24}$$

Für den Fall $\lambda_\ell = \lambda_a = \lambda$ wird

$$\frac{F_{1\mathrm{m}}}{F_{\mathrm{mm}}} = \frac{1}{\lambda^2} \cdot \frac{F_{10}}{F_{\mathrm{m0}}} \,. \tag{2.25}$$

Dies bedeutet, dass durch Miniaturisierung ($0 < \lambda \leq 1$) die elektrostatische Kraft mit dem Quadrat der Verkleinerung zunimmt. Das elektrostatische Wandlerprinzip ist deshalb gerade im Mikrobereich eine attraktive Form der Krafterzeugung.

Allgemein lassen sich folgende Schlussfolgerungen ziehen:

- Da die Oberfläche mit dem Quadrat und das Volumen mit der dritten Potenz von der Abmessung abhängen, gewinnen bei der Miniaturisierung von Funktionselementen **Oberflächeneffekte** gegenüber **Volumeneffekten** zunehmend an Bedeutung.
- Für mikromechanische Aktoren werden dementsprechend Krafterzeugungsprinzipien interessant, die **Oberflächenkräfte** nutzen. Das ist ein wichtiger Grund für die herausragende Bedeutung elektrostatischer Antriebe in der Mikrosystemtechnik.
- Die Miniaturisierung mikromechanischer Komponenten führt zu Abmessungen bis hinunter zu wenigen 10 nm. Da die Gitterkonstante von Silizium a = 0,543 nm und der Abstand zwischen zwei Atomen dementsprechend $\sqrt{3} \cdot a/4 = 0{,}235$ nm beträgt (Abstand zwischen den zwei Basisatomen bei (0, 0, 0) und (a/4, a/4, a/4), s. **Bild 3.2**), kann auch bei miniaturisierten Funktionselementen von einem Werkstoffkontinuum ausgegangen werden. Quanteneffekte sind deshalb (noch) nicht zu erwarten, solange sich die Abmessungen nicht unter einige wenige Nanometer verringern.
- Es gelten in der Mikrowelt (bis hinunter zu Abmessungen von einigen hundert Atomlagen) keine anderen physikalischen Gesetze als in der Makrowelt. Allerdings kann sich das Verhältnis der Wirkung verschiedener Effekte grundlegend verändern!

2.2 Ähnlichkeit und Kennzahlen

Auch wenn zwei Systeme unterschiedliche Abmessungen haben, können sie sich physikalisch unter Umständen ähnlich verhalten. Als Beispiel soll **Bild 2.3** dienen. Zwei Körper sind geometrisch ähnlich, wenn alle gleichliegenden bzw. entsprechenden (homologen) Strecken im selben Verhältnis zueinander stehen:

$$\frac{\ell_{m1}}{\ell_{01}} = \frac{\ell_{m2}}{\ell_{02}} = \frac{\ell_{m3}}{\ell_{03}} = \lambda = \text{konst.} \qquad (2.26)$$

Dabei wird λ als **Ähnlichkeitskonstante** oder **Maßstabsfaktor** bezeichnet.

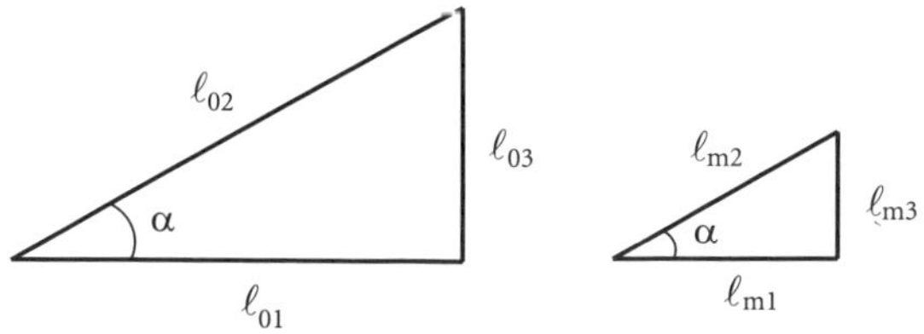

Bild 2.3 Geometrische Ähnlichkeit zweier Dreiecke (Index 0 Makrosystem, Index m Mikrosystem)

Allgemein kann gesagt werden:

Zwei Vorgänge oder Systeme sind physikalisch gleich,

- wenn Ähnlichkeitskonstanten λ existieren, und diese für jeweils homologe Größen gleich groß sind

$$\lambda = \text{konst.} \tag{2.27}$$

oder

- Ähnlichkeitskennzahlen π, d. h. dimensionslose Produkte physikalischer Größen aufgefunden werden, die für beide Vorgänge oder Systeme den gleichen Zahlenwert haben:

$$\pi_0 = \pi_m \,. \tag{2.28}$$

Beispiel 2.3 Ähnlichkeit von schwingenden Feder-Masse-Systemen

Es soll ein einfaches Feder-Masse-System betrachtet werden, das aus einem Massekörper mit der Masse $m = \rho \cdot V_m$ (ρ Dichte, V_m Volumen) und einem einfachen Stauchkörper als Federelement besteht (**Bild 2.4**).

Das Federelement besitzt die Nachgiebigkeit

$$n = \frac{u}{F_n} = \frac{\ell}{EA}, \tag{2.29}$$

wobei ℓ die Länge, E der Elastizitätsmodul und A die Querschnittsfläche sind.

Solche Systeme werden vielfältig in der Mikrosystemtechnik eingesetzt, z. B. in Beschleunigungssensoren (s. **Bild 1.9**) oder für elektrostatische Antriebe (s. **Bild 2.1**).

Für den Betrieb solcher Schwingsysteme ist z. B. das Verhältnis der Kräfte zur Beschleunigung der trägen Masse m und zur Deformation der Stauchfeder von Interesse:

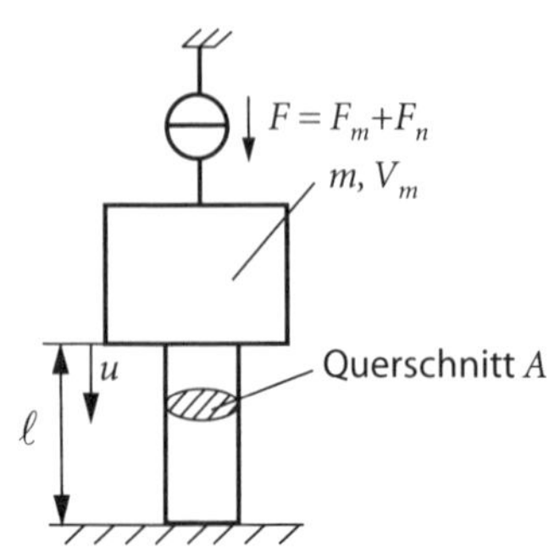

Bild 2.4 Schwingendes Feder-Masse-System

$$F_m = ma = \rho V \frac{\mathrm{d}^2 u}{\mathrm{d}t^2} \tag{2.30}$$

$$F_n = \frac{E \cdot A}{\ell} \cdot u = \frac{E \cdot A \cdot \ell}{\ell^2} \cdot u = \frac{E \cdot V_n}{\ell^2} \cdot u \tag{2.31}$$

mit V_n als Federvolumen.

Das Verhältnis ist dann

$$\frac{F_m}{F_n} = \frac{\rho \cdot V_m \cdot \ell^2}{E \cdot V_n \cdot u} \cdot \frac{d^2 u}{dt^2} \tag{2.32}$$

bzw. für harmonische Zeitfunktionen $u = \hat{u} \exp\{\mathrm{j}\omega t\}$

$$\left|\frac{F_m}{F_n}\right| = \frac{\rho \cdot V_m \cdot \ell^2 \cdot \omega^2}{E \cdot V_n}. \tag{2.33}$$

Ein möglicher Sonderfall ist für $V_m = V_n$ gegeben:

$$\left|\frac{F_m}{F_n}\right| = \frac{\rho}{E} \cdot \omega^2 \cdot \ell^2 = \mathrm{Ca}. \tag{2.34}$$

Dies ist die CAUCHY-Zahl Ca, die das Verhältnis der Trägheitskräfte zu den elastischen Kräften in festen Körpern beschreibt [KASPAR00]. Sie ist damit eine Ähnlichkeitskennzahl gemäß Gl. (2.28). Aus Gl. (2.34) ist ersichtlich, dass für ähnlich arbeitende Schwingungssysteme aus dem gleichen Material (Dichte ρ, Elastizitätsmodul E) Schwingungsfrequenz ω und Federlänge ℓ umgekehrt proportional sind. Die Schwingungsfrequenz ω skaliert damit auch umgekehrt proportional zu ℓ. Mikrosysteme weisen damit hohe Eigenfrequenzen und einen großen nutzbaren Dynamikbereich auf.

Beispiel 2.4 Ähnlichkeit dynamischer Vorgänge

Viele Mikrosysteme weisen bewegliche Funktionselemente (Masse m) auf. An Hand der NEWTON-Zahl Ne soll untersucht werden, wie sich die erforderliche Kraft für ein ähnliches Mikrosystem verkleinert, wenn alle Abmessungen ℓ_{i0} um den Faktor $\lambda_\ell = \ell_{i0}/\ell_{im}$ (0 Makrosystem, m Mikrosystem, i Index) verringert werden. Die angreifende Kraft F beschleunigt die Masse m entsprechend dem NEWTONschen Gesetz mit

$$F_m = m \cdot a. \tag{2.35}$$

Mit der Dichte ρ und dem Volumen $V = \ell^3$ der Masse wird für das Verhältnis aus angreifender und Trägheitskraft

$$\mathrm{Ne} = \left|\frac{F}{F_0}\right| = \left|\frac{F}{\rho \cdot \ell^3 \cdot a}\right|. \tag{2.36}$$

Für sinusförmige Bewegungen $u = \ell \cdot \exp\{\mathrm{j}\omega t\}$ (ℓ soll hier eine charakteristische Auslenkungsamplitude sein und im Beispiel der Abmessung der Masse entsprechen) wird

$$a = \frac{\mathrm{d}^2 u}{\mathrm{d}t^2} = -\ell\omega^2 \cdot \exp\{\mathrm{j}\omega t\} \tag{2.37}$$

bzw.

$$\mathrm{Ne} = \frac{F}{\rho \cdot \ell^4 \cdot \omega^2}. \tag{2.38}$$

Für nichtharmonische Vorgänge ersetzt man üblicherweise die Schwingfrequenz ω durch die Inverse einer typischen Zeitdauer t:

$$\mathrm{Ne} = \frac{F}{\rho} \cdot \frac{t^2}{\ell^4}. \tag{2.39}$$

Dynamische Vorgänge in der Mikrosystemtechnik sind also dann ähnlich, wenn die NEWTON-Zahl Ne gemäß Gl. (2.39) gleich bleibt. Das heißt z. B., dass sich bei gleichbleibenden Kräften und auf 1/10 verringerten charakteristischen Abmessungen ℓ die Dauer t des Vorganges auf 1/100 reduziert.

Werden alle Abmessungen ℓ um den Faktor λ_ℓ verringert und ein Zeitmaßstab $\lambda = t_\mathrm{m}/t_0$ bzw. $\lambda_t = \omega_0/\omega_\mathrm{m}$ eingeführt, ergibt sich aus Gl. (2.39)

$$\frac{\mathrm{Ne}_\mathrm{m}}{\mathrm{Ne}_0} = \frac{F_\mathrm{m}}{F_0} \cdot \frac{\lambda_\mathrm{t}^2}{\lambda_\ell^4}. \tag{2.40}$$

Für physikalisch ähnliche Systeme ist $\mathrm{Ne}_\mathrm{m} = \mathrm{Ne}_0$ und damit

$$F_\mathrm{m} / F_0 = \lambda_\ell^2 / \lambda_\mathrm{t}^2 . \tag{2.41}$$

Sollen die Vorgänge in Mikro- und Makrosystemen gleich schnell ablaufen ($\lambda_t = 1$), folgt

$$F_\mathrm{m} / F_0 = \lambda_\ell^4 . \tag{2.42}$$

Die Miniaturisierung des Systems auf 1/10 der Abmessungen führt dazu, dass nur noch 1/10000 der ursprünglichen Kraft F_0 erforderlich ist.

Wie Beispiel 2.1 gezeigt hat, lassen sich zwei ähnliche Systeme durch Skalierung ineinander überführen. Sind dabei für beide Systeme die Kennzahlen gleich, stimmen die Eigenschaften der Systeme hinsichtlich der durch die Kennzahlen beschriebenen Eigenschaften überein. Das betraf im Beispiel 2.3 z. B. das Verhältnis zwischen der Trägheits-

und der elastischen Kraft. Diese Ähnlichkeit muss für die gleichen Systeme hinsichtlich anderer Kriterien (d. h. Kennzahlen) nicht gegeben sein. Im Beispiel 2.3 könnte dies z. B. das Verhältnis von Trägheits- und Reibungskräften (die wir dort nicht betrachtet hatten) betreffen.

Zusammenfassend lässt sich ableiten:

- Kennzahlen sind einheitenlos und werden aus geometrischen und physikalischen Größen gebildet.
- Kennzahlen können allgemein für die Beschreibung physikalischer Zusammenhänge verwendet werden. Da physikalische Gesetzmäßigkeiten unabhängig vom gewählten Maßsystem sein müssen, muss auch eine Darstellung durch einheitslose Variablen, wie sie Kennzahlen darstellen, möglich sein.
- Kennzahlen sind für thermische, strömungsmechanische und akustische Systeme weit verbreitet, während sie für mechanische Systeme selten und für elektrodynamische Systeme üblicherweise überhaupt keine Anwendung finden.

In [KASPAR00] ist am Beispiel von Mikrosystemen eine allgemeine Methode zur Ableitung von Kennzahlen auf der Basis der Dimensionsanalyse angegeben.

Aufgaben

2.1 Ist der Wirkungsgrad η eine Kennzahl?

2.2 Leiten Sie die REYNOLDS-Zahl von Gl. (6.28) ab, die das Verhältnis von Trägheitskraft und viskoser Reibungskraft einer strömenden Flüssigkeit in einem Strömungskanal beschreibt!

2.3 Wie müssen die Abmessungen eines als Würfel betrachteten Staubkorns skalieren, dass es elektrostatisch an einer Zimmerdecke haftet? Das Staubkorn soll aus Silizium bestehen. Alle Atome der Würfeloberfläche sollen einfach geladen sein (s. **Tabelle 3.5**), an der Decke sollen die entsprechenden Gegenladungen vorhanden sein. Der minimale Abstand zwischen Zimmerdecke und Staubkorn bei der elektrostatischen Anziehung soll den Wert der Gitterkonstanten a = 0,543 nm nicht unterschreiten können.

2.4 Welche Abmessungen des schwingenden Feder-Masse-Systems von **Bild 2.4** sind zu miniaturisieren, um die Resonanzfrequenz $\omega_0 = (mn)^{-1}$ (m Masse, $n = \ell / EA$ Nachgiebigkeit) zu vergrößern und damit den Dynamikbereich zu erweitern?

Literatur

[KASPAR00] *Kaspar, M.:* Mikrosystementwurf. Berlin u. a.: Springer 2000

[PAGEL01] *Pagel, L.:* Mikrosysteme. Physikalische Effekte bei der Verkleinerung technischer Systeme. Wilburgstetten: J. Schlembach Fachverlag 2001

[MADOU97] *Madou, M.:* Fundamentals of Microfabrication. Boca Raton: CRC Press 1997

3 Werkstoffe

3.1 Übersicht

Während die Mikroelektronik hochintegrierte, miniaturisierte signal- und datenverarbeitende Komponenten und Systeme zum Gegenstand hat, befasst sich die Mikrosystemtechnik mit miniaturisierten nichtelektrischen Funktionen, die die mikroelektronischen Bauelemente um sensorische und aktorische Elemente erweitern. Die große Zahl standardisierter Produkte, wie Rechner- und Speicherschaltkreise, hat die Entwicklung hocheffektiver mikroelektronischer Fertigungsverfahren entscheidend vorangebracht. Die Vielgestaltigkeit der Bauelementefunktionen und die dadurch deutlich geringeren produktbezogenen Stückzahlen in der Mikrosystemtechnik bedingen, dass solche Entwicklungsaufwendungen hier nicht geleistet werden können. Aus diesem Grund stützt sich die Mikrosystemtechnik überwiegend auf Fertigungsprozesse und Werkstoffe, wie sie auch die Mikroelektronik verwendet. Dies ist in zweifacher Hinsicht vorteilhaft:

- Mikroelektronische und mikrosystemtechnische Komponenten erlauben eine Integration, wenn dies funktionell und wirtschaftlich sinnvoll ist.
- Die hocheffizienten Fertigungsverfahren der Mikroelektronik basieren auf der parallelen Bearbeitung einer Vielzahl identischer Strukturen. Sie stützt sich dabei maßgeblich auf das Verfahren der Fotolithografie, mit dem sich Strukturmuster einer Fotomaske einfach in eine Vielzahl unterschiedlichster Werkstoffe übertragen lassen.

Die Adaption mikroelektronischer Fertigungsverfahren auf die Mikrosystemtechnik erfordert insbesondere die Erweiterung auf die Formgebung dreidimensionaler Strukturen (s. Kapitel 4). Andererseits zwingt die Verwendung dieser Fertigungsverfahren aber auch dazu, dass die Mikrosystemtechnik im Wesentlichen die gleiche Werkstoffbasis wie die Mikroelektronik nutzt. Dies begründet, dass mit Ausnahme von wenigen speziellen Fertigungsverfahren (z. B. LIGA-Verfahren, Abschn. 4.12; miniaturisierte klassische Verfahren, Abschn. 4.13) Silizium der dominierende Grundwerkstoff ist:

- Silizium ist ein Halbleiter, dessen **Leitfähigkeit** durch Dotierung gezielt eingestellt werden kann. Die Leitfähigkeit bzw. ihr reziproker Wert, der spezifische Widerstand ρ, kann dabei um mehr als sechs Größenordnungen verändert werden:
  p-leitendes Si: $n = 10^{14}\ \mathrm{cm}^{-3}$: $\rho = 2 \cdot 10^{2}\ \Omega \cdot \mathrm{cm}$
  $n = 10^{21}\ \mathrm{cm}^{-3}$: $\rho = 1{,}5 \cdot 10^{-4}\ \Omega \cdot \mathrm{cm}$

n-leitendes Si: $n = 10^{14}\,\mathrm{cm}^{-3}$: $\rho = 5 \cdot 10^{1}\,\Omega\cdot\mathrm{cm}$
$n = 10^{21}\,\mathrm{cm}^{-3}$: $\rho = 3 \cdot 10^{-4}\,\Omega\cdot\mathrm{cm}$
(n Ladungsträgerkonzentration).

- Silizium bildet durch thermische Oxidation einen hervorragenden Isolator, der zudem quasi defektfrei ist. Die Bandlücke von thermischem SiO_2 beträgt $E_g = 9\,\mathrm{eV}$, die Durchbruchfeldstärke $E_D = 3 \cdot 10^6\,\mathrm{V/cm}$.
- Silizium weist infolge seines einkristallinen Aufbaus mechanische Eigenschaften auf, die hinsichtlich Elastizität, Reproduzierbarkeit und Langzeitstabilität denen klassischer Konstruktionswerkstoffe weit überlegen sind.

All dies begründet, dass Silizium auch für die Mikrosystemtechnik der wichtigste Werkstoff ist und in überschaubarer Zeit bleiben wird. Deshalb steht im folgenden Abschnitt **einkristallines Silizium** im Vorgrund der Betrachtungen.

Einkristallines Silizium lässt sich als Dünnschicht nur mit großem Aufwand herstellen, so dass dann zumeist polykristallines Silizium (Poly-Si) zum Einsatz kommt. Dünne Poly-Siliziumschichten spielen eine dominierende Rolle in der Oberflächenmikromechanik (s. Abschn. 4.10).

Siliziumoxid (SiO_2) und -nitrid (Si_3N_4) haben als Isolationsschichten für die siliziumbasierte Mikrotechnik herausragende Bedeutung. Siliziumoxynitrid SiO_xN_y kann bei entsprechender Zusammensetzung einen thermischen Ausdehnungskoeffizienten annehmen, der dem von Silizium entspricht. Es eignet sich deshalb bei sehr dünnen Siliziumstrukturen als mechanisch spannungsfreies Isolations- und Passivierungsmaterial. Neben Silizium findet auch **Glas** breite Anwendung als Konstruktionswerkstoff. Glas ist deutlich preiswerter als Silizium und weist gerade für optische, aber auch viele andere Anwendungen vorteilhafte Eigenschaften auf.

Beispiel 3.1 Piezoresistiver Drucksensor

Bild 3.1 zeigt den typischen Querschnitt eines kommerziellen piezoresistiven Drucksensors (s. Abschn. 7.5). Der Drucksensorchip besteht aus einkristallinem Silizium, in dem eine Druckplatte durch anisotropes nasschemisches Ätzen (s. Abschn. 4.6) lokal abgedünnt ist. Als Ätzmaskierung für die laterale Begrenzung dieser Abdünnung finden zumeist Doppelschichten aus Siliziumdioxid und -nitrid Anwendung, ebenso wie für die Passivierungsschichten auf der Schichtoberseite. Thermisch gewachsenes SiO_2 (s. Abschn. 4.4) wird hier wegen seiner Defektfreiheit, Si_3N_4 wegen seiner chemischen Widerstandsfähigkeit eingesetzt. Der Silizium-Sensorchip ist auf dem Chipträger über einen dicken Glasgegenkörper befestigt. Damit kann verhindert werden, dass mechanische Spannungen vom Sensorgehäuse oder dem Chipträger die Deformation der Druckplatte und damit deren Drucksensoreigenschaften maßgeblich beeinflussen. Dazu wird Glas

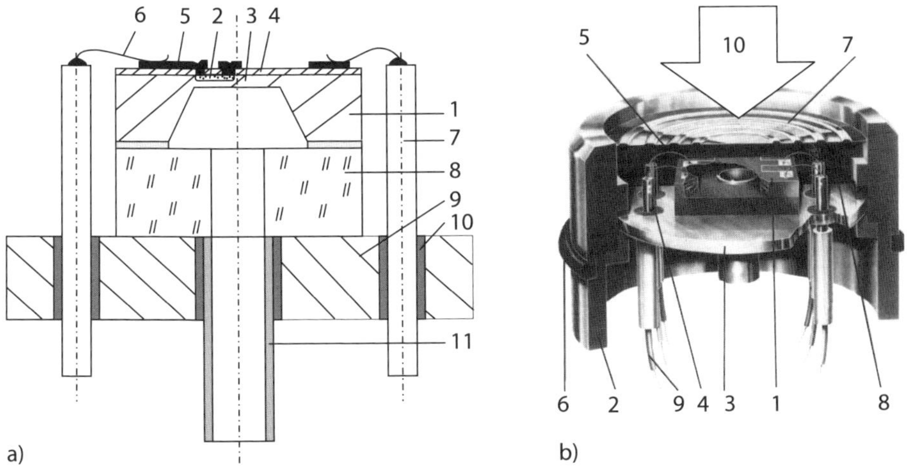

Bild 3.1 Typischer Querschnitt durch einen piezoresistiven Drucksensor (nicht maßstäblich)
a) Schematischer Aufbau: 1 Silizium-Sensorchip, 2 Piezowiderstand (dotiertes Silizium), 3 Druckplatte, 4 Isolationsschicht (SiO_2, ggf. zusätzlich Si_3N_4), 5 Leitbahnschicht (Al), 6 Drahtbondung, 7 Kontaktstift, 8 Glasgegenkörper, 9 IC-Chipträger (Metall), 10 Glasdurchführung, 11 Druckröhrchen;
b) Drucksensor mit Trennmembran und Ölfüllung: 1 Messzelle, 2 Rostfreies Stahlgehäuse, 3 Glasdurchführung, 4 Stift, 5 Golddraht, 6 Dichtring, 7 Rostfreie Stahlmembran, 8 Silikonöl, 9 Litze, 10 Medien: Nasse und trockene Gase, ölhaltige Chemikalien, ätzende Flüssigkeiten (Quelle: Fa. Keller Gesellschaft für Druckmesstechnik, Winterthur, Schweiz)

verwendet, weil dessen thermischer Ausdehnungskoeffizient dem von Silizium gleicht (s. Abschn. 3.4). Deshalb verursacht es bei Temperaturänderungen keine mechanischen Spannungen.

Das Spektrum der eingesetzten Werkstoffe in der Mikrosystemtechnik geht weit über die bisher genannten hinaus (**Tabelle 3.1**).

Silizium und Glas sind die mit Abstand wichtigsten **Substrat- oder Konstruktionswerkstoffe.**

Quarz (einkristallines SiO_2) findet für Uhrenquarze und andere piezoelektrische Schwingungselemente Anwendung. Der Einsatz von Siliziumkarbid (SiC) in seinen verschiedenen Modifikationen beschränkt sich auf sehr hohe Temperaturen (einige Hundert Grad Celsius). Andere Halbleitermaterialien spielen in der Mikrosystemtechnik keine Rolle. Silizium selbst hat wegen seiner überragenden Eigenschaften auch als **Schicht- oder Funktionswerkstoff** eine große Bedeutung. Dies betrifft seine halbleitenden Eigenschaften, aber auch eine Reihe von sensorischen und aktorischen Effekten (s. Kapitel 7). Da in der Mikrosystemtechnik eine Vielzahl unterschiedlichster Funktionen zu realisieren und zu integrieren sind, ist auch das Spektrum an entsprechenden Werkstoffen außerordentlich vielfältig. Im Rahmen dieses Buches kann deshalb nur auf die wichtigsten von ihnen eingegangen werden.

Tabelle 3.1 Gebräuchliche Werkstoffe in der Mikrosystemtechnik (Auswahl), vgl. [FRÜHAUF05], [VÖLKLEIN00]

Substrat-/Konstruktionswerkstoffe
Einkristalle:
Halbleiter: Silizium (Si), Siliziumkarbid (SiC)
Dielektrika: Quarz (SiO_2), Saphir (Al_2O_3)
Gläser:
Silikatgläser: Pyrex/Borofloat/Rasotherm[1]; Foturan[1]
Quarzglas (SiO_2)
Keramiken: Al_2O_3, AlN
Polymere: Polyamid (PA), Polyimid (PI), Polymethylmethacrylat (PMMA), Polycarbonat (PC)
Schicht-/Funktionswerkstoffe
Halbleitende Schichten: Poly-Si, SnO_2
Isolatoren, Passivierungsschichten: SiO_2, Si_3N_4, SiO_xN_y
Leitbahnen, Kontaktwerkstoffe: Al, Al/Si, Cr/Au, Ni/Cr, Si (hochdotiert), $InSnO_x$ (ITO, transparent)
Opferschichten: SiO_2, Fotolack
Diffusionsbarrieren: W, Ta
Haftvermittlungsschichten: Ti, Cr, Zr
Getterschichten: Borosilikatglas (BSG), Phosphorosilikatglas (PSG)
Optische Schichten:
Wellenleiter: SiO_xN_y
Absorptionsschichten: Ag, Au (porös)
Reflexionsmindernde oder -erhöhende Schichten[2]: Al, Pt, Au, SiO_2, Si, Ge
Sensorische und aktorische Schichten:
Piezoelektrika: $PbZr_xTi_{1-x}O_3$ (PZT), ZnO, Polyvenylidenfluorid (PVDF)
Pyroelektrika: PZT, PVDF
Ferromagnetika: Ni, Fe, NiFe
Formgedächtnislegierungen: Nitinol (NiTi)
Mechanische Funktionsschichten: Poly-Si

[1] Handelsnamen, [2] z. B. als $\lambda/4$-Schichten oder als ultradünne Schichten (Metall)

Tabelle 3.2 Substratwerkstoffe der Mikrosystemtechnik im Vergleich

Werkstoff	Eigenschaften
Silizium	dotierbarer Halbleiter, Einkristall, temperatur- und langzeitstabil, Halbleitertechnologien anwendbar, kostengünstig, große Zahl nutzbarer Halbleitereffekte
Quarz	elektrischer Isolator, Einkristall, temperatur- und langzeitstabil, chemisch resistent, große Härte, piezoelektrisch
Glas	amorphes Material mit Relaxationseigenschaften, kostengünstig, optisch transparent, chemisch resistent, thermisch an Silizium anpassbar (Borosilikatglas), im Spezialfall fotostrukturierbar (Foturan)
Polymere	amorphes Material mit Relaxationseigenschaften, kostengünstig, Eigenschaften leicht anpassbar (durch Polymermischungen oder Füllstoffe)

3.2 Einkristallines Silizium

Einkristallines Silizium ist ebenso wie für die Mikroelektronik auch für die Mikrosystemtechnik der wichtigste Grundwerkstoff:

- Silizium weist nur eine einzige Kristallmodifikation auf.
- Silizium steht kostengünstig in ausreichender Menge zur Verfügung.
- Silizium ist physikalisch und chemisch der mit am intensivsten untersuchte Werkstoff [HULL99].
- Für die Bearbeitung von Silizium stehen wirtschaftliche technologische Verfahren und ausgereifte Ausrüstungen zur Verfügung (s. Kapitel 4). Die Fotolithografie erlaubt dabei die Übertragung hoch komplexer Muster in Silizium oder in Schichten, die auf dem Silizium abgeschieden werden.
- Die Verwendung von Silizium gestattet die Nutzung einer Vielzahl physikalischer und chemischer Effekte, wie sie für sensorische und aktorische Anwendungen von Bedeutung sind.

Außerdem weist Silizium Eigenschaften auf, die es gegenüber vielen anderen Werkstoffen, auch Halbleitern, präferieren:

- Mechanisch: Einkristallines Silizium zeigt bei üblichen Anwendungstemperaturen ein ideal elastisches Verhalten. Plastische Verformung und Hystereseeigenschaften konnten bisher nur bei Temperaturen von mehreren Hundert Grad Celsisus beobachtet werden. Proportionalitätsgrenze, Elastizitätsgrenze und Zugfestigkeit stimmen überein. Außerdem lässt sich die durch seinen kristallinen Aufbau bedingte Anisotropie (Kristallrichtungsabhängigkeit) der Eigenschaften für die Herstellung geometrisch perfekt definierter Formen nutzen (s. Abschn. 4.6).

- Elektrisch: Die Leitfähigkeit von Silizium kann durch Dotierung um mehr als sechs Größenordnungen geändert werden.
- Technologisch: Durch thermische Oxidation (s. Abschn. 4.4) kann Si technologisch einfach zu SiO_2 umgewandelt werden, das ein hervorragender Isolator ist. Thermisches Oxid ist fest haftend, stabil, defektarm und für viele Anwendungen hinreichend widerstandsfähig.
- Thermisch: Silizium weist eine sehr gute **Wärmeleitfähigkeit** auf.

3.2.1 Beschreibung der Orientierung von Flächen und Richtungen im Kristall

Silizium besitzt als Einkristall einen kubisch-flächenzentrierten Gitteraufbau, wie er beim Diamantgitter auftritt. Es gehört zur kristallografischen Punktgruppe $\bar{4}3m$ [PAUFLER86].

Das Siliziumgitter entsteht durch die Überlagerung von zwei kubisch-flächenzentrierten Gittern mit Basisatomen bei (0, 0, 0) und bei (a/4, a/4, a/4), wobei a die Gitterkonstante ist (a = 0,5431 nm = 5,431Å, (**Bild 3.2**)). Jedes Si-Atom ist tetraedisch von vier weiteren Si-Atomen umgeben, wobei der Bindungsabstand zwischen zwei benachbarten Siliziumatomen 0,235 nm beträgt.

Um die Lage von Flächen und Kanten im Siliziumkristallgitter zu beschreiben, werden die MILLERschen Indizes verwendet. Ausgangspunkt ist dabei ein kartesisches Koordinatensystem, da die diamantgitterartige Einheitszelle des Siliziums ein Würfel mit gleicher Kantenlänge a in allen drei Koordinatenrichtungen ist und zwischen den Würfelkanten rechte Winkel aufgespannt sind. **Bild 3.3** zeigt acht Einheitszellen eines solchen Si-Gitters. Jedes Atom des Gitters wird von jedem entsprechenden Atom der anderen Zelle

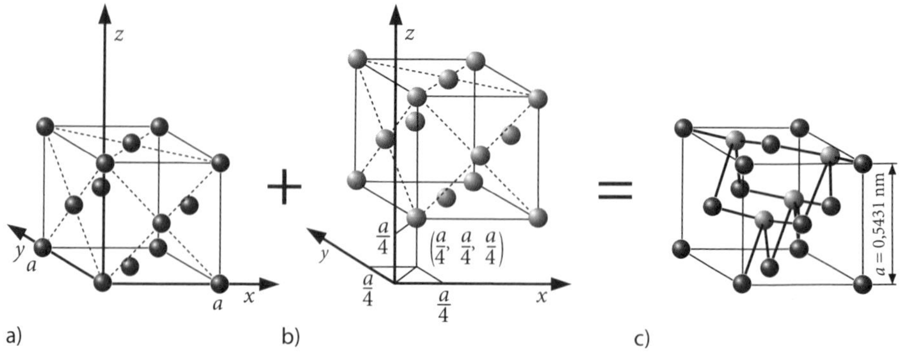

Bild 3.2 Kubisch-flächenzentrierte Gitterzelle für Basisatome bei a) (0, 0, 0) und b) (a/4, a/4, a/4); c) resultierendes Diamantgitter von Silizium

durch periodische Fortsetzung, d. h. Verschiebung um ganzzahlige Vielfache (*b, c, d* ganzzahlig) der Gitterkonstanten in den drei Raumrichtungen gefunden:

$$\vec{r}' = \vec{r}_0' + \left(b\vec{e}_{x'} + c\vec{e}_{y'} + d\vec{e}_{z'}\right). \tag{3.1}$$

Hier sind $\vec{r}_0'$ der Ortsvektor zum Basisatom und $\vec{r}'$ der Ortsvektor des entsprechenden Gitteratoms. Im Folgenden wird zumeist $\vec{r}_0'$ als Ortsvektor für das Basisatom bei (0, 0, 0) verwendet. Allerdings kann $\vec{r}_0'$ prinzipiell frei festgelegt werden, da von einem idealen, unendlich ausgedehntem Kristall ausgegangen wird. Dies bedeutet, dass der Ursprung des kartesischen Koordinatensystems beliebig festgelegt werden kann. Im **Bild 3.3** ist $\vec{r}_0' = (0, 0, 0)$ und $\vec{r}_0' - \vec{r}' = (b, c, d) = (2a, 2a, 2a)$.

Wegen des kubischen Gitteraufbaus werden die Überlegungen zur Ableitung der MILLERschen Indizes zumeist in einem auf die Gitterkonstante *a* normierten Koordinatensystem

$$\vec{r} = \vec{r}_0 + \left(b\vec{e}_x + c\vec{e}_y + d\vec{e}_z\right) \tag{3.2}$$

mit $\vec{r} = \vec{r}'/a$, $\vec{r}_0 = \vec{r}_0'/a, x = x'/a$, $y = y'/a$ und $z = z'/a$ vorgenommen.

Die Ableitung von Richtungen und Flächen im Kristall erfolgt nun unter Nutzung der Vektorbeschreibung von Gl. (3.2) gemäß den Bezeichnungen von **Bild 3.4,** wie im Folgenden beschrieben.

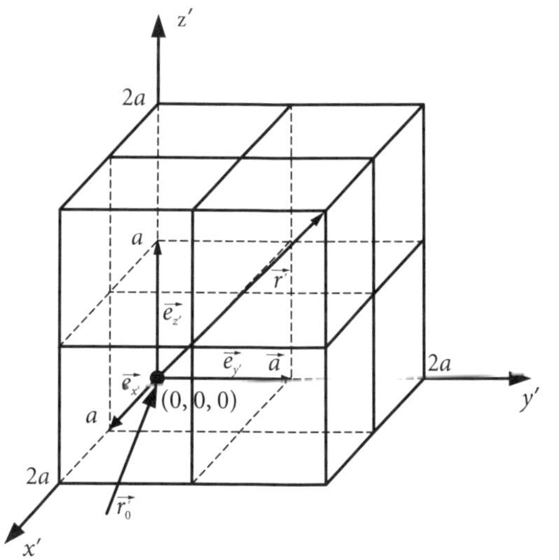

Bild 3.3 Kristallgitter von Silizium im kartesischen Koordinatensystem

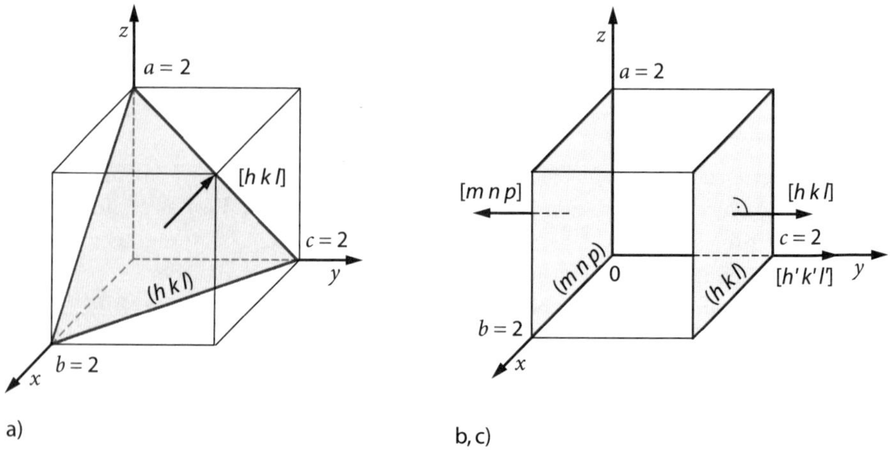

Bild 3.4 Bezeichnung von Kristallrichtungen und Kristallflächen im Siliziumgitter

Kristallrichtungen:

- Bestimmen Sie die Richtungskomponenten (a, b, c) des Vektors der Kristallrichtung.
- Bilden Sie das Verhältnis der Achsenabschnitte

  $$h:k:l = b:c:d \tag{3.3}$$

  so, dass h, k und l ganzzahlig und teilerfremd sind.
- Die Kristallrichtung wird als $[h\ k\ l]$ bezeichnet.

Beispiel **Bild 3.4a**: $[h\ k\ l]$
$b = 2, c = 2, d = 2$
$b:c:d = 2:2:2 \rightarrow h:k:l = 1:1:1$
$[h\,k\,l\,] = [1\ 1\ 1]$.

Beispiel **Bild 3.4b**: $[h\,k\,l\,]$
$b = 0, c = 2, d = 0$
$b:c:d = 0:2:0 \rightarrow h:k:l = 0:1:0$
$[h\,k\,l] = [0\ 1\ 0]$
$[h'\,k'\,l\,] = [h\,k\,l] = [0\ 1\ 0]$.
$[h'\,k'\,l']$ und $[h\,k\,l]$ haben die gleiche Richtung und sind deshalb gleich. Sie sind nicht an einen bestimmten Ursprung gebunden.

Beispiel **Bild 3.4c**: $[m\,n\,p]$

$b = 0, c = \text{-}2, d = 0$
$b:c:d = 0:(\text{-}2):0 \rightarrow m:n:p = 0:(\text{-}1):0$
$[m\,n\,p] = [0\ \bar{1}\ 0\,]$ (sprich: null, minus eins, null)

Negative Werte werden durch einen Strich über der Zahl gekennzeichnet. $[m\,n\,p]$ und $[\overline{m}\,\overline{n}\,\overline{p}]$ zeigen immer in entgegengesetzte Richtungen.

Kristallflächen:

- Bestimmen Sie die Achsenabschnitte b, c und d, bei denen die Fläche $(h\,k\,l)$ die drei Koordinatenachsen schneidet. Verschieben Sie ggf. das Koordinatensystem so, dass es durch die Fläche $(h\,k\,l)$ nicht im Koordinatenursprung geschnitten wird.
- Bilden Sie das Verhältnis der reziproken Achsenabschnitte

$$h:k:l=\frac{1}{b}:\frac{1}{c}:\frac{1}{d} \tag{3.4}$$

so, dass h, k und l ganzzahlig und teilerfremd sind.

- Die Kristallfläche wird als $(h\,k\,l)$ bezeichnet.

Beispiel **Bild 3.4a**: $(h\,k\,l)$
$b=2, c=2, d=2$

$$\frac{1}{b}:\frac{1}{c}:\frac{1}{d}=\frac{1}{2}:\frac{1}{2}:\frac{1}{2}\rightarrow h:k:l=1:1:1$$

$(h\,k\,l)=(1\ 1\ 1)$.

Beispiel **Bild 3.4b**: $(h\,k\,l)$
$b=\infty, c=2, d=\infty$

$$\frac{1}{b}:\frac{1}{c}:\frac{1}{d}=\frac{1}{\infty}:\frac{1}{2}:\frac{1}{\infty}\rightarrow h{:}k{:}l=0{:}1{:}0$$

$(h\,k\,l)=(0\,1\,0)$.

Beispiel **Bild 3.4c**: $(m\,n\,p)$

Verschiebung des Koordinatensystems in y-Richtung, z. B. um $\Delta y=2$. Dann wird $(x', y', z') = (x, y-2, z)$. Die Fläche $(m\,n\,p)$ schneidet die y'-Achse bei $c=-2$.

$b=\infty, c=-2, d=\infty$

$$\frac{1}{b}:\frac{1}{c}:\frac{1}{d}=\frac{1}{\infty}:\frac{1}{-2}:\frac{1}{\infty}\rightarrow m:n:p=0:(-1):0$$

$(m\,n\,p)=(0\,\bar{1}\,0)$.

Die Orientierung der Fläche $(m\,n\,p)$ im Raum entspricht der Fläche $(h\;k\;l)$ von Beispiel **Bild 3.4b**. $(0\;\bar{1}\;0)$ und $(0\;1\;0)$ charakterisieren dabei die „Unter-“ und die „Oberseite“ dieser Kristallfläche, da $(h\,k\,l) = (\overline{m}\;\overline{n}\;\overline{p})$ ist.

Für kubische Kristalle lassen sich folgende Schlussfolgerungen ziehen:

- Parallele Richtungen und Flächen sind äquivalent.
- $[h\,k\,l]$ und $[\bar{h}\,\bar{k}\,\bar{l}]$ sind genau entgegengesetzte Richtungen.
- $(h\,k\,l)$ und $(\bar{h}\,\bar{k}\,\bar{l})$ kennzeichnen die gleiche Fläche.
- Die Richtung $[h\,k\,l]$ ist die Flächennormale der Fläche $(h\,k\,l)$ und der Fläche $(\bar{h}\;\bar{k}\;\bar{l})$.

Im ersten Moment mutet es sonderbar an, dass entsprechend den Gln. (3.3) und (3.4) für die Richtungen und Flächen einmal das Verhältnis der Achsenabschnitte und im anderen Fall das der reziproken Achsenabschnitte gebildet wird. Dies entspricht jedoch dem Übergang zu einem (hier normierten) reziproken Gitter, bei dem die Flächennormale des reziproken Gitters senkrecht auf der Ebene des Originalgitters steht [HÄNSEL96]. Auf diese Weise wird erreicht, dass die Fläche $(h\,k\,l)$ und die Flächennormale $[h\,k\,l]$ die gleiche Indizierung erhalten.

Auf Grund der kubischen Symmetrie können verschiedene Kristallrichtungen und -flächen durch Symmetrieoperationen ineinander überführt werden. Man spricht dann von äquivalenten Richtungen und Flächen **(Tabelle 3.3)**. So sind z. B. die Koordinatenachsen (dabei jeweils in positiver und negativer Richtung) richtungsäquivalent. Dies bedeutet auch, dass die entsprechenden Materialeigenschaften in diesen Richtungen gleich sind. Äquivalente Flächen werden als $<h\,k\,l>$ gekennzeichnet. Hier charakterisiert $<1\,0\,0>$ z. B. eine oder alle der folgenden Richtungen $[1\,0\,0]$, $[\bar{1}\,0\,0]$, $[0\,1\,0]$, $[0\,\bar{1}\,0]$, $[0\,0\,1]$ und $[0\,0\,\bar{1}]$. Analog sind alle Würfelflächen der Einheitszelle des Si-Gitters äquivalent. Sie werden als $\{h\,k\,l\}$ kenntlich gemacht.

Tabelle 3.3 MILLERsche Indizes

Bezeichnung	Bedeutung	Beispiel
[h k l]	Kristallrichtung	$[1\,1\,1]$
$<h\,k\,l>$	Äquivalente Kristallrichtungen	$<1\,1\,1> \in \{[1\,1\,1], [\bar{1}\,1\,1], [1\,\bar{1}\,1], [1\,1\,\bar{1}], [\bar{1}\,\bar{1}\,1], [\bar{1}\,1\,\bar{1}], [1\,\bar{1}\,\bar{1}], [\bar{1}\,\bar{1}\,\bar{1}]\}$
$(h\,k\,l)$	Kristallfläche	$(1\,0\,0)$
$\{h\,k\,l\}$	Äquivalente Kristallflächen	$\{1\,0\,0\} \in \{\{1\,0\,0\}, \{\bar{1}\,0\,0\}, \{0\,1\,0\}, \{0\,\bar{1}\,0\}, \{0\,0\,1\}, \{0\,0\,\bar{1}\}\}$

Der Winkel α zwischen zwei Flächen $(h_1\,k_1\,l_1)$ und $(h_2\,k_2\,l_2)$ bzw. zwei Richtungen $[h_1\,k_1\,l_1]$ und $[h_2\,k_2\,l_2]$ berechnet sich entsprechend den mathematischen Grundlagen der Vektorgeometrie zu

$$\begin{aligned}\alpha &= \arccos \angle\{(h_1\ k_1\ l_1), (h_2\ k_2\ l_2)\} = \arccos \angle\{[h_1\ k_1\ l_1], [h_2\ k_2\ l_2]\} \\ &= \arccos \frac{h_1 h_2 + k_1 k_2 + l_1 l_2}{\sqrt{(h_1^2 + k_1^2 + l_1^2)(h_2^2 + k_2^2 + l_2^2)}}.\end{aligned} \tag{3.5}$$

Zwischen den drei Koordinatenrichtungen $\vec{x} = [1\ 0\ 0]$, $\vec{y} = [0\,1\,0]$, $\vec{z} = [0\ 0\ 1]$ ergeben sich somit die Winkel

$$\begin{aligned}\alpha_1 &= \arccos \angle(\vec{x}, \vec{y}) = \arccos \frac{1 \cdot 0 + 0 \cdot 1 + 0 \cdot 0}{[(1^2 + 0^2 + 0^2)(0^2 + 1^2 + 0^2)]} = \arccos 0 = 90^\circ \\ \alpha_2 &= \arccos \angle(\vec{x}, \vec{z}) = 90^\circ \\ \alpha_3 &= \arccos \angle(\vec{y}, \vec{z}) = 90^\circ.\end{aligned}$$

Dies entspricht genau der Voraussetzung, dass das gewählte Koordinatensystem kartesisch sein soll. Analog ergeben sich zwischen allen benachbarten Würfelseitenflächen $\{1\,0\,0\}$ in den zu **Bild 3.4b,c** gehörenden Beispielen b), c) Winkel von 90°.

Beispiel 3.2 {1 1 1}-Seitenflächen von Ätzgruben in (0 0 1)-Silizium

Beim anisotropen, d. h. kristallrichtungsabhängigen Ätzen von Silizium mit $\{1\,0\,0\}$-orientierter Oberfläche entstehen Ätzgruben, die in der Tiefe die gleiche $\{1\,0\,0\}$-Orientierung aufweisen und seitlich durch $\{1\,1\,1\}$-Flächen begrenzt sind **(Bild 3.5)**. Dies wird dadurch hervorgerufen, dass $\{1\,1\,1\}$-Si-Flächen mit sehr kleiner Ätzrate abgetragen werden und somit am widerstandsfähigsten sind (s. Abschn. 4.6).

Das x, y-Koordinatensystem des Si-Kristallgitters ist gegenüber den sich herausbildenden Ätzgrubenkanten um 45° verdreht. **Bild 3.5b** zeigt ein Detail vom **Bild 3.5a**, in dem die Lage der beiden schraffierten Flächen im Koordinatensystem deutlicher wird.

Welche spezielle Orientierung haben die beiden $\{1\,1\,1\}$-Flächen $(a\,b\,c)$ und $(d\,e\,f)$?

Die Flächen lassen sich einfach bestimmen, wenn das verschobene Koordinatensystem (x', y', z') betrachtet wird:
Schnittpunkte von $(a\,b\,c)$ mit den Koordinatenachsen liegen bei $x' = 1$, $y' = 1$, $z' = 1$. Damit wird $a : b : c = \frac{1}{1} : \frac{1}{1} : \frac{1}{1}$ und $(a\,b\,c) = (1\,1\,1)$.

Schnittpunkte von $(d\,e\,f)$ mit den Koordinatenachsen: $x' = -1$, $y' = -1$, $z' = -1$. Damit wird $d : e : f = \frac{1}{-1} : \frac{1}{1} : \frac{1}{-1}$ und $(d\,e\,f) = (\bar{1}\,1\,\bar{1})$ oder $(1\,\bar{1}\,1)$. Letzteres lässt sich sofort überprüfen, wenn das Koordinatensystem in die rechte untere hintere Ecke verschoben wird.

In welche Richtungen x^* und y^* sind die Kanten der Ätzgrube orientiert?

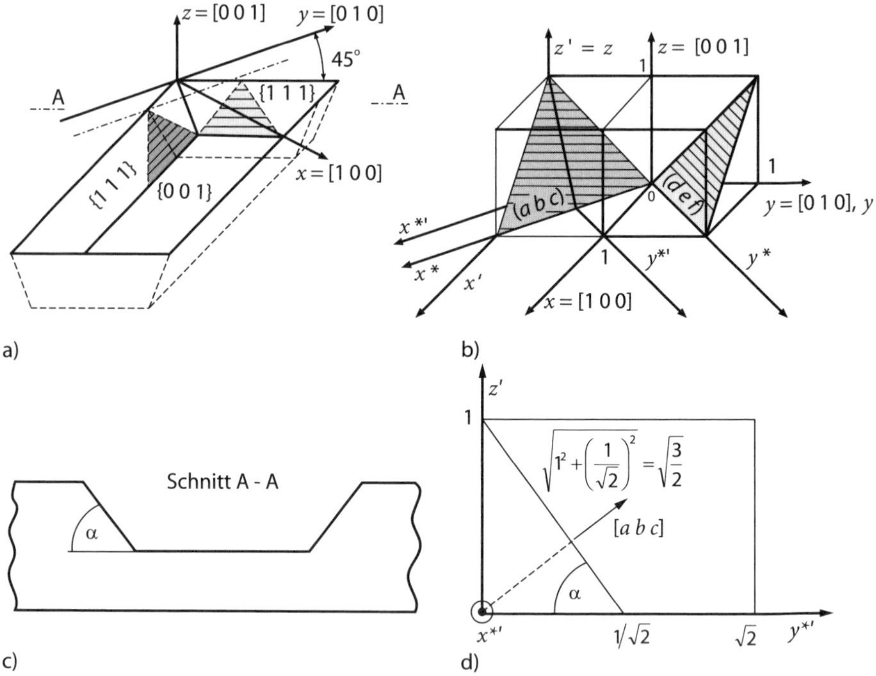

Bild 3.5 Anisotrop geätzte Grube in (0 0 1)-Si.
a) Anordnung im Koordinatensystem (*x*, *y*, *z*); b) Ausschnitt daraus; c) Schnitt durch die Ätzgrube; d) Schnitt in der *z*'-*y**'-Ebene von b)

Die Betrachtung erfolgt im Koordinatensystem (x, y, z).

x^*: $x = 1, y = -1, z = 0$. Daraus folgt $x^* = [1\,\bar{1}\,0]$.

y^*: $x = 1, y = 1, z = 0$. Hier folgt $y^* = [1\;1\;0]$.

Die Ätzgrubenkanten liegen in <1 1 0>-Richtung.

Wie groß ist der Neigungswinkel α zwischen den {1 1 1}-Seitenflächen und der (0 0 1)-Bodenfläche?

Mit Gl. (3.5) ergibt sich:

$$\alpha = \arccos \angle\{(a\;b\;c),(0\,0\,1)\} = \arccos \angle\{(1\;1\;1),(0\,0\,1)\}$$

$$= \arccos \frac{1\cdot 0 + 1\cdot 0 + 1\cdot 1}{\sqrt{(1^2+1^2+1^2)(0^2+0^2+1^2)}} = \arccos \frac{1}{\sqrt{3}}$$

$$\alpha = 54{,}74°.$$

Gleiches ergibt sich für

$$\beta = \arccos \angle\{(d\;e\;f),(0\,0\,1)\} = \arccos \angle\{(1\,\bar{1}\,1),(0\,0\,1)\}$$

$$\beta = \arccos 1/\sqrt{3} = \alpha = 54{,}74\,°.$$

Die Herleitung kann auch anhand des Schnittes entlang der z'-$y^{*\prime}$-Ebene in **Bild 3.5b** erfolgen **(Bild 3.5d)**. Die Länge der Flächendiagonale durch die Einheitszelle ist $y^{*\prime} = \sqrt{2}$. Die Fläche (a b c) wird genau in der Mitte bei $y^{*\prime} = 1/\sqrt{2}$ geschnitten.

Damit ergibt sich $\alpha = \arctan[1/(1/\sqrt{2})] = \arctan\sqrt{2} = 54{,}74\,°$ oder

$$\alpha = \arcsin(1/\sqrt{3/2}) = \arcsin\sqrt{2/3} = 54{,}74\,°\,.$$

Dieser Neigungswinkel von 54,74° wird uns später in der Volumenmikromechanik mit seinen nasschemisch anisotrop geätzten Formelementen häufig begegnen. Er stellt sich durch die kristallografische Orientierung der {1 1 1}-Seitenwände, die sich beim Ätzen bilden, von selbst ein.

3.2.2 Oberflächeneigenschaften bei verschiedener Orientierung

In der Silizium-Volumenmikromechanik haben die {1 0 0}-, {1 1 0}- und {1 1 1}-Ebenen die größte Bedeutung. **Tabelle 3.4** zeigt die Lage dieser Flächen in der Einheitszelle. Deutlich wird, dass die **Bindungsdichte** für die verschiedenen orientierten Flächen variiert.

Tabelle 3.4 Bindungsverhältnisse für verschiedene Siliziumflächen

Fläche	(1 0 0)	(1 1 0)	(1 1 1)
Lage in der Einheitszelle	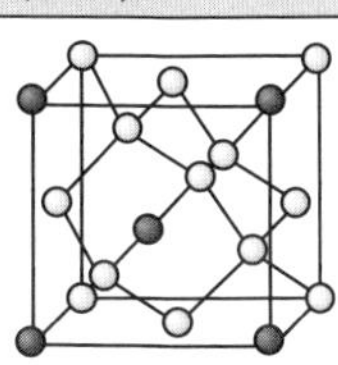	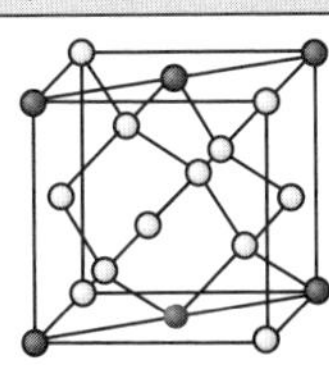	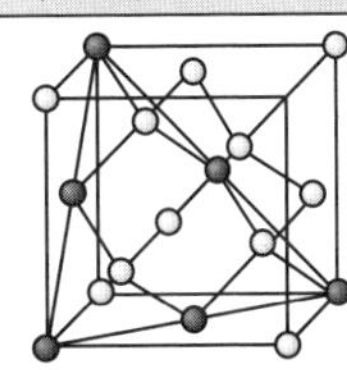
Flächen-inhalt	a^2	$\sqrt{2}\,a^2$	$\frac{1}{2}\sqrt{3}\,a^2$
Zahl der A-tombin-dungen[1]	4×1 (Ecken) $+1 \times 2$ (Zentrum) $= 6$	4×1 (Ecken) $+2 \times 2$ (Kanten) $= 8$	3×1 (Ecken) $+3 \times 2$ (Kanten) $= 9$
Bindungen pro Fläche	$6 \cdot \frac{1}{a^2}$	$\frac{8}{\sqrt{2}}\frac{1}{a^2} = 5{,}66\frac{1}{a^2}$	$9 \cdot \frac{2}{\sqrt{3}}\frac{1}{a^2} = 10{,}4\frac{1}{a^2}$

[1] effektive Bindungen der Atome zu den hier markierten Flächen

Für die (1 0 0)-Fläche befinden sich fünf Si-Atome an der Oberfläche. Die vier Atome an den Ecken teilen sich ihre vier Bindungen jeweils mit den drei Nachbarzellen, so dass jede nur effektiv mit einer Bindung an diese Zelle gebunden ist. Das Atom in der Flächenmitte teilt zwei Bindungen mit der gezeigten Einheitszelle. Damit sind die fünf Atome insgesamt über sechs Bindungen an die Einheitszelle gebunden. Vorausgesetzt, dass alle Bindungen die gleiche Bindungsenergie besitzen, ergeben sich somit sechs Bindungen auf die Fläche a^2. Der Vergleich zeigt, dass die Bindungsdichte bei (1 1 1)-Si am größten ist. Dies ist der Grund, dass die Ätzrate von {1 1 1}-Si wegen der mit Abstand größten Bindungsdichte am geringsten ist. Allerdings ist zu beachten: **Tabelle 3.4** kann zur phänomenologischen Interpretation der Ätzeigenschaften dienen, eine Berechnung der wirklichen Bindungsenergien erfordert weitaus kompliziertere Modelle und Annahmen.

3.2.3 Anisotrope elastische Eigenschaften

Wegen seiner Kristalleigenschaften weist Silizium ein richtungsabhängiges elastisches Verhalten auf. Dies wird **Anisotropie** genannt. In **Tabelle 3.5** ist der allgemeine Zusammenhang zwischen den mechanischen Spannungen σ_j und den sich daraus ergebenden Dehnungen ε_i dargestellt.

Tabelle 3.5 Ableitung der allgemeinen anisotropen Spannungs- Dehnungsbeziehungen

Art der Deformation	Spannungen und Dehnungen
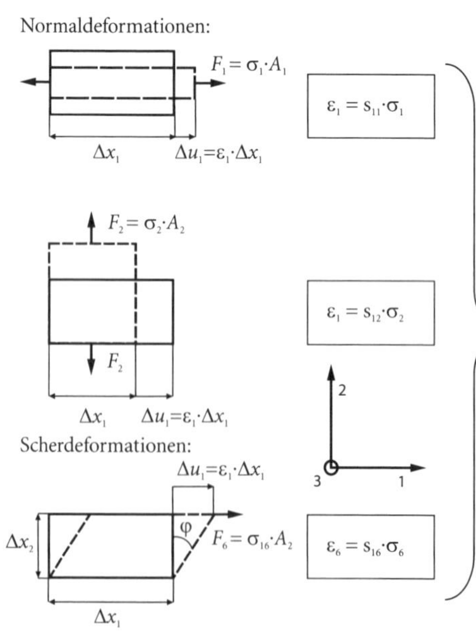 A Fläche, F Kraft, u Verzerrung.	Superposition: Allgemein: $\varepsilon_1 = s_{11}\sigma_1 + s_{12}\sigma_2 + ... + s_{16}\sigma_6$ oder $\varepsilon_i = s_{ij}\sigma_j \quad (i, j = 1...6)$ (3.6) ε_i Dehnungstensor: $\varepsilon_1 ... \varepsilon_3$ Normaldehnungen $\varepsilon_4 ... \varepsilon_6$ Scherdehnungen σ_j Spannungstensor: $\sigma_1 ... \sigma_3$ Normalspannungen $\sigma_1 ... \sigma_3$ Scherspannungen s_{ij} Tensor der Elastizitätskoeffizienten $\sigma_j = c_{ij}\varepsilon_i$ (3.7) $c_{ij} = s_{ij}^T$ Tensor der Elastizitätsmoduln VOIGTsche Notation: 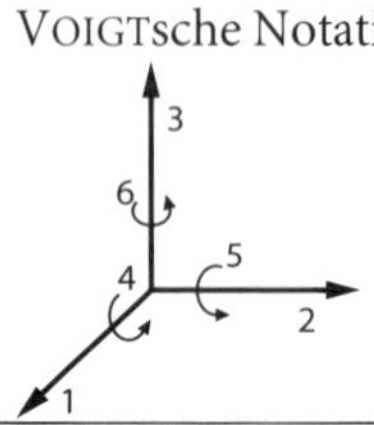

Dabei wird die VOIGTsche Notation verwendet, bei der die Indizes 1 bis 3 die Normaldeformationen und die Indizes 4 bis 6 die Scherdeformationen beschreiben. Eine Scherung in der 1-2-Ebene ist mit einer Drehung der deformierten Flächen um die Achse 3 verbunden und wird entsprechend mit dem Index 6 belegt.

Normalkräfte F_1, F_2 und F_3 in den Richtungen 1, 2 und 3 führen jeweils zu einer Veränderung des Verzerrungszustandes Δu_1 und damit zu einer Normaldehnungsänderung ε_1. Gleiches gilt für die Normaldehnungen ε_2 und ε_3 und die Scherdehnungen ε_4 bis ε_6. Die Betrachtung der Scherdeformationen erfolgt analog.

Wegen der Symmetrieeigenschaften von einkristallinem Silizium vereinfachen sich die Gln. (3.6) und (3.7), da jeweils nur drei s_{ij}- und c_{ij}-Koeffizienten unabhängig von einander sind (**Tabelle 3.6**).

Tabelle 3.6 Elastizitätskoeffizienten s_{ij} und Elastizitätsmoduln c_{ij} für Silizium [Büttgenbach91]

Matrix	Kennwerte
$s_{ij} = \begin{bmatrix} s_{11} & s_{12} & s_{12} & 0 & 0 & 0 \\ s_{12} & s_{11} & s_{12} & 0 & 0 & 0 \\ s_{12} & s_{12} & s_{11} & 0 & 0 & 0 \\ 0 & 0 & 0 & s_{44} & 0 & 0 \\ 0 & 0 & 0 & 0 & s_{44} & 0 \\ 0 & 0 & 0 & 0 & 0 & s_{44} \end{bmatrix}$	$s_{11} = 7{,}68 \cdot 10^{-12}\,\frac{\text{m}^2}{\text{N}}$ $s_{12} = -2{,}14 \cdot 10^{-12}\,\frac{\text{m}^2}{\text{N}}$ $s_{44} = 12{,}56 \cdot 10^{-12}\,\frac{\text{m}^2}{\text{N}}$
$c_{ij} = \begin{bmatrix} c_{11} & c_{12} & c_{12} & 0 & 0 & 0 \\ c_{12} & c_{11} & c_{12} & 0 & 0 & 0 \\ c_{12} & c_{12} & c_{11} & 0 & 0 & 0 \\ 0 & 0 & 0 & c_{44} & 0 & 0 \\ 0 & 0 & 0 & 0 & c_{44} & 0 \\ 0 & 0 & 0 & 0 & 0 & c_{44} \end{bmatrix}$	$c_{11} = 1{,}658 \cdot 10^{11}\,\frac{\text{N}}{\text{m}^2}$ $c_{12} = 0{,}639 \cdot 10^{11}\,\frac{\text{N}}{\text{m}^2}$ $c_{44} = 0{,}796 \cdot 10^{11}\,\frac{\text{N}}{\text{m}^2}$

Betrachtet man Silizium für eine konkrete Kristallorientierung und es treten nur Normalspannungen und -dehnungen auf, kann es quasi als isotrop angesehen werden. Dann kann Gl. (3.6) folgendermaßen umgeformt werden:

$$\begin{aligned} \varepsilon_1 &= \frac{1}{E}\sigma_1 - \frac{\nu}{E}\sigma_2 - \frac{\nu}{E}\sigma_3 \\ \varepsilon_2 &= -\frac{\nu}{E}\sigma_1 + \frac{1}{E}\sigma_2 - \frac{\nu}{E}\sigma_3 \\ \varepsilon_3 &= -\frac{\nu}{E}\sigma_1 - \frac{\nu}{E}\sigma_2 + \frac{1}{E}\sigma_3, \end{aligned} \tag{3.8}$$

$$\varepsilon_{4,5,6} = \frac{1}{G} \cdot \sigma_{4,5,6}, \tag{3.9}$$

wobei E der **Elastizitätsmodul** (YOUNGscher Modul), G der **Schubmodul** und ν die **Querkontraktionszahl** (POISSON-Verhältnis) sind. Die Angabe von E und ν ist dann jedoch an die konkrete Kristallorientierung gebunden.

Aus den Gln. (3.6) bis (3.8) ergeben sich direkt für die <1 0 0>-Richtung von {1 0 0}-Si:

$$\frac{1}{E_{<100>}} = s_{11} = \frac{c_{11} + c_{12}}{(c_{11} - c_{12})(c_{11} + 2c_{12})} \tag{3.10}$$

$$\nu_{<100>\{100\}} = -s_{12} / s_{11} \tag{3.11}$$

$$1/G_{<100>\{100\}} = s_{44} = 1/c_{44}\,. \tag{3.12}$$

Für beliebige Richtungen $[h\,k\,l]$ muss für die Umrechnung eine Koordinatentransformation durchgeführt werden (Anhang B)[MESCHEDER04]:

$$\frac{1}{E_{<hkl>}} = s_{11} - s\frac{h^2k^2 + k^2l^2 + h^2l^2}{\left(h^2 + k^2 + l^2\right)^2} \tag{3.13}$$

mit

$$s = 2s_{11} - 2s_{12} - s_{44} = 7{,}08 \cdot 10^{-12}\,\frac{\mathrm{m}^2}{\mathrm{N}}$$

für Silizium.

Tabelle 3.7 zeigt die Abhängigkeit des Elastizitätsmoduls $E_{<hkl>}$ und der Querkontraktionszahl ν für verschiedene Orientierungen in der {1 0 0}-Ebene.

Tabelle 3.7 Orientierungsabhängigkeit von $E_{<hkl>}$ und $\nu_{<hkl>\{100\}}$

Flächen	Elastizitätsmodul	Querkontraktionszahl
<1 0 0>	$1{,}30 \cdot 10^{11}$ N/m²	0,28
<1 1 0>	$1{,}69 \cdot 10^{11}$ N/m²	0,063
<1 1 1>	$1{,}88 \cdot 10^{11}$ N/m²	-

Es ist deutlich zu sehen, dass der E-Modul Unterschiede bis zu 30 % zeigen kann. Die Querkontraktionszahl ν ist noch weit stärker von der Lage im Kristallgitter abhängig. Für die <1 1 0>-Richtung im {1 0 0}-Silizium geht ν effektiv fast auf Null zurück. Dies bedeutet, dass nur eine fast vernachlässigbar kleine Verkopplung zwischen der Spannung σ_j in einer Richtung und einer Deformation ε_i in einer anderen Richtung auftritt.

Beispiel 3.3 Volumenkonstanz bei einwirkender Kraft *F* auf einen Siliziumkörper

Bleibt das Volumen eines Körpers unter einachsiger mechanischer Spannungsbelastung konstant? Gegeben sei ein Siliziumverformungskörper, auf den einseitig eine Druckkraft F_1 wirkt (**Bild 3.6**).

Aus Gl. (3.8) folgt für $\sigma_2 = \sigma_3 = 0$ und $\sigma_1 = F_1 / A_1$

$$\begin{aligned} \varepsilon_1 &= \frac{1}{E}\sigma_1 \\ \varepsilon_2 &= -\frac{\nu}{E}\sigma_1 \\ \varepsilon_3 &= -\frac{\nu}{E}\sigma_1. \end{aligned} \qquad (3.14)$$

Die resultierende relative Volumenänderung beträgt

$$\begin{aligned} \frac{\Delta V}{V} &= \frac{a(1+\varepsilon_1)\,b(1+\varepsilon_2)\,c(1+\varepsilon_3) - abc}{abc} \approx \varepsilon_1 + \varepsilon_2 + \varepsilon_3 \;(\mathit{für}\ \varepsilon_i \ll 1) \\ \frac{\Delta V}{V} &= \frac{1-2\nu}{E}\sigma_1. \end{aligned} \qquad (3.15)$$

Damit zeigt sich, dass mechanische Belastungen eine Volumenänderung gemäß Gl. (3.15) verursachen. Die Volumenänderung wird zu Null, wenn die Querkontraktionszahl $\nu = 0{,}5$ ist, was für gummiartiges Material der Fall ist.

3.2.4 Festigkeit

Silizium ist ein spröder Werkstoff. Es ist bei Raumtemperatur ideal elastisch, plastische Eigenschaften treten erst bei mehreren Hundert Grad Celsius auf. Der Zusammenhang zwischen Spannung σ und Dehnung ε ist bis zur Bruchgrenze quasi proportional (**Bild 3.7**).

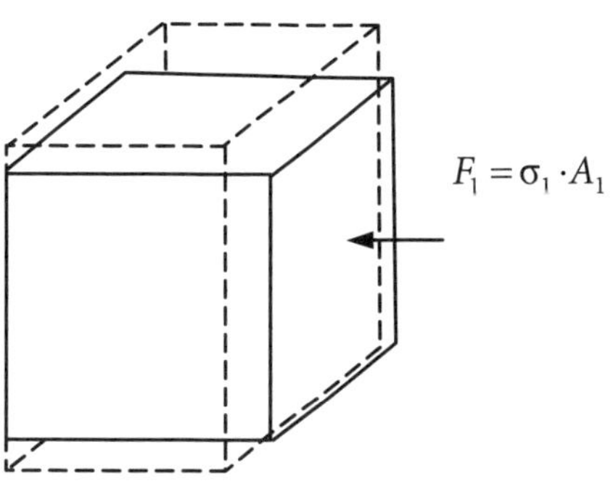

Bild 3.6 Verformungskörper unter Kraftbelastung F_1 (Kantenlängen *a*, *b*, *c*)

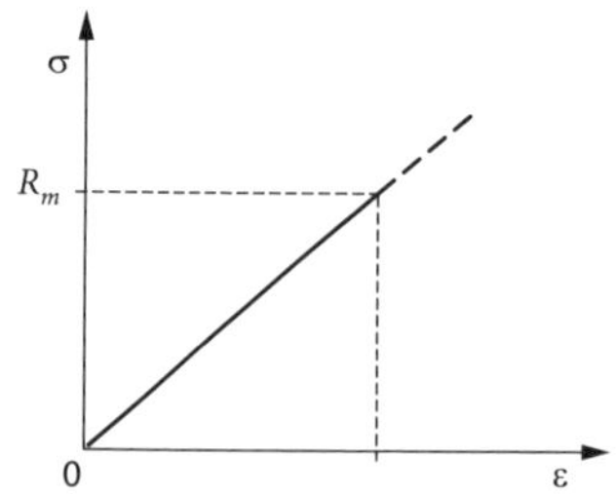

Bild 3.7 Spannungs-Dehnungsdiagramm für einkristallines Silizium. Proportionalitäts- und Elastizitätsgrenze fallen mit der Bruchgrenze R_m zusammen.

Untersuchungen zur Belastbarkeit mikromechanischer Elemente, z. B. zur Überdruckfestigkeit piezoresistiver Siliziumdrucksensoren (s. Abschn. 7.5), haben allerdings gezeigt, dass es unmöglich ist, einen Wert für die Zugfestigkeitsgrenze anzugeben. Vielmehr beobachtet man, dass das Versagen bei völlig unterschiedlichen Belastungen auftreten kann. Dementsprechend kann für einkristallines Silizium nur eine Ausfallwahrscheinlichkeit bei einer bestimmten, vorgegebenen Belastung angegeben werden.

Dieser Effekt kann auch anders interpretiert werden: Silizium mit ätzpolierter Oberfläche kann selbst im mikroskopischen Bereich als defektfrei angesehen werden. Zwei- und dreidimensionale Gitterbaufehler werden von den Herstellern inzwischen ausgeschlossen. Dotieratome und Leerstellen sind Defekte im Sub-Nanometer-Bereich, die zu klein sind, um Einfluss auf das Bruchverhalten nehmen zu können. Das Versagen mikromechanischer Bauelemente aus einkristallinem Silizium wird damit durch Rissbildung an den Kanten und Oberflächen der Funktionselemente bestimmt. Da diese zufälligen Charakter haben, unterliegt die Bruchgrenze einer Ausfallwahrscheinlichkeitsverteilung.

Dies bedeutet, dass auch bei geringer Belastung mit einer bestimmten Wahrscheinlichkeit Materialbruch im Silizium zu erwarten ist. Wie bei anderen spröden Werkstoffen (Keramik, Hartmetall) bildet die WEIBULL-Verteilung die Ausfallwahrscheinlichkeit gut ab [KIESEWETTER92]. Die Ausfallwahrscheinlichkeit $F(\sigma)$, mit der bei einer bestimmten mechanischen Spannung σ im Silizium ein Bruch auftritt, beträgt

$$F(\sigma) = 1 - \exp\left\{-(\sigma/b)^k\right\}, \tag{3.16}$$

wobei k der WEIBULL-Modul oder Streuungsparameter ist und der Lageparameter b angibt, bei welcher Spannung σ die Ausfallwahrscheinlichkeit auf $F(\sigma) = 1 - 1/\mathrm{e} = 0{,}6321$ abfällt ist. $F(\sigma)$ stellt eine relative Summenhäufigkeit dar. Das bedeutet, dass der Wert $F(\sigma_0)$ den Anteil der Funktionselemente kennzeichnet, bei dem für alle möglichen Belastungszustände im Bereich $\sigma = 0 \ldots \sigma_0$ Materialbruch auftritt.

Der Zusammenhang von Gl. (3.16) wird üblicherweise in WEIBULL-Diagrammen **(Bild 3.8)** dargestellt. Aus Gl. (3.16) folgt, dass die Kurve zwischen $\log\{-\ln[1-F(\sigma)]\}$, nach der die Ordinate eingeteilt ist, und $\log(\sigma/\hat{b})$, die die Abszisse bildet, linear ist. $\hat{b}$ und $\hat{k}$ sind dabei die Schätzwerte für die statistischen Parameter b und k. Der Wert für $\hat{b}$ kann

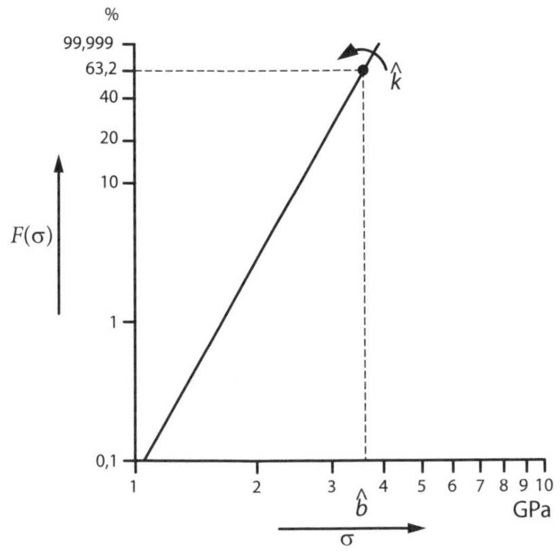

Bild 3.8 Ausfallwahrscheinlichkeit $F(\sigma)$ in Abhängigkeit von der mechanischen Belastung σ

beim Wert $F(\sigma) = 63{,}2$ % aus der Kurve direkt abgelesen werden. Der WEIBULL-Modul $\hat{k}$ bestimmt den Anstieg und wird deshalb auch als Steigungsparameter bezeichnet.

Tabelle 3.8 gibt experimentell ermittelte Schätzwerte für die Parameter b und k von Gl. (3.16) an. Es ist zu erkennen, dass zwischen den am häufigsten verwendeten Siliziumorientierungen {1 0 0} und {1 1 1} deutliche Unterschiede bestehen. Üblicherweise werden sehr geringe Ausfallwahrscheinlichkeiten angestrebt, so dass große Werte für $\hat{b}$ und $\hat{k}$ vorteilhaft sind, für die die Kurve möglichst weit rechts im Diagramm von **Bild 3.8** liegt. Demgemäß sinkt auch für hohe Temperaturen die Ausfallwahrscheinlichkeit.

„Wie in **Tabelle 3.8** zu sehen ist, steigt der Lageparameter ((b_Dach)) bei höheren Temperaturen um einige Prozent an, während sich der WEIBULL-Modul ((k_Dach)) nahezu verdoppelt. Mechanische Funktionselemente aus (1 1 1)-Sizilium sind unempfindlicher gegenüber Ausfall durch Bruch als solche aus (1 0 0)-Sizilium. Dies entspricht auch der höheren Widerstandsfähigkeit von (1 1 1)-Silizium beim anisotropen Ätzen (s. Abschn. 4.6)."

Tabelle 3.8 Parameter der WEIBULL-Verteilung von Gl. (3.16) für tiegelgezogenes einkristallines Silizium (CZOCHRALSKI-Verfahren, s. Abschn. 3.2.5 [KIESEWETTER92])

Scheibenorientierung	Temperatur	$\hat{b}$ in 10^9 GPa	$\hat{k}$
{1 0 0}	22 °C	3,73[1]	6,18[1)]
{1 1 1}	22 °C	4,41	8,26
{1 0 0}	180 °C	4,00	15,37

[1] Dieser Fall ist im Bild 3.8 dargestellt

Beispiel 3.4 Ausfallwahrscheinlichkeit für einen piezoresistiven Drucksensor [KIESEWETTER92]

Ein piezoresistiver Siliziumdrucksensor hat eine quadratische (1 0 0)-Si-Druckplatte mit einer Größe von 0,25 mm × 0,25 mm und einer Dicke von 8 µm. Bei einem Nenndruck von $p_N = 1{,}5$ MPa tritt in der Druckplatte eine maximale mechanische Zugspannung $\sigma_N = 580$ N/mm² = 0,58 GPa auf. Wie groß ist die Wahrscheinlichkeit, dass der Drucksensor ausfällt?

Gemäß Gl. (3.16) gilt

$$F(\sigma_N) = 1 - \exp\left\{-\left(\frac{\sigma_N}{b}\right)^k\right\}.$$

Mit den Werten von **Tabelle 3.8** für (1 0 0)-Si bei Raumtemperatur wird:

$$F(\sigma_N = 0{,}58\,\text{GPa}) = 1 - \exp\left\{-\left(\frac{0{,}58}{3{,}73}\right)^{6{,}18}\right\} = 1 \cdot 10^{-5}.$$

Es ergibt sich eine Ausfallwahrscheinlichkeit von $1 \cdot 10^{-5}$ bzw. ein Ausfallanteil von 10 ppm.

Lässt sich eine Ausfallwahrscheinlichkeit von Null erreichen?

Mit dem Modell, das Gl. (3.16) zugrunde liegt, tritt auch bei noch so kleiner mechanischer Belastung eine endliche Ausfallwahrscheinlichkeit auf, die von Null verschieden ist. Oft werden deshalb 100 % der Sensoren bei Überdruck (Berstdruck) geprüft. Wird als Berstdruck der vierfache Nenndruck verwendet, treten näherungsweise auch viermal so große mechanische Spannungen in der Druckplatte auf:

$$F(\sigma_B = 4 \cdot \sigma_N = 2{,}32\,\text{GPa}) = 5{,}5\,\%.$$

In den 5,5 % der Sensoren, die bei diesem Test ausfallen, sind die Sensoren mit enthalten, die auch bereits bei Nenndruck ausfallen würden.

In den Abschn. 3.2.2 und 3.2.3 wurde dargestellt, dass die Eigenschaften von Silizium in den verschiedenen Kristallrichtungen und -flächen variieren. Dies führt dazu, dass sich der Bruch im Einkristall entlang ganz bestimmter Flächen ausbreitet. Bei (1 0 0)- und (1 1 1)-Silizium bilden sich dabei zumeist {1 1 1}-Bruchflächen, die entlang der <1 1 0>-Richtung laufen (Bruchvorzugsebenen und -richtungen) **(Bild 3.9)**.

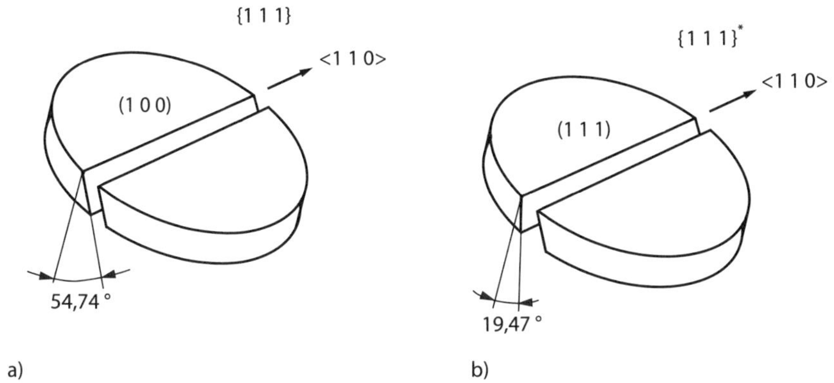

Bild 3.9 Bruchvorzugsebenen und -kanten bei a) (1 0 0)- und b) (1 1 1)-Silizium
* z. B. $[\bar{1}\ 1\ 1]$

3.2.5 Siliziumscheiben

Einkristallines Silizium wird in der Mikroelektronik und Mikrosystemtechnik in Scheibenform eingesetzt. Diese Siliziumscheiben werden als **Wafer** bezeichnet. Sie sollen folgende Forderungen erfüllen:

- Höchste chemische Reinheit,
- höchste Kristallperfektion mit präziser Kristallorientierung,
- hohe Dotierungshomogenität,
- geringe Formabweichungen mit hoher Oberflächenperfektion und minimaler Rauheit.

Tabelle 3.9 stellt typische Qualitätsmerkmale von Siliziumscheiben zusammen. Dabei ist bei der Mikrosystemtechnik im Unterschied zur höchstintegrierten Mikroelektronik Folgendes zu beobachten:

- Verwendung von Si-Wafern mit Durchmessern im Bereich von 100 ... 150 mm, selten von 200 mm. Dies ergibt sich aus den typischerweise geringeren Anforderungen an Integration, Strukturgröße und Strukturgenauigkeit. Dementsprechend nutzt man hier ältere Gerätegenerationen mit kleineren Scheibendurchmessern. Ein weiterer Grund ergibt sich aus den mit zunehmendem Durchmesser auch größeren Scheibendicken. Da die Bearbeitungstiefe für dünne Strukturen bei der Volumenmikromechanik im Wesentlichen der Waferdicke entspricht, erweisen sich deshalb kleinere Scheibendurchmesser als vorteilhaft.

Tabelle 3.9 Qualitätsmerkmale für Siliziumwafer [FRÜHAUF05][1]

Eigenschaften	Merkmale
Kristallografisch	• Kristallorientierung der Waferebene (-oberfläche): Art von Haupt- und Nebenfase • Lage einer Vorzugsrichtung in der Waferebene: Richtung der Hauptfase oder Kerbe[2] 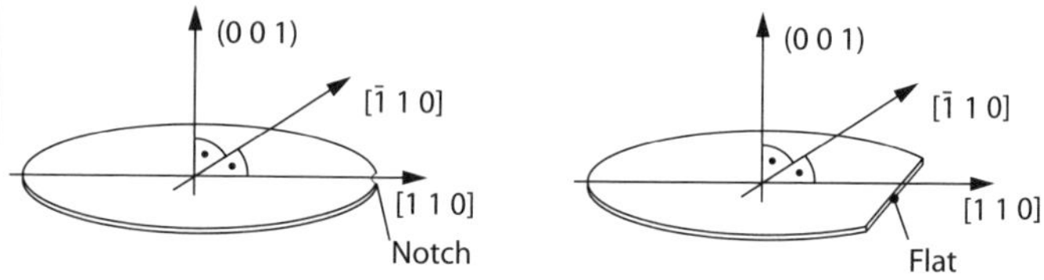 Bsp. {1 0 0}-Si Bsp. {1 1 1}-Si
Elektrisch	• Leitungstyp (Lage der Nebenfase NF zur Hauptfase HF) 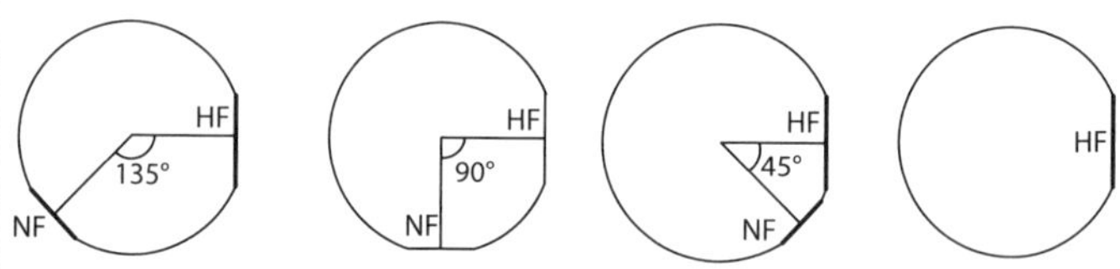 n-Si (1 0 0)[3] p-Si (1 0 0) n-Si (1 1 1) p-Si (1 1 1) • Spezifischer Widerstand ρ • Beweglichkeiten μ_n, μ_p der Elektronen und Löcher • Lebensdauer τ_n, τ_p der Elektronen und Löcher
Geometrisch	• Waferdurchmesser *d* und Dicke *h* • Parallelitätsabweichung *TTV* (Total Thickness Variation), Durchbiegung *B* (Bow), Verwerfung *W* (Warp), Keiligkeit *T* (Taper) 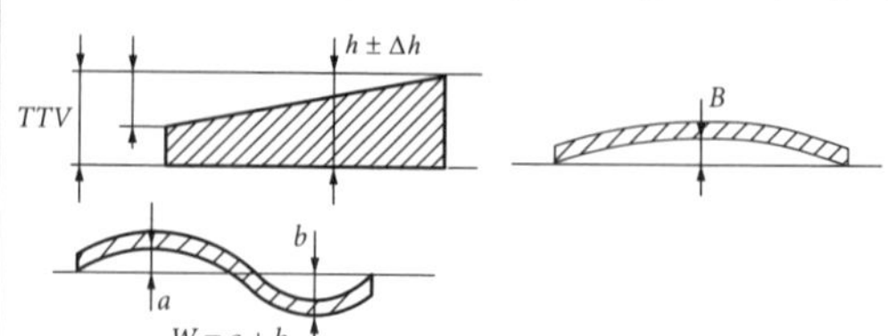 • Zustand der Waferoberfläche auf der Vorder- und Rückseite (geläppt, geätzt oder poliert)

[1] Nach DIN 41850 Integrierte Schichtschaltungen: Werkstoff-Substrate, Teil 1, 1986, SEMI-Standards (Semiconductor and Materials International; http://wps2a.semi.org/wps/portal) und ASTM-Standards (ASTM International; http://www.astm.org)

[2] Bei kleinen Scheibendurchmessern bis 150 mm kommen Fasen, später ab 150 mm Kerben zur Anwendung.

[3] Früher betrug der Winkel zwischen HF und NF 180 °

Typische Eigenschaften von Silizium-Wafern sind in **Tabelle 3.10** zusammengefasst.

Tabelle 3.10 Typische Eigenschaften von kommerziell angebotenen {1 0 0}- und {1 1 1}-orientierten Silizium-Wafern (nach DIN-, SEMI- und ASTM-Standards)

Durchmesser *d*	Einheit	100	125	150	200	300
Dicke *h*	µm	525	625	675	725	825
Orientierungsmarkierung[1]	-	F	F	F, K	K	K
max. Parallelitätsabweichung *TTV*	µm	5	5	5	5	
Max. Durchbiegung *W*	µm	30	30	30	30	30
Ebenheit *FPD*[2]	µm	<1	<1	<1	0,23	0,12
Rauheit R_a[3]	nm	10	10	10	0,15[4]	0,1[4]
Oberflächenorientierung	-	± 1°				

[1]F Flat, K Kerbe; [2]Focal Plane Deviation, bezogen auf eine Fläche von 20 x 20 mm^2; [3]poliert; [4]AFM-Rauheit

- {1 0 0}-Siliziumwafer sind in der Mikrosystemtechnik dominierend. Mit {1 0 0}-orientiertem Silizium ist die Herstellung quadratischer oder rechteckiger Strukturen mit hervorragender geometrischer Bestimmtheit möglich (s. **Bild 3.5** und Abschn. 4.6). Die Ätzrate beim anisotropen nasschemischen Abdünnen dieser Strukturen ist hinreichend groß und erlaubt eine kostengünstige Bearbeitung. Das in der Mikroelektronik häufig angewendete {1 1 1}-Si hat in der Mikrosystemtechnik nur geringe Bedeutung. Da es beim anisotropen nasschemischen Ätzen sehr geringe Ätzraten zeigt, wird es ausschließlich dort angewendet, wo Gasphasenätzen zur Formgebung zum Einsatz kommt (s. Abschn. 4.6).

Die Kanten von Siliziumwafern sind abgerundet (**Bild 3.10**), um die Rissbildung vom Scheibenrand aus und damit Scheibenbruch zu verhindern. Für eine hinreichend große mechanische Stabilität bei der Bearbeitung der Wafer müssen die Scheiben eine der Größe

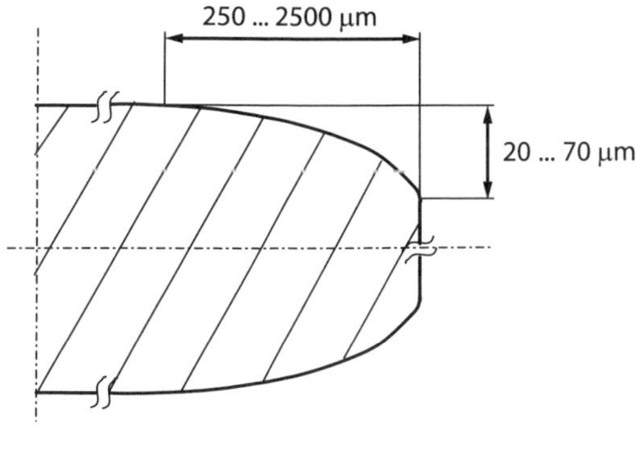

Bild 3.10 Kantenabrundung bei Siliziumwafern

angepasste Dicke aufweisen. Für besondere Anwendungen kann die Dicke am Ende des Bearbeitungszyklus des Wafers durch chemisch-mechanisches Polieren (CMP) reduziert werden.

Neben homogenen Si-Scheiben werden für bestimmte Anwendungen spezielle Wafer verwendet:

- Wafer mit epitaktischen Schichten (üblicherweise n-Epitaxie auf p-Si-Wafern) oder hochdotierten Schichten (p^+-Si) als **Ätzstoppschichten** mit definierter Dicke für die dreidimensionale Formgebung (s. Abschn. 4.6).
- SOI-(Silicon on Insulator) Wafer mit vergrabener Siliziumoxidschicht in wenigen Nano- bis Mikrometern Tiefe des Wafers (als Ätzstopp oder Isolatorschicht, s. Abschn. 4.9).

Häufig werden doppelseitig polierte Wafer benutzt. Dies betrifft vor allem die Volumenmikromechanik, wo mikromechanische Funktionselemente aus dem Volumen der Siliziumscheibe geformt werden.

Die Herstellung von Siliziumscheiben ist in **Tabelle 3.11** dargestellt. Üblicherweise wird für Anwendungen in der Mikrosystemtechnik das CZOCHRALSKI-Kristallziehverfahren genutzt, bei dem der Einkristall aus der Schmelze gezogen wird. Für höchste Reinheit kann auch einkristallines Silizium aus einem gegossenen poly-Si-Stab durch Zonenschmelzen (FZ Float Zone) gewonnen werden. Letzteres Verfahren ist nur bis 200 mm Scheibendurchmesser nutzbar, sein Einsatz beschränkt sich auf Spezialanwendungen in der Mikroelektronik.

Tabelle 3.11 Herstellung von Siliziumwafern [FRÜHAUF05][NISHI00]

A. Herstellung von hochreinem, polykristallinem Silizium

- Ausgangsmaterial: genügend reiner Quarzsand (SiO_2)
- Bildung von elementarem Silizium durch Reduktion mit Kohlenstoff im elektrischen Lichtbogen

  $$SiO_2 + 2C \xrightarrow{1550...1620\,°C} Si + 2CO$$

  Reinheit des Si: (96…99)%
- Umwandlung des Si in Trichlorsilan ($SiHCl_3$) mit Chlorwasserstoffgas im Wirbelschichtreaktor

  $$Si + 3HCl \xrightarrow{300...400°C} SiHCl_3 + H_2$$
- Reinigung durch mehrstufige Destillation von $SiHCl_3$ (Siedepunkt $T_S = 31$ °C, helle transparente Flüssigkeit, im Gemisch mit Luft hoch explosiv)
  - Abtrennung von Verunreinigungen mit anderen T_S
  - Kritische Verunreinigungen BCl_3 ($T_S = 12$ °C), PCl_3 ($T_S = 76$ °C) und einige Kohlenstoffverbindungen mit ähnlichen T_S: B, P und Kohlenstoffverbindungen sind deshalb die Hauptverunreinigungen im Reinstsilizium.

- Abscheidung von hochreinem Poly-Si im Quarzglasreaktor.

Reduktion: $SiHCl_3 + H_2 \xrightarrow{1000...110\,0°C} Si + 3HCl$

Thermische Zersetzung: $SiHCl_3 \rightarrow Si + 3\ SiCl_4 + 2\ H_2$

Fremdstoffgehalt:	Phosphor:	10^{13}	Atome/cm³
	Bor:	$5 \cdot 10^{12}$	Atome/cm³
	Schwermetalle:	$< 10^{13}$	Atome/cm³
	Sauerstoff, Kohlenstoff:	10^{16}	Atome/cm³

B. Silizium-Einkristallzüchtung

- Aufschmelzen des zerkleinerten poly-Si im induktiv beheizten Quarztiegel
- Eintauchen eines Impfkristalls mit gewünschter Orientierung (i. Allg. (1 0 0) oder (1 1 1), selten (1 1 0)) in die Schmelze
- Langsames, drehendes Herausziehen des Kristalls (Dünnhalstechnik), dabei Einstellung des Kristalldurchmessers durch Wahl der Temperatur der Schmelze und der Ziehgeschwindigkeit
- Zuführung der Dotanden (B, P, As, Sb) in die Schmelze in elementarer Form oder durch entsprechende Mengen an hochdotiertem Silizium.

C. Herstellung von Siliziumwafern

- Entfernen von Anfangs- und Endstück des Kristalls
- Rundschleifen des Kristalls
- Bestimmung der Kristallorientierung durch Röntgenstrahlbeugung und Schleifen der Fasen bzw. Kerben
- Teilen des Kristalls und Abtrennen von Prüfscheiben zur Bestimmung der elektrischen Parameter (Innenbord-Trennschleifen)
- Abtrennen der Wafer durch Innenbordtrennen (bis $d = 200$ mm) oder Multidrahtsäge
- Kantenabrundung durch Schleifen
- Beidseitiges Käfigläppen zur Beseitigung von Formabweichungen
- Chemischer Abtrag der mechanisch gestörten Oberflächenschicht (saures Ätzen: HF HNO_3 H_2O oder basisches Ätzen: KOH H_2O)
- Ein- oder beidseitiges chemisch-mechanisches Polieren (CMP) für Oberflächenrauheit im nm-Bereich
- Reinigung und Scheibeninspektion

3.3 Gläser

Werkstoffe, die bei der Abkühlung aus der Schmelze ohne Kristallisation in den festen Zustand übergehen, bezeichnet man als Gläser. Glas ist damit ein Sammelbegriff für eine Vielfalt von Materialien mit unterschiedlichen Zusammensetzungen und Eigenschaften. Es wird in der Mikrosystemtechnik für spezielle Aufgaben als preisgünstiger Substratwerkstoff anstelle von Silizium verwendet. Dies betrifft beispielsweise mikroskopische Anwendungen, wenn transparente Trägermaterialien gebraucht werden, oder Anwendungsgebiete mit geringeren Anforderungen an Genauigkeit und Strukturgröße. Dabei kann ausgenutzt werden, dass bestimmte Gläser einen an Silizium angepassten thermischen Ausdehnungskoeffizienten aufweisen oder fotostrukturierbar sind.

3.3.1 Allgemeine Eigenschaften von Glas

Zwischen den Teilchen von Gläsern besteht eine gewisse Nahordnung, jedoch keine Fernordnung. Sie weisen damit Eigenschaften einer eingefrorenen Flüssigkeit (unterkühlte Schmelze) auf. Durch den amorphen Zustand sind die physikalischen und chemischen Eigenschaften von Gläsern isotrop. Amorphe Materialien haben keine definierte Schmelztemperatur, wie sie bei Kristallen auftritt, sondern erweichen oberhalb einer bestimmten Temperatur T_G (Glastransformationstemperatur). Der typische Zusammenhang zwischen dem Volumen V von Glas und der Temperatur T ist in **Bild 3.11** dargestellt.

Bei hoher Temperatur liegen die Teilchen in der Schmelze in völlig ungeordnetem Zustand vor. Bei sehr langsamer Abkühlung können die Teilchen ein Kristallgitter bilden. Dies geschieht bei der Schmelztemperatur T_S, wobei sich das Volumen V infolge der herausbildenden Ordnung deutlich verringert (**Bild 3.11a**). Beispielsweise kann aus der SiO_x-Schmelze einkristallines SiO_2 entstehen, das als Quarz bekannt ist (T_S = 1723 °C). Erfolgt die Abkühlung so schnell, dass sich die beteiligten Teilchen (im Beispiel SiO_4-Tetraeder) nicht dreidimensional vernetzen können, entsteht keine streng periodische Fernordnung, sondern nur eine Nahordnung. Die Volumenverkleinerung bei abnehmender Temperatur erfolgt kontinuierlich. Unterhalb der Glastransformationstemperatur T_G verringert sich der Anstieg der V-T-Kurve (der thermische Längenausdehnungskoeffi-

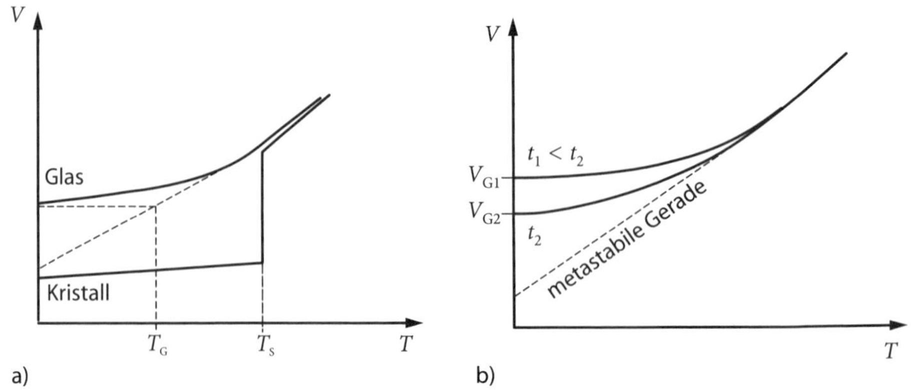

Bild 3.11 Abkühlkurve von Gläsern (Erläuterungen im Text, siehe auch [IVERS04])

zient); der amorphe Festkörper bildet sich heraus. Wegen der gegenüber Kristallen viel kürzer reichenden Ordnung ist das Volumen des Glases erheblich größer als das ideal geordneter Kristalle. Das resultierende Volumen hängt dabei von der Abkühlgeschwindigkeit ab. Je länger die Abkühlzeit t ist, desto kleiner ist das Volumen (**Bild 3.11b**). Schnelles Erwärmen mit nachfolgend langsamem Abkühlen auf die Ausgangstemperatur und umgekehrt führen zu einer Volumenänderung.

3.3.2 Viskoelastisches Verhalten

Auf Grund seiner speziellen Eigenschaften weist Glas aus mechanischer Sicht viskoelastisches Verhalten auf. Ein idealer Festkörper wäre dagegen durch lineares elastisches Verhalten gekennzeichnet. Im eindimensionalen isotropen Fall gilt gemäß Gl. (3.8) für den Zusammenhang zwischen mechanischer Spannung σ und Dehnung ε

$$\varepsilon = \frac{1}{E}\sigma . \tag{3.17}$$

Als unterkühlte Schmelze weist Glas aber ebenso das viskose Verhalten einer Flüssigkeit auf:

$$\frac{d\varepsilon}{dt} = \frac{1}{\eta}\sigma, \tag{3.18}$$

wobei σ und ε eine mechanische Spannung und die zugehörige Dehnung sind und η die dynamische Viskosität ist.

Die Überlagerung der Deformation durch elastische Verformung und durch Fließen gemäß den Gln. (3.17) und (3.18) ergibt

$$\frac{d\varepsilon}{dt} = \frac{1}{\eta}\cdot\sigma + \frac{1}{E}\frac{d\sigma}{dt}. \tag{3.19}$$

Beispiel 3.5 Dehnungsrelaxation in Glas

Auf einen Glaskörper wird sprungförmig eine Kraft F aufgeprägt. Es soll berechnet werden, wie sich zeitabhängig die Form des Glaskörpers ändert.

Gemäß **Bild 3.12** gilt für die Dehnung

$$\varepsilon = u/\ell \tag{3.20}$$

bzw. für die Geschwindigkeit der Fläche A, auf die die Kraft F wirkt:

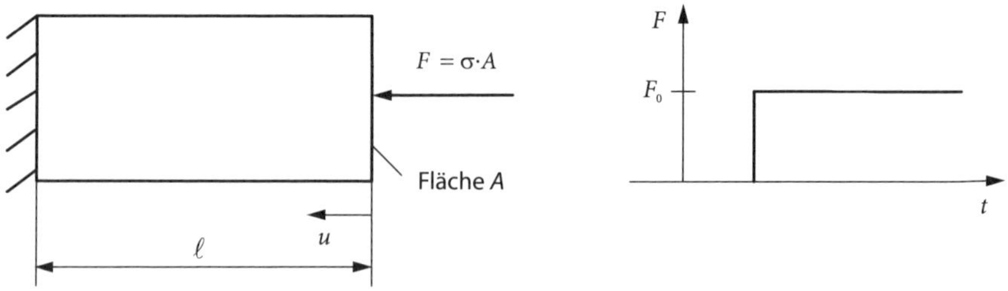

Bild 3.12 Glasgegenkörper unter Kraftbelastung

$$v = \frac{du}{dt} = \ell \cdot \frac{d\varepsilon}{dt}\,. \tag{3.21}$$

Die Transformation von Gl. (3.19) für harmonische Größen mit der Kreisfrequenz ω in den Frequenzbereich ergibt

$$j\omega\,\underline{\varepsilon} = \frac{1}{\eta}\underline{\sigma} + \frac{1}{E} j\omega\underline{\sigma} = \left(\frac{1}{\eta} + j\omega\frac{1}{E}\right)\underline{\sigma}\,. \tag{3.22}$$

Dehnung $\underline{\varepsilon}$ und mechanische Spannung $\underline{\sigma}$ lassen sich auf die Kraft $\underline{F}$ bzw. die Deformationsgeschwindigkeit $\underline{v}$ zurückführen:

$$\frac{1}{\ell}\cdot\underline{v} = \left(\frac{1}{\eta A} + j\omega\frac{1}{EA}\right)\underline{F};\;\; \underline{v} = \left(\frac{\ell}{\eta A} + j\omega\frac{\ell}{EA}\right)\underline{F} \tag{3.23}$$

$$\underline{v} = (r + j\omega n)\underline{F}\,. \tag{3.24}$$

Für den Zusammenhang zwischen $\underline{v}$ und $\underline{F}$ wirkt der viskose Anteil ($\ell/\eta A$) hier als Reibungswiderstand und der elastische Term als Spule. Dies wird als MAXWELL-Modell abgebildet (**Bild 3.13**). Die wirkende Kraft F führt damit unmittelbar zur elastischen Deformation des Glases und bewirkt langfristig eine weitere Zunahme der Deformation.

Im Fall einer Sprungfunktion für die wirkende Kraft F muss von harmonischen Frequenzen ω zu komplexen Frequenzen $s = \sigma + j\omega$ (σ ist hier der Realteil der komplexen Frequenz, nicht die mechanische Spannung) übergegangen werden. Gl. (3.24) wird damit zu

$$\underline{v} = (r + sn)\underline{F}\,. \tag{3.25}$$

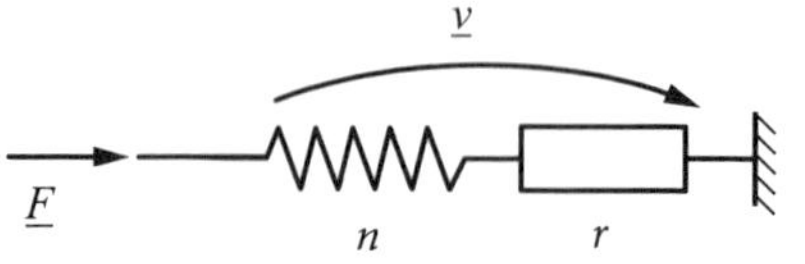

Bild 3.13 MAXWELL-Modell für das viskoelastische Verhalten für Glas

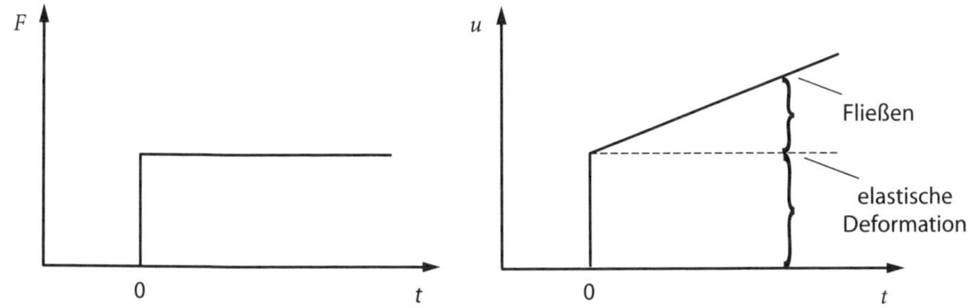

Bild 3.14 Dehnungsrelaxation in Glas nach Kraftsprung

Für den Eingangskraftsprung gilt nach LAPLACE-Transformation

$$\underline{F} = F_0 \cdot \frac{1}{s}. \tag{3.26}$$

Für die Deformation $\underline{u}$ folgt aus den Gln. (3.25) und 3.26)

$$\underline{u} = \frac{1}{s}\underline{v} = \frac{1}{s}(r + sn)\underline{F} = \left(\frac{r}{s^2} + \frac{n}{s}\right) \cdot F_0. \tag{3.27}$$

Mit den Transformationsbeziehungen $1/s^2 \leftrightarrow t$ und $1/s \leftrightarrow 1$ folgt aus der LAPLACE-Rücktransformation für die zeitabhängige Deformation des Glaskörpers

$$u(t) = F_0(n + r \cdot t) = F_0\left(\frac{\ell}{EA} + \frac{\ell}{\eta A} \cdot t\right). \tag{3.28}$$

Das erste Glied beschreibt die elastische Deformation, die direkt der aufgeprägten Kraft folgt. Die auf den Sprung sofort folgende Deformation wächst dann linear mit der Zeit, da die weiterhin wirkende Kraft ein Fließen des Glases verursacht (**Bild 3.14**).

3.3.3 Gläser in der Mikrosystemtechnik

In der Mikrosystemtechnik haben im Wesentlichen nur Silikatgläser Bedeutung, d. h. Gläser, deren Hauptbestandteil Quarzit (SiO_2) ist. **Quarzglas** aus reinem SiO_2 hat eine Glastransformationstemperatur T_G von 1400 °C. Wegen seiner Reinheit und thermischen Stabilität wird es häufig in Fertigungsanlagen für die Halbleitertechnologie verwendet (s. **Tabelle 3.11B**: Quarztiegel für Siliziumkristallherstellung).

Zur Herabsetzung von T_G, zur Einschränkung der Kristallisationsneigung sowie zur Einstellung bestimmter thermischer Ausdehnungskoeffizienten und optischer Brechzahlen werden Metallionen in die Maschen des SiO_4-Tetraeder-Netzwerks im Quarzglas eingebaut. Diese werden als netzwerkändernde Ionen (Netzwerkwandler) bezeichnet. Die valenzmäßige Absättigung der Ionen erfolgt über Sauerstoffionen, so dass dem SiO_2 im Silikatglas entsprechende Metalloxide beigemischt werden.

Neben Quarzglas finden folgende Gläser mikrotechnische Anwendung (**Tabelle 3.12**):

- **Borosilikatglas** (Handelsnamen: Pyrex, Borofloat, Tempax, Rasotherm). Durch Zumischung von B_2O_3, Na_2O und Al_2O_3 entsteht ein Glas, das einen an Silizium angepassten thermischen Ausdehnungskoeffizienten α besitzt. Zwar zeigen die thermischen Längenausdehnungskoeffizienten für Silizium und diese Gläser einen unterschiedlichen Verlauf, allerdings kann eine Verbindungstemperatur T_{Bond} bestimmt werden, für die die Temperaturdehnung zwischen T_{Bond} und Raumtemperatur RT bei Silizium und Glas gleich groß ist (**Bild 3.15**):

$$\int_{T_{Bond}}^{RT} \alpha_{Si}(T)\,dT = \int_{T_{Bond}}^{RT} \alpha_{Glas}(T)\,dT \,. \tag{3.29}$$

  Die beweglichen Natriumionen im Pyrex-Glas können bei hohen Temperaturen im elektrischen Feld driften (Ionenleitung), was das anodische Bonden von Silizium mit diesem Glas ermöglicht (anodisches Bonden, s. Abschn. 4.8.2).

- Lithium-Aluminium-Silikatglas (Handelsname: Foturan). Dieses Glas ist fotostrukturierbar, d. h., dass sich mittels Fotolithografie dreidimensionale Formen lokal begrenzt ätzen lassen.

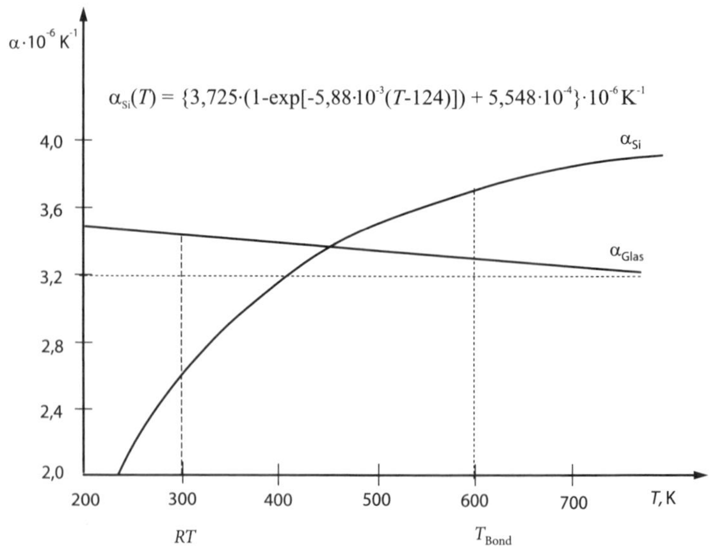

Bild 3.15 Verlauf der thermischen Längenausdehnungskoeffizienten von Silizium und Pyrex

Glassubstrate lassen sich mittels Floatglasprozess als Flachglas herstellen. Sie können mit den Verfahren der Siliziumherstellung gesägt, geläppt und poliert werden, um die spezifischen Anforderungen zu erfüllen.

Tabelle 3.12 stellt den Aufbau und wichtige Eigenschaften von Gläsern zusammen, die in der Mikrosystemtechnik Verwendung finden.

Tabelle 3.12 Zusammensetzung und Eigenschaften von wichtigen Gläsern der Mikrosystemtechnik

Glastyp	Quarzglas	Borosilikatglas	Li-Al-Silikatglas
Handelsnamen	-	Pyrex, Borofloat, Tempax, Rasotherm	Foturan
Typische Zusammensetzungen			
SiO_2	100 %	81 %	75 ... 85 %
Na_2O	-	4 %	1 ... 2 %
Al_2O_3	-	2 %	3 ... 6 %
B_2O_3	-	13 %	-
Sonstige	-		3 ... 6 % (K_2O) 0,1 % (Ag_2O) 0,3 % (Sb_2O_3)
T_G, °C	1400	820	450
α_{Glas}, $10^{-6}K^{-1}$	0,58	3,3	8,6
Wärmeleitfähigkeit λ, W/mK	1,4	1,15	1,35
Dichte ρ, g/cm³	2,2	2,23	2,76
Permittivität ε bei 1 MHz und 20 °C	3,8	4,6	6,5

3.4 Polymere

Polymerwerkstoffe (Kunststoffe) sind in ihren wesentlichen Bestandteilen kohlenstofforganische Stoffe, die aus Makromolekülen gebildet werden. Die Makromoleküle werden aus niedermolekularen Verbindungen (Monomeren) durch folgende Reaktionen synthetisch hergestellt:

- Polymerisation (z. B. PE Polyethylen, PP Polypropylen, PVC Polyvinylchlorid, PMMA Polymethylmethacrylat, PTFE Polytetrafluorethylen). Die Kettenbildung erfolgt durch Aufbrechen von Doppelverbindungen infolge äußerer Einwirkungen (Licht, Temperatur).

- Polykondensation (z. B. PA Polyamid, PC Polycarbonat). Bei der Kettenbildung spalten sich niedermolekulare Gruppen ab und bilden neutrale Moleküle (Kondensat).
- Polyaddition (z. B. PI Polyimid, EP Epoxidharz). Die Polymerbildung erfolgt über Aufspaltung von Doppelbindungen und Umlagerung von Atomen (meistens H).

Die Molekularordnungen können linear (faden- oder kettenförmig), verzweigt oder räumlich vernetzt sein. Polymere, die durch Polymerisation oder Polykondensation erzeugt wurden, haben C-C-Hauptketten, während die Hauptketten bei Polyaddukten aus unterschiedlichen Atomen bestehen (bevorzugt C, O, N, S und Si).

Polymere finden in der Mikrosystemtechnik eine zunehmende Zahl von Anwendungen:

- Fotoresist-Materialien für die Fotolithografie (PMMA, PI, EP),
- Passivierungsschichten (PI, PTFE),
- sensorische Schichten (z. B. Änderung der Dielektrizitätskonstanten unter Feuchteeinfluss in PI, PA, PE; piezo- und pyroelektrische Eigenschaften von PVDF Polyvinylidenflourid),
- halbleitende Polymere für organische Leuchtemitterdioden (OLED).

3.4.1 Thermoplastische Werkstoffe in der Mikrosystemtechnik

Die meisten in der Mikrosystemtechnik angewendeten Polymere sind Thermoplaste, d. h. amorphe oder teilkristalline Polymerwerkstoffe mit kettenförmigen Makromolekülen, die entweder linear oder verzweigt vorliegen. Die Makromoleküle sind dabei untereinander nur durch physikalische Anziehungskräfte (Nebenvalenzkräfte durch VAN-DER-WAALS- oder Wasserstoffbrückenbindungen) thermostabil verbunden.

a) Allgemeine Eigenschaften

Aufbau und Eigenschaften von Polymerwerkstoffen werden primär durch ihren makromolekularen Aufbau und ihre Rezeptur geprägt.

Chemische Bestandteile und Bindungsarten. Polymerwerkstoffe bestehen aus makromolekularen Bausteinen, die durch kovalente Bindungen aus den Elementen C, H, O, N, S, Cl, F, Si zusammengefügt sind. Zwischen den Makromolekülen treten chemisch keine Hauptvalenzbindungen auf. Dies führt zu den typischen plastischen und viskoelastischen Eigenschaften.

Molekülkonfiguration. Je nach Monomertyp kommt es zu unterschiedlichen räumlichen Anordnungen von Atomen und Atomgruppen längs der Molekülkette. Dies kann zur Ausbildung kristalliner Strukturen führen.

Kettenlänge. Eine steigende Kettenlänge (zunehmender Polymerisationsgrad) bewirkt größere Elastizitätsmoduln, größere Zugfestigkeit und steigende Erweichungstemperaturen. Sie führt auch zu einer geringeren Verformbarkeit, Bruchdehnung und Löslichkeit in Lösungsmitteln.

Verzweigung, Vernetzung. Räumlich vernetzte Makromoleküle lassen sich durch Einbau polyfunktioneller Gruppen oder durch Abspaltung von Doppelbindungen mit anschließender Vernetzung zwischen den Polymerketten bilden.

Copolymerisation, Polymergemische. Die Mischung unterschiedlicher Monomere in einem Makromolekül ermöglicht, die Eigenschaften verschiedener Polymere zu beeinflussen oder zu kombinieren.

Weichmacher verringern die Wechselwirkung der Makromoleküle. Die Kettensegmente werden beweglicher, das Polymer weicher und beweglicher.

b) Mechanische Eigenschaften

Thermoplastische Polymere zeigen ein den Gläsern sehr ähnliches mechanisches Verhalten (siehe **Bild 3.11**): Sie werden durch die so genannte Glastemperatur T_G charakterisiert:

- Bei $T < T_G$ sind Thermoplaste glasig-hart erstarrt.
- Bei $T > T_G$ befinden sich Thermoplaste im Zustand der unterkühlten Schmelze. Amorphe Thermoplaste (PVC, PC), verhalten sich hier thermoplastisch, teilkristalline (PE, PP, PA) viskoelastisch. Teilkristalline Polymere besitzen eine Kristallitschmelztemperatur, bei deren Überschreiten die Polymere in den viskosen Fließbereich übergehen.

Makromoleküle lassen sich nicht verdampfen, sondern lösen sich bei Überschreiten einer bestimmten Temperatur auf (z. B. Veraschung).

c) Thermoplastische Polymere

Tabelle 3.13 zeigt die Zusammenstellung von Eigenschaften wichtiger thermoplastischer Polymere in der Mikrosystemtechnik.

PMMA und PI haben eine sehr hohe Glastemperatur T_G und sind daher bei Raumtemperatur glasig-hart. Prinzipiell können sie deshalb auch als mechanische Form- und Funktionselemente verwendet werden[1]. PE, PTFE und PVDF weisen dagegen bei Raumtempera-

[1] K. Sager, A. Schroth, A. Nakladal, G. Gerlach: Humidity dependent mechanical properties of polyimide films and their use in IC-compatible humidity sensors. Sensors and Actuators A53 (1996), S. 330-334

tur zähelastisches Verhalten auf. Alle diese Polymere besitzen einen E-Modul, der um den Faktor 20 bis 200 kleiner als der von Silizium ist, während der thermische Längenausdehnungskoeffizient von Silizium wiederum 20 … 100-mal größer als der von diesen Polymeren ist. Die meisten Polymere nehmen entsprechend der Umgebungsfeuchte Wasserdampf auf, wodurch sich ihr Volumen um einige Prozent ändern kann.

Tabelle 3.13 Thermoplastische Polymere in der Mikrosystemtechnik (Auswahl)

Polymer mit Strukturformel	T_G [°C]	E [GPa]	α [$10^{-6}K^{-1}$]	Eigenschaften
Polyethylen (PE) 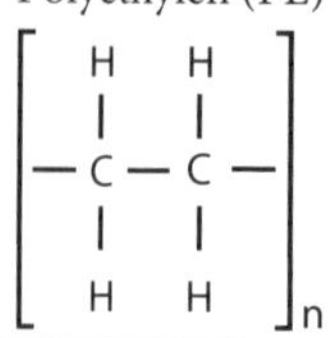	– 68	0,2 … 1	180 … 250	teilkristallin, zähelastisch
Polymethylmethacrylat (PMMA) 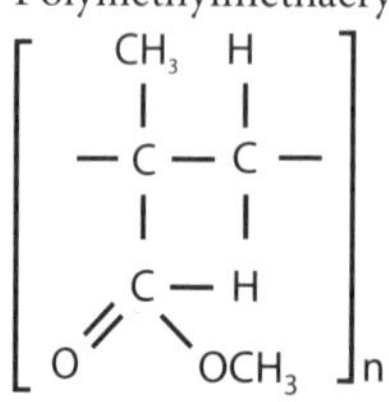	100	2,7 … 3,3	63 … 80	amorph, steif, hart, kratzfest, transparent
Polyimid (PI) 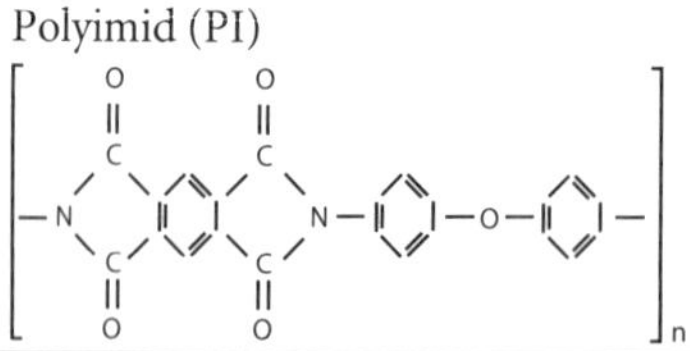	165… 400	3 … 5	50 … 63	fest, steif, kriech- und warmfest
Polytetrafluorethylen (PTFE) 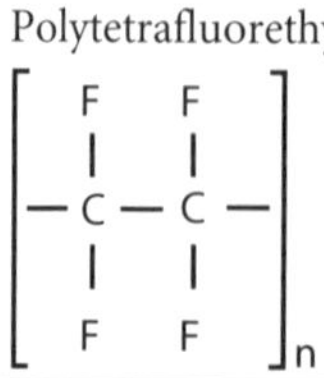	– 20	7,5	160 … 200	teilkristallin, flexibel, zäh, niedrige Haftreibung, dielektrische und Antihaft-schichten
Polyvinylidenfluorid (PVDF) 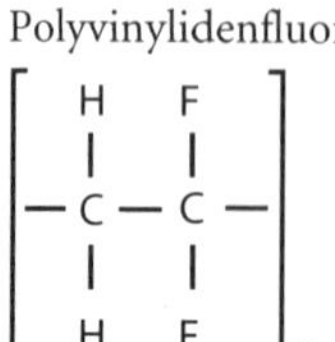	– 18	2,1 … 3,3	106	piezo- und pyroelektrische Schichten

T_G Glastemperatur, E Elastizitätsmodul, α thermischer Längsausdehnungskoeffizient

3.4.2 Fotoresist

In der Mikroelektronik und Mikrosystemtechnik erfolgt die Strukturübertragung üblicherweise mittels Fotolithografie (s. Abschn. 4.3). Dazu wird durch Lichteinwirkung die Struktur und damit auch die Löslichkeit von solchen Fotoresistmaterialien gegenüber bestimmten Lösungsmitteln geändert. Als Resist eignen sich insbesondere Polymere oder deren Vorprodukte, für die durch Belichtung eine Polymerbildung (bei Negativresist) oder -auflösung (bei Positivresist) eintritt.

Resiste für die Strukturübertragung müssen eine große Zahl von Anforderungen erfüllen: Haftfestigkeit, Defektfreiheit, Maßhaltigkeit, definierte Kantenausbildung, Stabilität und Resistenz gegenüber Entwickler, rückstandsfreie Entfernbarkeit.

Fotoresiste enthalten im Allgemeinen folgende Bestandteile:

- Schichtbildendes Polymermaterial: bestimmt die mechanischen und chemischen Eigenschaften,
- fotosensitive Komponente/Fotoinitiator: verringert die für die lithografische Polymerreaktion notwendige Bestrahlungsdosis,
- Lösungsmittel: bestimmt die Viskosität des Fotoresists,
- ggf. Additive: zur Einstellung spezifischer Eigenschaften.

In **Tabelle 3.14** sind wichtige Fotoresist-Materialien zusammengestellt.

Tabelle 3.14 Fotoresist-Materialien

Typ	Negativresist	Positivresist	
Löslichkeit im Entwickler	Belichtete Bereiche werden unlöslich.	Belichtete Bereiche werden löslich.	
Polymerreaktion bei Belichtung	Vernetzung niedermolekularer Ketten (C=C-Doppelbindungen, Epoxidringe) zu unlösbaren Polymeren	Polymerkettenteile werden löslich	Spaltung von Polymerketten in lösliche niedermolekulare Fragmente (z. B. an C-S-Bindungen)
Polymere	• Polyisopren • Polyacrylat • Polybenzimidazol • Polyimid PI • Epoxidharz EP	• Phenol-Formaldehyd (Novolak-Harz)	• PMMA • Polyolefinsulfon

a) Negativresiste

Die ersten praktisch eingesetzten Fotolacke waren Negativresiste (Kodak's Thin Film Resist KTFR, 1954). Bei Negativresisten verbleibt nach Belichtung und Entwicklung eine Struktur, die genau invers zur Struktur der Fotomaske ist. Dort, wo die Fotomasken transparent sind, wird der Fotoresist belichtet und damit für den Entwickler unlöslich. Der gegenwärtig am häufigsten verwendete Negativresist ist Polyisopren, gelöst in Xylen. Ein darin enthaltener Fotoinitiator (meist Diazid) bildet unter Belichtung ein Radikal, wobei N_2 abgespaltet wird:

$$R-N_3 \xrightarrow{hv} R-\dot{N}\bullet + N_2$$

Das sehr reaktive Nitren *R-N* reagiert mit dem partiell cyclierten Polyisopren:

Die Belichtung erfordert Stickstoff-Atmosphäre, um die Bildung von Nitroso-Verbindungen zu verhindern, die die Abbildungsqualität verringern würde. Verwendete Diazid-Verbindungen sind UV-empfindlich, insbesondere in den Bereichen 340 ... 420 nm oder 365 ... 480 nm.

Für die Mikrosystemtechnik hat SU-8 Fotolack (Firmenbezeichnung, entwickelt bei IBM[2], Hersteller z. B. Fa. MicroChem) [VÖLKLEIN00] große Bedeutung erreicht, mit dem Lackdicken von bis zu 1200 µm erzeugt werden können. Dieser Lack ist UV-strukturierbar, wobei sich Höhen-Breiten-Verhältnisse (Aspektverhältnisse) von bis zu 18 erreichen lassen. SU-8-Resist besteht aus folgenden Bestandteilen:

- Epoxidharz: EPON
- Organisches Lösungsmittel: GBL (Gamma-Butylor-Azeton)
- Fotoinitiator: Triarylsulfoniumsalz (10 Gewichts-%)
- Entwickler zur Auflösung der unbelichteten Bereiche: PGMEA (Propylglykolmethyletherazetat).

b) Positivresiste

Bei Positivresisten erhöht sich die Löslichkeit belichteter Bereiche gegenüber den eingesetzten Entwicklern um Größenordnungen (üblicherweise Faktor 100 und mehr). Die nicht transparenten Bereiche der Fotomasken führen damit zu den nicht löslichen und damit verbleibenden Bereichen der Fotoresistschicht nach Belichtung und Entwicklung.

Vorteil aller Positivresiste ist, dass die unbelichteten Bereiche durch den Entwickler de facto nicht beeinflusst werden. Damit erreicht man eine hohe geometrische Abbildungsgenauigkeit und scharfe Resistkanten. Am weitesten verbreitete Positivresiste sind

[2] Patentschrift US 488 2245, 1989

Fotolacke auf der Basis von Novolak (Phenolformaldehyd). Diazonaphtoquinon (DNQ) wirkt fotoaktiv, indem es bei UV-Bestrahlung unter N_2-Abspaltung und einer chemischen Umlagerung 3-Indenkarbonsäure bildet. Diese neutralisiert in alkalischen Entwicklern (TMAH Tetramethylammoniumhydroxid in wässriger Lösung) und wird selbst löslich. Unbelichteter Resist ist hydrophob, was dessen Quellung im Entwickler verhindert, so dass sehr feine Linienbreiten erreichbar sind. DNQ-Novolak-Resiste haben eine Glasübergangstemperatur von 70 … 140 °C. Speziell entwickelte Fotolacke können mit Dicken von mehr als 100 µm aufgeschleudert und durchbelichtet werden.

Bei Polymethylmethacrylat (PMMA) führt die Belichtung mit RÖNTGENstrahlung zur Spaltung der Polymerketten in lösliche Fragmente. Mittels hochenergetischer Synchrotronstrahlung sind hier Resistdicken von bis zu 1 mm möglich, wobei die Neigung der Seitenkanten von entwickelten Resiststrukturen im Bereich von 0,1 ° liegt. PMMA-Resiste finden in der LIGA-Technik Anwendung (s. Abschn. 4.12).

3.5 Dünnschichten

Dünne Schichten dienen für vielfältige Funktionen in der Mikrosystemtechnik (s. **Tabelle 3.1**). Im Folgenden sollen die Eigenschaften ausgewählter Dünnschichten, die für die Mikrosystemtechnik besondere Bedeutung haben, vorgestellt werden.

Bei der Nutzung dünner Schichten muss jedoch immer berücksichtigt werden, dass sie infolge der Herstellung meist nicht mechanisch spannungsfrei sind. Schichten werden bei einer bestimmten Temperatur T_{ab} auf der Schichtunterlage abgeschieden. Durch Abkühlung um eine Temperatur ΔT und durch Gefügeänderungen (z. B. durch Phasenübergänge, Korngrenzeneffekte, Gitterdefekte und Restgaseinbau) würde sich für eine freie Schicht eine Längenänderung ergeben, die einer Dehnung

$$\varepsilon_F = \varepsilon_{F,th} + \varepsilon_{F,i} = -\overline{\alpha}_F \cdot \Delta T + \varepsilon_{F,i} \tag{3.30}$$

entspricht. $\varepsilon_{th} = -\overline{\alpha}_F \cdot \Delta T$ beschreibt dabei die thermische Schrumpfung ($\overline{\alpha}_F$ ist der über den Abkühlungsbereich T_{ab} - $\Delta T \ldots T_{ab}$ gemittelte lineare Wärmeausdehnungskoeffzient der Schicht) und $\varepsilon_{F,i}$ die intrinsischen Dehnungen infolge Gefügeänderungen. Das Substrat, auf dem die Schicht abgeschieden wurde, erfährt jedoch nur eine thermische Schrumpfung

$$\varepsilon_S = -\overline{\alpha}_S \cdot \Delta T\,, \tag{3.31}$$

so dass eine Dehnungsdifferenz

$$\Delta\varepsilon = \varepsilon_F - \varepsilon_S = \left(\overline{\alpha}_S - \overline{\alpha}_F\right)\Delta T + \varepsilon_{F,i} \tag{3.32}$$

auftritt, die zu einer Verbiegung des Zweischichtverbundes führt (**Bild 3.16**).

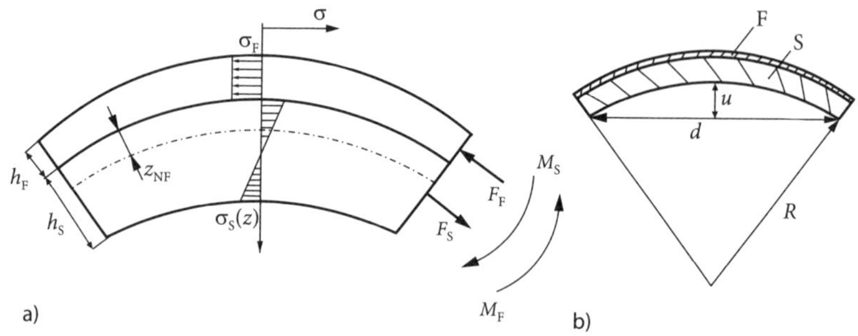

Bild 3.16 Querschnitt durch den Verbund Dünnschicht/Substrat nach Abkühlung von der Abscheidetemperatur auf Raumtemperatur
a) mechanische Spannungen im Bimorph; b) geometrische Verhältnisse an einer beschichteten Kreisplatte; Index F: Schicht (Film), Index S: Substrat

Die mechanische Spannungsverteilung im Bimorphelement Schicht/Substrat ergibt sich aus den Einspannungsbedingungen so, dass sich die aus σ_F und σ_S über dem Querschnitt ergebenden Kräfte F_F und F_S sowie Momente M_S und M_F mit den äußeren Kräften und Momenten im Gleichgewicht stehen. Ist die Dicke h_F der Dünnschicht deutlich kleiner als die Dicke h_S des Substrats, kann näherungsweise von einer konstanten mechanischen Spannung σ_F in der gesamten Schicht ausgegangen werden. Gl. (3.32) führt dann zu

$$\sigma_F = \sigma_{F,th} + \sigma_{F,i} \sim \Delta\varepsilon\,. \qquad (3.33)$$

Das heißt, dass sich die Schichtspannung σ_F aus einem infolge der Differenz des Wärmeausdehnungskoeffizienten hervorgerufenen thermischen Anteil und einem durch Gefügeänderungen verursachten intrinsischen Anteil zusammensetzt.

Ein solcher Bimorph Dünnschicht/Substrat kann mit der klassischen Biegetheorie beschrieben werden, wenn folgende Modifikationen Berücksichtigung finden[3]:

- Die Steifigkeit EI eines Biegestabs der Breite b ergibt sich als gemittelte Steifigkeit $\overline{EI}$ mit
$$\frac{1}{\overline{\overline{EI}}} = \frac{1}{b}\,\frac{12\left(E_F h_F + E_S h_S\right)}{E_F^2 h_F^4 + E_S^2 h_S^4 + E_F E_S h_F h_S \left(4h_F^2 + 6h_F h_S + 4h_S^2\right)}\,. \qquad (3.34)$$
- Die (hinsichtlich Biegung) **neutrale Faser** befindet sich in einem Abstand z_{NF} von der Grenzfläche zwischen Schicht und Substrat:

[3] Gerlach, G.: Mechanische Störeinflüsse an integrierten piezoresistiven Drucksensoren kleiner Nenndrücke. Dissertation B, TU Dresden 1990

$$x_{NF} = \frac{1}{2} \frac{E_F h_F^2 - E_S h_S^2}{E_F h_F + E_S h_S}. \tag{3.35}$$

- Das in einem Biegestab der Länge ℓ auftretende interne Biegemoment ergibt sich aus der Dehnungsdifferenz $\Delta\varepsilon$ von Gl. (3.32) zu

$$M_\varepsilon = \frac{\ell}{2} \frac{E_F E_S h_F h_S (h_F + h_S)}{E_F h_F + E_S h_S} \cdot \Delta\varepsilon . \tag{3.36}$$

- Der mittlere Längenausdehnungskoeffizient des Bimorphs beträgt

$$\bar{\alpha} = \frac{\alpha_F h_F E_F + \alpha_S h_S E_S}{h_F E_F + h_S E_S}. \tag{3.37}$$

Für plattenförmige Strukturen lassen sich analoge Beziehungen einsetzen. Schichtspannungen in Dünnschichten lassen sich experimentell aus der Auslenkung u einer beschichteten Kreisscheibe (z. B. Si-Wafer) mit dem Durchmesser d bestimmen, die zu einem Ausschnitt einer Kugelfläche mit dem Krümmungsradius R gekrümmt ist (**Bild 3.16**) [TU92][VÖLKLEIN00]:

$$\sigma_F = \frac{1}{6} \frac{E_S}{1-\nu_S} \frac{h_S^2}{h_F} \frac{1}{R} \tag{3.38}$$

mit

$$R = \frac{d^2}{8u} + \frac{u}{2} \approx \frac{d^2}{8u} \quad (\text{für } d >> u) . \tag{3.39}$$

Gl. (3.38) ist als STONEY-Gleichung bekannt. Die Messung des gekrümmten beschichteten Wafers erfolgt in der Regel mittels Oberflächenprofilometer oder interferenzoptisch bei dreipunktgelagertem Wafer. Oft sind die Wafer im unbeschichteten Zustand schon vorgekrümmt (Vorkrümmradius R_0). Dann ist in Gl. (3.38) das $1/R$ durch $(1/R - 1/R_0)$ zu ersetzen. R_0 kann analog zu Gl. (3.39) über die Auslenkung u_0 ermittelt werden.

Beispiel 3.6 Durchwölbung einer einseitig oxidierten 100 mm-Siliziumscheibe

Ein Standardsiliziumwafer mit einem Durchmesser d = 100 mm ist einseitig thermisch oxidiert (Dicke $h_{SiO_2} = 1\ \mu m$). Nach [FRÜHAUF05] treten in Siliziumdioxidschichten Eigenspannungen von $\sigma_{F,i} =$ 0,3 GPa auf.

Mit den Größen von **Bild 3.15** folgt für die Durchwölbung u einer vorher völlig ebenen Scheibe entsprechend den Gln. (3.38) und (3.39):

$$u \approx \frac{1}{8} \frac{d^2}{R} = \frac{1}{8} d^2 \cdot 6 \cdot \sigma_F \cdot \frac{1-\nu_S}{E_S} \frac{h_F}{h_S^2} .$$

Mit den Werten d = 100 mm, h_S = 525 µm (Typische Eigenschaften von Silizium-Wafern s. **Tabelle 3.10**), $E_S = E_{Si}$ = 169 GPa, $\nu_S = \nu_{Si}$ = 0,063 (**Tabelle 3.15**) und $h_F = h_{SiO_2} = 1$ µm ergibt sich u = –45 µm.

Das negative Vorzeichen bedeutet, dass sich die Si-Scheibe infolge der intrinsischen Spannungen im SiO_2 nach oben wölbt. Die maximale Durchwölbung in Scheibenmitte beträgt 45 µm. Praktisch würde neben den Eigenspannungen noch die Differenz der Wärmeausdehnungskoeffizienten zu einer überlagerten Durchwölbung führen. Wegen $\alpha_{SiO2} < \alpha_{Si}$ und $\Delta T < 0$ (Abkühlung) wird $(\alpha_{Si} - \alpha_{SiO_2}) \cdot \Delta T < 0$. Es ergibt sich eine der intrinsischen Auswölbung entgegengesetzte Durchbiegung.

3.5.1 Siliziumoxid, Siliziumnitrid

Siliziumdioxid SiO_2 und Siliziumnitrid Si_3N_4 sind dielektrisch und isolierend. Sie werden deshalb in der Mikroelektronik als isolierende und passivierende Schichten für elektronische Strukturen eingesetzt. Siliziumdioxid lässt sich mit technologisch geringem Aufwand durch thermische Oxidation von Silizium direkt an der Oberfläche des Siliziumwafers herstellen (s. Abschn. 4.4.3). Thermisches SiO_2 bildet eine amorphe, homogene, geschlossene Schicht, die quasi defektfrei ist. Die einfache Herstellung und die hervorragenden Schichteigenschaften von thermischem SiO_2 haben dazu geführt, dass Silizium das dominierende Material in der Mikroelektronik ist.

Der Übergang zwischen Si und SiO_2 weist infolge der Herstellung einen sehr kleinen Übergangsbereich mit nichtstöchiometrischer Zusammensetzung SiO_x (x = 0 bis 2) auf, der die elektronischen Eigenschaften des Si an der Grenzschicht beeinflusst[4]. Neben der thermischen Oxidation kann SiO_2 auch durch Abscheidung auf der Siliziumoberfläche hergestellt werden. Diese Schichten weisen jedoch eine schlechtere Homogenität und höhere Defektrate auf. SiO_2 findet in der Mikrosystemtechnik auch für andere Funktionen Verwendung:

- Opferschicht für die Herstellung beweglicher Funktionselemente in der Oberflächenmikromechanik (s. Abschn. 4.10). Dazu wird ausgenutzt, dass SiO_2 eine andere chemische Widerstandsfähigkeit gegenüber bestimmten chemischen Ätzmitteln hat, so dass es selektiv aus einem Schichtverbund Si-Wafer/SiO_2/Si-Dünnschicht herausgelöst werden kann.
- **Ätzresist** für die dreidimensionale Strukturierung von Silizium, z. B. beim anisotropen, nasschemischen Ätzen von Einätzungen im Siliziumwafer (s. Abschn. 4.6.2). Bei

[4] Balk, P. (Hg.): The Si-SiO_2 System. Amsterdam u. a.: Elsevier 1988

den dort eingesetzten Ätzlösungen weist SiO_2 eine erheblich höhere chemische Widerstandsfähigkeit als Si auf.

In vielen Fällen werden statt einfacher SiO_2-Schichten auch

- SiO_2-/Si_3N_4-Doppelschichten oder
- Siliziumoxinitrid-(SiO_xN_y)-Schichten verwendet.

Erstere verkoppeln die Vorteile von SiO_2 (ausgezeichnete Homogenität und Defektfreiheit) mit denen von Si_3N_4 (chemisch außerordentlich widerstandsfähig). Der lineare Wärmeausdehnungskoeffizient von SiO_2 ist kleiner ($\alpha_{l,T} = 0{,}3 \ldots 0{,}5 \cdot 10^{-6}\,K^{-1}$), der von Si_3N_4 größer ($2{,}5 \ldots 3{,}0 \cdot 10^{-6}\,K^{-1}$) als der von Si (s. **Bild 3.15**). Durch ein geeignetes Schichtdickenverhältnis lässt sich deshalb ein mechanisch quasi spannungsfreier Schichtverbund auf Silizium erzeugen. Dabei ist zu beachten, dass die $\alpha_{l,T}$ der Schichten in erheblichem Maß von den Herstellungsbedingungen abhängen. Schichten mit gleichem thermischen Längenausdehnungskoeffizienten wie Silizium sind für Siliziumoxidnitrid SiO_xN_y erreichbar. Dazu ist eine geeignete Zusammensetzung zu wählen, die wieder von der Schichtabscheidung abhängt. In gleicher Weise wie der Ausdehnungskoeffizient stellt sich für SiO_xN_v ein gemittelter Brechungsindex ein, der zwischen denen von SiO_2 ($n = 1{,}44 \ldots 1{,}48$) und Si_3N_4 ($1{,}9 \ldots 2{,}5$) liegt [FRÜHAUF05].

Beispiel 3.7 Spannungskompensation von SiO_2- und Si_3N_4-Schichten

Eine 1 µm dicke Siliziumdioxidschicht auf einer Siliziumplatte soll durch eine Siliziumnitridschicht mechanisch spannungskompensiert werden. Beide Schichten werden bei der gleichen Temperatur abgeschieden. Spannungskompensation ist dann erreicht, wenn die thermische Wärmedehnung der Doppelschicht SiO_2/Si_3N_4 gleich der von Silizium ist. Gemäß Gl. (3.37) folgt damit:

$$\bar{\alpha}_{SiO_2+Si_3N_4} = \frac{\alpha_{SiO_2} h_{SiO_2} E_{SiO_2} + \alpha_{Si_3N_4} h_{Si_3N_4} E_{Si_3N_4}}{h_{SiO_2} E_{SiO_2} + h_{Si_3N_4} E_{Si_3N_4}} \stackrel{!}{=} \alpha_{Si}\,.$$

Für die optimale Dicke $h_{Si_3N_4}$ der Siliziumnitridschicht ergibt sich daraus mit den Werten von **Tabelle 3.15**

$$h_{Si_3N_4} = h_{SiO_2} \cdot \frac{E_{SiO_2}}{E_{Si_3N_4}} \cdot \frac{\alpha_{Si} - \alpha_{SiO_2}}{\alpha_{Si_3N_4} - \alpha_{Si}} = 0{,}65\,\mu m.$$

Für die praktische Anwendung ist zu berücksichtigen, dass die Abscheidung von SiO_2- und von Si_3N_4-Schichten meist bei unterschiedlichen Temperaturen erfolgt. Außerdem sind die Wärmeausdehnungskoeffizienten oft eine Funktion der Temperatur, so dass mit mittleren Werten gerechnet werden muss.

3.5.2 Elektrisch leitende Schichten

Für elektrisch leitende Schichten werden vorzugsweise Metalle verwendet. Größte Bedeutung haben dabei Aluminiumschichten, die durch Bedampfen kostengünstig hergestellt werden können.

Um die Ausbildung von SCHOTTKY-Übergängen anstelle OHMscher Kontakte zu verhindern, wird dem Al meistens noch 0,5 ... 1 % Si zulegiert (AlSi 0,5 ... 1). Dies wirkt außerdem der Eindiffusion von Si-Atomen aus dem Siliziummaterial entgegen.

Die Haftung von Leitbahnen auf Isolatorschichten, wie z. B. SiO_2, kann durch Haftschichten verbessert werden, deren Ionen sich in das amorphe Netzwerk der Unterschichten einbauen lassen. Für Al-Schichten wird dazu häufig Titan verwendet.

Treten nach der Leitbahnabscheidung noch weitere technologische Prozesse mit höheren Temperaturen auf, sind Schichtsysteme mit Leitbahnmaterialien zu verwenden, bei denen eine Diffusion des Leitbahnmetalls in den Halbleitern verhindert wird. Dies erfolgt oft mit diffusionshemmenden Zwischenschichten. Häufig verwendete Schichtsysteme aus Haftschicht/Diffusionsbarriere/Leitermetall sind Cr/Au oder Ti/Pt/Au.

3.5.3 Polysiliziumschichten

Die Oberflächenmikromechanik (s. Abschn. 4.10) nutzt vorzugsweise Form- und Funktionselemente aus Siliziumdünnschichten. Nachteilig ist, dass sich dünne Si-Schichten nicht einkristallin, sondern nur mit feinkristallinem Gefüge (poly- bzw. mikrokristallin) abscheiden lassen. Man spricht von polykristallinem Silizium oder auch von „Polysilizium“. Eine nachträgliche Rekristallisation ist technologisch aufwändig, so dass sie keine praktische Verbreitung erlangt hat. Die Struktur von Poly-Si ist stark vom Abscheideprozess abhängig. Bestimmte Abscheidebedingungen führen oft zur Herausbildung einer bestimmten Textur, d. h. einer speziell ausgeprägten Verteilung der Kristallitorientierung. Die resultierenden Eigenschaften ergeben sich aus der Mittelung der kristallrichtungsabhängigen Materialparameter über die Verteilungsfunktion der Kristallite, wobei der Einfluss der Korngrenzen zu berücksichtigen ist[5]. Werkstoffeigenschaften mit geringer Kristallrichtungsabhängigkeit (Wärmeausdehnungskoeffizient, Wärmeleitfähigkeit) sind bei Poly-Si deshalb ähnlich denen von einkristallinem Silizium. Stark kristallrichtungsabhängige Eigenschaften (Elastizitätsmodul und Querkontraktionszahl, s. **Tabelle 3.7**; piezoresistive Koeffizienten) weisen bei Poly-Si Werte auf, die zwischen den Extremwerten von einkristallinem Silizium liegen (**Tabelle 3.15,** Anhang B).

[5] Schubert, D., Jenschke, W., Uhlig, T., Schmidt, F.-M.: Piezoresistive properties of polycrystalline and crystalline silicon films. Sensors and Actuators 11 (1987). S. 145-155

3.6 Materialeigenschaften im Vergleich

Tabelle 3.15 Ausgewählte mechanische und thermische Eigenschaften von Werkstoffen der Mikrosystemtechnik (nach [FRÜHAUF05][PETERSEN82])

Material	Elastizitätsmodul E in GPa	Querkontraktionszahl ν	Dichte ρ in $g\,cm^{-3}$	Linearer Wärmeausdehnungskoeffizient $\alpha_{l,T}$ in $10^{-6}K^{-1}$	Wärmeleitfähigkeit λ in $Wm^{-1}K^{-1}$
Si (einkristallin, (1 0 0) <1 1 0>)	169	0,063	2,3	2,3	157
Poly-Si	160	0,22	2,3	2,6	24
SiO_2	73	0,17	2,2	0,5	2,1
Si_3N_4	290	0,3	2,8	3,0	18
Al	70	0,34	2,7	23	236
Polyimid (PI)	3	0,3	1,1	50	0,3
Stahl (unlegiert)	210	0,3	7,9	19	97

Tabelle 3.15 fasst wichtige mechanische und konstruktive Eigenschaften von den in der Mikrosystemtechnik am weitesten verbreiteten Werkstoffen zusammen. Folgende Schlussfolgerungen lassen sich daraus ziehen:

- Silizium ist als Konstruktionswerkstoff dem im Maschinenbau dominierenden Stahl hinsichtlich des Elastizitätsmoduls vergleichbar, besitzt jedoch eine geringere Dichte und eine bessere Wärmeleitfähigkeit. Da es außerdem als Einkristall hervorragende linearelastische Eigenschaften hat, ist es für mikromechanische Form- und Funktionselemente bestens geeignet.
- Polykristallines und einkristallines Silizium besitzen die gleiche Dichte und einen ähnlichen E-Modul. Die anisotropen Eigenschaften von einkristallinem Si machen sich im extrem kleinen Wert für die Querkontraktionszahl ν bemerkbar. Die Wärmeleitfähigkeit von Poly-Si wird durch die Korngrenzen stark verringert.
- Siliziumoxid (SiO_2) und Siliziumnitrid (Si_3N_4) haben eine zu Si sehr ähnliche Dichte und weisen wie Silizium eine gegenüber Metallen und Kunststoffen sehr kleine Wärmeausdehnung auf. Auf Grund der hohen Schichtabscheidetemperaturen reicht der geringe Unterschied im Wärmeausdehnungskoeffizienten von SiO_2 bzw. Si_3N_4 und Si aus, dass mechanische Deformationen auftreten.
- Dünne Metallschichten, z. B. aus Al bzw. AlSi1, zeigen eine große Wärmeausdehnung und -leitfähigkeit.

- Kunststoffe wie z. B. Polyimid besitzen einen sehr geringen Elastizitätsmodul, d. h. dass bereits kleine Kräfte zu großen Deformationen führen. Außerdem sind sie gute Wärmeisolatoren.

Aufgaben

3.1 Gibt es für {1 0 0}-, {1 1 0}- oder {1 1 1}-Siliziumscheiben prinzipiell die Möglichkeit, dass sich senkrecht zur Waferoberfläche geneigte {1 1 1}-Flächen herausbilden können?

3.2 Beim anisotropen Tiefenätzen von Silizium mittels alkalischer Ätzlösungen bilden sich bevorzugt langsamätzende {1 1 1}-Seitenflächen heraus, die die Einätzungen begrenzen. Zeigen Sie für die Scheibenorientierung aus Aufgabe 3.1, wie eine Ätzgrube aussieht, die aus allen sechs möglichen {1 1 1}-Flächen begrenzt wird!

3.3 Berechnen Sie den Elastizitätsmodul von Silizium in der <1 1 1>-Richtung!

3.4 Berechnen Sie die Ausfallwahrscheinlichkeit für einen piezoresistiven Drucksensor, bei dem in der Druckplatte eine maximale Zugspannung von 0,058 GPa; 0,58 GPa; 5,8 GPa auftritt!

3.5 Bestimmen Sie den zeitlichen Verlauf der mechanischen Spannung im Glaskörper von **Bild 3.12**, wenn er einem Deformationssprung $\underline{u} = u_0 \cdot 1/s$ unterzogen wird.

3.6 Berechne die Schichtspannung in einer 5 µm dicken Polyimidschicht auf einer standardmäßigen 150 mm-Si-Scheibe. Die Durchwölbung beträgt 10 µm.

Literatur

[BÜTTGENBACH91] *Büttgenbach, J.*: Mikromechanik. Stuttgart: B. G. Teubner Verlag 1991

[FRÜHAUF05] *Frühauf, J.*: Werkstoffe der Mikrotechnik. Leipzig: Fachbuchverlag 2005

[HULL99] *Hull, R.* (Hrsg.): Properties of Crystalline Silicon. EMIS Datareviews Series No. 20. London: INSPEC 1999

[HÄNSEL96] *Hänsel, H., Neumann, W.*: Physik. Band IV: Moleküle und Festkörper. Heidelberg u.a.: Spektrum Akademischer Verlag 1996

[IVERS04] *Ivers-Tiffée, E.; von Münch, W.*: Werkstoffe der Elektrotechnik. 9. Aufl. Stuttgart u. a.: B. G. Teubner 2004

[KIESEWETTER92] *Kiesewetter, L., Houdean, D., Löper, G., Zhang, J.-M.*: Wie belastbar ist Silizium in mikromechanischen Strukturen? F&M Feinwerktechnik, Mikrotechnik, Meßtechnik 100 (1992) 6, S. 249-254

[MESCHEDER04] *Mescheder, U.*: Mikrosystemtechnik. 2. Aufl. Stuttgart, Leipzig: B. G. Teubner 2004

[NISHI00] *Nishi, Y.; Doering, R.*: Handbook of Semiconductor Manufacturing Technology. New York, Basel: Marcel Dekker 2000

[PAUFLER86] *Paufler, P.*: Physikalische Kristallografie. Berlin: Akademie-Verlag 1986

[PETERSEN82] *Petersen, K.*: Silicon as a mechanical material. Proceedings of the IEEE 70 (1982), 420-457

[TU92] *Tu, K.-N.; Mayer, J. W.; Feldmann, L. C.*: Electronic Thin Films Science for Electrical Engineers and Materials Scientists. New York u. a.: Macmillan Publishing Co. 1992

[VÖLKLEIN00] *Völklein, F.; Zetterer, T.*: Einführung in die Mikrosystemtechnik. Wiesbaden, Vieweg-Verlag, 2000

4 Mikrotechnische Fertigungsverfahren

4.1 Überblick

Die Mikrosystemtechnik ist dadurch gekennzeichnet, dass extrem miniaturisierte Bauelemente mit integrierten elektrischen, mechanischen und anderen Funktionen durch dreidimensionale Bearbeitung von Werkstoffen der Halbleitertechnologie produziert werden. Sie stützt sich dabei auf die grundlegenden technologischen Verfahren der Mikroelektronik, da dort wegen der Programmierbarkeit der Bauelemente (Prozessoren, Speicherschaltkreise) in der Regel erheblich größere Stückzahlen als in der Mikrosystemtechnik auftreten und deshalb Technologieentwicklungen viel einfacher finanzierbar sind. Während Bauelemente der Mikroelektronik aber meist nur den oberflächennahen Bereich der Siliziumwafer verwenden, muss für Mikrosysteme auch die Tiefe des Wafers ausgenutzt werden. Es ist deshalb Ziel, auf der Grundlage der traditionellen Halbleitertechnologie Verfahren zu entwickeln, die eine **dreidimensionale Formgebung** erlauben.

Durch die Integration elektronischer, mechanischer und anderer Funktionen wird bei der Herstellung von Mikrosystemen auch ein großer Anteil herkömmlicher mikroelektronischer Fertigungsschritte notwendig sein, die um die Herstellungsschritte zur dreidimensionalen Formgebung ergänzt werden müssen. Dies soll am Beispiel der Herstellung piezoresistiver Drucksensoren erläutert werden.

Beispiel 4.1 Herstellung eines piezoresistiven Drucksensors

Ziel ist es, den in **Bild 4.1** dargestellten piezoresistiven Absolutdrucksensor herzustellen. Der Drucksensor soll folgende Eigenschaften haben (s. Abschn. 7.2.5):

- Rechteckige Druckplatte aus n-Silizium,
- Piezowiderstände als p-dotierte Siliziumbereiche,
- metallische Leitbahnen und Bondinseln, die elektrisch vom Si-Chip isoliert sind.

Für den Herstellungsablauf ergibt sich daraus eine Reihe von Schlussfolgerungen:

- Der Drucksensorchip hat Abmessungen im Bereich weniger Quadratmillimeter. Bei der Herstellung werden deshalb viele Sensorelemente auf einem Wafer gleichzeitig hergestellt und erst am Schluss vereinzelt.

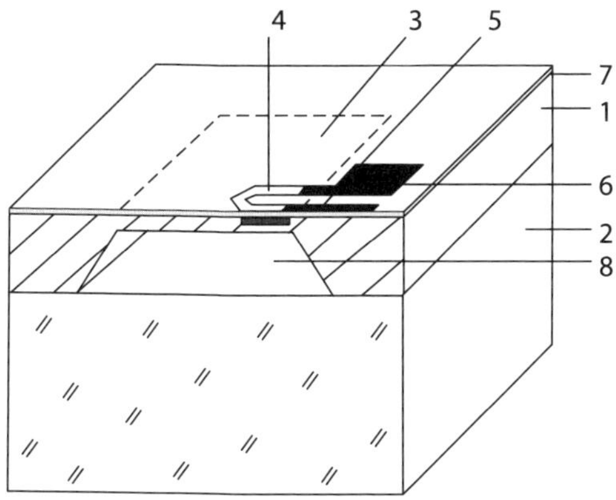

Bild 4.1 Piezoresistiver Absolutdrucksensor (Schnittbild nicht maßstäblich)
1 Siliziumsensorchip, 2 Glassubstrat, 3 Siliziumdruckplatte, 4 Piezowiderstand, 5 Leitbahn, 6 Bondinsel, 7 Isolationsschicht (SiO_2), 8 Ätzgrube

- Der Piezowiderstand ist in die Oberseite der Druckplatte im abgedünnten Teil des Sensorchips eindotiert. Seine Dotierung erfolgt also von der Vorderseite, während die Abdünnung der Druckplatte von der Rückseite aus vorgenommen wird. Diese Zweiseitenbearbeitung erfordert eine präzise Ausrichtung von Vorder- und Rückseite durch Doppelseitenlithografie (s. Abschn. 4.3). Ein Versatz zwischen Vorder- und Rückseite würde z. B. dazu führen, dass der Widerstand nicht an der Kante der Druckplatte liegt, an der die größten mechanischen Spannungen auftreten, sondern im dickeren Chipbereich. Damit wäre ein Absinken der Sensitivität des Drucksensors verbunden (s. Beispiel 7.8).

- Die Abdünnung der Druckplatte führt zu einer verminderten mechanischen Stabilität des Siliziumwafers allgemein und in den abgedünnten Bereichen speziell. Das **anisotrope Tiefenätzen**, mit dem sich die gewünschte Rechteckform der Druckplatte erzeugen lässt (s. Abschn. 4.6), wird deshalb erst weit am Ende des Herstellungsprozesses durchgeführt.

- Der Siliziumwafer, der die Sensorchips enthält, wird im Ganzen mit einem Glaswafer verbunden (s. Abschn. 4.8), bevor die Chipvereinzelung erfolgt.

Bild 4.2 zeigt eine mögliche Abfolge des Herstellungsprozesses[1].

---

[1] Im Gegensatz zu den Regeln für das Technische Darstellen wird in der Abbildung von Mikrosystemen meist nur die direkte Schnittfläche gezeigt. Auf die Darstellung anderer sichtbarer Körperkanten wird dabei verzichtet.

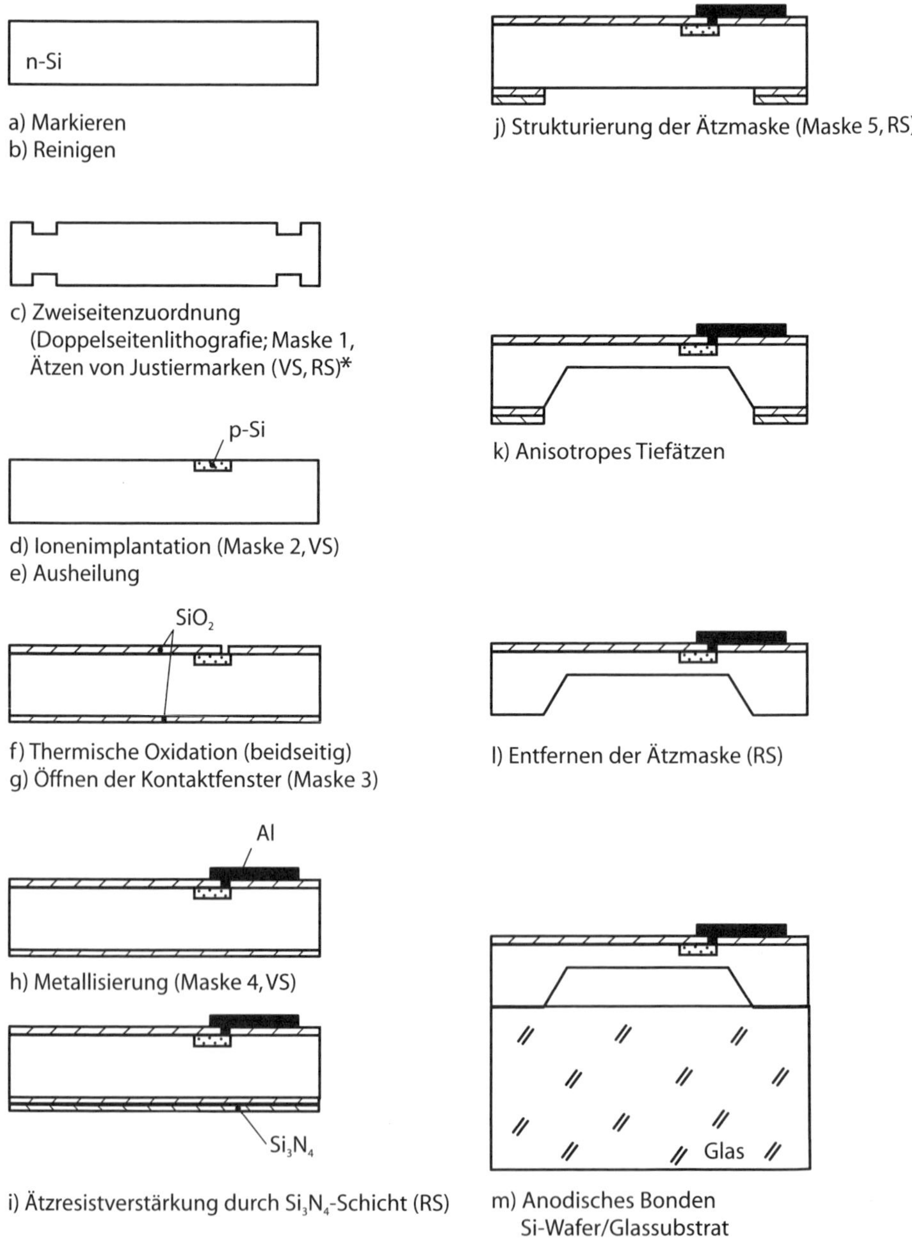

Bild 4.2 Herstellungsprozess für den piezoresistiven Drucksensor nach **Bild 4.1**
VS Vorderseite, RS Rückseite
* Die Justiermarken sind in den folgenden Bildern nicht mehr dargestellt. Die Justiermarkenherstellung wird in Bild 4.3 erläutet.

Als Ausgangsmaterial wird ein Siliziumwafer mit bestimmten Eigenschaften und gewünschter kristallografischer Orientierung verwendet. Für piezoresistive Drucksensoren benutzt man meist n-leitendes Silizium mit (1 0 0)-orientierter Oberfläche. Die Kanten der Druckplatte ebenso wie die Längsachse des Piezowiderstandes sind in <1 1 0>-Richtung orientiert. Diese kristallografische Orientierung erlaubt die Formung rechteckiger Druckplatten durch anisotropes Ätzen (s. Abschn. 4.6). Für p-leitende Piezowiderstände, die in n-Si eindotiert werden, ermöglicht sie zudem eine hohe Sensitivität des Sensors (s. Abschn. 7.2.5).

Der Si-Wafer wird zuerst markiert, d. h. mit einer Durchlaufnummer versehen, und anschließend gereinigt, damit keine Partikel oder andere Kontaminationen die Strukturerzeugung stören können (**Bild 4.2b**). Danach müssen mittels Doppelseitenlithografie beidseitig Justiermarken in den Wafer eingebracht werden, um die eindeutige, präzise Zuordnung der Vorder- zur Rückseite vorzunehmen (**Bild 4.2c**). Hier werden die Justiermarken direkt in den Siliziumwafer eingeätzt. Dies erfolgt durch Strukturübertragung von einer entsprechenden Lithografiemaske (Maske 1). Die Fotolithografie ist ein Verfahren, mit dem universell Oberflächen oder Schichten lateral strukturiert werden können. Die Strukturübertragung erfolgt dabei über einen Fotoresist, auf den durch einen Belichtungs- und Entwicklungsprozess die Struktur der Fotomaske übertragen wird und der dann als Strukturmaske für die Strukturierung des Untergrundes dient (**Bild 4.3**). Der Vorteil ist, dass sich Fotoresiste einfach beschichten, belichten und entwickeln sowie zum Schluss, nach der Strukturübertragung in die darunter liegende Schicht, auch wieder entfernen lassen. Im **Bild 4.3c2** wird ein Positivresist verwendet, bei dem die belichteten Bereiche löslich werden (s. Abschn. 3.5) und im anschließenden Entwicklungsprozess herausgelöst werden (**Bild 4.3c3**). Die strukturierte Fotolackschicht dient nun als Ätzmaske für das Ätzen der Justiermarken auf der Vorder- und Rückseite des Wafers. Das erfolgt mit einer Ätzlösung, die selektiv Silizium ätzt, aber nicht den Fotoresist. Nach der Strukturübertragung hat der Fotolack seine Funktion erfüllt und kann wieder entfernt werden (z. B. durch geeignete Lösungsmittel oder mittels Veraschung im Plasma). Zur Beseitigung der Rückstände ist eine erneute Reinigung erforderlich. Der im **Bild 4.2c** dargestellte Prozessschritt der Justiermarkenätzung fasst damit in Wirklichkeit die sechs im **Bild 4.3** dargestellten Herstellungsschritte zusammen.

Im Folgenden sollen Strukturierungsprozesse mittels Fotolithografie zusammenfassend als jeweils ein Schritt dargestellt werden. Im realen Prozessablauf umfasst ein solcher Strukturierungsschritt die Fotolackbeschichtung, -belichtung und -entwicklung, die Strukturübertragung sowie die Fotoresistentfernung und Feinreinigung.

Mit den Justiermarken auf der Vorder- und Rückseite des Wafers können nun die beiden Waferseiten getrennt prozessiert werden.

Die p-leitenden Piezowiderstände im n-leitenden Siliziumwafer werden durch Ionenimplantation geschaffen (**Bild 4.2d**, s. Abschn. 4.7). Als Implantationsmaske dient dabei

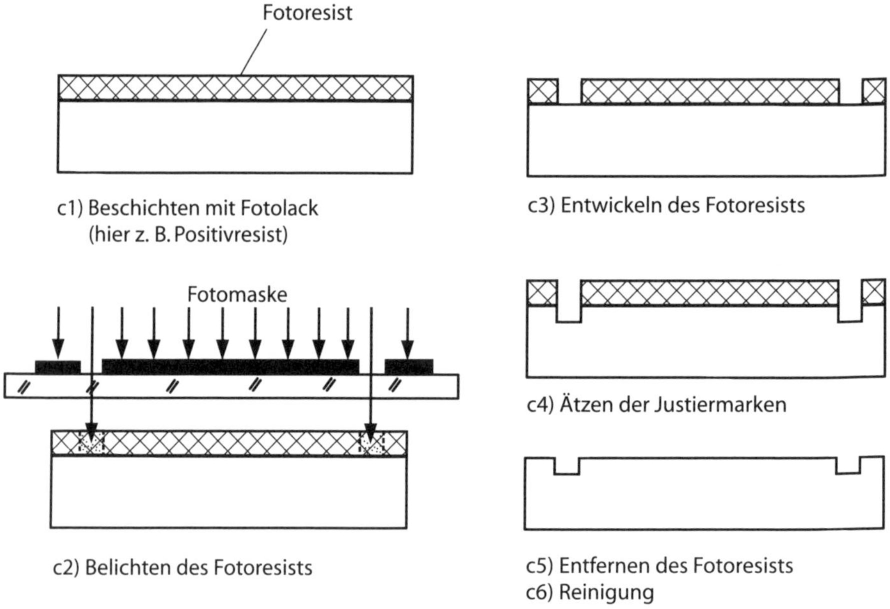

Bild 4.3 Fotolithografischer Prozess zur Justiermarkenherstellung entsprechend Bild 4.2c

wieder eine mittels Fotomaske strukturierte Fotolackschicht. Um Störungen des Siliziumkristalls infolge der Stoßprozesse während der Ionenimplantation auszuheilen, wird der Wafer anschließend einer Wärmebehandlung unterworfen.

Nun unterzieht man den Wafer einer thermischen Oxidation (**Bild 4.2f**). Dabei bildet sich auf beiden Seiten eine sehr homogene, quasi defektfreie, elektrisch isolierende SiO_2-Schicht (s. Abschn. 3.6) aus. Diese wird auf der Vorderseite als Isolatorschicht zwischen den Leitbahnen zur Kontaktierung der Piezowiderstände und dem Siliziumchip und auf der Rückseite als **Ätzmaske** für die Abdünnung der Druckplatten im Si-Wafer genutzt. Im Bereich der Kontakte zwischen dem Piezowiderstand und den Leitbahnen muss das Vorderseitenoxid geöffnet werden (**Bild 4.2g**). Das erfolgt wiederum über einen fotolithografischen Prozess sowie einen SiO_2-Ätzschritt. Dem schließt sich die ganzflächige Metallschichtabscheidung und deren Strukturierung an (**Bild 4.2h**). Wie oben ausgeführt, erfolgt die Abdünnung der Druckplatte mittels anisotropem, nasschemischem Ätzen (z. B. KOH-Ätzen, s. Abschn. 4.6) von der Rückseite des Wafers aus. Für übliche Waferdicken im Bereich 500 ... 700 µm reicht die Dicke der thermischen Oxidschicht auf der Rückseite nicht aus (s. Beispiel 4.6), so dass die Ätzmaske verstärkt werden muss. Dazu wird meist Siliziumnitrid Si_3N_4 verwendet, das von den Ätzlösungen deutlich weniger als SiO_2 angegriffen wird (**Bild 4.2i**). Die strukturierte SiO_2/Si_3N_4-Doppelschicht dient dann als Ätzmaske für den anisotropen Ätzprozess (**Bild 4.2k**). Um den Siliziumwafer mit einem Glassubstrat zu verbinden, wird das anodische Bonden verwendet (s. Abschn. 4.8). Dazu muss die SiO_2/Si_3N_4-Ätzmaske auf der Waferrückseite wieder entfernt werden (**Bild 4.2l**). Nach dem Bondvorgang (**Bild 4.2m**) werden die Sensorelemente vereinzelt und mittels Verfahren der Aufbau- und Verbindungstechnik (s. Kapitel 5) zu Sensoren komplettiert.

Die Herstellung des piezoresistiven Drucksensors von Beispiel 4.1 umfasst 13 Schritte, davon fünf Lithografieschritte, die wiederum aus einer Abfolge von mehreren Schritten bestehen. Die Fertigung von komplexen Mikrosystemen kann insgesamt durchaus mehrere hundert Prozessstufen umfassen, insbesondere auch, wenn elektronische Schaltungskomponenten zu integrieren sind.

Für die **Ausbeute** der Fertigungsprozesse von Mikrosystemen sind die Lithografieschritte von besonderer Bedeutung, da gerade bei der **Strukturübertragung** funktionelle Fehler hervorgerufen werden können. Eine minimale Anzahl von Fotolithografieschritten verspricht deshalb neben dem geringeren technologischen Aufwand auch eine höhere Fertigungsausbeute. Wie das Beispiel 4.1 aber auch zeigen sollte, besteht der Herstellungsprozess für ein Mikrosystem aus einer Vielzahl unterschiedlichster Verfahrensschritte (**Tabelle 4.1**), von denen jeder einzelne zuverlässig und erfolgreich ausgeführt werden muss und die sich nicht gegenseitig negativ beeinflussen dürfen. Viele der Verfahren sind Standardprozesse der Mikroelektronik, andere dienen speziell der Herstellung der dreidimensionalen mikromechanischen Funktions- und Formelemente.

Tabelle 4.1 Mikrotechnische Fertigungsverfahren

Scheibenprozesse	
•	Reinigungsprozesse, Lithografieverfahren
•	Schichtherstellungsverfahren
	Aufwachsen: Oxidation, Epitaxie
	Abscheiden: CVD (Chemical Vapour Deposition), PVD (Physical Vapour Deposition: Sputtern, Bedampfen)
•	Schichtabtragungsverfahren (Ätzverfahren)
•	Dotierverfahren (Ionenimplantation, Diffusion)
•	Verbindungsverfahren (Wafer-Bonden)[1]
•	Verfahren zur dreidimensionalen Formgebung
Montageprozesse	
•	Vereinzelungsverfahren
•	Verbindungsverfahren (Die-Bonden)[1]
•	Kontaktierungsverfahren
•	Verkappung, Umhüllung
•	Endprüfung

[1] Zur Verbindung kompletter Siliziumscheiben (Wafer-Bonden) und vereinzelter Chips (Die-Bonden) werden i. Allg. die gleichen Verbindungsverfahren benutzt.

Zu den letztgenannten Verfahren gehören insbesondere solche speziellen Verfahrensschritte wie

- Zweiseitenzuordnung zur Justage verschiedener mechanischer und elektronischer Funktionselemente auf der Vorder- und Rückseite einer Siliziumscheibe,
- Tiefenätzverfahren zur Erzeugung dreidimensionaler Strukturen,
- Herstellung isolierender Schichten zur geometrischen Begrenzung dreidimensionaler Einätzungen,
- Verbindungsverfahren zum Aufbau mikromechanischer Funktionselemente.

4.2 Reinheit in der Fertigung

Die Herstellung von Mikrosystemen und deren Komponenten ist wie die Fertigung integrierter Schaltungen ein komplexer technischer Prozess, der aus vielen Einzelschritten besteht. Jeder Fehler in einem Einzelprozess kann zu Beeinträchtigungen von Funktions- oder Formelementen und damit zum Ausfall des gesamten Mikrosystems führen. Besonders kritische Schritte im Fertigungsprozess sind dabei die fotolithografischen Strukturübertragungsprozesse, da sich dort Fehler direkt in Funktionsstörungen oder -ausfällen äußern. Von besonderer Bedeutung ist die **Oberflächenqualität**. Diese wird einerseits durch die Oberflächenmorphologie (z. B. Rauheit, Ebenheit) beeinflusst, die durch die Waferherstellung (s. **Tabelle 3.10**) bestimmt ist. Andererseits darf die Oberfläche nur wenig durch **Partikel** oder chemische Verunreinigungen beeinträchtigt sein.

Um eine hohe Ausbeute zu erreichen, müssen deshalb folgende zwei Voraussetzungen geschaffen werden[ALBERS05]:

- Minimale Verunreinigungen infolge von Partikeln: Dazu erfolgt die Fertigung mikrosystemtechnischer Komponenten analog zu der von mikroelektronischen Bauelementen im **Reinraum**, dessen Luft eine begrenzte Anzahl von Partikeln, die zudem nur eine bestimmte Größe besitzen dürfen, aufweist (**Bild 4.4**).
- Minimale chemische Verunreinigungen: Dazu werden spezielle **Reinigungsprozeduren** angewendet.

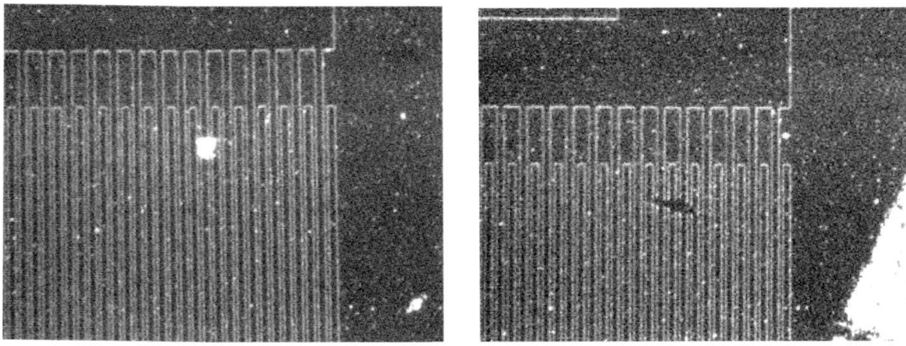

Bild 4.4 Beispiele für Oberflächenbeeinträchtigung durch Partikel

4.2.1 Reinraumtechnik

Reinräume gewährleisten saubere Umgebungsbedingungen für die Fertigung von Mikrosystemen. Sie haben folgende Funktionen:

- Schaffung gefilterter, d. h. partikelarmer Luft,
- Bereitstellung der erforderlichen Medien in ausreichender Reinheit (Prozessgase, Druckluft, deionisiertes Wasser, Kühlwasser, Stromversorgung, Vakuum),
- Entsorgung (toxische Abluft, Abwasser).

Die Erfahrung hat gezeigt, dass Partikel, die größer als 1/10 der minimalen Strukturabmessungen sind, zum Bauelementeausfall führen können. In der Mikrosystemtechnik sind minimale laterale Strukturgrößen von 5 µm typisch, so dass die maximale Partikelgröße 0,5 µm beträgt. **Tabelle 4.2** stellt Partikelemissionen zusammen, die durch menschliche Tätigkeiten hervorgerufen werden.

Tabelle 4.2 Emission von Partikeln mit einem Partikeldurchmesser von mehr als 0,5 µm bei verschiedenen Tätigkeiten (pro Minute)

Bewegungsart	Straßenkleidung	Einteilige Schutzkleidung mit Kopf-, Mund- und Nasenbedeckung
Sitzen ohne Bewegung	$3\cdot10^5$	$7\cdot10^3$
Kopfbewegung	$6\cdot10^5$	$1\cdot10^4$
Bewegung des Körpers	$1\cdot10^6$	$3\cdot10^4$
Langsames Gehen	$3\cdot10^6$	$5\cdot10^4$
Schnelles Gehen	$6\cdot10^6$	$1\cdot10^5$

a) Ausbeute

Partikel beeinflussen in hohem Maße die **Ausbeute** bei der Fertigung von Mikrosystemkomponenten. Die Ausbeute *Y* (Yield) ist definiert als

$$Y = \frac{\text{Anzahl von Gutbauelementen je Wafer}}{\text{Gesamtanzahl von Bauelementen je Wafer}}\,. \tag{4.1}$$

Der Hauptanteil des Ausbeuteverlustes ergibt sich aus zufällig verteilten Defekten, die infolge lithografischer Strukturierungsschritte erzeugt werden. Die **Defektdichte** *D* ist dabei die Anzahl von Defekten pro Wafer. Werden viele identische Bauelemente auf einem Wafer hergestellt, sind die Bauelementefläche *A* und die Anzahl *N* der kritischen Maskenebenen für die Gesamtausbeute *Y* entscheidend [NISHI00]:

$$Y = (1 + A \cdot D)^{-N} \tag{4.2}$$

$$Y = (1 - A \cdot D)^{N}\,. \tag{4.3}$$

Gl. (4.2) geht davon aus, dass die Wahrscheinlichkeit des Auftretens von einem oder mehreren Defekten pro Chip einer POISSON-Wahrscheinlichkeitsverteilung gehorcht und dass alle Maskenebenen die gleiche Defektdichte ergeben. Letzteres ist üblicherweise nur eingeschränkt zutreffend.

Beispiel 4.2 Ausbeute bei der Herstellung piezoresistiver Sensoren

Der Drucksensor von **Bild 4.1** habe eine Chipfläche von A = 4 x 4 mm². Entsprechend dem Herstellungsprozess von **Bild 4.2** treten bei der Fertigung $N = 5$ Lithografieschritte auf. Die Defektdichte sei $D = 10^{-3}$ mm^{-2} (ein Defekt pro 10 cm²). Die Ausbeute ergibt sich mit Gl. (4.2) zu

$$Y = (1 + AD)^{-N} = \left(1 + 16\,\text{mm}^2 \cdot 10^{-3}\,\text{mm}^{-2}\right)^{-5} = 92\,\%\,.$$

Gl. (4.3) bringt wegen $A \cdot D = 1{,}6 \cdot 10^{-2} << 1$ das gleiche gerundete Ergebnis.

Würde die elektronische Auswerteschaltung auf dem Sensorchip mit integriert, wären weitere Maskenebenen erforderlich. Für einen CMOS-Prozess können dies bis zu sieben Maskenebenen sein [GARDNER01]. Die Ausbeute reduzierte sich in diesem Fall auf

$$Y_{ges} = (1 + AD)^{-N_{ges}} = \left(1 + 16\,\text{mm}^2 \cdot 10^{-3}\,\text{mm}^{-2}\right)^{-(5+7)} = 83\,\%\,.$$

Dies ist der Grund, dass häufig Mikrosystemchip und Auswerteschaltung getrennt gefertigt und anschließend über die Aufbau- und Verbindungstechnik (s. Kap. 5) zusammengebracht werden.

b) Reinraum

Um die Partikel zu reduzieren, sind folgende Maßnahmen notwendig:

- Betrieb eines Reinraums, der weitgehend frei von Partikeln ist,
- Minimierung der Einschleppung oder Entstehung von Partikeln infolge von Ausrüstungen, Geräten, Bedienpersonal und Versorgungsmedien,
- kontinuierliches Monitoring der Partikeldichte im Reinraum.

Die Klassifizierung der **Luftreinheit von Reinräumen** erfolgt durch ISO 14644-1 oder nach US Federal Standard 209 (**Tabelle 4.3**).

Für die Fertigung höchstintegrierter mikroelektronischer Schaltkreise sind **Reinraumklassen** von 1 und besser erforderlich, während für die Fertigung in der Mikrosystemtechnik meist Reinraumklassen von 10 bis 10000 ausreichend sind (**Tabelle 4.4**).

Es gibt verschiedene Realisierungsmöglichkeiten für die Gestaltung von Reinräumen.

- Bei der bisher überwiegend verwendeten Variante versucht man, die kritischen Bereiche mit sehr hoher Luftgüte klein zu halten und trennt deshalb die Arbeitsfläche räumlich fest in Bereiche mit unterschiedlicher Luftreinheit. Dazu werden oft kammartige Strukturen verwendet. In **Bild 4.5a** sieht man die Aufteilung in einen Weißbereich, in dem die Wafer- und Chipbearbeitung abläuft, und einen **Graubereich** (Servicebereich, s. **Tabelle 4.4**). **Weißbereiche** weisen gegenüber dem Graubereich und diese gegenüber dem Außenbereich einen geringfügigen Überdruck auf (10 ... 20 Pa), um den Partikeleintrag von außen zu verringern. Bereiche mit hoher Reinraumgüte (Klasse 10 und besser) erfordern turbulenzarme Verdrängungsströmung der Luft. Vorteilhafterweise nutzt man dazu Laminarflow-Boxen, die eine solche Partikelreinheit auch innerhalb von Räumen mit deutlich schlechterer Reinheit erreichen lassen.
- Jüngere Reinräume nutzen großflächige, stützenfreie Säle, bei denen zwischen Decke und Fußboden laminare Strömung erzeugt wird (Ballroom-Layout). Dazu sind in der Decke Lüftereinheiten integriert, der Boden ist perforiert und erlaubt den Eintritt der **Laminarströmung** (**Bild 4.5b**). Unterhalb des Fußbodens laufen die Installationsleitungen, darunter befinden sich die Wartungsräume. Die unterschiedlichen Luftgütebereiche werden durch die Zahl bzw. die Dichte der in der Decke installierten Luftfiltereinheiten eingestellt. So ist es bei hinreichend guter laminarer Strömung ohne spezielle räumliche Abtrennungen möglich, in diesem Raum Bereiche bis hinunter zur Reinraumklasse 1 zu schaffen. Der Vorteil dieses Konzeptes ist es, dass durch die variable Anordnung der Luftfilter in der Decke die Belegung des Reinraumes sehr flexibel ist.

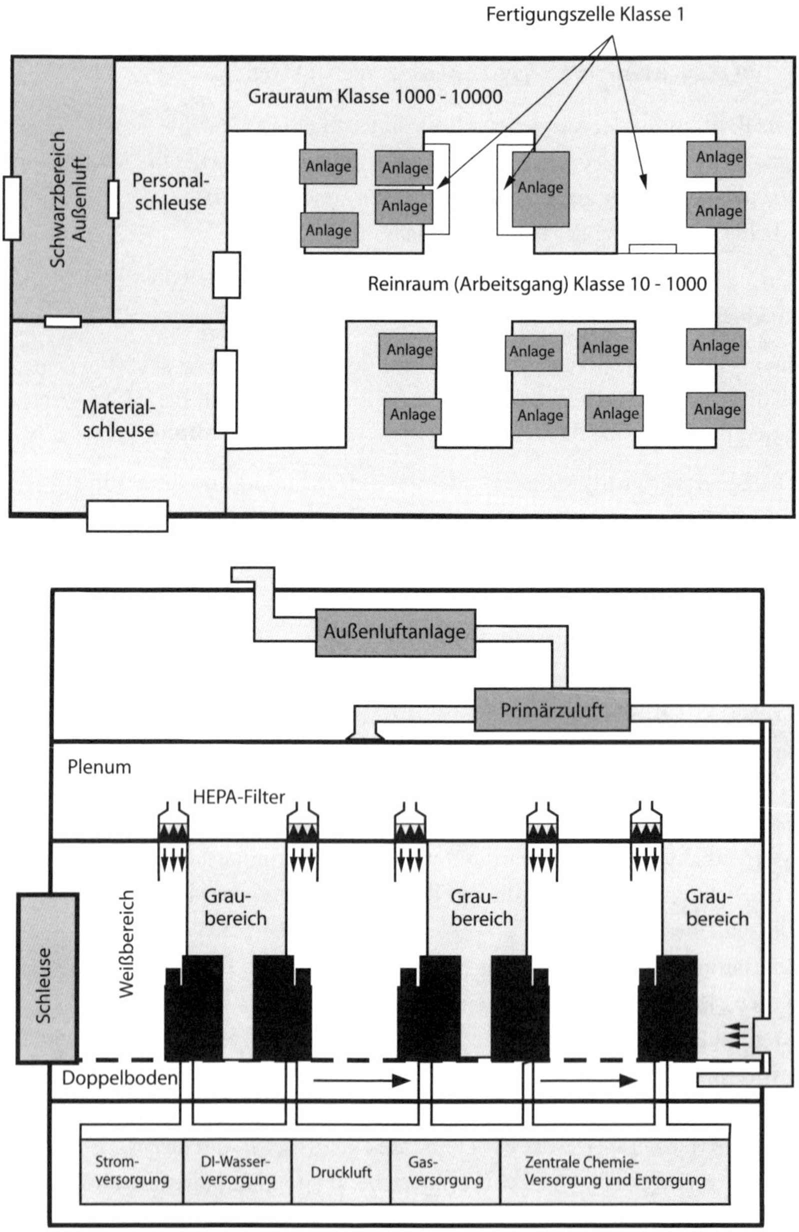

Bild 4.5 Typischer Aufbau von Reinräumen für die Fertigung in der Mikrosystemtechnik: a) Kammstruktur; b) Ballroom-Struktur (nach [ALBERS05])

Tabelle 4.3 Definition der Luftreinheitsklassen nach ISO 14644-1 und nach US Federal Standard FED STD 209 D und E. Angegeben ist die maximale Anzahl von Partikeln pro Kubikmeter Luft

Klasse			Partikelgröße		
ISO	FED 209 D*	FED 209 E	0,1 µm	0,3 µm	0,5 µm
ISO 1			10		
ISO 2			100	10	4
ISO 3	1	M1.5	1000	102	35
ISO 4	10	M2.5	10000	1020	352
ISO 5	100	M3.5	100000	10200	3520
ISO 6	1000	M4.5	1000000	102000	35200
ISO 7	10000	M5.5			352000
ISO 8	100000	M6.5			3520000
ISO 9					35200000

* Die Zahl für die Reinraumklasse nach US FED STD 209D ergibt sich aus der Zahl der erlaubten Partikel von 0,5 µm Partikelgröße pro Kubikfuß (1 $ft^3 = 2{,}84 \cdot 10^{-2}\,m^3$). 35200 Partikel/$m^3$ entsprechen z. B. 1000 Partikel/ft^3.

Tabelle 4.4 Erforderliche Reinraumklassen für verschiedene Prozessschritte der Mikrosystemtechnik

Prozessschritt	Reinraumklasse
Fotolithografie	10 ... 100
Beschichtungsprozesse	100 ... 1000
Nasschemie (Ätzen, Reinigen)	100 ... 1000
Plasmaprozesse (Plasmareinigen, -ätzen)	1000 ... 10000
Analytik und Messtechnik	1000 ... 10000
Servicebereiche (Medienversorgung, Vakuumpumpstände, Elektronikschränke, Abgasentsorgung)	1000 ... 10000

Bei allen Reinraumkonzepten wird durch das Tragen von Reinraumkleidung und Mundschutz der Partikeleintrag durch das Bedienungspersonal stark verringert (s. **Tabelle 4.2**).

4.2.2 Waferreinigung

Hohe Ausbeuten erfordern, dass vor jedem Prozessschritt möglicherweise auftretende Verunreinigungen auf den Wafern entfernt werden. Verunreinigungen entstehen

- durch Partikel aus der Luft,
- durch Verunreinigungen aus den Prozessmedien und
- durch vorhergehende Bearbeitungsschritte.

Ersteres ist durch die Güte des Reinraumes gegeben. Kontaminationen durch Prozessmedien wird durch die Verwendung von Reinstgasen mit 99,999 % (oft als 5N bezeichnet) oder 99,9999 % (6N) Reinheitsgrad begegnet.

Die wichtigsten Verunreinigungen, die im Fertigungsprozess entstehen, sind wiederum Partikel, organische und metallische Substanzen sowie natürliche Oxidschichten auf der Siliziumoberfläche. **Tabelle 4.5** stellt gebräuchliche Lösungen zur Entfernung solcher Substanzen zusammen. Sie enthalten Laugen und Säuren, Wasserstoffperoxid H_2O_2 als starkes Oxidationsmittel sowie deionisiertes Wasser.

Tabelle 4.5 Gebräuchliche Lösungsmittel zur nasschemischen Reinigung [SCHADE91]

Lösungsmittel	Typische Prozess-parameter	Entfernbare Substanzen
NH_4OH / H_2O_2 / H_2O	70 … 80 °C, 5 … 10 min	organische Verunreinigungen (z. B. Lackreste, Fette, Wachse), Metalle (Cu, Ag, Ni, Co, Cd)
HNO_3 (70 %) / H_2O	80 … 100 °C, 7 … 10 min	organische und anorganische Stoffe
HF / Azeton	1 min	Oxidationsprodukte
HCl / H_2O_2 / H_2O	80 °C, 10 min	Metalle (Au, Cu, Cr, Fe, Na^+)
HF (10 … 48 %) / H_2O	23 °C, 5 … 30 s	natürliches SiO_2

NH_4OH Ammoniumlauge; H_2O_2 Wasserstoffperoxid; HNO_3 Salpetersäure; HCl Salzsäure; HF Flusssäure

Ein komplexes Feinreinigungsregime muss aus einer Sequenz von Reinigungsschritten in den verschiedenen Lösungsmitteln für die zu entfernenden Kontaminationen bestehen. Zwischen jedem Reinigungsbad werden die Wafer in deionisiertem Wasser gespült. Zum Abschluss werden die Wafer trocken geschleudert.

Als Standardfeinreinigungsregime hat sich die nach W. KERN[2] bzw. der Fa. RCA benannte Reinigungsprozedur bewährt (**Tabelle 4.6**). Durch Kontrolle des spezifischen Widerstands der Spülbäder mit Reinstwasser wird das Reinigungsregime überwacht (spezifischer Widerstand $\rho > 18\ M\Omega\cdot cm$).

[2] Kern W., Puotinen D.A., "Cleaning solutions based on hydrogen peroxide for use in silicon semiconductor technology," RCA Review, 31, 1970, S. 187-206

Tabelle 4.6 RCA-Reinigungsprozedur [KERN93]

Schritt	Lösungsmittel	Temperatur	Dauer	Wirkung
1	$H_2SO_4 + H_2O_2$ (4:1)[1]	120 °C	10 min	organische Substanzen
2	DI-H_2O	RT	1 min	Spülen
3	NH_4OH (29 %) + H_2O_2 (30%) + DI-H_2O (1:1:5)[2]	75 … 80 °C	10 min	Partikel
4	DI-H_2O	RT	1 min	Spülen
5	HCl (37 %) + H_2O_2 (30%) + DI-H_2O (1:1:6)[3]	75 … 80 °C	10 min	Metallionen
6	DI-H_2O	RT	1 min	Spülen
7	HF + H_2O (1:50)	RT	15 s	Oxid
8	DI-H_2O	RT	1 min	Spülen

[1] Piranha-Lösung; [2] RCA-SC1-Lösung; [3] RCA-SC2-Lösung; SC Standard Clean; DI deionisiert; RT Raumtemperatur

4.3 Lithografie

4.3.1 Prinzip

Der **lithografische Prozess** dient zur Strukturierung von Schichten oder Substraten durch selektiven Materialabtrag. Wie im **Bild 4.3** beispielhaft gezeigt wurde, erfolgt die **Strukturübertragung** von einer Maske auf eine **Fotoresistschicht**, die dann als Maskierung für die Strukturierung der darunter liegenden Schicht dient. Je nachdem, ob die Fotoresistschicht ein Positiv- oder ein Negativresist ist (s. Abschn. 3.5), entspricht die in der Schicht am Ende erzeugte Struktur dem Muster der Maske oder ist zu dieser komplementär (**Bild 4.6**).

Wichtigster Schritt der Strukturübertragung ist der Belichtungsschritt, da hier die Struktur erstmalig auf den Wafer gelangt. Die **Belichtung** bei der Lithografie kann auf folgende Arten erfolgen:

- Elektromagnetische Strahlung: Licht (vorzugsweise im UV-Bereich), Röntgenstrahlung,
- Partikelstrahlung: Ionen-, Elektronenstrahlung.

UV-Licht ist aufgrund der Wellenlänge hinsichtlich der Feinheit der erreichbaren Strukturabmessungen beschränkt, kann jedoch mit geringem apparativen Aufwand auf große Flächen gestrahlt werden. Dies ermöglicht eine effiziente, produktive Belichtung von kompletten Wafern. Es ist deshalb auch in der höchstintegrierten Mikroelektronik noch das wichtigste Belichtungsverfahren.

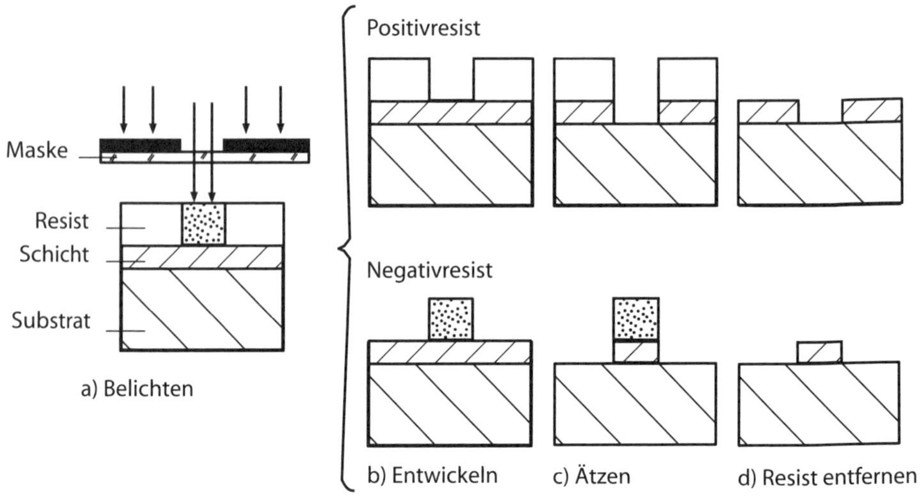

Bild 4.6 Strukturübertragung bei der Fotolithografie

Röntgenstrahlung ermöglicht durch seine viel kleinere Wellenlänge Strukturauflösungen bis hinunter in den Nanometerbereich, erfordert jedoch eine aufwändige Gerätetechnik. Sie wird gegenwärtig in der Regel nur bei der Belichtung sehr dicker Resistschichten verwendet, für die hochenergetische Strahlung gebraucht wird (z. B. LIGA-Technik, s. Abschn. 4.12).

Elektronenstrahlverfahren ermöglichen ebenfalls sehr kleine Strukturabmessungen, sind jedoch an Vakuum gebunden. Ihr Einsatz konzentriert sich auf die Herstellung von Fotomasken, an die die höchsten Anforderungen hinsichtlich der Genauigkeit der Strukturübertragung gestellt sind.

4.3.2 Lithografischer Prozess

Der im **Bild 4.6** verkürzt dargestellte fotolithografische Prozess besteht aus einer Vielzahl von Schritten, die in **Tabelle 4.7** überblicksmäßig dargestellt sind.

Die Belichtung kann als Kontakt-, Abstands- oder Projektionsbelichtung erfolgen.

Bei der **Kontaktbelichtung** wird das mit Fotoresist beschichtete Substrat gegen die Maske gepresst. Dies verbessert die Strukturauflösung gegenüber der **Abstands- (Proximity-) belichtung**, wo zwischen Substrat und Maske ein geringer Abstand von 10 ... 40 µm verbleibt.

Das Kontaktverfahren hat folgende Vor- und Nachteile:

- Sehr genaue Strukturübertragung bis in den µm-Bereich (bei UV-Belichtung),
- geringe Standzeit der Maske durch mechanische Abnutzung,
- höhere Defektdichte durch Partikel zwischen Maske und Resistschicht,
- Strukturverzerrung durch mögliche Verbiegung von Maske und Substrat.

Es ist kostengünstig bei kleinen Stückzahlen anwendbar, während bei Großserien die Nachteile infolge der geringen Maskenstandzeiten überwiegen.

Tabelle 4.7 Teilschritte des fotolithografischen Prozesses

Teilschritt	Ziel	Vorgehen
1. Substrat-vorbehandlung (Priming)	gute Haftung zwischen Substrat und Fotoresist	• Nassreinigung zur Entfernung von Kontaminationen (Tabelle 4.6) • Wärmebehandlung zur Entfernung von absorbiertem Wasser auf dem Substrat (200 °C, trockene N_2-Atmosphäre) • Aufbringen von Haftvermittler (Hexamethyldisilazan HMDS)
2. Resist-beschichtung	Aufbringen des Resists mit möglichst gleichmäßiger Dicke	• Zentrifugieren (Spin Coating) • Befestigen des Wafers auf drehbarem Halter (Chuck) mittels Vakuumansaugen • Aufbringen des Fotoresists • Aufschleudern bei hoher Drehzahl n: (15 … 30 min bei 2000 … 5000 U/min) Resistdicke $d \sim n^{1/2}$ • Sprühbelackung (bei dreidimensionaler Topografie der Substratoberfläche)
3. Trocknung (Softbake, Prebake)	Herstellen eines festen Resistfilms, weitgehende Entfernung des Lösungsmittels aus Resist	• im Konvektionsofen (30 min, 70 … 90 °C) • auf heißer Metallplatte (Hotplate, 1 min, 100 … 120 °C)
4. Justierung und Belichtung	Übertragung der Maskenstruktur in den Resist	• Justierung mit Maskaligner • Kontakt-, Abstands- oder Projektions-belichtung
5. Schichthärtung (Post Exposure Bake)	Reduktion des Einflusses einer inhomogenen Belich-tungsdosis infolge stehender Wellen im Resist	• thermische Behandlung (30 … 60 s, 110 … 120 °C, Hotplate)

Tabelle 4.7 Teilschritte des fotolithografischen Prozesses (fortgesetzt)

Teilschritt	Ziel	Vorgehen
6. Entwicklung	Herausbildung des Strukturmusters im Fotoresist	Herauslösen der löslichen Bereiche im Fotoresist (nasschemisches Ätzen, Reaktionsverlauf abhängig vom Resistmaterial)
7. Schichthärtung (Hardbake)	Verdampfen von Lösungsmittelresten, Verbesserung der Resisthaftung auf dem Wafer für die folgenden Ätz- oder Implantationsprozesse	thermische Behandlung im Konvektionsofen (ca. 30 min) oder mittels Hotplate (1 min): • Positivresist: 100 … 120 °C • Negativresist 120 … 150 °C
8. Inspektion	Prüfung der Qualität der Resistmaske	Prüfung mittels Auflichtmikroskop hinsichtlich unerwünschter Resistreste, Resisthaftung, möglichst senkrechte Resistkanten, Positionierung der Resiststruktur
9. Prozessschritt	Übertragung der Resiststruktur in darunter liegende Schicht bzw. Substrat	durch • Ätzen, • Dotieren oder • Schichtabscheidung (Lift-off-Prozess)
10. Entfernen des Resists	Entfernung der Resiststruktur nach Strukturübertragung durch Stripping (Lackstrippen)	durch • nasse Oxidation in sauren oder alkalischen Lösungen (z. B. CrO/H_2SO_4 Chromschwefelsäure bei 70 °C) • Lösungsmittel (z. B. in Azeton, Trichlormethan, z. T. mit Ultraschall) oder • Plasmaveraschen (Sauerstoff-Plasma, 0,1 … 500 Pa im HF-Plasmareaktor)

Bei der **Projektionsbelichtung** werden nur Teilbereiche des Wafers belichtet, indem Maskenstrukturen verkleinert auf den Wafer projiziert werden. Sie findet insbesondere bei hochintegrierten mikroelektronischen Bauelementen Anwendung, seltener in der Mikrosystemtechnik. Bei der optischen Belichtung ist zu beachten, dass das Licht Wellencharakter hat und an Maskenkanten gebeugt und gestreut wird. Die Ausbildung stehender Wellen im Fotolack, die zu wellenförmigen Seitenwandprofilen führen kann, wird durch die thermische Behandlung im Post Exposure Bake (PEB) vermieden. Optimal gewählte Bedingungen für die Resistentwicklung erlauben weitgehend senkrechte Resistkanten (**Bild 4.7**).

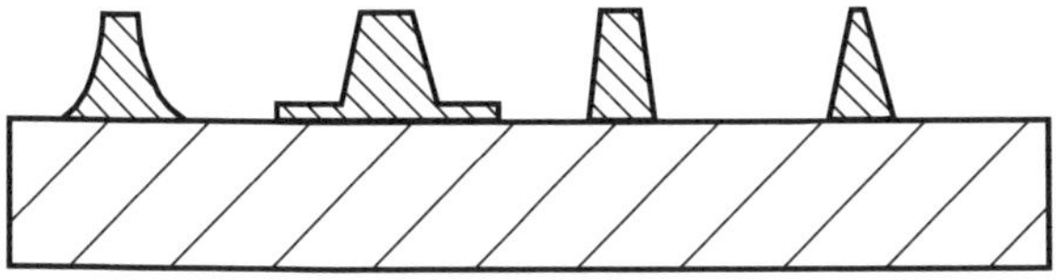

Bild 4.7 Querschnitte durch Resiststrukturen nach dem Belichten und Entwickeln

4.3.3 Minimal strukturierbare Linienbreiten

Wie bereits oben erwähnt, ergeben sich bei der Belichtung durch den Abstand zwischen Maske und Fotoresist Beugungseffekte. Bei der Proximitybelichtung fällt durch den Proximityabstand gebeugtes Licht auch auf unbelichtete Resistbereiche. Bei der Kontaktbelichtung ist die Dicke des Fotoresists für die Beugung entscheidend. Die beugungsbedingt minimal strukturierbare Linienbereite L ist

$$L = 1{,}5\sqrt{\lambda \cdot (G + d/2)}\,. \tag{4.4}$$

Dabei sind λ die Wellenlänge des Lichtes, G der Proximityabstand und d die Resistdicke. Für die Kontaktbelichtung ist $G = 0$.

In der Mikrosystemtechnik erfolgt die Belichtung zumeist mit Hg-Hochdrucklampen bei Wellenlängen von 436 nm (g-Linie) oder 365 mn (i-Linie), seltener mit Excimer-Lasern (248 nm für KrF-Laser, 193 nm für ArF-Laser).

Beispiel 4.3 Strukturauflösung bei der Belichtung

Eine 1 µm dicke Fotoresistschicht wird mit einer Wellenlänge von $\lambda = 436$ nm belichtet. Die minimal erreichbare Linienbreite ist dann

$$L = 1{,}5\sqrt{\lambda \cdot d/2} = 1{,}5\sqrt{0{,}436\,\mu\text{m} \cdot 0{,}5\,\mu\text{m}} = 0{,}70\ \mu\text{m}\,.$$

Erfolgt die Belichtung z. B. am Boden einer 500 µm tiefen Ätzgrube im dreidimensional strukturierten Siliziumwafer, wirkt dies wie ein Proximityabstand G, so dass die minimal strukturierbare Linienbereite dann nur noch

$$L = 1{,}5\sqrt{\lambda \cdot (G + d/2)} = 1{,}5\sqrt{0{,}436\,\mu\text{m} \cdot 500{,}5\ \mu\text{m}} = 22{,}2\ \mu\text{m}$$

beträgt.

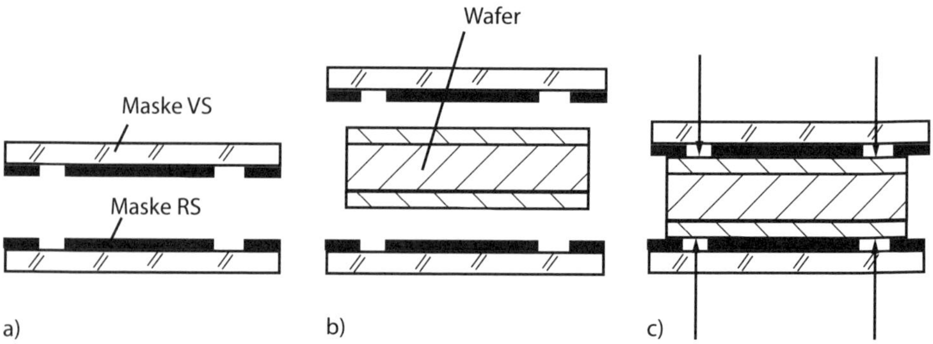

Bild 4.8 Verfahrensschritte bei der Doppelseitenlithografie
a) Keilfehlerausgleich, Justierung der beiden Masken für VS und RS;
b) Masken fahren auseinander in Grundstellung, Transportschlitten hält doppelseitig belackten Wafer im Justierabstand, Wafer wird zur unteren Maske justiert;
c) Wafer wird auf die untere Maske gelegt, obere Maske fährt in vorgewählten Belichtungsabstand, Belichtung
VS Vorderseite; RS Rückseite

4.3.4 Doppelseitenlithografie

In der Mikrosystemtechnik werden häufig unterschiedliche Funktions- und Formelemente auf der Ober- und der Unterseite des Wafers platziert, wobei sie sich in genauer Position zueinander befinden müssen. Üblicherweise werden dazu in einem Doppelseitenlithografieschritt **Justiermarken** auf der Vorder- und Rückseite erzeugt (s. **Bild 4.2c**). Anschließend können dann beide Seiten getrennt voneinander weiter prozessiert werden. Das Prinzip der Doppelseitenlithografie ist in **Bild 4.8** dargestellt. Die Justiergenauigkeit zwischen Vorder- und Rückseite liegt im Mikrometerbereich.

4.3.5 Lithografie in stark profilierten Strukturen

In der Mikrosystemtechnik treten häufig dreidimensionale Strukturen mit komplizierter Form (z. B. tiefen Einätzungen) auf. Eine Strukturübertragung in solche Strukturen mit starker Profilierung ist kompliziert. Das betrifft einerseits die konforme Fotoresistabscheidung in der Struktur als auch deren Belichtung. Erschwerend kommt hinzu, dass in tiefen Einätzungen nur sehr breite Linien geschaffen werden können (s. Beispiel 4.2).

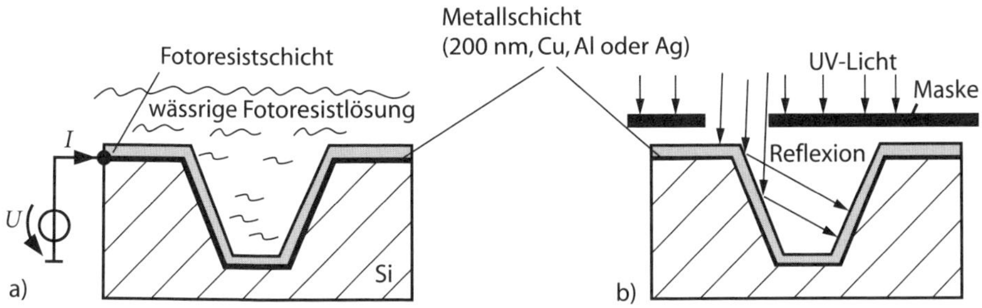

Bild 4.9 Fotolithografie in stark profilierten Strukturen: a) Elektrodeposition von Fotoresist; b) Belichtung

Bild 4.9 zeigt eine Möglichkeit, wie in tief eingeätzten Oberflächen Leitbahnen und andere Funktionsschichten lithografisch strukturiert werden können[3]. Da der Fotoresist durch Aufschleudern oder Lacksprühen nicht konform in die tiefen Ätzgruben aufgebracht werden kann, erfolgt die Resistabscheidung durch Elektrodeposition. Für die Fotoresistschicht (PEPR 2400, Shipley Ltd.) wird ein wasserlöslicher Positivresist verwendet. Er wächst auf eine vorher aufgebrachte dünne Metallschicht auf, die als Anode dient. Die Fotoresistdicke ist selbstlimitierend, da mit zunehmender Resistdicke die Stromdichte in diesem Bereich abnimmt und damit auch die Abscheiderate sinkt. Problematisch sind Reflexionen an schrägen Flächen, die zu unerwünschten Geisterbildern an nicht zu belichtenden Stellen führen. Hier kann eine Verbesserung durch TM-polarisiertes Licht erreicht werden.

4.4 Schichtherstellung

Dünne Schichten haben vielseitige Funktionen in der Mikrosystemtechnik (s. Abschn. 3.1 und 3.6). Sie sind meist amorph oder mikro- bzw. polykristallin. Ihre Eigenschaften unterscheiden sich vor denen eines dicken Volumenmaterials, wobei das Herstellungsverfahren von großem Einfluss ist.

4.4.1 Überblick

Schichten können prinzipiell auf zwei unterschiedlichen Wegen hergestellt werden.

---

[3] Linder, S.; Baltes, H.; Gnaedinger, F.; Doering, E.: Photolithography in anisotropically etched grooves. In: The Ninth Annual International Workshop on Micro Electro Mechanical Systems. Proceedings. IEEE Robotics and Automation Society 1996. S. 38-43

1. Schichtbildung durch **Oberflächenumwandlung**. Die Schicht wird durch chemische Umwandlung der Oberfläche erzeugt. Bei der thermischen Oxidation setzt sich beispielsweise das Silizium an der Oberfläche unter Sauerstoffeinwirkung zu SiO_2 um. Mit dem Wachsen der SiO_2-Schicht reduziert sich die Silizumdicke (s. Abschn. 4.4.2). Die chemische Reaktion für die Schichtbildung findet an der Grenzfläche zum Substrat unter der Schicht statt. Die beteiligten Reaktionspartner müssen durch die Schicht diffundieren, so dass mit zunehmender Schichtdicke die Wachstumsrate bzw. -geschwindigkeit) abnimmt.
2. **Schichtabscheidung:** Es werden Teilchen erzeugt, zur Oberfläche transportiert und dort abgeschieden. Mit der Kondensation der Teilchen wächst die Schicht. Die Wachstumsrate ist schichtdickenunabhängig.

Während für die erste Gruppe nur die thermische Oxidation Bedeutung in der Mikroelektronik und Mikrosystemtechnik hat, gibt es eine große Zahl von Schichtabscheidungsverfahren, die in der Mikrosystemherstellung Anwendung finden (**Tabelle 4.8**). Weiteste Verbreitung haben dabei die Verfahren gefunden, bei denen die Abscheidung aus der Gasphase erfolgt (Aufdampfen, Sputtern, CVD Chemical Vapor Deposition).

Tabelle 4.8 Schichtabscheideverfahren in der Mikroelektronik und Mikrosystemtechnik

Aus der Gasphase		**Aus der Flüssigphase**	
PVD (Physical Vapor Deposition)	**CVD (Chemical Vapor Deposition)**	**LPD (Liquid Phase Deposition**	**CSD (Chemical Solution Deposition)**
Aufdampfen Sputtern MBE Molekular-Strahlepitaxie Laserablation, PLD Pulsed Laser Deposition	NPCVD Normal Pressure CVD APCVD Atmospheric Pressure CVD LPCVD Low Pressure CVD PECVD Plasma Enhanced CVD MOCVD Metal-organic CVD MOMBE Metal-organic Molecular Beam Epitaxy	Flüssigphasen-epitaxie Schmelzen LANGMUIR-BLODGETT-Technik Spin-on-Methoden (SOG Spin-on-glass, SOD Spin-on-Dielectric)	Sol-Gel-Verfahren MOD Metal-organic Destruction ECD Elektrochemische Deposition (Elektroplating) Stromlose Abscheidung (Electroless Plating)

Bild 4.10 Kantenbedeckung von Schichten auf stark strukturierten Oberflächen: a) konforme Bedeckung; b), c) nichtkonforme Bedeckung

4.4.2 Schichtkonformität

Üblicherweise wird eine gleichförmige Schichtdicke über der Oberflächenkontur angestrebt (**Bild 4.10**). Gerade in der Mikrosystemtechnik treten wegen der dreidimensionalen Formgebung häufig Kanten auf.

Weist die Schichtdicke in allen Bereichen gleiche Dicke auf, spricht man von Schichtkonformität (**Bild 4.10a**). Konforme Schichten erfordern

- einen über der gesamten Oberfläche gleichmäßigen Teilchentransport (z. B. Sauerstoffdiffusion durch die bereits gebildete SiO_2-Schicht beim thermischen Oxidieren),
- eine reaktionsgeschwindigkeitsbestimmte Wachstumsrate bei der Schichtbildung (z. B. Oxidation von Silizium oder chemische Reaktionen bei den CVD-Verfahren).

Ist die Wachstumsrate durch die Diffusionsgeschwindigkeit der Teilchen zur Oberfläche begrenzt und sind die Diffusionswege durch die Oberflächenstruktur unterschiedlich, führt das zu einer Konformitätsverschlechterung (**Bild 4.10b**). Gleiches gilt, wenn der Transport der Teilchen gerichtet ist, wie das bei den PVD-Verfahren der Fall ist. Im Extremfall erfolgt an den Seitenwänden überhaupt kein Teilchenniederschlag (**Bild 4.10c**).

4.4.3 Thermische Oxidation

Bei der thermischen Oxidation reagiert Silizium chemisch mit Sauerstoff. Mit der wachsenden SiO_2-Schicht wird Silizium verbraucht, so dass sich die Siliziumdicke reduziert (**Bild 4.11**). Die Dicke des Si/SiO_2-Stapels wächst jedoch, was bei der Oberflächenmikromechanik zum Verschluss enger Kanäle Anwendung findet (**Bild 4.49**).

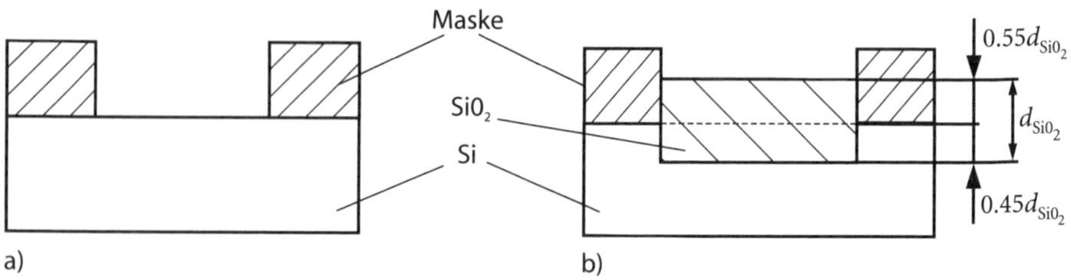

Bild 4.11 Verbrauch von Silizium bei der thermischen Oxidation: a) vor und b) nach der Oxidation

Bei der **trockenen Oxidation** erfolgt die Reaktion mit Sauerstoff (**Tabelle 4.9**). Da das O_2-Molekül vergleichsweise groß ist, für die chemische Reaktion mit dem Silizium aber durch die schon gebildete SiO_2-Schicht zur Grenzfläche mit dem Si hindurch diffundieren muss, ist die Drift- und damit die Wachstumsrate sehr gering. Trockene Oxidation wird für sehr dünne Oxide mit hohen Qualitätsanforderungen angewendet (z. B. Gateoxide in der CMOS-Technologie). Bei der **Feuchtoxidation** wird Wasserdampf zur chemischen Reaktion genutzt. Das viel kleinere Wassermolekül ermöglicht um den Faktor 3 ... 6 dickere Schichten bei gleicher **Oxidationszeit**.

Tabelle 4.9 Trockene vs. Feuchtoxidation

Oxidation	Trocken		Feucht	
Reaktionsgleichung	Si (fest) + O_2 (Gas) → SiO_2 (fest)		Si (fest) + 2 H_2O (Dampf) → SiO_2 (fest) + 2 H_2 (Gas)	
Schichtdicken	1 µm:	1200 °C, 1400 min	1 µm:	1200 °C, 85 min
	0,5 µm:	1200 °C, 350 min	0,5 µm:	1200 °C, 21 min
		1100 °C, 650 min		1100 °C, 30 min
		1000 °C, 880 min		1000 °C, 52 min
Eigenschaften	geringste Defektdichte beste dielektrische Eigenschaften		hohe Wachstumsrate größere Defektdichte	
Wachstumskoeffizienten auf (1 0 0)-Si	1200 °C: B = 720 nm²/mm; B/A = 29 nm/min 1100 °C: B = 390 nm²/mm, B/A = 5,3 nm/min		1200 °C: B = 12000 nm²/mm; B/A = 240 nm/min 1100 °C: B = 8500 nm²/mm, B/A = 77 nm/min	

Nach dem DEAL-GROVE-Modell [SCHADE91] ist der linear-parabolische Zusammenhang zwischen Oxidschichtdicke d_{SiO2} und Oxidationsdauer t

$$d_{SiO_2}(t) = \frac{A}{2}\left(\sqrt{1+(2B/A^2)(t+\tau)}-1\right) \quad (4.5)$$

mit

$$\tau = \left(d_0^2 + A d_0\right)/B\,. \tag{4.6}$$

Hier sind B/A die lineare und B die parabolische Konstante sowie d_0 die Anfangsoxiddicke. Näherungsweise gilt für lange Oxidationszeiten

$$d_{SiO_2}^2 = B \cdot t \tag{4.7}$$

und für kurze Oxidationszeiten (bis $d_{SiO_2} \approx 200...300\,\text{nm}$)

$$d_{SiO_2} = \frac{B}{A}(t + \tau)\,. \tag{4.8}$$

4.4.4 Aufdampfen

Das Aufdampfen ist das älteste technisch genutzte Verfahren zur Schichtherstellung. Feste Materialien werden in einem evakuierten Rezipienten bis zum Verdampfen erhitzt. Der Dampf breitet sich als Dampfwolke aus und schlägt sich auf den Substraten und der Kammerinnenwand nieder (**Bild 4.12**). Die Teilchendichte n des Dampfstrahls ist ungleichförmig, da sie vom Winkel φ von der Flächennormale der abdampfenden Oberfläche abhängt:

$$n(\varphi) = n(\varphi = 0) \cdot \cos^4 \varphi\,. \tag{4.9}$$

Der Druck in der Aufdampfanlage muss so gewählt werden, dass die Atome ohne Zusammenstöße auf die Substrate gelangen. Dazu muss die **mittlere freie Weglänge** L größer als die Entfernung zwischen Verdampferquelle und Substraten sein:

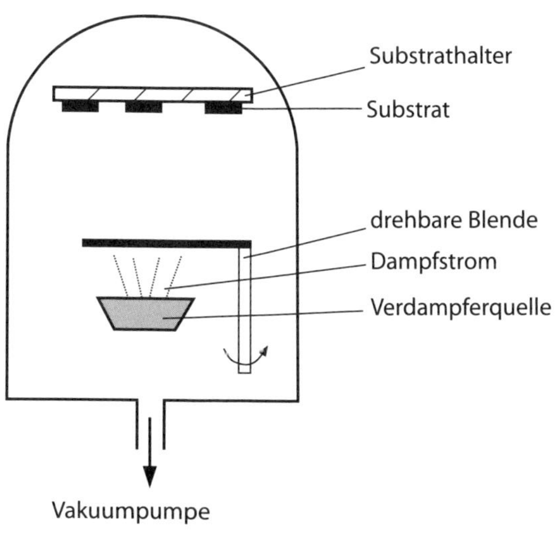

Bild 4.12 Schematischer Aufbau einer Aufdampfanlage

$$L = \frac{1}{\sqrt{2}} \frac{kT}{\pi \cdot d_A^2 \cdot p}. \tag{4.10}$$

Hier sind k die BOLTZMANN-Konstante, T die Absoluttemperatur, d_A der Atom- oder Moleküldurchmesser der abgedampften Spezies und p der Druck in der Aufdampfanlage. Ein Abstand von 50 cm zwischen Quelle und Substrat erfordert ein Vakuum von $10^{-3} \dots 10^{-4}$ Pa. Die Abdampfrate Φ_A (Anzahl der Atome oder Moleküle pro Fläche und pro Zeit) beträgt sowohl für feste als auch für flüssige Oberflächen [OHRING92], [CAMPBELL01]

$$\Phi_A = \frac{\alpha_A \cdot p_S(T)}{\sqrt{2\pi kT/m_A}}, \tag{4.11}$$

wo α_A der Oberflächeneffekte beschreibende Verdampfungskoeffzient ($0 \leq \alpha_A \leq 1$), m_A die Molekülemasse und p_S der Sättigungsdampfdruck sind. p_S ist exponentiell von $1/T$ abhängig und gehorcht damit der ARRHENIUS-Beziehung. Für Aluminium ist nach [OHRING92]

$$\lg \frac{p_S}{\text{Pa}} = 15.993 \frac{1}{T/\text{K}} - 10{,}284 - 0{,}999 \lg \frac{T}{\text{K}} - 3{,}52 \cdot 10^{-6} \frac{T}{\text{K}}, \tag{4.12}$$

wobei die beiden rechten Terme nur kleine Korrekturglieder sind. Die exponentielle Temperaturabhängigkeit führt zu zwei wichtigen Schlussfolgerungen:

- Für eine hohe Konstanz der Wachstumsrate muss die Temperatur in der Anlage sehr konstant sein.
- Reine Metalle lassen sich einfach verdampfen. Bei Legierungen wird die Komponente mit dem höheren Dampfdruck bevorzugt verdampft, so dass die Schichtzusammensetzung variieren kann.

Als Verdampfungsquellen dienen direkt beheizte Widerstandsquellen (Aufdampfschiffchen oder -spiralen), induktiv beheizte Quellen oder Elektronenstrahl-Verdampfungsquellen. Letztere lassen sich bevorzugt für schwer verdampfbare Metalle (Pt, Mo, Ta, W) oder bei Verwendung mehrerer Quellen für die Aufdampfung von Legierungen mit genau vorgegebenem Mischungsverhältnis verwenden. Die Dicke der aufgedampften Schicht wird über die Öffnungszeit der drehbaren Blende (Shutter) eingestellt und mit dem Schichtdickensensor kontrolliert.

Vorteile des Aufdampfens sind die niedrige thermische Belastung der Substrate (< 100 °C), die relativ hohen Beschichtungsraten und die einfache Verfahrensführung. Nachteilig sind die beschränkte Auswahl an aufdampfbaren Materialien (Metalle) und die schlechte Schichthaftung. Durch die Richtung des Dampfstrahls kommt es bei unebenen oder strukturierten Oberflächen zu einer nichtkonformen Bedeckung.

4.4.5 Sputtern

Sputtern ist ein Schichtherstellungsverfahren, bei dem Festkörperteilchen durch Ionenbeschuss aus der Katodenoberfläche (**Target**) herausgeschlagen werden. Man nennt dieses Verfahren deshalb auch Katodenzerstäuben. Mit der kinetischen Energie bewegen sich die herausgeschlagenen Teilchen zum Substrat, kondensieren dort und bilden eine Schicht.

Gegenüber dem Aufdampfen hat das Sputtern zwei entscheidende Vorteile:

- Durch den Stroßprozess beim Herausschlagen aus dem Target besitzen die Festkörperteilchen eine viel größere kinetische Energie (1 ... 20 eV) als die Moleküle beim Aufdampfen (0,1 eV). Dadurch haften sie besser auf dem Substrat.
- Durch Sputtern lassen sich viele unterschiedliche Materialklassen als Dünnschicht abscheiden: Metalle, Legierungen, Halbleiter, Keramiken, Gläser u.v.a. Deren Zusammensetzung in der Schicht ist, von Abdampfprozessen aus der deponierten Schicht abgesehen, durch die Zusammensetzung des Targets gegeben.

Bild 4.13 zeigt den schematischen Aufbau einer Sputteranlage. Im Rezipienten stehen sich im Hochvakuum (10^{-2} ... 10 Pa) das räumlich ausgedehnte Target und die Substrate in einem Abstand von wenigen Zentimetern gegenüber. Zwischen diesen Elektroden brennt ein **Plasma**, das die Edelgasatome (wegen der gewünscht großen Atommasse meist Argon) ionisiert. Die Argonionen werden durch das elektrische Feld zum Target hin beschleunigt, das auf negativem Potenzial liegt, und treffen mit einem entsprechenden Impuls auf das Target. Durch diesen Impuls wird nach einer Stoßkaskade Targetmaterial herausgeschlagen, das eine bestimmte kinetische Energie besitzt. Die Teilchen migrieren zur Substratoberfläche, wo sie kondensieren und zum Schichtbildungsprozess beitragen.

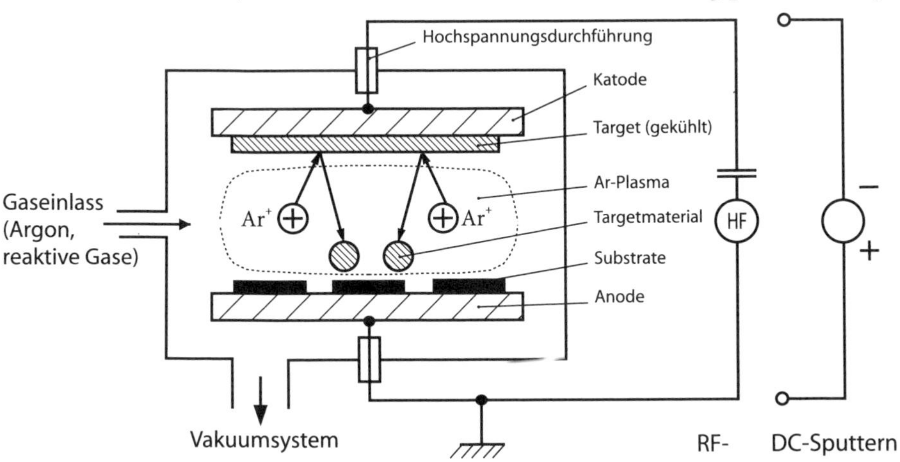

Bild 4.13 Schematischer Aufbau einer Sputteranlage

Der Sputterprozess wird durch die **Sputterausbeute** bestimmt. Diese beschreibt, wie viele Atome des Targetmaterials pro auftreffendem Edelgasion aus dem Target herausgeschlagen werden. Für Argon beträgt die Sputterausbeute 0,1 ... 3 [OHRING92]. Der Ionenbeschuss erwärmt das Target stark, so dass gekühlt werden muss.

Durch den Ionenbeschuss werden die Targets mit der Zeit abgetragen. Sie müssen deshalb ersetzt werden, wenn etwa 50 % des Materials abgesputtert ist.

Die gesputterten Schichten auf dem Substrat sind nicht von gleicher Reinheit wie beim Bedampfen, da Gasatome aus dem Plasma in die Schicht eingebaut werden. Durch den Stoßprozess treffen die Targetteilchen aus unterschiedlicher Richtung auf die Substrate. Deshalb besitzen die abgeschiedenen Schichten eine bessere Konformität als beim Aufdampfen. Beim Sputtern unterscheidet man verschiedene Varianten:

- **DC-Sputtern:** Zwischen Target und Anode liegt eine Gleichspannung. Diese Variante ist nur für leitfähige Targetmaterialien anwendbar. Bei Isolatoren würde eine Aufladung erfolgen, die den Plasmaentladevorgang unterbräche.
- **RF-Sputtern:** Bei Isolatoren wird die Gasentladung durch Hochfrequenz angeregt, wobei die freie Funkfrequenz von 13,56 MHz genutzt wird. Im Plasma können nur die Elektronen, nicht aber die Ar-Ionen dem Wechselfeld folgen, so dass sich die Elektroden aufladen. Durch einen Kondensator tritt eine gleichstrommäßige Unterbrechung ein, die zur unterschiedlichen Aufladung der Elektroden führt (Self-Biasing).
- **Bias-Sputtern:** Substratträger und Target werden von getrennten HF-Generatoren gespeist. Dies ermöglicht eine genaue Kontrolle des Sputterprozesses. Bei Umkehrung der Bias-Spannung wird statt vom Target vom Substratmaterial abgesputtert (Sputterätzen). Dies kann zur Reinigung der Substrate vor dem eigentlichen Sputterprozess verwendet werden.
- **Magnetron-Sputtern:** Durch Magnetfelder im Targetbereich kann die Ionisierungsrate im Plasma erhöht werden, was höhere Abscheideraten bei kleineren Betriebsspannungen und geringerem Leistungsumsatz ermöglicht. Nahezu alle Sputteranlagen besitzen Magnetrons.
- **Reaktives Sputtern:** Durch Zuführung reaktiver Gase an die Oberfläche der Substrate kann eine Reaktion des Targetmaterials stattfinden, wobei sich dann die Reaktionsprodukte abscheiden. Hauptsächliche Anwendungen sind Oxide (SiO_2, Al_2O_3, SnO_2, InO_2, Ta_2O_5), Nitride (Si_3N_4, TiN, AlN) und Oxinitride (SiO_xN_y).

4.4.6 Chemische Gasphasenabscheidung

CVD-Prozesse basieren auf chemischen Reaktionen von gasförmigen Reagenzien (Prekursoren) an der Substratoberfläche, bei denen ein festes Reaktionsprodukt zum Schichtwachstum beiträgt, während alle anderen Reaktionsprodukte gasförmig sind und durch das Vakuumsystem abgesaugt werden (**Bild 4.14**).

Die Reaktion

$$\mathrm{AX(Gas)} + \mathrm{BY(Gas)} \rightarrow \mathrm{AB(fest)} + \mathrm{XY(Gas)} \tag{4.13}$$

erfordert eine Aktivierungsenergie, die thermisch durch ein Plasma (PECVD Plasma Enhanced CVD) oder anderweitig zugeführt werden kann. Der Ablauf der Reaktion besteht aus folgenden Schritten:

- Diffusion der reaktiven Teilchen AX und BY zur Substratoberfläche,
- Oberflächenreaktion (Adsorption der reaktiven Teilchen AX und BY, chemische Reaktion, Oberflächendiffusion des festen Reaktionsprodukts AB mit Anlagerung an den Festkörper, Desorption des Reaktionsprodukts XY),
- Diffusion der Teilchen XY aus der Grenzschicht in das Gas.

Die **Teilchenstromdichte** S_{Diff} der zur Substratoberfläche diffundierenden Teilchen ist [SCHADE91]

$$S_{\mathrm{Diff}} = \frac{D}{kT} \cdot \frac{p_{GS} - p_S}{d_{GS}} \tag{4.14}$$

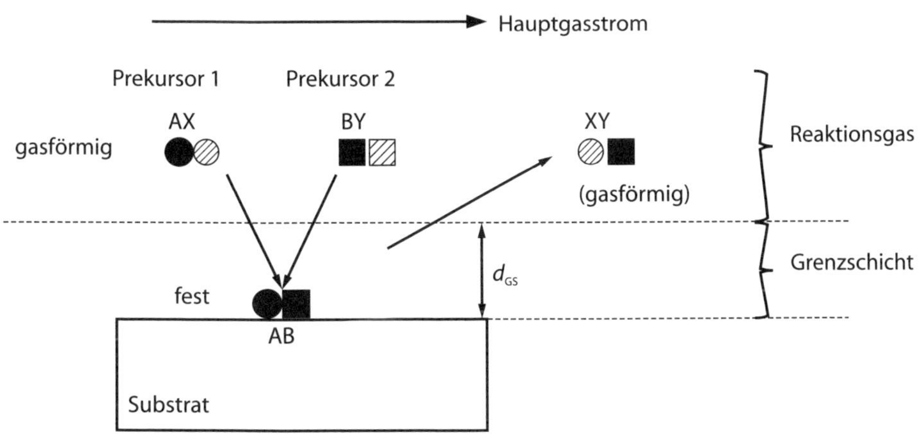

Bild 4.14 Grundprinzip von CVD-Prozessen

mit

$$D = D_0 \cdot \frac{T^m}{p}. \tag{4.15}$$

Hier sind D der Diffusionskoeffizient, p_{GS} und p_S der mittlere Partialdruck der Gasteilchen AX am Grenzschichtrand und an der Substratoberfläche, d_{GS} die Grenzschichtdicke, D_0 eine Konstante und m = 1,5 … 2. Der Anteil der Teilchenstromdichte an der Substratoberfläche, der zur Schichtbildung beiträgt, ist

$$S_{\text{Reakt}} = k_S \cdot p_S = k_{S0} \cdot \exp\left\{-\frac{E_a}{kT_S}\right\} \cdot p_S. \tag{4.16}$$

Hier sind k_S die spezifische Reaktionskonstante, E_a die Aktivierungsenergie und T_S die Substrattemperatur.

Je nachdem, welcher der beiden Teilprozesse überwiegt, weist der CVD-Prozess unterschiedliche Eigenschaften auf:

- $S_{\text{Diff}} << S_{\text{Reakt}}$: Der Prozess ist **diffusionsbegrenzt**, d. h. durch S_{Diff} bestimmt. Die Abscheiderate ist nur wenig von der Temperatur abhängig. Allerdings ist die sich einstellende Dicke der Grenzschicht stark von der Reaktorgeometrie abhängig. Bei Diffusionsbegrenzung wird epitaktisches Wachstum begünstigt.
- $S_{\text{Reakt}} << S_{\text{Diff}}$: Der Prozess ist **reaktionsbegrenzt** und von Gl. (4.16) bestimmt. Dies begünstigt polykristallines oder amorphes Wachstum. Die Abscheideraten sind durch den exponentiellen Term in Gl. (4.16) stark temperaturabhängig.

Bei der chemischen Gasphasenabscheidung sind drei Varianten gebräuchlich:

- **Normaldruck-CVD (APCVD, NPCVD):** Bei Normaldruck ist die Schichtabscheidung durch den Diffusionsprozess der Reaktionsspezies zur Substratoberfläche begrenzt. Dies macht die APCVD für Epitaxieprozesse geeignet. So können im Silan-(SiH_4-) Prozess bei 1000 … 1300 °C epitaktische Siliziumschichten abgeschieden werden:

  $$\text{SiH}_4\,(\text{Gas}) \rightarrow \text{Si(fest)} + 2\text{H}_2\,(\text{Gas}).$$

- **Niederdruck-CVD (LPVCD):** LPCVD-Prozesse finden bei Drücken von 10 … 100 Pa statt. Sie sind reaktionsbestimmt, da sich durch den geringen Druck der Diffusionskoeffizient um Größenordnungen erhöht. Da die Wafer eng nebeneinander gestellt werden können, verringert sich der Gasverbrauch erheblich (**Bild 4.15**). Das ermöglicht die kostengünstige Abscheidung von Dielektrika und Poly-Si:

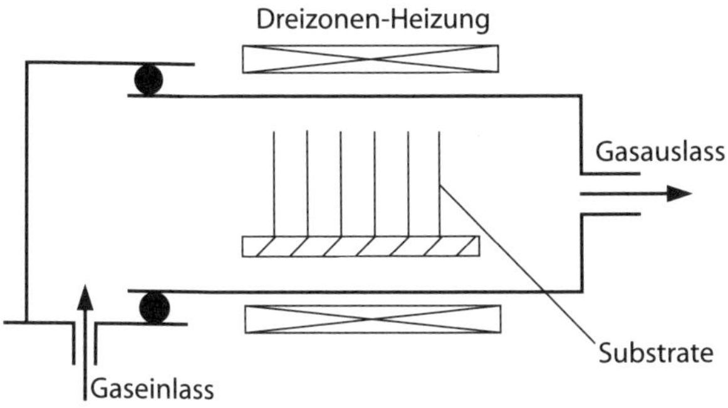

Bild 4.15 Schematischer Aufbau eines LPCVD-Reaktors

$SiH_4 + O_2 \rightarrow SiO_2\,(fest) + 2H_2O$ (LTO-Verfahren)
$3\,SiH_2Cl_2 + 4\,NH_3 \rightarrow Si_3N_4\,(fest) + 6\,HCl + 6\,H_2$
$SiH_4 \rightarrow Si\,(fest) + 2\,H_2.$

Die Prozesstemperaturen liegen im Bereich von 400 ... 900 °C, die Abscheideraten betragen 2 ... 10 nm/min.

- **Plasmaunterstützte CVD (PECVD):** Bei der PECVD wird die Aktivierungsenergie für die Gasphasenreaktion nach Gl. (4.16) nicht durch die thermische Energie $k{\cdot}T$, sondern durch die Gasentladung geliefert. Dadurch sind erheblich niedrigere Prozesstemperaturen von 200 ... 400 °C möglich. PECVD-Reaktoren gleichen denen von Sputteranlagen (**Bild 4.13**), allerdings wird kein Target benötigt. Außerdem bildet der elektrisch isolierte Substratträger die Katode, während die Anodenplatte mit dem Gehäuse elektrisch verbunden ist. Typische PECVD-Prozesse sind:
  $SiH_4 + 2\,N_2O \rightarrow SiO_2\,(fest) + 2\,N_2 + 2\,H_2$
  $SiH_4 + NH_3 \rightarrow Si_xN_yH_z\,(fest) + H_2$[4].

4.4.7 Vergleich

Tabelle 4.10 stellt die wesentlichen Eigenschaften der verschiedenen Beschichtungsverfahren zusammen.

Mit den PVD und CVD-Verfahren steht ein breites Spektrum von Verfahren für die unterschiedlichsten Zielstellungen zur Verfügung:

- PVD- und PECVD-Prozesse sind besonderes geeignet, wenn geringe Prozesstemperaturen gefordert sind.

---

[4] Diese Siliziumnitridfilme enthalten Wasserstoff.

- Aufdampf- und LPCVD-Prozesse benötigen einen geringen gerätetechnischen Aufwand und zeigen eine hohe Produktivität.
- Auf Grund ihres chemischen Charakters weisen insbesondere LPCVD- und PECVD-Verfahren eine ausgezeichnete Konformität, d. h. Kantenbedeckung, auf.

Tabelle 4.10 Vergleich verschiedener Beschichtungsverfahren

Verfahren	**PVD**		**CVD**		
	Aufdampfen	**Sputtern**	**APCVD**	**LPCVD**	**PECVD**
Temperatur	ca. 100 °C	< 300 °C	> 1000 °C	400 … 1000 °C	200 … 400 °C
Porendichte	hoch	mittel	mittel	sehr gut	sehr gut
Kontaminationen	gering	hoch	hoch	gering	gering
Haftung	schlecht	gut	mittel	gut	gut
Konformität	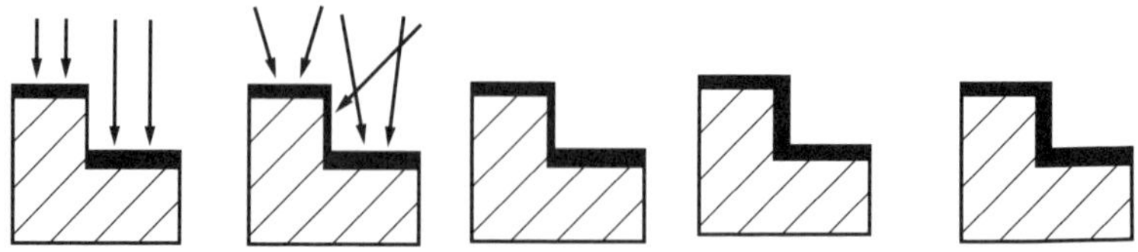				
	sehr schlecht	schlecht	schlecht	sehr gut	sehr gut

4.5 Schichtstrukturierung

In der Mikrosystemtechnik werden die Schichten in der Regel ganzflächig aufgebracht und anschließend unter Nutzung der Fotolithografie strukturiert. Das passiert durch Trocken- oder Nassätzen. Damit wird das Muster einer Maskierschicht aus Fotolack oder aus einem anderen Ätzresist in die Schicht übertragen. In der gleichen Weise, wie dünne Schichten geätzt werden, lässt sich auch Volumenmaterial ätzen. Wegen der Besonderheit bei der Ätzung von tiefen, dreidimensionalen Strukturen soll das Tiefenätzen im Abschn. 4.6 separat behandelt werden.

4.5.1 Grundlagen

Bild 4.16 stellt einen Ausschnitt einer mit einem **Ätzresist** maskierten Struktur vor und nach dem Ätzprozess dar. Die Schicht ist mit einer **Ätzmaske** aus einem Ätzresistmaterial bedeckt. Durch den Ätzprozess wird die Schicht mit einer **Ätzrate**

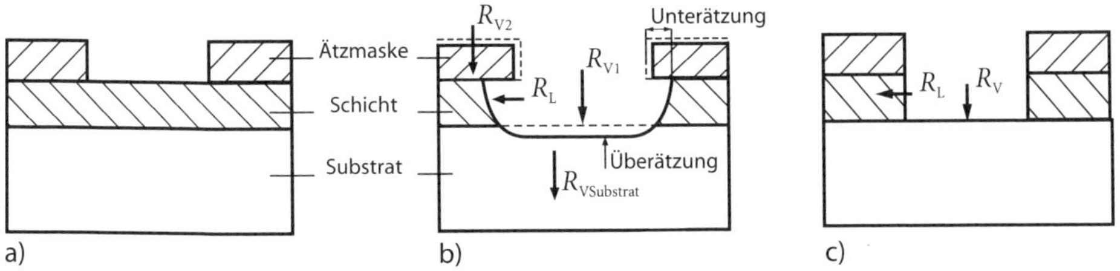

Bild 4.16 Ätzstruktur a) vor und b, c) nach dem Ätzen; b) isotroper, c) anisotroper Ätzprozess

$$R = \text{Ätzabtrag/Ätzzeit} \tag{4.17}$$

abgetragen.

Neben dem Abtrag der Schicht in die Tiefe (vertikale Ätzrate R_V) erfolgt auch ein lateraler Ätzabtrag (**Unterätzung**, Ätzrate R_L) sowie oft auch ein Abtrag des Ätzresist (Ätzrate R_{V2}) (**Bild 4.16b**).

Die **Selektivität** des Ätzmittels ist das Verhältnis der Ätzraten der beiden verschiedenen Materialien:

$$S = R_{V1} / R_{V2} \, . \tag{4.18}$$

Üblicherweise wird eine sehr große Selektivität zwischen Schicht und Ätzresist, aber auch zwischen Schicht und Substrat angestrebt. Eine geringe Selektivität führt dort zur Überätzung in das Substrat hinein. Je höher die Selektivität ist, desto geringer ist die Überätzung. Bei hinreichend großer Selektivität bei der Ätzung in die Tiefe ($R_{Vsubstrat} << R_{V1}$) spricht man von **Ätzstopp**.

Ein Ätzmittel, das wie in **Bild 4.16b** die gleiche Ätzrate in allen Raumrichtungen eines Materials hat, heißt **isotrop**. Ätzmittel mit richtungsabhängiger Ätzrate heißen **anisotrop**. Die Anisotropie kann folgendermaßen definiert werden:

$$A = 1 - R_L / R_V \, . \tag{4.19}$$

Sind im **Bild 4.16b** die laterale und die vertikale Ätzrate gleich groß, wird $A = 0$: Das Ätzmittel ist isotrop, es zeigt keine Anisotropie. Im Fall von **Bild 4.16c**, wo $R_L = 0$ ist, ergibt sich $A = 1$: Der Ätzprozess ist anisotrop.

Anisotropie kann auftreten

- wenn es eine Richtungswirkung des Ätzangriffs gibt, z. B. beim Ionenätzen, oder
- wenn das zu ätzende Material kristallin ist und in unterschiedlichen Kristallrichtungen Bindungsenergien auftreten, die durch den Ätzprozess aufgelöst werden müssen.

4.5.2 Nassätzen

Nasschemische Ätzprozesse sind technologisch einfach und gerätetechnisch anspruchslos. Kontaminationen durch Redeposition von Ablagerungen aus früheren Ätzprozessen oder Strahlenschädigungen infolge harter UV-Strahlung im Plasma, wie es beim Trockenätzen auftritt, kommen beim **Nassätzen** nicht vor. Allerdings treten beim Nassätzen Grenzen hinsichtlich der Strukturfeinheit auf. Die zum Nassätzen erforderlichen Ausrüstungen umfassen Ätzbäder, Reinigungs- und Spülbäder sowie Trockenschleudern. Ätzlösungen enthalten typischerweise Oxidationsmittel, Komplexbildner zur Auflösung des Oxids und reaktionsabschwächende Bestandteile zur besseren Gleichmäßigkeit der Ätzrate. So enthält die CP4-Lösung als Politurätzer für Silizium 38,5 Vol.% konzentrierte Salpetersäure HNO_2 (Oxidationsmittel), 19,2 Vol.% Flusssäure HF (Komplexbildner) und 42,3 Vol.% Essigsäure CH_3COOH (Ätzrateneinstellung).

Tabelle 4.11 fasst einige ausgewählte Ätzlösungen zum Strukturieren dünner Schichten zusammen. Siliziumnitrid ist chemisch sehr reaktionsträge und deshalb nur schwer nasschemisch ätzbar. Deshalb wird es üblicherweise trocken geätzt.

Tabelle 4.11 Ausgewählte Ätzlösungen zum Ätzen dünner Schichten [SCHADE91]

Abzutragendes Material	Ätzlösung	Ätzbedingungen
Poly-Si	HNO_3 (72 %) / HF (38 %) / CH_3COOH (98 %) = 2:1:1	15 µm/min (25 °C)
SiO_2	HF (48 %) / NH_4F (40 %) = 1:2,5 … 15	50 … 100 nm/min (25 °C)
Si_3N_4	H_3PO_4 / H_2O = 9:1	10 nm /min (180 °C)
Al	H_3PO_4O (85 %) / HNO_3 (65 %) / H_2O = 20:1:5	220 nm/min (40 °C)

4.5.3 Trockenätzen

Ätzprozesse in der Gasphase nutzen im Wesentlichen zwei Hauptmechanismen:

- Chemische Reaktionen des abzutragenden Materials mit reaktiven Spezies im Plasma (reaktives bzw. Plasmaätzen),
- physikalische Stoßprozesse infolge von Teilchenbeschuss (Ionen- bzw. Ionenstrahlätzen).

Die genannten Mechanismen können einzeln oder kombiniert eingesetzt werden (**Bild 4.17**).

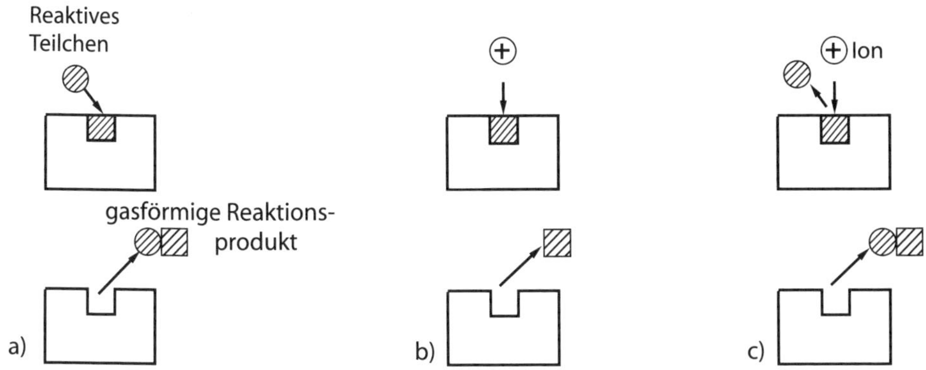

Bild 4.17 Prinzip von Trockenätzverfahren a) Plasmaätzen; b) Ionenätzen; c) Reaktives Ionenätzen (RIE)

Plasmaätzen: Ähnlich wie bei der plasmaunterstützten CVD reagieren Ionen oder Radikale, die sich im Plasma des Ätzgases bilden, mit der Oberfläche. Das Ätzgas muss jedoch so zusammengesetzt sein, dass sich ausschließlich flüchtige Reaktionsprodukte mit der Oberfläche bilden (**Bild 4.17**), die dann abgesaugt werden können. Da im Plasma eine Vielzahl unterschiedlichster Reaktionen gleichzeitig abläuft, lässt sich für den Plasmaätzprozess üblicherweise keine einzelne Reaktionsgleichung angeben. Der Ätzabtrag erfolgt bei reaktionsbestimmtem Verlauf isotrop und mit hoher Abtragsgeschwindigkeit. Entsprechend dem eingesetzten Ätzgas sind hohe Selektivitäten erreichbar.

Ionenätzen: Beim Ionenätzen wird ähnlich wie beim Sputtern ein Ionengas oder ein Ionenstrahl erzeugt und im elektrischen Feld auf die abzutragende Fläche beschleunigt. Der Materialabtrag erfolgt durch physikalische Prozesse. Da die Ionen gerichtet auf die Oberfläche treffen, tritt eine große Anisotropie auf ($A \rightarrow 1$). Bei entsprechender Prozessführung können sehr steile Seitenwände erzeugt werden. Andererseits liegen die Bindungsenergien für unterschiedliche Materialien sehr eng beieinander, so dass die Selektivität des Ätzprozesses gegenüber verschiedenen Ätzresistmaterialien sehr gering ist (**Tabelle 4.12**). Durch den Ionenbeschuss muss das zu ätzende Substrat gekühlt werden.

Tabelle 4.12 Ätzraten beim Ionenstrahlätzen (Ar^+; 0,5 keV; Ionenstrom 1 mA/cm^2)

Material	Ätzrate *R* in nm/min
Si	20 ... 40
SiO_2	30 ... 40
Au	140
Al	30
Fotolack AZ 1350	20 ... 30

Reaktives Ionenätzen: Beim RIE werden die Vorteile des Plasma- und des Ionenätzens zusammengeführt. Durch den Ionenbeschuss lässt sich die Anisotropie des Ätzprozesses verbessern, durch die Verwendung reaktiver Gase werden die Selektivität und die Ätzrate erhöht.

Tiefes reaktives Ionenätzen (DRIE Deep Reactive Ion Etching): Das reaktive Ionenätzen kann so modifiziert werden, dass sehr tiefe Einätzungen mit fast senkrechten Seitenwänden geschaffen werden. Da keine seitliche Unterätzung auftreten soll (A→1), wird die Ätzgrube durch die verwendeten Ätzgase chemisch passiviert. Nur dort, wo der Ionenstrahl die Passivierungsschicht aufbricht, kann der Ätzprozess voranschreiten (**Bild 4.18**). Im Einzelnen laufen folgende Prozesse ab[5]:

- Ein SF_6/Ar-Gasgemisch wird in die Reaktorkammer gegeben. SF_6 bildet im Plasma F*-Radikale, die Silizium ätzen:

  Si (fest) + 4 F* (Gas) → SiF_4 (Gas).

- Argon wird im Plasma zu Ar^+ ionisiert und durch die negative Vorspannung des Substrats (-5 ... -30 V) zum Substrat hin beschleunigt. Es trifft nahezu senkrecht auf die Oberfläche auf und unterstützt den Ätzprozess.
- Nach Beginn des Ätzprozesses wird CHF_3-Gas zugegeben. CHF_3 bildet im Plasma CF_2, dass auf allen Flächen, sowohl den Seiten- als auch der Bodenfläche, zum teflonartigen $(-CF_2-)_n$ polymerisiert. Diese Polymerschicht verhindert das weitere chemische Ätzen dieser Flächen.
- Durch den Ionenbeschuss wird die Polymerschicht am Boden der Ätzgrube abgetragen, so dass dort der Ätzprozess mit F*-Radikalen voranschreiten kann. Die Polymerschicht an den Seitenwänden bleibt vom Ionenbeschuss unbeeinträchtigt.

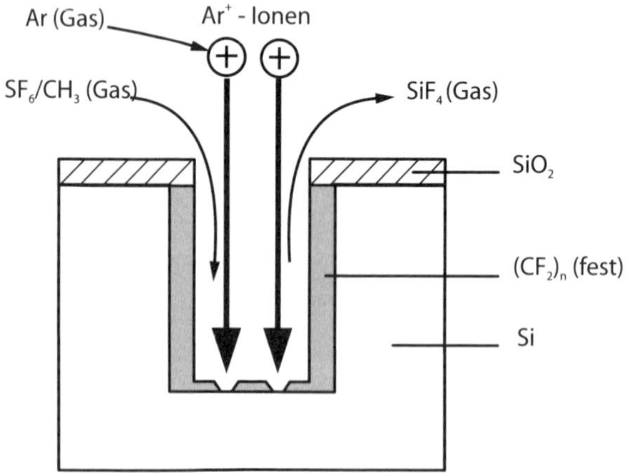

Bild 4.18 Prinzip des DRIE-Prozesses

[5] Lärmer, F.; Schilp, P.: Verfahren zum anisotropen Ätzen von Silizium. Patentschrift DE 4.241.045, 1994

Polymerschichtbildung, Polymerabtrag auf der Bodenfläche und Ätzabtrag von der Bodenfläche wechseln einander ab, so dass der Ätzprozess vertikal, aber nicht lateral voranschreiten kann. Mit dieser Technik sind **Aspektverhältnisse** (Tiefe-Breiten-verhältnis) von bis zu 30 erreichbar. Die Seitenwände weisen Winkel von (90±2)° auf. Der Prozess wurde bei der Fa. Bosch entwickelt, so dass oft auch vom „**Bosch-Prozess**" gesprochen wird. In der Zwischenzeit gibt es jedoch vielfältige Variationen dieser Fertigungsmethode [ELWENSPOEK98].

4.5.4 Lift-off-Prozess

Die Lift-off- oder Abhebetechnik ist eine Haftmaskentechnik, bei der auf dem Substrat zuerst die Maske hergestellt wird, die aus strukturiertem Fotolack besteht. Anschließend wird auf der Maske die Schicht ganzflächig abgeschieden. Wenn die Schichtdicke geringer als die Fotoresistdicke ist und die Seitenwände der Resistmaske nicht mit Schichtmaterial bedeckt sind, kann der Fotoresist und mit ihm die darauf befindliche Schicht entfernt werden (Lift-off, **Bild 4.19**). Wegen der Anforderungen (geringe Schichtkonformität, begrenzte thermische Belastbarkeit des vorher aufgebrachten Fotoresists) eignet sich das Abhebeverfahren vorzugsweise zur Strukturierung von dünnen Metallschichten auf sehr glatten Oberflächen.

4.6 Anisotropes nasschemisches Tiefenätzen

Das anisotrope nasschemische Tiefenätzen besitzt außerordentlich große Bedeutung für die Mikrosystemtechnik. Es ermöglicht, mechanisch bewegliche und deformierbare Komponenten mit hoher geometrischer Präzision in Silizium zu realisieren [GERLACH05]. Neben der Oberflächenmikromechanik ist es noch heute das Verfahren mit der größten wirtschaftlichen Bedeutung.

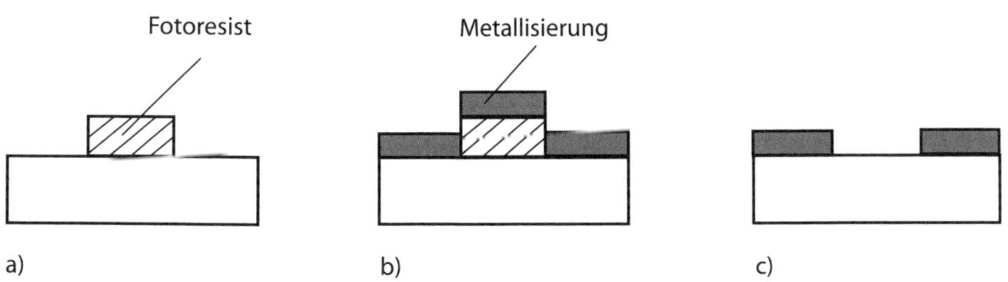

Bild 4.19 Lift-off-Prozess: a) Abscheidung und Strukturierung des Fotoresists; b) ganzflächige Metallisierung; c) Lift-off der Fotoresistschicht

4.6.1 Prinzip

Bild 4.20 zeigt den Querschnitt durch eine **Ätzgrube** während des anisotropen Nassätzprozesses. Der Siliziumwafer mit der Orientierung $\{a\,b\,c\}$ der Oberfläche ist mit einer Ätzmaske aus einem geeigneten Resistmaterial beschichtet. Durch die Öffnung in der **Ätzmaske** wird das Si-Substrat von der Ätzlösung abgetragen. Bei anisotrop wirkenden Ätzmitteln werden Flächen mit unterschiedlicher kristallografischer Orientierung mit verschiedener **Ätzrate** abgetragen. Das hat zur Folge, dass die Ätzgrube durch unterschiedliche Flächen begrenzt wird. Die geometrische Beziehung der sich herausbildenden Flächen führt zur determinierten geometrischen Form. Die Bodenfläche der Einätzung hat die gleiche Orientierung $\{a\,b\,c\}$ wie die Oberfläche. An den Seitenwänden der Ätzgrube bilden sich entsprechend der Kantenorientierung und -gestaltung der Ätzmaske bestimmte Flächen $\{h\,k\,l\}$ heraus.

Die Ätzraten für die Boden- und die Seitenflächen betragen entsprechend Gl. (4.17)

$$R_{\{a\,b\,c\}} = d_{\{a\,b\,c\}}/t_{\text{Ätz}} \tag{4.20a}$$

und

$$R_{\{h\,k\,l\}} = d_{\{h\,k\,l\}}/t_{\text{Ätz}}\ . \tag{4.20b}$$

Für $R_{\{a\,b\,c\}} > R_{\{h\,k\,l\}}$ ergibt sich die Anisotropie zu

$$A = 1 - R_{\{h\,k\,l\}}\,/\,R_{\{a\,b\,c\}}. \tag{4.21}$$

Die laterale Begrenzung der Ätzgrube wird durch die Form der Ätzmaske gegeben. Die Tiefe der Ätzgrube wird durch die Ätzrate $R_{\{a\,b\,c\}}$ (s. Abschn. 4.6.3) und die Ätzzeit $t_{\text{Ätz}}$ oder aber durch im Siliziumvolumen eingebaute Ätzstoppschichten bestimmt (s. Abschn. 4.6.4).

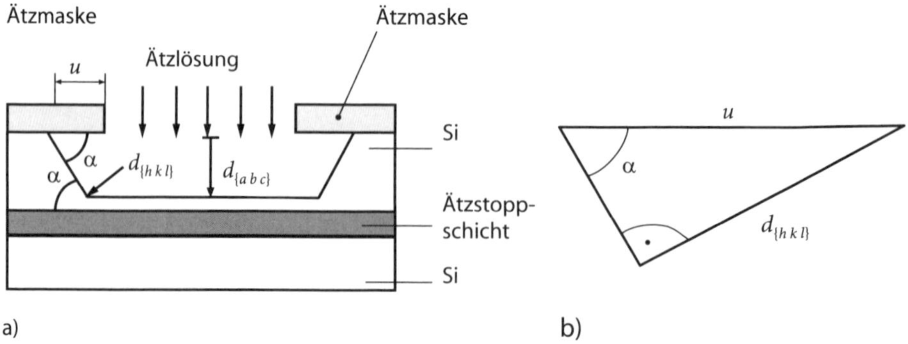

Bild 4.20 Prinzip des anisotropen, nasschemischen Tiefenätzens: a) Querschnitt durch die Einätzung im Siliziumwafer; b) geometrische Beziehung für die Unterätzung u

Durch die laterale Abtragsgeschwindigkeit der Seitenflächen stellt sich unter der Ätzmaske eine Unterätzung u ein. Sie ist die Projektion des Ätzabtrags $d_{\{h\,k\,l\}}$ auf die Oberfläche $\{a\,b\,c\}$, die durch den Winkel α der Seitenflächen bestimmt ist (**Bild 4.20b**):

$$u = d_{\{h\,k\,l\}} / \sin\alpha\,. \tag{4.22}$$

4.6.2 Anisotrope Ätzlösungen

Alkalische und aminhaltige Ätzlösungen zeigen anisotrope Ätzwirkung bei Silizium. Bei sauren Ätzbädern wird dagegen keine Kristallrichtungsabhängigkeit der Ätzrate beobachtet.

Tabelle 4.13 stellt die Eigenschaften gebräuchlicher Ätzmittel zusammen. Die Auswahl einer geeigneten Ätzlösung wird durch folgende Kriterien bestimmt:

- Einfache Handhabung (einschließlich Giftigkeit),
- Ätzrate,
- Ätzstoppeffizienz,
- Selektivität, insbesondere auch gegenüber Maskierungsmaterialien,
- IC-Kompatibilität,
- Topologie der Ätzflächen.

Größte technische Bedeutung haben KOH- und TMAH-Ätzlösungen. Beide sind einfach zu handhaben und in Schaltkreisherstellungsprozesse integrierbar. KOH zeigt höhere Ätzraten als TMAH, während bei TMAH eine bessere Selektivität gegenüber SiO_2 zu beobachten ist. Außerdem greift KOH im Unterschied zu TMAH Aluminium-Leitbahnen mit großer Ätzrate an.

EDP-Ätzlösungen benötigen hohe Temperaturen von mehr als 100 °C für technisch interessante Ätzraten und ist außerdem giftig. Diese Eigenschaften machen ihre Anwendung geräte- und sicherheitstechnisch aufwändiger als KOH und TMAH. Der besondere Vorteil von EDP ist, dass bei vergleichsweise deutlich geringerer Dotierungsdosis eine erhebliche Reduktion der Ätzrate eintritt, was als Ätzstopp an mit Bor hochdotierten Schichten verwendet werden kann (s. Abschn. 4.6.4). Da in den meisten Anwendungsfällen in der Zwischenzeit der elektrochemische Ätzstopp statt dem an p^{++}-Si genutzt wird, haben EDP-Ätzlösungen in den vergangenen Jahren erheblich an Bedeutung verloren.

Tabelle 4.13 Eigenschaften der gebräuchlisten anisotropen Ätzlösungen [VÖLKLEIN05]

Bezeichnung	KOH	TMAH	EDP
Ätzlösung[1]	Kalilauge KOH (24%) / Wasser H_2O, 85 °C	Tetramethyl-ammonium-hydroxid TMAH (8%) / Wasser, 90 °C	Ethylendiamin NH_2-$(CH_2)_2$-NH_2, Pyrokatechol (Brenzkatechin, $C_6H_4(OH)_2$)
$R_{\{100\}}$ in µm/h	100	55	75
$\frac{R_{\{100\}}}{R_{\{111\}}}$	400 600[2]	40	35
Maskierschicht (Ätzrate)	SiO_2 thermisch. (0,43 µm/min); PECVD-SiO_2 (0,7 µm/min); Si_3N_4 (70 µm/min); Au/Cr	SiO_2 ($R_{SiO2} = 10^{-4} R_{\{100\}}$), Si_3N_4	SiO_2 (12 … 30 nm/h), Si_3N_4 (6 nm/h), Au, Cr, Ag, Cu
$\frac{R_{\{100\}}(p^{++}\text{-Si})}{R_{\{100\}}}$	1:20 (Bor, > 10^{20}cm^{-3})	1:40 (Bor, > $4 \cdot 10^{20}$ cm^{-3})	1:50 (Bor, > $5 \cdot 10^{19}$ cm^{-3})
Bemerkungen	IC-kompatibel, starke H_2-Entwicklung, einfache Handhabung	IC-kompatibel, einfache Handhabung	giftig, rasche Alterung, unter Ausschluss von O_2 anzuwenden

[1] Prozentangaben sind Massenprozente,
[2] $R_{\{110\}} / R_{\{100\}}$

4.6.3 Ätzraten

In Tabelle 3.5 war gezeigt worden, dass die Silizium-Atome an (1 0 0)-, (1 1 0)- und (1 1 1)-Oberflächen unterschiedlich stark gebunden sind, so dass die Herauslösung eines einzelnen Atoms unterschiedliche Energie erfordert. Das führt zu unterschiedlichen Ätzraten dieser Ätzflächen, die sich als Anisotropie bemerkbar machen. Dieser Effekt allein kann jedoch die großen Ätzratenunterschiede nicht vollständig erklären, so dass eine Reihe weiterer Modelle Erklärungsversuche liefern [MADOU97]. So wird beispielsweise einbezogen, dass die Verbindung der Si-Oberflächenatome zu den darunter liegenden Atomen unterschiedliche Energieniveaus haben[6]. In [ELWENSPOEK98] wird

6 Seidel, H.; Csepregi, L.; Heuberger, A.; Baumgartel, H.: Anisotropic etching of crystalline silicon in alkaline solutions. Part I. Orientation dependence and behavior of passivation layers. Journal of the Electrochemical Society 137 (1990), S. 3612-3626. Part II. Influence of dopents. Ebenda, S. 3626-3632

außerdem die atomare Rauheit verschiedener Flächen als Nukleationsbarriere betrachtet, die die Ätzrate um Größenordnungen absenkt. {1 1 1}-Flächen besitzen von allen Flächen die geringste atomare Rauheit.

Der Ätzprozess selbst besteht aus einer Oxidation der Si-Atome an der Oberfläche

$$Si + 4OH^- \rightarrow Si(OH)_4 + 4e^- , \tag{4.23a}$$

einer Reduktion des Wasserstoffs im Wasser und dem Lösungsprozess des Silikatkomplexes zum Hexahydrosilikat-Komplex:

$$Si(OH)_4 + 4e^- + 4H_2O \rightarrow Si(OH)_6^{2-} + 2OH^- + 2H_2 \tag{4.23b}$$

Die Gesamtreaktionsgleichung fasst die Gln. (4.21a, b) zusammen:

$$Si + 4H_2O + 2OH^- \rightarrow Si(OH)_6^{2-} + 2H_2 . \tag{4.23c}$$

Die Reaktionsgln. (4.23a), (4.23b) und (4.23c) zeigen:

- Der Ätzmechanismus benötigt OH^--Gruppen, die von den basischen (alkalischen bzw. aminhaltigen) Ätzlösungen geliefert werden.
- Der Ätzprozess benötigt Wasser, d. h. wässrige Lösungen.
- Während der Reaktion entsteht molekularer Wasserstoff, der als Bläschen in der Ätzlösung aufsteigt. Durch die Gasbläschenbildung ist der Ätzprozess optisch zu kontrollieren.
- Im ersten Teilschritt gemäß Gl. (4.23a) entstehen Elektronen, die in das Leitungsband des Siliziums übertreten und die später in Gl. (4.23b) wieder verbraucht werden. Durch eine geeignete Vorspannung am Silizium können die Elektronen aus dem Silizium abgezogen werden, so dass der Ätzprozess zum Erliegen kommt (elektrochemischer Ätzstopp, s. Abschn. (4.6.4).

Ist die Ätzrate durch die Reaktionskinetik bestimmt, hängt sie ähnlich wie die Teilchenstromdichte beim CVD-Prozess (s. Gl. (4.16)) von der Temperatur und der Konzentration N_i der beteiligten chemischen Spezies ab (in Gl. (4.16) entspricht dies dem Teilchenpartikeldruck an der Reaktionsoberfläche):

$$R = k_S \cdot \prod_i N_i^{n_i} = k_{SO} \cdot \exp\left\{-\frac{E_a}{kT}\right\} \cdot \prod_i N_i^{n_i} . \tag{4.24}$$

Dabei sind k_S die Reaktionsgeschwindigkeitskonstante, k_{SO} die entsprechende temperaturunabhängige Konstante, N_i die Konzentrationen der beteiligten chemischen Spezies, n_i die Reaktionsordnung für die N_i, E_a die Aktivierungsenergie für die chemische Ätzreaktion, k die BOLTZMANN-Konstante und T die absolute Temperatur. Der Exponentialterm besagt, dass nur Teilchen, die eine thermische Energie kT haben, die größer als die Aktivierungsenergie E_a ist, an der Reaktion teilnehmen können. Die Wahrscheinlichkeit dafür entspricht einer BOLTZMANN-Verteilung. Gl. (4.24) beschreibt ein ARRHENIUSsches Gesetz

$$\lg \frac{R}{k_{S0}} \propto -E_a \cdot \frac{1}{T}. \tag{4.25}$$

Beispiel 4.4 Ätzrate für das KOH-Ätzen von Silizium

Für das Ätzen von Silizium mit wässriger Kalilauge treten in Gl. (4.23a) ein Si-Atom und vier OH^--Ionen sowie in Gl. (4.23b) vier Wasser-Atome auf. Gl. (4.23c) müsste, wenn alle beteiligten Spezies aufgeführt sein sollen, folgendermaßen lauten:

$$Si + 4H_2O + 4OH^- + 4e^- \rightarrow Si(OH)_6^{2-} + 2OH^- + 4e^- + 2H_2O$$

Für Gl. (4.23) folgt daraus[6]:

$$R = k_{S0} \cdot \exp\left\{-\frac{E_a}{kT}\right\} \cdot N_{Si}^{\alpha} \cdot N_{H_2O}^{4} \cdot N_{KOH}^{1/4}. \tag{4.26}$$

Die Konzentration von Silizium an der Grenzfläche Si/Ätzlösung ist konstant und durch die kristallografische Orientierung gegeben. Die Abhängigkeit der Ätzrate von der KOH-Konzentration in der Ätzlösung ist in **Bild 4.21** gezeigt. Sie entspricht Gl. (4.26) und zeigt ein Maximum für das Produkt $N_{H_2O}^{4} \cdot N_{KOH}^{1/4}$ bei etwa 20-prozentiger KOH-Lösung.

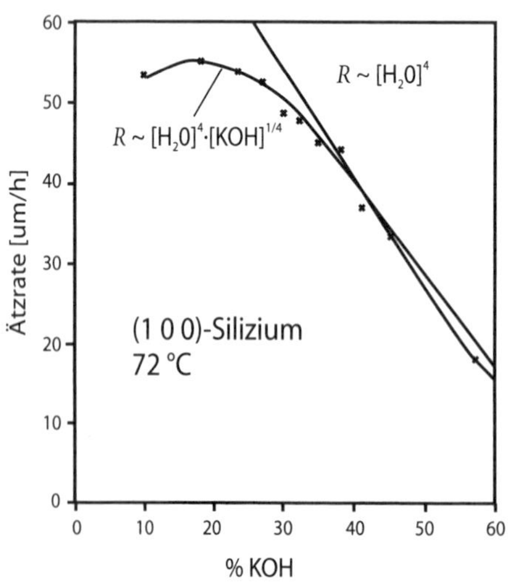

Bild 4.21 Abhängigkeit der Si-(1 0 0)-Ätzrate von der Konzentration der KOH-Ätzlösung [SEIDEL86]

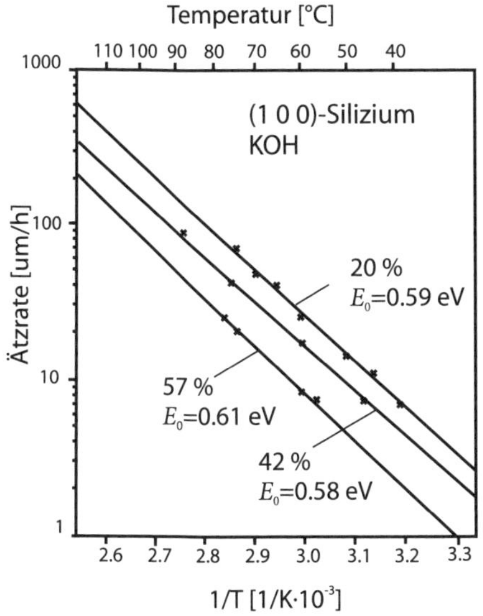

Bild 4.22 ARRHENIUS-Diagramm der Temperaturabhängigkeit der Ätzrate von KOH

Die ARRHENIUS-Abhängigkeit der Ätzrate von der Temperatur ist in **Bild 4.22** dargestellt. Sie entspricht Gl. (4.25). Aus dem Abfall der Kurve über $1/T$ kann die Aktivierungsenergie bestimmt werden (**Tabelle 4.14**). Das in den Bildern **Bild 4.21** und **Bild 4.22** gezeigte Verhalten ist analog auch für TMAH und EDP zu beobachten.

Tabelle 4.14 verdeutlicht, dass die Ätzrate im direkten Bezug zur Größe der Aktivierungsenergie E_a steht.

Tabelle 4.14 Aktivierungsenergien E_a für verschiedene Si-Orientierungen und Ätzlösungen [SEIDEL90]

Ätzlösung	Si (1 0 0)	Si (1 1 0)	Si (1 1 1)	SiO_2	Si_3N_4
KOH (20prozentig)	0,59 eV	0,61 eV	0,67 eV	0,81 eV	0,76 eV
EDP	0,40 eV	0,33 eV	0,53 eV		

4.6.4 Ätzstoppverfahren

Von einem Ätzstopp spricht man, wenn die Ätzrate von einem Wert R_1 auf einen Wert $R_2 << R_1$ fällt. Technisch interessant ist ein Abfall von $R_2{:}R_1 \leq 1{:}20$, um die Formbegrenzung von Einätzungen mit hinreichend großer Genauigkeit zu erreichen. Ein Abfall auf $R_2 = 0$ wird angestrebt, kann aber in vielen Fällen praktisch nicht realisiert werden.

Um einen Ätzstopp zu erreichen, kann man die anisotropen oder die selektiven Eigenschaften von Ätzlösungen ausnutzen.

- **Anisotroper Ätzstopp:** Bei der Herstellung von Einätzungen, bei denen nur konkave Winkel auftreten, bilden sich solche Seitenwände heraus, die eine sehr kleine Ätzrate haben. Meist sind das {1 1 1}-Seitenwände. Bei fortschreitendem Ätzverlauf verschwindet die Bodenfläche mit der durch die Oberflächenorientierung vorgegebenen Ausrichtung, so dass die Ätzgrube nur durch langsamätzende {1 1 1}-Flächen eingeschlossen wird (**Bild 4.23**). Die Tiefenätzrate, z. B. $R_{\{1 0 0\}}$, geht auf $R_{\{1 1 1\}}$ zurück (s. **Tabelle 4.13**, 4. Spalte). Die Ätzstopprate ist durch das Verhältnis $R_{\{1 1 1\}}/ R_{\{1 0 0\}}$ bestimmt.
- **Selektiver Ätzstopp an Isolatorschichten:** Durch Implantation von O^+-Ionen unter die Oberfläche des Si-Wafers und Reaktion zu SiO_2 lassen sich im Silizium vergrabene SiO_2-Schichten realisieren, bei Implantationen von N^+-Ionen Si_3N_4-Schichten (SIMOX-Technik, s. Abschn. 4.9). Diese wirken wegen $R_{SiO2,Si3N4} << R_{\{1 0 0\}}$ als Ätzstopp (**Tabelle 4.13**, Spalte 5).
- **Selektiver Ätzstopp an hochdotiertem p^{++}-Silizium:** Hohe Dotierdichten von Bor in Silizium führen zu einem drastischen Absinken der Ätzrate in anisotrop wirkenden Ätzlösungen. In p^{++}-Si rekombinieren die Löcher mit den beim Ätzen entstehenden Elektronen (s. Gl. (4.22a)), so dass diese für den weiteren Ätzprozess gemäß Gl. (4.23b) nicht mehr zur Verfügung stehen. Dadurch nimmt die Reaktionsgeschwindigkeit stark ab. Für diesen Ätzstoppmechanismus sind Borkonzentrationen von $5 \cdot 10^{19} cm^{-3}$ (EDP) oder noch weit höher (KOH, TMAH) notwendig (s. Tabelle 4.13, Spalte 6). Wegen der bei EDP deutlich geringeren Dotierkonzentration war EDP wegen dieses Ätzstoppverfahrens früher das bevorzugte anisotrope Ätzmittel. Mit dem elektrochemischen Ätzstopp sind derart hohe Dotierkonzentrationen nicht mehr notwendig, so dass EDP nur noch selten eingesetzt wird.

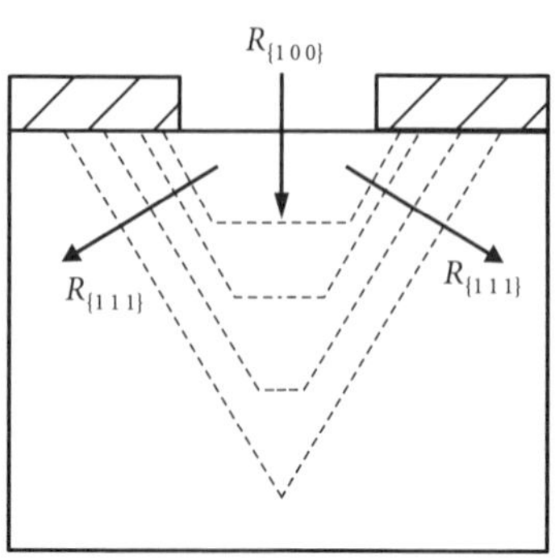

Bild 4.23 Anisotroper Ätzstopp

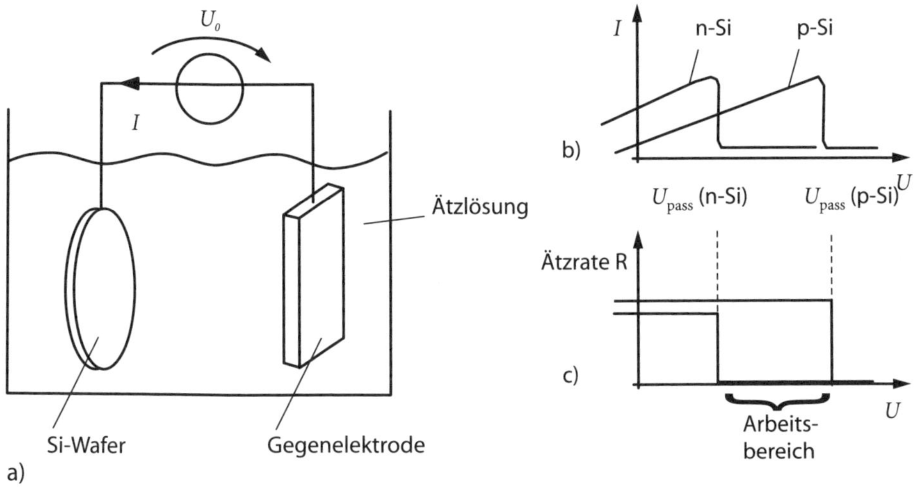

Bild 4.24 Elektrochemischer Ätzstopp an Silizium: a) Anordnung; b) Strom-Spannungskennlinie; c) entsprechende Ätzraten-Spannungskennlinie; U_{pass} Passivierungsspannung

- **Elektrochemischer Ätzstopp:** Durch Anlegen einer hinreichend großen positiven Spannung an den Si-Wafer kann eine vergleichbare Reduktion von Elektronen erreicht werden wie bei p^{++}-Si (**Bild 4.24**). Bei n- und p-leitendem Silizium sind die erforderlichen Spannungen unterschiedlich. Wegen der bei p-Si höheren Spannungen lässt sich bei pn-Übergängen die **Passivierungsspannung** so einstellen, dass p-Si noch geätzt wird, während n-Si passiviert ist. Meist wird der elektrochemische Ätzstopp deshalb an pn-Übergängen eingesetzt (**Bild 4.25**). Neben der Gegenelektrode ist auch ein Potenziostat mit Bezugselektrode notwendig. Für eine hohe Prozesssicherheit werden außerdem oft die p- und die n-Si-Bereiche getrennt vorgespannt, um möglichst reproduzierbare Ätzbedingungen zu schaffen.

4.6.5 Ätzfiguren

Anisotrope Ätzlösungen zeigen unterschiedliche Ätzraten in den verschiedenen kristallografischen Richtungen von Silizium. Abhängig von den anisotropen Eigenschaften des Ätzmittels, der Orientierung des Siliziumwafers und der Form und Ausrichtung der Ätzmaske stellen sich bestimmte Formen in Einätzungen ein.

a) Ätzratendiagramme

Die Ätzraten für unterschiedlich kristallografische Flächen liegen entweder in tabellarischer Form (s. **Tabelle 4.13**) oder als Polardiagramm vor (**Bild 4.26**). Letztere werden

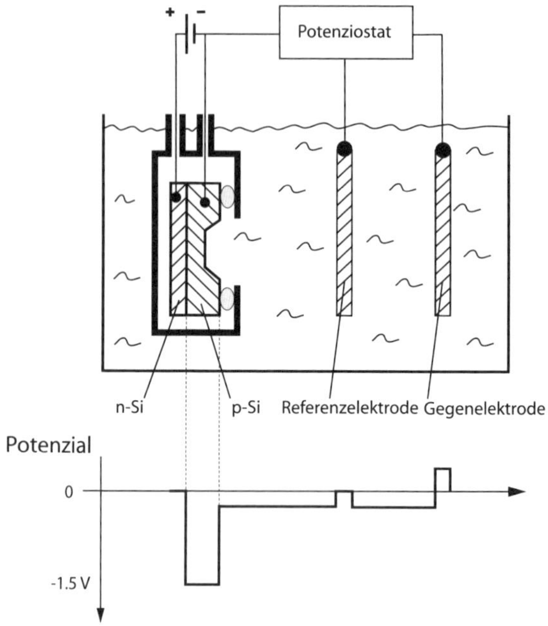

Bild 4.25 Vierelektrodenanordnung für den elektrochemischen Ätzstopp an pn-Übergängen

experimentell über spezielle Ätzmasken ermittelt (Ätzrosette, **Bild 4.27**). Diese bestehen aus strahlenförmigen Ätzmaskenkeilen mit einem einheitlichen Winkel γ der Keile (z. B. 1 °).

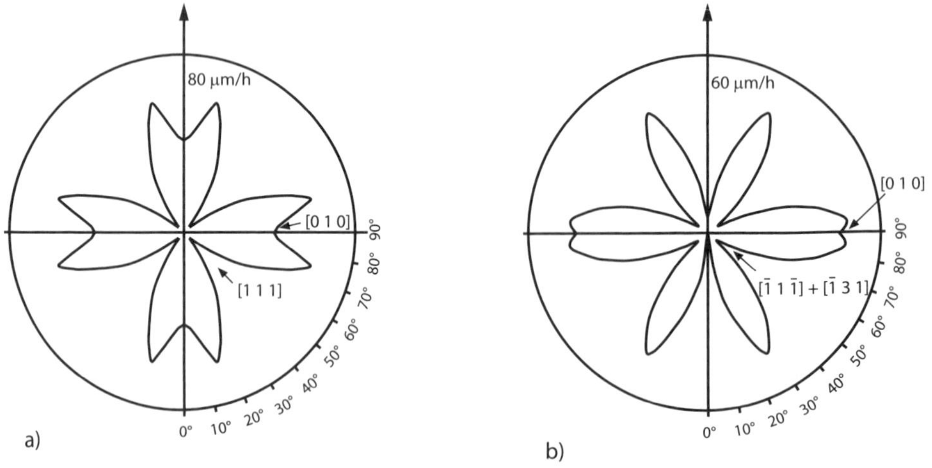

Bild 4.26 Kristallrichtungsabhängigkeit der Unterätzrate R_u auf a) einer (1 0 0)- und b) einer (1 1 1)-Si-Scheibe [SEIDEL86]

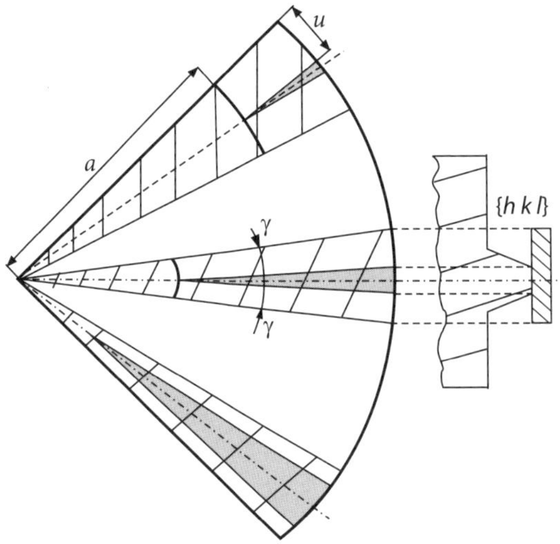

Bild 4.27 Ätzrosette zur Bestimmung der winkelabhängigen Unterätzrate R_u (schraffiert: Ätzmaske, dunkel schattiert: nicht unterätzter Bereich)

Aus der optisch einfach zu vermessenden Verkürzung *a* lässt sich die Unterätzung *u* und damit die **Unterätzrate** R_u berechnen:

$$\tan\gamma/2 \approx \gamma/2 = u/a, \tag{4.27}$$

$$u = \gamma \cdot a/2 \tag{4.28}$$

und

$$R_u = \gamma \cdot a/(2 \cdot t_{\text{Ätz}}). \tag{4.29}$$

Bei Kenntnis der Orientierung der Seitenfläche $\{h\,k\,l\}$, die die Unterätzung begrenzt, und ihrer Winkelbeziehung zur Oberfläche (s. Gl. (3.5)) kann aus der Unterätzrate R_u die Ätzrate $R_{\{h\,k\,l\}}$ berechnet werden.

b) Herausbildung von Ätzfiguren

Die Entstehung der dreidimensionalen Einätzung hängt von der kristallografischen Ausrichtung des Siliziumwafers, der Form und der Orientierung der Ätzmaske und den anisotropen Eigenschaften der Ätzlösung ab. Die Berechnung ist kompliziert und mittels entsprechender Software durchführbar [FRÜHAUF05]. Im Folgenden sollen mit der einfachen Konstruktionsmethode nach WULFF-JACCODINE[7] die grundlegenden Zu-

[7] Jaccodine, J.: Use of modified free energy theorems to predict equilibrium growing and etching shape. Journal of Applied Physics 33(1962), S. 2643-2647

sammenhänge gezeigt werden. Dazu werden folgende Voraussetzungen getroffen (**Bild 4.28**):

- Die Ätzmaske auf dem Si-Wafer besteht aus einer Menge von Punkten, die Kanten bilden. Zwei Kanten bilden jeweils eine Ecke.
- Mehrere Kanten bilden geschlossene Züge, die die Innen- oder Außenbegrenzungen der Ätzmaske bilden.
- Ecken bzw. Kanten können konkav (< 180 °) oder konvex (> 180 °) sein.
- Beim Ätzprozess verschieben oder drehen sich die Schnittkanten der seitlichen Begrenzungsflächen mit der Ätzmaske infolge Unterätzung von den ursprünglichen Maskenkanten weg.

Bei konkaven oder bei konvexen Ecken und Kanten zeigt sich unterschiedliches Ätzverhalten:

- **Konkave Ecken:** Es bilden sich die Seitenflächen mit der kleinsten Ätzrate heraus.
- **Konvexe Ecken:** Es bilden sich die Seitenflächen mit winkelabhängigen lokalen Maxima der Ätzrate heraus. Unterschiedliche Ätzlösungen weisen unterschiedliche Flächen mit maximaler Ätzrate auf (**Tabelle 4.15**).
- **Gerade Maskenkanten:** Die Punkte der Maskenkante bilden eine Linie und sind deshalb weder konkav noch konvex. Die Verschiebung der Kante stellt die voranschreitende Abätzung einer Seitenfläche dar.

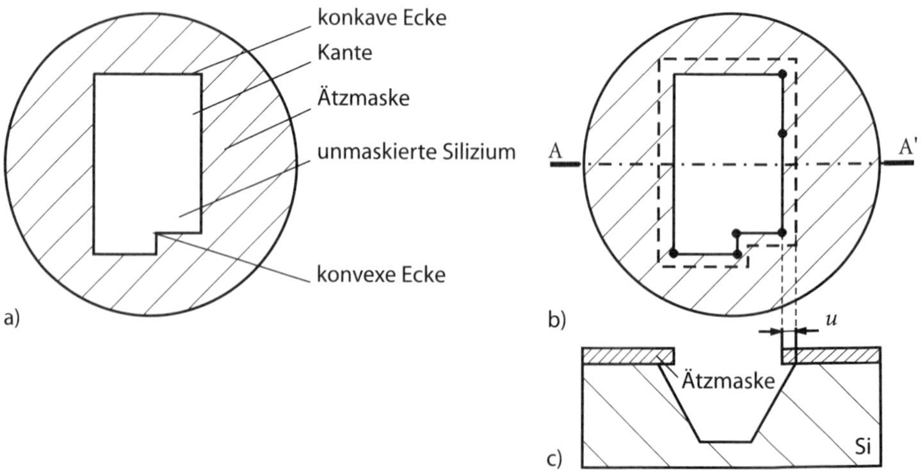

Bild 4.28 Konstruktion des Ätzverlaufs nach WULFF-JACCODINE: a) ungeätzt; b) nach Ätzzeit $t_{Ätz}$; c) Querschnitt durch Einätzung

Tabelle 4.15 Schnellätzende Flächen für unterschiedliche Ätzlösungen [ELWENSPOEK98]

Ätzlösung	Schnellätzende Flächen
KOH (40°C)	{1 1 0}
KOH / Propanol / H_2O (30:25:45)	{2 1 2}, {3 3 1}
KOH (80 %)	{1 3 0}
KOH (15 ... 50 %, 60 ... 100°C)	{4 1 1}
EDP (nach Zusammensetzung)	{2 1 2}, {3 3 1}

Die Konstruktion der Ätzfigur erfolgt aus der Ursprungslage der Ätzmaske und der im Unterätzdiagramm auftretenden Minima und Maxima der Unterätzrate R_u. Man geht folgendermaßen vor (**Bild 4.29**):

- Die geraden Kanten werden um den Betrag der Unterätzrate dieser Richtung verschoben (**Bild 4.29c**). Dies entspricht dem auf die Oberfläche (Ätzmaske) projizierten Fortschreiten der seitlichen Begrenzungsflächen.
- An konkaven Ecken werden die Richtungen mit den Unterätzrate-Minima gesucht und senkrecht dazu stehende Ätzfronten um die Unterätzdistanz $u = R_u \cdot t_{Ätz}$ verschoben (**Bild 4.29d**).

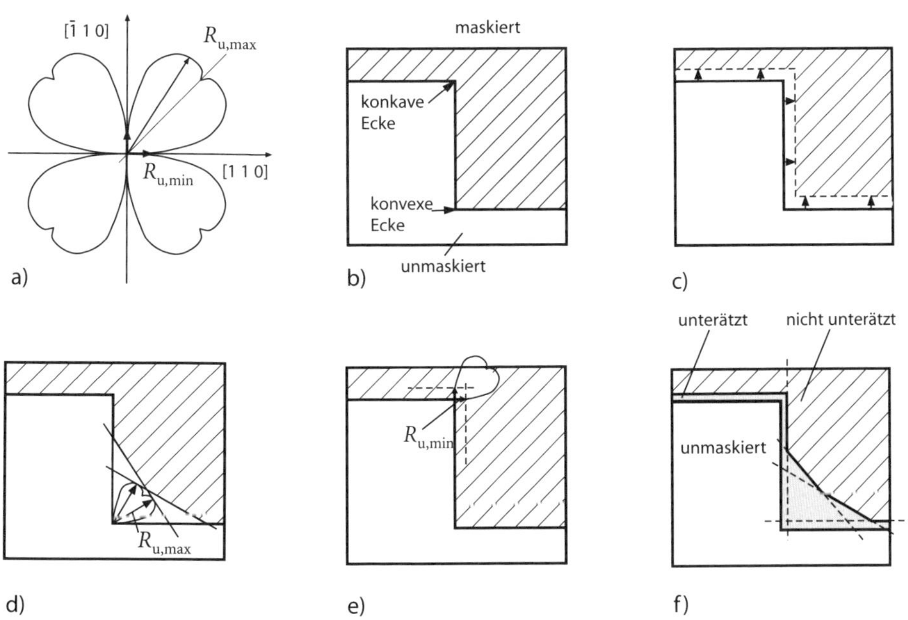

Bild 4.29 Unterätzung einer Ätzmaske mit konkaver und konvexer Ecke: a) richtungsabhängige Unterätzrate R_u; b) Ätzmaske auf Silizium; c) Unterätzung der Maskenkante; d, e) Unterätzung der konkaven und der konvexen Ecken; f) Gesamtunterätzung (schattiert: unterätzt)

- An konvexen Ecken wird analog verfahren, hier jedoch mit den Maxima der Unterätzrate (**Bild 4.29e**).
- Die Gesamtunterätzung ergibt sich aus der Summe der am weitesten vorangeschrittenen Ätzfronten (**Bild 4.29f**).
- Im Verlauf des Ätzprozesses können sich neue konvexe oder konkave Ecken und Kanten herausbilden (z. B. Bei der **Eckenunterätzung**). Für diese neuen Ecken ist dann entsprechend wie oben beschrieben zu verfahren.

Beispiel 4.5 Unterätzung bei einer rechteckigen Ätzmaske mit Winkelversatz

Es soll betrachtet werden, wie eine Ätzmaske mit rechteckiger Öffnung unterätzt wird, wenn die Ätzmaskenkanten nicht, wie im **Bild 4.29**, genau in die <1 1 0>-Richtungen orientiert sind, sondern einen Winkelversatz φ haben (**Bild 4.30**).

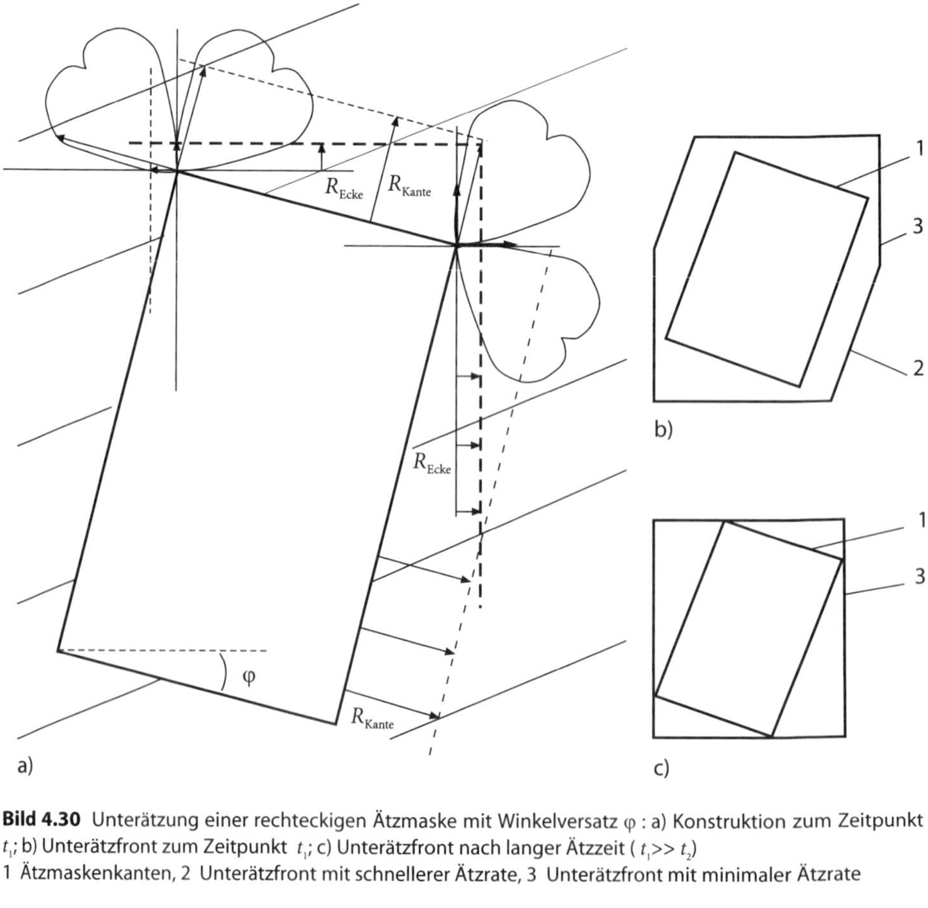

Bild 4.30 Unterätzung einer rechteckigen Ätzmaske mit Winkelversatz φ : a) Konstruktion zum Zeitpunkt t_1; b) Unterätzfront zum Zeitpunkt t_1; c) Unterätzfront nach langer Ätzzeit (t_1>> t_2)
1 Ätzmaskenkanten, 2 Unterätzfront mit schnellerer Ätzrate, 3 Unterätzfront mit minimaler Ätzrate

Wir betrachten die Konstruktion der Unterätzung für die verschiedenen Kanten und Ecken getrennt (**Bild 4.30a**). Da nur konkave Ecken auftreten, können sich keine schnellätzenden Flächen herausbilden:

- Die seitlichen Begrenzungsflächen parallel zu den vier Maskenkanten schreiten mit der Ätzrate R_{Kante} voran.
- Von den konkaven Ecken aus bilden sich solche Flächen heraus, die minimale Ätzraten R_{Ecke} besitzen.
- Liegen die Flächen mit der kleineren Ätzrate näher zur Maskenkante, begrenzen sie die Ätzgrube, da sie die Flächen mit der größeren chemischen Widerstandsfähigkeit sind (**Bild 4.30b**).

Mit fortschreitendem Ätzverlauf wird die zu den Maskenkanten parallele Seitenfläche immer kleiner, verschwindet schließlich ganz (**Bild 4.30c**). Die endgültige Einätzung ist dann wieder durch Seitenflächen eingegrenzt, die entlang der <1 1 0>-Kanten ausgerichtet sind. Sie schließt an der Oberfläche des Si-Wafers die Maskenöffnung vollständig ein.

Da in der Regel {1 1 1}-Siliziumflächen die geringste Ätzrate haben, werden anisotrop geätzte Ätzfiguren oft seitlich von {1 1 1}-Flächen begrenzt. **Bild 4.31** zeigt typische Ätzfiguren in (1 0 0)-Si. Längs der <1 1 0>-Richtungen bilden sich die im Winkel von 54,74° zur (1 0 0)-Oberfläche geneigten {1 1 1}-Seitenflächen heraus. In Bild **Bild 4.31 a** ist die Ätzmaskenöffnung so groß, dass sich zwar schon die {1 1 1}-Seitenflächen herausgebildet haben, aber auch noch die (1 0 0)-Ätzgrubenbodenfläche besteht. In **Bild 4.31 b** ist die Ätzmaskenöffnung so klein, dass die geätzte Bodenfläche schon vollständig auf {1 1 1}-Seitenflächen gestoßen ist. Aus der pyramidenstumpfartigen Einätzung ist eine vollständige pyramidenförmige Einätzung geworden. **Bild 4.31c** zeigt, dass sich diese inverse

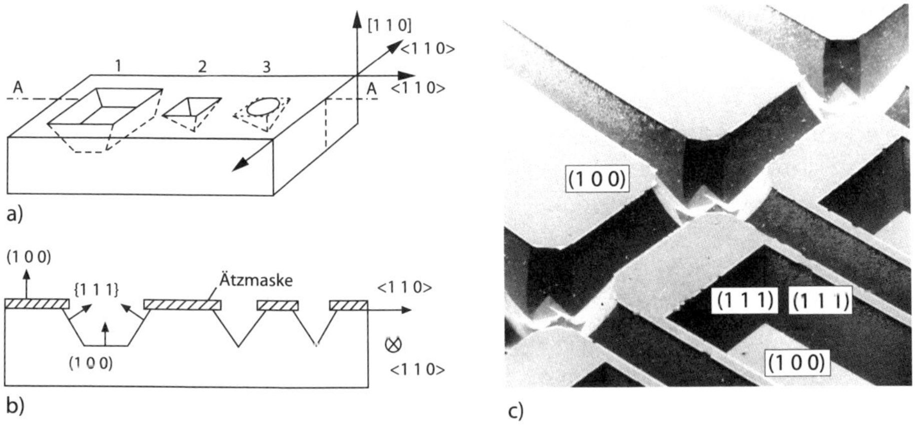

Bild 4.31 Typische Ätzfiguren in (1 1 0)-Silizium: a) große quadratische Ätzmaskenöffnung 1, kleine quadratische Ätzmaskenöffnung 2, runde Ätzmaskenöffnung 3; b) Querschnitt AA; c) Foto der Struktur von 1.

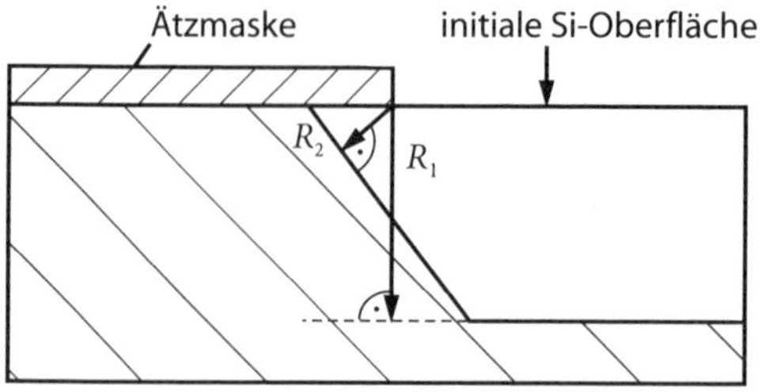

Bild 4.32 Konstruktion der sich herausbildenden Form einer Ätzung im Siliziumvolumen: R_1 Ätzrate der Si-Oberfläche, R_2 Be-trag und Richtung des Ätzratenminimums

Pyramidenform auch bei kreisrunder Ätzmaskenöffnung herausbildet. Das in den **Bildern 4.29** und **4.30** dargestellte Verfahren kann auch auf komplexe dreidimensionale Strukturen angewendet werden. Dazu ist die Kenntnis der Orientierung und der Größe der Ätzraten von schnell- und langsamätzenden Flächen sowie die Tiefenätzrate der Oberfläche erforderlich (**Bild 4.32**).

Bei <1 0 0>-orientierten Maskenkanten ist es möglich, in (1 0 0)-Si senkrechte Seitenwände zu erzeugen. Da diese auch {1 0 0}-orientiert sind, sind die Tiefenätzrate und die laterale Unterätzrate gleich.

In (1 1 0)-Si treten bei entsprechender Ätzmaskenorientierung ebenfalls senkrechte Grubenbegrenzungen auf, die jedoch {1 1 1}-Seitenwände sind (**Bild 4.33**). Diese bilden keine rechteckförmige Einätzung, sondern ein Parallelogramm mit Winkeln von 109,47 ° bzw. 70,53 °. Außerdem entstehen zwei weitere {1 1 1}-Flächen, die 35,26 ° gegenüber der Oberfläche geneigt sind.

Beispiel 4.6 Herstellung einer freistehenden SiO_2-Brücke auf einem (1 0 0)-Si-Wafer

Es soll eine freistehende SiO_2-Brücke über einem Kanal im (1 0 0)-Si-Wafer erzeugt werden. **Bild 4.34** zeigt die SiO_2-Ätzmaske, von der ein Teil die freitragende Brücke bilden soll. Während des Ätzprozesses bilden sich langsamätzende {1 1 1}-Seitenflächen aus, die faktisch zum Ätzstopp führen. Ist die Brücke so schmal, das sich die Unterätzfronten

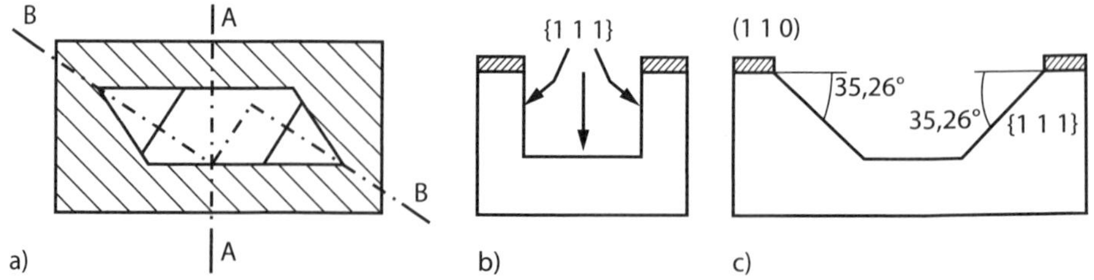

Bild 4.33 Senkrechte und geneigte {1 1 1}-Seitenwände in (1 1 0)-Silizium: a) Draufsicht; b) Querschnitt AA; c) Querschnitt BB

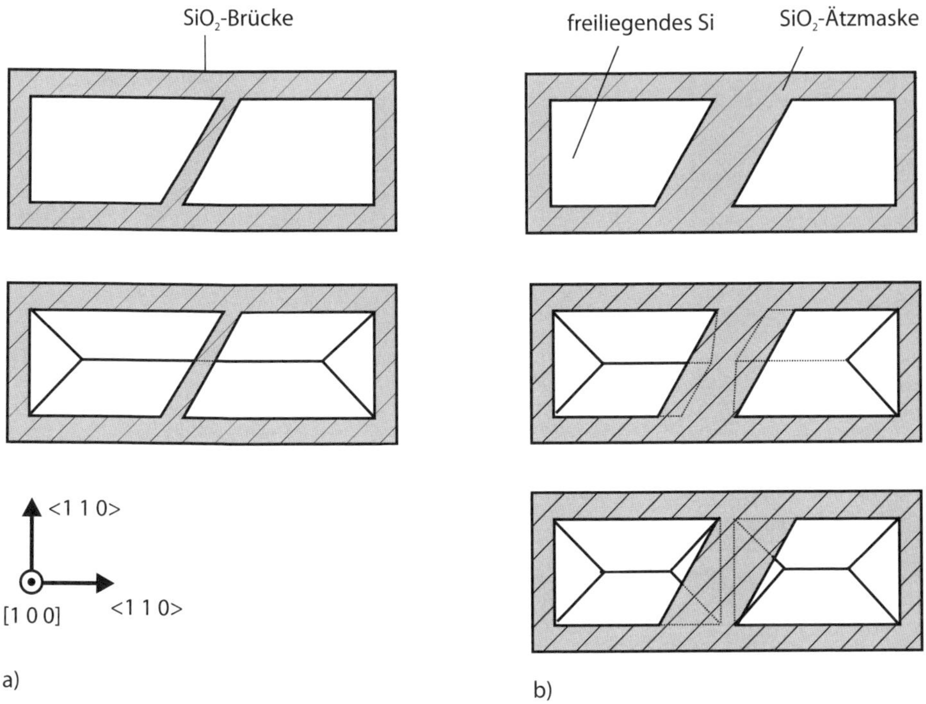

Bild 4.34 Unterätzung einer SiO_2-Brücke über einem geätzten Kanal in (1 0 0)-Silizium: a) schmale Brücke: die Unterätzfronten treffen sich unter der Brücke und legen diese vollständig frei; b) zu breite Brücke: langsamätzende {1 1 1}-Flächen haben sich herausgebildet, bevor die Brücke vollständig unterätzt ist

treffen (**Bild 4.34a**), bevor sich die zwei separaten {1 1 1}-Fronten vollständig heraus gebildet haben, kann die Zielstellung erreicht werden. In **Bild 4.34b** ist die Brücke zu breit bzw. zu wenig gedreht, so dass die beiden Einätzungen bereits vollständig von {1 1 1}-Flächen eingeschlossen sind, bevor sich die schnellätzenden Fronten treffen konnten.

c) Unterätzung konvexer Ecken

Wie oben beschrieben wurde, bilden sich an konvexen Ecken Flächen heraus, die eine große Ätzgeschwindigkeit haben (s. **Tabelle 4.15**). Das führt zu einer Verrundung solcher Ecken. Die Konstruktion der resultierenden Ätzform kann wieder nach der Methode von WULFF-JACCODINE erfolgen (**Bild 4.35**). Der Eckpunkt A in **Bild 4.35a** bewegt sich durch die schnellätzenden Flächen unter die Maske. Die Geschwindigkeit entspricht der Eckenunterätzrate R_{Eu}. Üblicherweise ist $R_{Eu} > R_{\{1\,0\,0\}}$. Für 30-prozentige KOH-Lösung bei 80 °C beträgt $R_{Eu}/R_{\{1\,0\,0\}} \approx 1{,}5$.

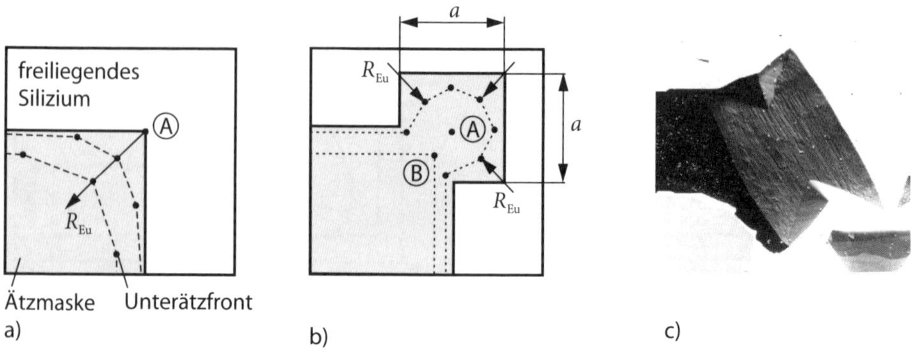

Bild 4.35 Unterätzung konvexer Ecken: a) ohne; b) mit Kompensationsmaskenteil. Bei der Konstruktion wurde die Unterätzratenabhängigkeit von Bild 4.27a angenommen; c) Foto einer leicht unterätzten konvexen Ecke

Die Eckenunterätzung kann durch zusätzliche Kompensationsmaskenteile kompensiert werden. In **Bild 4.35b** wird dazu eine quadratische **Kompensationsmaske** mit der Abmessung a verwendet:

$$a = \sqrt{2} \cdot R_{\text{Eu}} \cdot t_{\text{Ätz}} \,. \tag{4.30}$$

Die Ätzzeit $t_{\text{Ätz}}$ ergibt sich aus der gewünschten Ätztiefe $d_{<a\,b\,c>}$ und der entsprechenden Ätzrate $R_{\{a\,b\,c\}}$:

$$a = \sqrt{2} \cdot d_{<a\,b\,c>} \cdot R_{\text{u}} / R_{\{a\,b\,c\}} \,. \tag{4.31}$$

Neben quadratischen Kompensationsstrukturen gibt es auch eine große Anzahl anderer möglicher Kompensationsformen, z. B. Dreiecke und Balken [ELWENSPOEK98].

4.6.6 Entwurf von Ätzmasken

Form, Abmessung und Dicke von Ätzmasken müssen eine Vielzahl von Einflüssen berücksichtigen:

- Orientierung der Waferoberfläche und der Maskenkanten,
- Ätzlösung und Ätztemperatur,
- Ätzzeit und Ätztiefe,
- Auftreten von konvexen und konkaven Maskenecken,
- **Ätzstoppschichten.**

Beispiel 4.7 Bemessung einer Ätzmaskenöffnung

In einer (1 0 0)-Siliziumscheibe (Durchmesser 100 mm; Dicke d = 525 µm) solle eine quadratische Biegeplatte (w = 500 µm, Dicke d_p = 25 µm) anisotrop abgedünnt werden (**Bild 4.36**). Zum Ätzen wird 24-prozentige Kalilauge bei 85 °C verwendet. Als Ätzresist dient eine 1 µm dicke thermische SiO_2-Schicht. Die Ätzkanten sind in <1 1 0>-Richtung orientiert. Bei der Bemessung der Ätzmaskenöffnung b müssen die Ätztiefe $d_{Ätz}$ und damit die Ätzzeit $t_{Ätz}$, die geometrische Form der Ätzgrube mit den im Winkel von α = 54,74° geneigten {1 1 1}-Seitenflächen und die Unterätzung der Seitenflächen berücksichtigt werden:

$$b = w + 2x - 2u \; . \tag{4.32}$$

Durch die schrägen Seitenwände ergibt sich eine Aufweitung von

$$x = d_{Ätz} / \tan\alpha. \tag{4.33}$$

Die Unterätzung u ist die Projektion der Ätzdistanz $u^* = R_{\{1\,1\,1\}} \cdot t_{Ätz}$ gemäß

$$\sin\alpha = u^*/u. \tag{4.34}$$

Damit wird

$$u = \frac{R_{\{111\}} t_{Ätz}}{\sin\alpha}. \tag{4.35}$$

Die Ätzzeit $t_{Ätz}$ ergibt sich aus der erforderlichen Ätztiefe $d_{Ätz}$:

$$t_{Ätz} = d_{Ätz} / R_{\{100\}}. \tag{4.36}$$

Die Gln. (4.31) bis (4.35) führen zu

$$b = w + 2d_{Ätz} \left(\frac{1}{\tan\alpha} - \frac{1}{\sin\alpha} \cdot \frac{R_{\{111\}}}{R_{\{100\}}} \right). \tag{4.37}$$

Aus **Tabelle 4.13** sind die Werte für die Ätzraten von 24-prozentiger KOH-Lösung

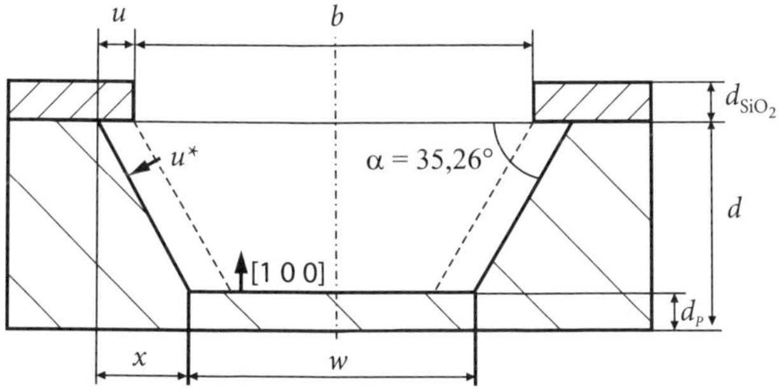

Bild 4.36 Anisotrop geätzte Biegeplatte in (1 0 0)-Si

bei 85 °C zu entnehmen: $R_{\{1\,0\,0\}} = 100$ µm/h, $R_{\{1\,1\,1\}}/R_{\{1\,0\,0\}} = 1/40$, $R_{SiO2} = 0{,}43$ µm/h. Die Ätzzeit beträgt somit $t_{Ätz} = 5{,}0$ h. Die Ätzmaskenöffnung muss damit $b = 1176$ µm groß sein ($x = 352{,}5$ µm, $u = 15{,}3$ µm). Durch die Ätzschräge wird ein Siliziumbereich erforderlich, der größer als die Biegeplatte ist. Die Unterätzung $2\ u = 30{,}6$ µm beträgt rund 6 % der Plattenabmessung und ist deshalb nicht zu vernachlässigen, z. B. wenn die Plattenabmessung w bei Drucksensoren gemäß Gl. (7.125) quadratisch in die Sensitivität eingeht.

Zum Schluss ist noch zu untersuchen, ob die Dicke der Ätzmaske ausreichend ist. Für eine Ätzzeit von 5 h ist eine Ätzmaskendicke von

$$d_{SiO_2} = R_{SiO_2} \cdot t_{Ätz} = 0{,}43\,\mu\text{m/h} \cdot 5{,}0\,\text{h} = 2{,}15\,\mu\text{m} \qquad (4.38)$$

erforderlich. Die 1 µm dicke thermische SiO_2-Schicht muss deshalb verstärkt werden. Das kann z. B. mittels einer entsprechend dicken CVD-SiO_2-Schicht oder einer vergleichsweise viel dünneren Si_3N_4-Schicht erfolgen.

Würde die Ätzmaske vor Ablauf des Ätzprozesses abgetragen, entstünden an der Waferoberseite konvexe Kanten, die zu einer Herausbildung schnellätzender Flächen führten.

4.7 Dotierung

In Halbleitern können durch Beimischung kleiner Mengen ausgewählter Fremdstoffe die physikalischen, insbesondere die elektrischen Eigenschaften verändert werden. Durch Dotierung mit Bor erhält man z. B. p-leitendes Silizium, durch Arsen und Phosphor n-leitendes. Dotierungskonzentrationen zwischen 10^{14} und 10^{21} cm^{-3} führen zu spezifischen Widerstandswerten zwischen 10^{2} und 10^{-4} Ω·cm [SCHADE 91]. Der Temperaturkoeffizient des Widerstandes lässt sich in diesem Bereich zwischen $9 \cdot 10^{-3}$ und $0{,}3 \cdot 10^{-3}$ K^{-1} (Minimum für n-Si bei 10^{-2} Ω·cm) einstellen.

In der Mikrosystemtechnik haben dotierte Schichten als Ätzstoppschichten beim anisotropen, nasschemischen Ätzen besondere Bedeutung (s. Abschn. 4.6.4). Neben der Epitaxie, d. h. dem Aufwachsen kristalliner Schichten auf einer kristallinen Unterlage (s. Abschn. 4.4.6, Normaldruck-CVD), finden insbesondere die Diffusion und die Ionenimplantation breite technische Nutzung.

4.7.1 Diffusion

Fremdatome können bei hohen Temperaturen in einen Festkörper eindringen und sich dort bewegen, wenn es einen Konzentrationsgradienten dieser Teilchen im Raum gibt.

Die Diffusion im Festkörper erfolgt dabei über einen Platz- oder Ringtausch mit den Gitternachbarn sowie als Leerstellen- oder als Zwischengitterdiffusion.

a) Diffusionsgesetz

Die Beschreibung von Diffusionsvorgängen in Festkörpern erfolgt wie bei Flüssigkeiten und Gasen mittels der FICKschen Gesetze. Im Folgenden soll dabei der eindimensionale Fall betrachtet werden, da die Diffusion oft über große Flächen in die Tiefe z des Si-Wafers erfolgt. Liegt ein Gradient der Teilchendichte n (in m^{-3}) über dem Ort z vor, entsteht eine Teilchenflussdichte J_T (Teilchen pro Fläche und Zeit, in $m^{-2}s^{-1}$) in Richtung zur geringen Teilchendichte (1. FICKsches Gesetz):

$$J_T = -D\frac{\partial n}{\partial z}. \tag{4.39}$$

Dabei ist D der Diffusionskoeffizient. Da die Wahrscheinlichkeit für Diffusionsvorgänge einer BOLTZMANN-Verteilung gehorcht, ist D exponentiell von der Temperatur abhängig:

$$D = D_0 \exp\{-E_a/kT\}, \tag{4.40}$$

wo D_0 eine temperaturunabhängige Konstante, E_a die Aktivierungsenergie, k die BOLTZMANN-Konstante und T die absolute Temperatur sind. **Tabelle 4.16** stellt Diffusionskoeffizienten von Bor- und Phosphoratomen in Silizium und SiO_2 zusammen. Mit der Kontinuitätsgl. für die zeitabhängige Änderung der Teilchendichte im Bereich d_z

$$\frac{\partial J_T}{\partial z} = -\frac{\partial n}{\partial t} \tag{4.41}$$

ergibt sich das 2. FICKsche Gesetz

$$\frac{\partial n}{\partial t} = D\frac{\partial^2 n}{\partial z^2}. \tag{4.42}$$

Tabelle 4.16 Diffusionskoeffizienten in Silizium und SiO_2 [SCHADE91]

Atom		D_0 in cm²/s	E_a in eV	D in cm²/s	
				1000 °C	1100 °C
Einkristallines Si	B	0,7	3,46	$1{,}8\ 10^{-14}$	$1{,}8\cdot10^{-13}$
	P	3,85	3,66	$1{,}3\cdot10^{-14}$	$1{,}5\cdot10^{-13}$
Poly-Si	B	$6{,}0\cdot10^{-3}$	2,39	$2{,}1\cdot10^{-12}$	$1{,}0\cdot10^{-11}$
	P			$10^{-12} \ldots 10^{-11}$	$10^{-12} \ldots 10^{-11}$
SiO_2	B	$5{,}2\cdot10^{-2}$	4,06	$4{,}3\cdot10^{-18}$	$6{,}4\cdot10^{-17}$
	P	$3{,}9\cdot10^{-9}$	1,63	$1{,}4\cdot10^{-15}$	$4{,}0\cdot10^{-15}$

b) Dotierquellen

Wegen ihres geringen Dampfdrucks bei Raumtemperatur sind reine Elemente schwer zu verdampfen und damit als Dotierquelle unpraktisch. Deshalb werden üblicherweise Flüssigquellen (z. B. Diboran B_2H_6) verwendet, durch die ein Trägergas N_2 geleitet wird, so dass ein Dampfstrom in das Diffusionsrohr gelangt. Dieser wird mit Sauerstoff O_2 gemischt, so dass ein entsprechendes Dotandenoxid (B_2O_3) entsteht, das dann an der Si-Oberfläche reduziert und als elementarer Dotand (B) in das Silikat (SiO_2) eingebaut wird. Die B/SiO_2-Schicht dient dann als Vorbelegung für die eigentliche Diffusion. Die folgenden beiden Reaktionsgln. illustrieren den Übergang von der Diboran-Flüssigquelle zum atomaren Dotierstoff:

$$B_2H_6\,(\text{Gas}) + 3\,O_2\,(\text{Gas}) \rightarrow B_2O_3\,(\text{fest}) + 3\,H_2O\,(\text{flüssig})$$
$$2\,B_2O_3\,(\text{fest}) + 3\,\text{Si}\,(\text{fest}) \rightarrow 4\,B\,(\text{fest}) + 3\,SiO_2\,(\text{fest}).$$

Als Dotandenquellen für Bor werden weiterhin BF_3 und BBr_3, für Phosphor PH_3 oder $POCl_3$ und für Arsen AsH_3 verwendet.

c) Diffusionsprofil

Das Diffusionsprofil, das sich am Ende des Diffusionsprozesses einstellt, hängt gemäß Gl. (4.40) von der Diffusionstemperatur und von den Randbedingungen ab.

Bei der Diffusion aus erschöpflicher Quelle (**Bild 4.37a**) hat eine Vorbelegungsschicht mit der Dicke d auf dem Silizium eine Dotierstoffkonzentration n_0. Der Dotierstoff ist begrenzt und geht von der Vorbelegungsschicht immer mehr in das darunter liegende Si über. Nach unendlich langer Zeit würde sich über der gesamten Siliziumdicke d_{Si} eine konstante Konzentration $n = n_0 \cdot d/(d+d_{Si})$ einstellen. Die Lösung der Diffusionsgl. (4.42) mit den entsprechenden Rand- und Anfangsbedingungen ($n(z; t = 0) = n_0$ in der Vorbelegungsschicht; $n(z,t = 0) = 0$ im Si; $\partial n(z = 0, t)/\partial z = 0$) ergibt ein GAUSS-Profil (**Bild 4.37**)

$$n(z,t) = \frac{n_0 d}{\sqrt{\pi D t}} \exp\left\{-\frac{z^2}{4Dt}\right\}. \tag{4.43}$$

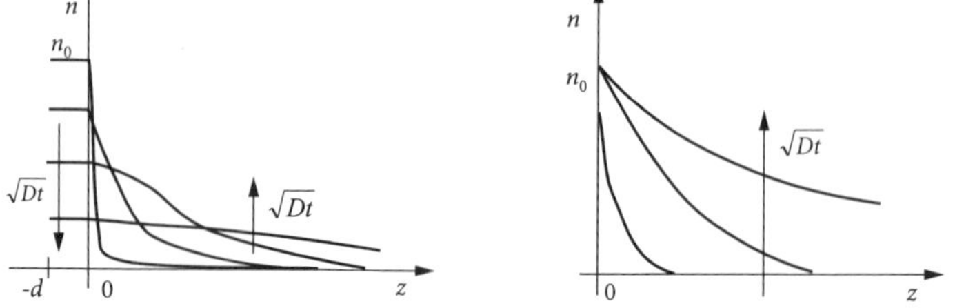

Bild 4.37 Diffusionsprofile bei Diffusion aus a) erschöpflicher und b) unerschöpflicher Quelle

Bei der Dotierung aus unerschöpflicher Quelle (**Bild 4.37b**) bleibt die Oberflächenkonzentration $n(z = 0, t) = n_0$ konstant. Mit der Anfangsbedingung $n(z > 0, t = 0) = 0$ ergibt die Lösung von Gl. (4.42) das komplementäre Fehlerfunktionsprofil:

$$n(z,t) = n_0 \cdot \operatorname{erfc}\left(\frac{z}{2\sqrt{Dt}}\right). \tag{4.44}$$

Der Ausdruck $2\sqrt{Dt}$ in den Gln. (4.43) und (4.44) kann als Diffusionslänge L interpretiert werden:

$$L = 2\sqrt{Dt}\,. \tag{4.45}$$

In der Praxis erfolgt die Diffusion meist als Zweistufendiffusion. In einem Vorbelegungsprozess mit großer Vorbelegungsdicke findet die Diffusion zuerst aus unerschöpflicher Quelle statt. Anschließend erfolgt ein Tiefendiffusionsprozess, bei dem kein Dotierstoff mehr zugeführt wird.

d) Thermisches Budget

Nach der Diffusion erfolgen im Prozess der Mikrosystemherstellung viele weitere Fertigungsschritte mit erhöhter Temperatur, die das Dotierungsprofil weiter verändern. Wenn nach einem Anfangsschritt mit $D_0 t_0$ ein GAUSS-Profil gemäß Gl. (4.43) vorliegt und weitere Diffusionsschritte ohne Ein- und Ausdiffusion an der Grenzfläche folgen, bleibt der GAUSS-Charakter der Dotandenverteilung erhalten. Nach m weiteren Diffusionsschritten $D_i t_i$ $(i = 1, \ldots, m)$ ergibt sich ein resultierendes Profil von

$$n(z,t) = \frac{2}{\pi} \cdot n_0(t = 0) \cdot \arctan\sqrt{\frac{D^* t^*}{Dt}} \cdot \exp\left\{-\frac{z^2}{4\left(D_0 t_0 + D^* t^*\right)}\right\} \tag{4.46}$$

mit

$$D^* t^* = \sum_{i=1}^{m} D_i t_i. \tag{4.47}$$

Der Nennerausdruck im Exponentialterm, der den Profilverlauf bestimmt, ergibt sich aus der Summe aller thermischen Diffusionsbelastungen:

$$D_0 t_0 + D^* t^* = \sum_{i=1}^{m} D_i t_i = (D \cdot t)_{\text{ges}} = \frac{L_{\text{ges}}^2}{4}. \tag{4.48}$$

Die Gesamtdiffusionslänge L_{ges} entspricht der Diffusionslänge von Gl. (4.45). Mit zunehmender Temperatur T, die zu größeren D_i führt, und fortschreitender Expositionsdauer t_i sinkt die Konzentrationsdichte im Halbleiter. Aus diesem Grund ist $(Dt)_{\text{ges}}$ zu begrenzen, wenn bestimmte Dotandenkonzentrationen nicht unterschritten werden dürfen. Meist wird in der Praxis dafür das thermische Budget *TB* benutzt, das alle thermischen Belastungen bei den verschiedenen Temperaturen T_i erfasst und das unter einem Maximalwert TB_{max} bleiben muss:

$$TB = \sum_{i=1}^{m} (t_i T_i) < TB_{max} . \tag{4.49}$$

4.7.2 Ionenimplantation

Bei der Ionenimplantation werden Ionen des Dotiermaterials elektrisch beschleunigt und in die Waferoberfläche geschossen. Durch Ablenkung des Ionenstroms in einem Magnetfeld findet eine magnetische Massentrennung statt, mit der sich extrem hohe Reinheitsgrade erreichen lassen. Da der Implantationsprozess ein Nichtgleichgewichtsprozess ist, sind auch Dotierungskonzentrationen n einstellbar, die über der thermodynamischen Löslichkeitsgrenze liegen. Die Prozesstemperaturen können sehr niedrig gehalten werden, so dass eine Eindiffusion von schädlichen Verunreinigungen ausgeschlossen werden kann.

a) Dotierungsprofil

Die einfallenden Ionen des Ionenstrahls werden im Festkörper durch Stöße mit dessen Kernen und Elektronen abgebremst und dabei gestreut (**Bild 4.38**). Die mittlere Tiefe der Ionen ist die projizierte Reichweite R_p, die Streuung um diese Tiefe ΔR_p. Die Dosis n^* (pro Flächeneinheit implantierte Anzahl von Ionen, in Ionen/m²) ist

$$n^* = \frac{I \cdot t}{e \cdot m \cdot A} , \tag{4.50}$$

wobei I die Ionenstrahldichte, t die Implantationszeit, e die Elementarladung, m die Ladungszahl pro Atom und A die implantierte Fläche sind.

Die Dosis n^* sowie die Beschleunigungsspannung für die Ionen und damit deren Energie E bestimmen das Dotierungsprofil. Die Dotieratome sind in der Tiefe näherungsweise normalverteilt, so dass sich die folgende Dotandenkonzentration ergibt:

$$n(z) = \frac{n^*}{\sqrt{2\pi}\Delta R_p} \exp\left(-\frac{(z - R_p)^2}{2\Delta R_p^2} \right). \tag{4.51}$$

Werte für die projizierte Reichweite R_p und deren Streuung ΔR_p sind in **Tabelle 4.17** zusammengestellt.

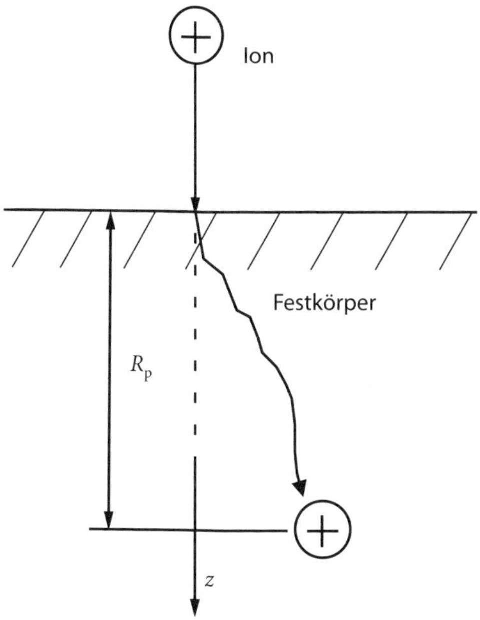

Bild 4.38 Projizierte Reichweite R_p von implantierten Ionen in einer Festkörperoberfläche

Tabelle 4.17 Projizierte Reichweite R_p und deren Streuung ΔR_p für Ionenimplantation in Silizium[1]

Ion	Relative Atommasse	10 keV		100 keV		1000 keV	
		R_p in µm	ΔR_p in µm	R_p in µm	ΔR_p in µm	R_p in µm	ΔR_p in µm
B^+	11,009	0,0392	0,0167	0,3367	0,0782	1,70	0,1490
P^+	30,974	0,0169	0,0076	0,1358	0,0478	1,21	0,2136
O^+	16,995	0,0262	0,0117	0,2231	0,0627	1,30	0,1429
N^+	14,003	0,0291	0,0127	0,2470	0,0649	1,39	0,1438

[1] Ziegler, J. F. (Hg.) et al.: "The Stopping and Range of Ions in Solids", 321 pages, Pergamon Press (1985)

Die Tiefe des dotierten Bereiches wird durch die kinetische Energie E der Ionen bestimmt. Um die Wahrscheinlichkeit der Kollision der eingestrahlten Ionen mit dem Kristallgitter zu maximieren und so genannte Channeling-Effekte zu vermeiden, bei denen die Ionen sich entlang wenig besetzter Kristallrichtungen bewegen, wird der Wafer beim Ionenbeschuss schräg gestellt. Dieser Winkel beträgt bei Silizium 7 °.

Man unterscheidet zwischen Tief- und Mittelstromimplantern ($E < 180$ keV, Ionenstrom $I < 10$ mA), Hochstromimplantern ($E < 120$ keV, $I = 10 \dots 25$ mA) sowie Hochenergieimplantern (E > 200 keV bis einige MeV). Letztere sind geeignet, vergrabene Schichten in Silizium zu erzeugen oder Silizium unterhalb von dicken Oxidschichten zu dotieren.

b) Strahlenschäden und Ausheilung

In der Halbleitertechnologie werden meist Dosen n^* im Bereich 10^{12} bis $10^{15} \cdot cm^{-2}$ verwendet, so dass maximale Volumenkonzentrationen n von weniger als 0,1 Atom-% auftreten. Bei größeren Dosen und Energien kann man ein Absputtern der Oberfläche und eine deutliche Abweichung vom GAUSS-Profil beobachten. Außerdem erzeugen die eingeschlossenen Ionen bereits bei kleinen Dosen Strahlenschäden im Kristall. Bei sehr hohen Dosen kann der Halbleiter an der Oberfläche amorph werden.

Um die Kristallschäden zu beseitigen und die eingeschlossenen Ionen auf Gitterplätze diffundieren zu lassen, wird der Halbleiter ausgeheilt, d. h. einer Temperaturbehandlung unterzogen. Um nur geringe Diffusionseffekte hervorzurufen und so das thermische Budget gering zu halten, verwendet man meist ein Kurzzeiterwärmen (RTA Rapid Thermal Annealing). Mittels Wolfram-Halogen-Lampenarrays wird der Wafer beidseitig mit einer Aufheizgeschwindigkeit von bis zu 150 °C/s auf etwa 1000 °C erwärmt und etwa 10 min auf dieser Temperatur gehalten.

c) Anwendung

Ionenimplantation wird vielfältig verwendet (**Tabelle 4.18**).

Tabelle 4.18 Anwendungen für die Ionenimplantation

Anwendung	Substrat	Ion	Dotierter Bereich
Dotierung von Halbleitern	Si	B^+	p-Si
Herstellung vergrabener Isolatorschichten	Si	O^+	SiO_2
	Si	N^+	Si_3N_4
Herstellung von Verbindungshalbleitern	Si	C^+	SiC
Herstellung leitfähiger Silizide	Si	Co^+	Co_2Si
Herstellung isolierender Schichten in Metallen	Al	N^+	AlN

4.7.3 Vergleich der Dotierungsverfahren

Diffusion ist durch folgende Eigenschaften gekennzeichnet:

- Flache Konzentrationsänderungen an pn-Übergängen,
- Dotiertiefen sind durch Diffusionszeit und Temperatur bestimmt. Sie können bis zu 100 µm betragen.

- durch exponentielle Temperaturabhängigkeit schlechtere Reproduzierbarkeit der Dotandenkonzentration,
- einfaches, wirtschaftliches Verfahren.

Dagegen zeichnet sich die Ionenimplantation durch folgende Eigenschaften aus:

- Steile pn-Übergänge, insbesondere bei kleinen Implantationsenergien E und damit geringen ΔR_p-Werten,
- geringe Dotiertiefen bis etwa 1 µm, bedingt durch die erreichbaren R_p-Werte,
- ausgezeichnete Reproduzierbarkeit der Dotandenkonzentration über Implantationsenergie und -dosis,
- hoher gerätetechnischer Aufwand,
- strahlgebundenes Verfahren, damit lange Prozesszeiten.

4.8 Verbindungsverfahren

Die Herstellung dreidimensionaler Strukturen wird in vielen Fällen erleichtert, wenn die Form über mehrere separat strukturierte Wafer zusammengesetzt werden kann. Der Strukturaufbau erfolgt dann über das Verbinden von Chips (Chipbonden, Die Bonding) oder auf Waferebene (**Waferbonden**). Letzteres ist dabei der wirtschaftlichere Weg, da viele Elemente gleichzeitig prozessiert werden.

Bei der Verbindung von zwei Wafern ist eine Vielzahl von Forderungen zu erfüllen, die die Auswahl des geeigneten Verbindungsverfahrens beeinflusst:

- Festigkeit der Verbindung (Bindungsenergien bis zu 1 J/m^2,
- hermetische Dichtheit der Verbindung,
- elektrisch leitende oder isolierende Verbindung,
- thermisch gut oder schlecht leitende Verbindung,
- geringe mechanische Spannungen durch unterschiedliche Längenausdehnungskoeffizienten der Verbindungspartner,
- maximale Verbindungstemperaturen von 577 °C (eutektische Temperatur von AlSi), wenn auf dem Si-Wafer bereits Aluminiumleitbahnen abgeschieden sind.

Kleben und Glaslöten sind seit langem bekannte Verfahren zur Verbindung von Siliziumchips und -wafern, nutzen aber entsprechende Zwischenschichten, deren minimale Dicke in der Größenordnung von etwa 10 µm liegen. In der Mikrosystemtechnik werden zum Zwecke minimaler thermischer Verspannungen und einer hohen Reproduzierbarkeit und Langzeitstabilität vorzugsweise Verbindungsverfahren genutzt, die keine oder extrem dünne (im Mikrometerbereich dünne) Zwischenschichten benutzen.

4.8.1 Eutektisches Bonden

Beim eutektischen Löten wird ausgenutzt, dass Silizium mit verschiedenen Metallen legieren kann und sich bei bestimmten Zusammensetzungen ein Eutektikum bildet. Das tritt bei Gold z. B. bei 2,85 Gew.%Si auf. Die eutektische Temperatur ist hier 370 °C und liegt damit unter der von Silizium mit Aluminium (577 °C) (**Bild 4.39**). Das eutektische Bonden über Au-Zwischenschichten ist damit auch für Siliziumwafer anwendbar, auf denen sich Al-Leitbahnen befinden.

Häufig wird das eutektische Bonden verwendet, um Siliziumwafer mit Si- oder Glaswafern zu verbinden, die zuvor mit einem AuSi3-Film beschichtet wurden (**Bild 4.40**). Diese AuSi-Schicht wird wegen der Haftung vorzugsweise gesputtert. Durch Ultraschall werden beim Fügen die vorhandenen Oxidschichten aufgerieben, so dass feste, hermetisch dichte Verbindungen entstehen.

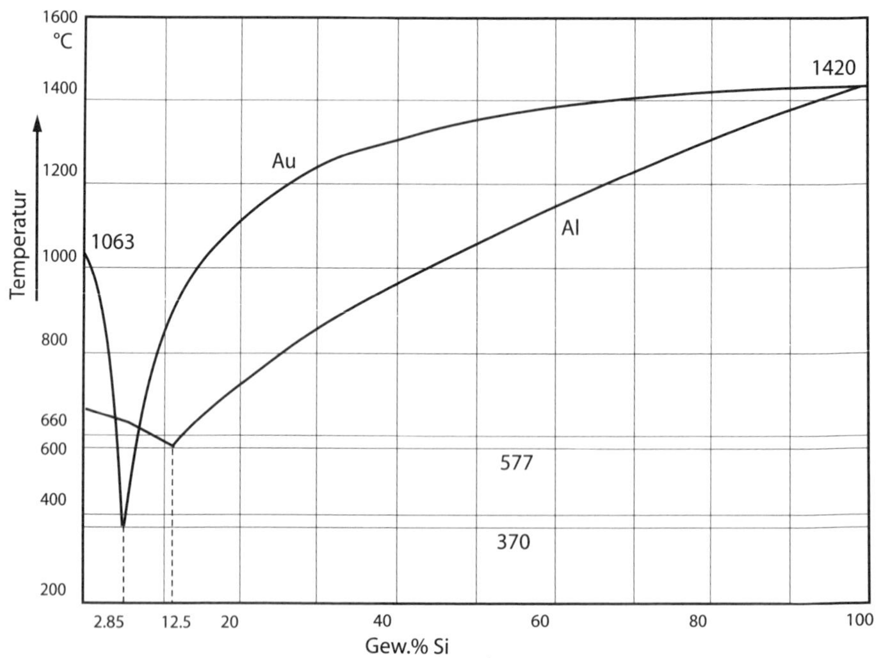

Bild 4.39 Phasendiagramme für Si-Au und Si-Al

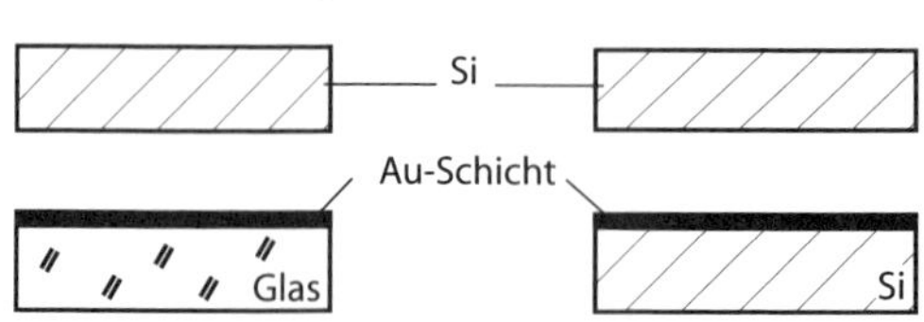

Bild 4.40 Fügen von Si-Wafern mit a) Si oder b) Glas beim eutektischen Bonden

4.8.2 Anodisches Bonden

Das anodische Bonden oder elektrostatische Ansprengen nutzt elektrische Felder für den Verbindungsprozess zwischen Silizium- und Glaswafern. Das Glas muss hinsichtlich des thermischen Längenausdehnungskoeffizienten an Silizium angepasst sein und für den

Bondmechanismus Alkaliionen in ausreichend hoher Konzentration besitzen. Solche Gläser sind Pyrex, Rasotherm, Borofloat u. a. (s. Abschn. 3.4).

Bild 4.41 zeigt schematisch den Bondmechanismus:

- Der Silizium- und der Glaswafer, die eine sehr gute Oberflächenqualität (poliert, gereinigt) besitzen müssen, werden in engen Kontakt gebracht.
- Eine angelegte Gleichspannung von einigen 100 V bewirkt bei hinreichend hoher Temperatur (s. Gl. 4.40) die Diffusion von Natriumionen Na^+ weg von der Verbindungsfläche zwischen Si und Glas. Die Sauerstoffionen O^{2-}, die aus dem NaO_2 im Glas enthalten sind, haben einen um Größenordnungen kleineren Diffusionskoeffizienten und sind quasi ortsfest. Die Verarmung an Na^+-Ionen führt im Glas an der Verbindungsfläche zu einer negativen Raumladungsschicht, die auf der Gegenseite im Silizium eine positive Raumladungszone influenziert.
- Dadurch fällt fast die gesamte Spannung über dem geringen Luftspalt zwischen Glas und Silizium ab, so dass beide Bondpartner mit großer Kraft zusammengezogen werden.
- An der Kontaktfläche bilden sich irreversible Si-O-Si-Bindungen.

Der Bondprozess beginnt bei der engsten Berührungsstelle zwischen Si und Glas in der Nähe der Katode und breitet sich von dort aus frontartig aus. Der Verbindungsprozess für größere Wafer dauert einige Minuten.

Das anodische Bonden kann auch für die Verbindung zweier Siliziumwafer angewendet werden, wenn auf einem der Wafer eine Pyrex-Glasschicht aufgesputtert wurde. Gleiches gilt für die Verbindung von thermisch oxidierten Wafern ohne Pyrex-Glasschicht. Hier

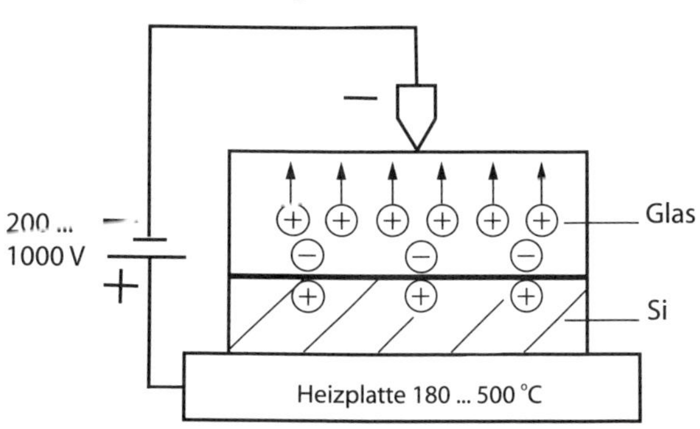

Bild 4.41 Anodisches Bonden von Silizium und Glas

führt die Diffusion von OH^-- und H^+-Ionen anstelle von Na^+ zum Verbinden der Wafer. Bei der Verwendung dünner Schichten als Verbindungszwischenschicht muss die angelegte Spannung auf etwa 20 ... 50 V begrenzt werden, um elektrische Durchbrüche zu vermeiden.

4.8.3 Siliziumdirektbonden

Das Siliziumdirektbonden (SDB) bezeichnet die Verbindung von Siliziumwafern ohne jegliche Zwischenschicht. Besitzen die Scheiben eine dünne Schicht aus thermischem oder natürlichem SiO_2, spricht man vom Siliziumfusionsbonden (SFB Silicon Fusion Bonding). Im allgemeinen Gebrauch werden die Begriffe SDB und SFB meist synonym verwendet. Das SDB-Verfahren erfodert extrem glatte und ebene Waferoberflächen. Dies wird durch chemisch-mechanisches Polieren (CMP) und nasschemische Reinigungsprozesse erreicht. Der Bondprozess läuft dann folgendermaßen ab [ELWENSPOEK98]:[8]

- Die Oberfläche der beiden Wafer werden hydrophilisiert. Dies erfolgt nasschemisch in einer $NH_4OH/H_2O_2/H_2O$-Lösung oder plasmachemisch. An den Oberflächen bilden sich dabei OH-Gruppen, die an die äußeren Si-Atome gebunden sind.
- Bei Temperaturen oberhalb von 120 °C bildet sich an der Grenzfläche zwischen den Wafern molekulares Wasser
  $\equiv Si{-}OH + HO{-}Si\equiv \;\rightarrow\; \equiv Si{-}O{-}Si\equiv + H_2O$,
  das starke kovalente Bindungen hervorruft.
- Der Wasserdampf oxidiert das Silizium in der Nähe der Grenzfläche. Der verbleibende Wasserstoff diffundiert in das Si-Volumen.

Eine mögliche längere Temperung zwischen mehreren 100 °C und 1000 °C führt zur Ausbildung von -Si-Si-Bindungen.

4.8.4 Vergleich der Verbindungsverfahren

Tabelle 4.19 stellt die wesentlichen Eigenschaften der verschiedenen Waferverbindungsverfahren gegenüber.

---

[8] Gösele, U. et al.: Fundamental issues in wafer bonding. Journal of Vacuum Science and Technology, A17 (1999) 4, S. 1145-1152

Tabelle 4.19 Vergleich der Eigenschaften von Waferverbindungsverfahren (nach [FUKUDA98])

Verfahren	Verbindungspartner	Zwischenschicht	Temperatur in °C	Oberflächenpräparation
Kleben	Si-Si SiO_2-SiO_2 Si-Glas	Klebstoff	RT ... 200	Reinigung, ggf. Aufschleudern des Klebstoffs
Glaslöten	Si-Si SiO_2-SiO_2 Si-Glas	Glaslot (Na_2O-SiO_2)	200 ... 450	Siebdruck/ Aufschleudern der Glaslotschicht
Eutektisches Bonden	Si-Si	Au Al	379 580	Aufdampfen oder Sputtern
Anodisches Bonden	Si-Glas Si-Si	ohne Pyrex	>250 >300	
Siliziumdirektbonden	Si-Si SiO_2-SiO_2	ohne	200 ... 400	Plasmabehandlung, Oberflächenaktivierung

4.9 Isolationstechniken

Isolierende Schichten zwischen zwei Schichten aus einkristallinem Material sind vielfältig nutzbar:

- Dielektrische Isolation statt Isolation über pn-Übergängen im Siliziumvolumen erlaubt Betriebstemperaturen von einigen Hundert °C anstatt von nur 120 ... 150 °C.
- Isolatorschichten aus SiO_2 und Si_3N_4 lassen sich als thermische Barrieren nutzen.
- Die selektriven Ätzeigenschaften von SiO_2 und Si_3N_4 gegenüber Si ermöglichen deren Nutzung als Ätzstoppschichten im einkristallinen Silizium (vgl. **Bild 4.20**) oder als **Opferschicht** in der Oberflächenmikromechanik (s. Abschn. 4.10).

Für monokristalline Siliziumschichten auf SiO_2 wird die Abkürzung SOI (Silicon on Insulator) verwendet. Im Folgenden sollen Verfahren vorgestellt werden, bei denen Isolatorschichten (insbesondere SiO_2-Schichten zwischen zwei einkristallinen Si-Schichten) hergestellt werden können.[9] Problematisch ist, dass sich Siliziumdünnschichten nur in Poly- bzw. mikrokristalliner Form auf SiO_2-Schichten abscheiden lassen. Die **Rekristallisation** dieser polykristallinen Schichten ist technisch aufwändig und die

[9] Celler, G. K.; Cristoloveanu, S: Frontiers of silicon-on-insulator. Journ. of Applied Physics 93 (2993) 9, S. 4955-4978

erreichbare Homogenität und Qualität sind begrenzt, so dass sich solche Verfahren (z. B. ZMR Zone-Melting Recrystallization) technisch nicht durchgesetzt haben.

4.9.1 SIMOX-Verfahren

Das SIMOX- (Seperation by **IM**planted **OX**ygen) Verfahren ist durch seine Anwendung in der Mikroelektronik die am meisten verwendete Isolationstechnik. Es nutzt die Implantation von Sauerstoffionen O^+ in das Siliziumvolumen und deren Umwandlung in SiO_2 (**Bild 4.42**).

Benötigt wird eine Implantationsdosis an O^+-Ionen von $n^* > 10^{18}cm^{-2}$, um ein stöchiometrisches Oxid im Si zu formen. Diese Dosen sind etwa um den Faktor 100 höher als in der Mikroelektronik verwendete Werte. Um eine Amorphisierung des Si bei diesen hohen Dosen zu vermeiden, erfolgt bei der Implantation gleichzeitig eine thermische Ausheilung der Strahlenschäden bei 500 ... 600 °C. Nach der Implantation erfolgt eine Hochtemperaturausheilung bei ca. 1350 °C, damit sich der Sauerstoff mit Silizium zu SiO_2 verbindet. Gleichzeitig findet die OSTWALD-Reifung statt, durch die Ausfällungen von SiO_2 mit Durchmessern oberhalb einer kritischen Größe wachsen und kleinere Ausfällungen auflösen. Oberhalb von 1300 °C geht dieser kritische Radius gegen unendlich, so dass sich im Si-Einkristall eine atomar scharf begrenzte, planare SiO_2-Schicht herausbildet. Diese Schichten werden als vergrabene Oxidschichten (BOX, Buried Oxide) bezeichnet. Kommerziell erhältliche SIMOX-Wafer haben eine Siliziumdicke von etwa 60...250 nm und eine Dicke der vergrabenen SiO_2-Schicht von rund 100 µm.

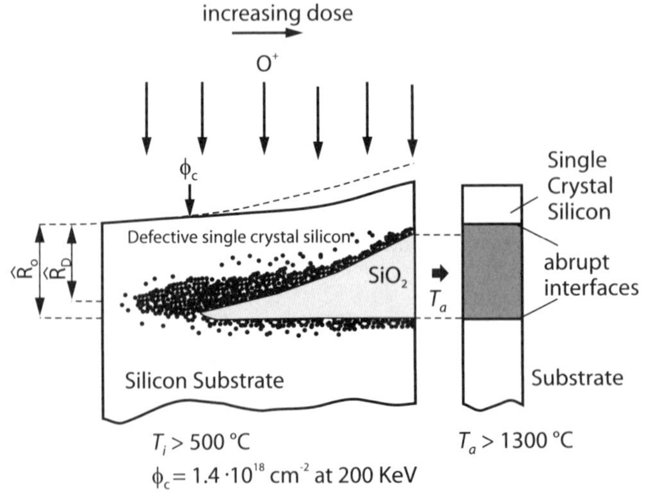

Bild 4.42 Herausbildung der SIMOX-Struktur während der Sauerstoffimplantation[10]

[10] Celler, G. K.; Cristoloveanu, S: Frontiers of silicon-on-insulator. Journ. of Applied Physics 93 (2993) 9, S. 4955-4978

4.9.2 BESOI-Verfahren

Beim Waferbonden- und Rückätzverfahren (BESOI Bond-and-Etchback SOI) werden zwei oxidierte Wafer verwendet, die mittels Siliziumdirektbondens (s. Abschn. 4.8.3) miteinander verbunden werden. Anschließend wird meist einer der beiden Wafer auf die Zieldicke abgedünnt, die für die entsprechenden Funktionselemente benötigt wird (**Bild 4.43**). Dazu wird zuvor in diesem Si-Wafer eine hochdotierte oder elektrochemische Ätzstoppschicht erzeugt, z. B. durch eine Hochdosisimplantation im Silizium oder das Aufwachsen einer epitaktischen Schicht auf der Siliziumoberfläche. Das Abdünnen erfolgt im ersten Schritt zumeist mechanisch, anschließend wird durch nasschemisches Ätzen die endgültige Dicke erreicht.

Das Verfahren des Bondens und Rückätzens kann direkt zur Herstellung dreidimensionaler Formen verwendet werden, wenn einer oder beide Wafer vor dem Verbinden strukturiert werden. Prinzipiell lässt sich neben dem SDB auch das anodische Bonden verwenden. **Bild 4.44** zeigt, dass sich mit dem modifizierten BESOI-Verfahren (ohne Oxidschichten auf den Wafern) Drucksensorchips realisieren lassen, die wegen der

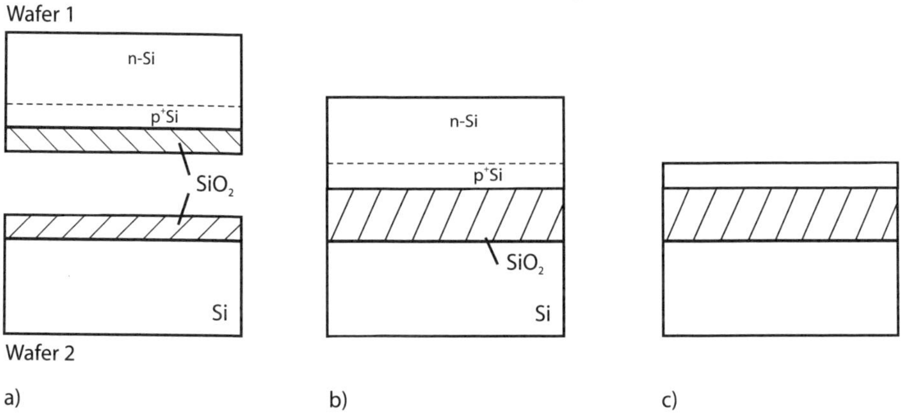

Bild 4.43 BESOI-Verfahren: a) zwei oxidierte Ausgangswafer, einer mit Ätzstoppschicht (Wafer 1: p^+n-Grenzschicht); b) Bonden der beiden Wafer; c) Rückätzen bis zur Ätzstoppschicht

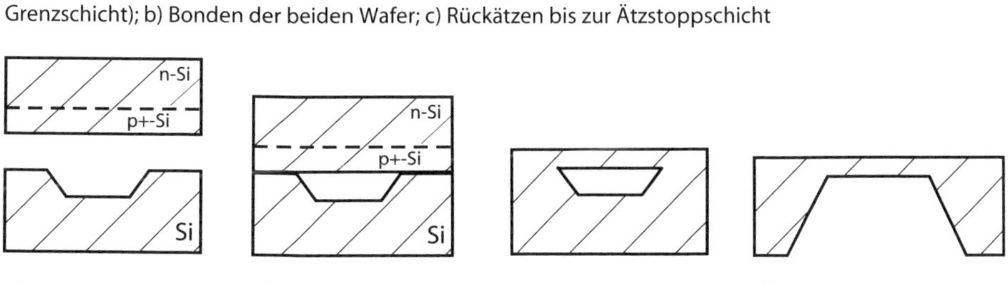

Bild 4.44 Herstellung eines Drucksensors mittels Bonden und Rückätzen: a) Präparation der beiden Wafer; b) Bonden; c) Rückätzen; d) Größenvergleich zu einem anisotrop geätzten Sensorchip

entgegengesetzt geneigten Seitenwände einen viel geringeren Platzbedarf haben als solche, die mittels anisotropem Ätzens gefertigt worden sind.

Beispiel 4.8 Herstellung eines kapazitiven Siliziumdrucksensors mittels Bonden und Rückätzen (nach [11])

Es soll ein kapazitiver Siliziumdrucksensor hergestellt werden. Die Druckplatte des Siliziumsensors soll Abmessungen von 200×200 µm² und eine Dicke von 2 µm haben. Der Luftspalt zwischen den Elektroden soll 5 µm betragen. **Bild 4.45** zeigt den Herstellungsprozess des Sensors, der fünf Lithographiemasken benötigt: a) Ätzmaske, b) und c) Implantationsmasken, d), e) Metallisierung von beweglicher und Gegenelektrode.

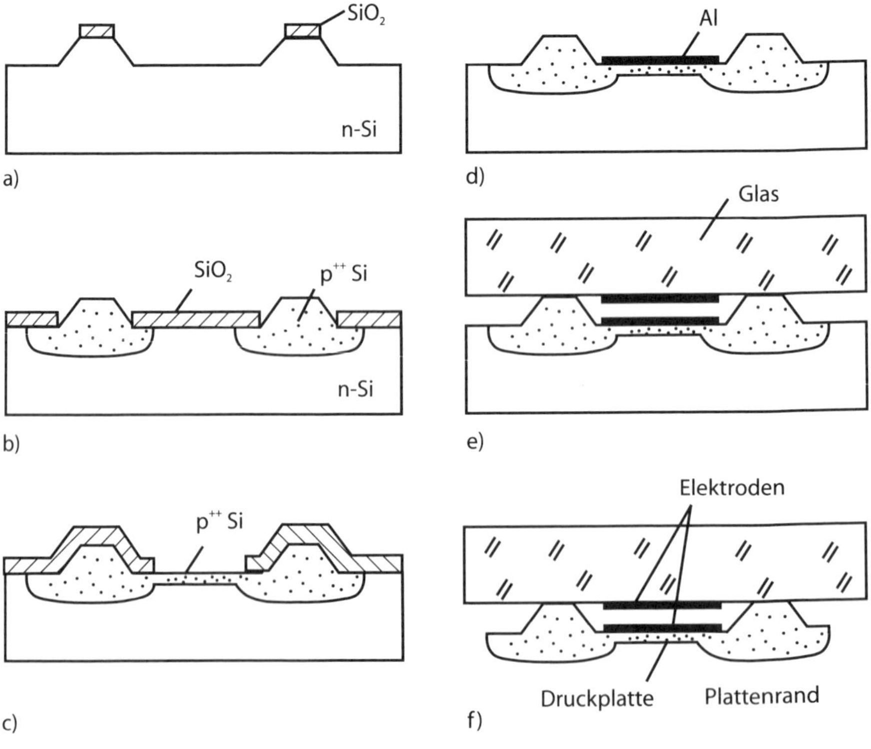

Bild 4.45 Herstellung eines kapazitiven Siliziumdrucksensors

[11] Chao, H.-L.; Wise, K. D.: An ultraminiature solid-state pressure sensor for a cardiovascular catheter. IEEE Transactions on Electron Devices 35 (1998) 2, S. 2355-2362

Die o. g. geometrischen Abmessungen werden durch folgende technologische Schritte erreicht:

- Der Luftspaltabstand ergibt sich aus dem anisotropen Ätzschritt von **Bild 4.45a**, der sich um die beiden Elektrodenschichtdicken (**Bild 4.45d,e**) verringert.
- Die Druckplattenabmessung wird durch die Ionenimplantation des festen Randes in **Bild 4.45b** bestimmt.
- Die Ionenimplantationstiefe von **Bild 4.45c** bestimmt die Dicke der Druckplatte.

4.9.3 Smart-Cut-Verfahren

Die Smart-Cut-Technik[12] nutzt die Implantation von Gasionen, die im Siliziumwafer Mikrokavitäten erzeugen. Durch Aufheizen des Wafers auf 400 ... 500 °C führt der sich aufbauende Druck zum Bruch des Si-Wafers im Bereich der höchsten Dotandenkonzentration (**Bild 4.46**). Der Prozess umfasst folgende Schritte:

- Ein „Spenderwafer", von dem man die einkristalline Siliziumschicht gewinnt, wird oxidiert. Diese SiO_2-Schicht bildet später nach dem Verbinden die vergrabene SiO_2-Schicht.
- Ionenimplantationen durch die SiO_2-Schicht (**Bild 4.46a**: Dosis > $5 \cdot 10^{16} cm^{-2}$).
- Reinigung des Wafers und eines oxidierten Trägerwafers; Siliziumfusionsbonden,
- Aufheizen des Verbundes auf 400 ... 600 °C, dadurch Abspalten des „Spenderwafers",
- Polieren des abgespaltenen Waferbereiches.

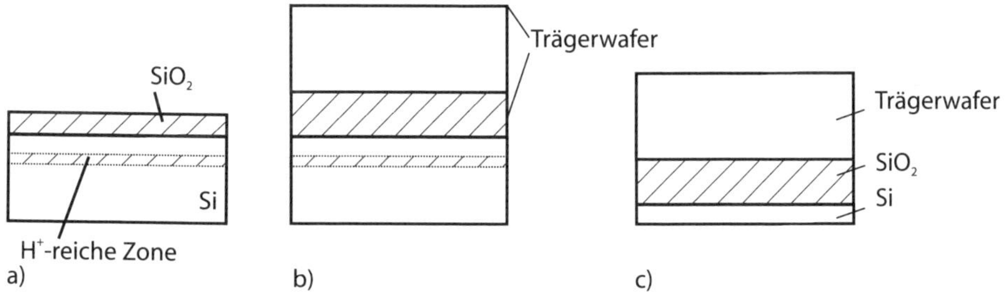

Bild 4.46 Smart-Cut-Prozess: a) Ionenimplantation von H^+-Ionen durch eine SiO_2-Schicht in das Silizium; b) SDB mit einem Trägerwafer; c) Abspalten des H^+-implantierten Bereichs nach Aufheizung

[12] Bruel, M.: Process for the production of thin semiconductor material films. Patentschriften FR 19910011491, US 5374564, 1994

4.10 Oberflächenmikromechanik

4.10.1 Prinzip

Die Oberflächenmikromechanik ist eine Technik zur Herstellung freibeweglicher Strukturen auf der Oberfläche des Siliziumwafers. **Bild 4.47** zeigt das Grundprinzip.

- Zuerst wird auf der Substratoberfläche eine Opferschicht abgeschieden und strukturiert.
- Auf der Opferschicht wird die Funktionsschicht abgeschieden und entsprechend ihrer Funktion strukturiert.
- Die Opferschicht wird herausgelöst. Die Teile der Funktionsschicht, die auf der Opferschicht abgeschieden waren, werden frei beweglich, während die Bereiche, die mit der Substratoberfläche verbunden sind, die Verankerung der frei beweglichen Funktionselemente bilden.

Zum ersten Mal war ein solches Opferschichtverfahren 1965 für die Herstellung eines Schwingungssensors verwendet worden.[13] Eine Biegefeder aus Gold (2,5 mm lang, 3,4 µm dick) diente dabei als bewegliches Gate über einem Feldeffekttransistor. Als Opferschichtmaterial wurde Fotoresist verwendet. Seit der Wiederentdeckung des Verfahrens[14] wird vorzugsweise mit folgender Materialkombination gearbeitet:

- Opferschicht: SiO_2, PSG (Phosphorosilikatglas)
- Funktionsschicht: Poly-Si.

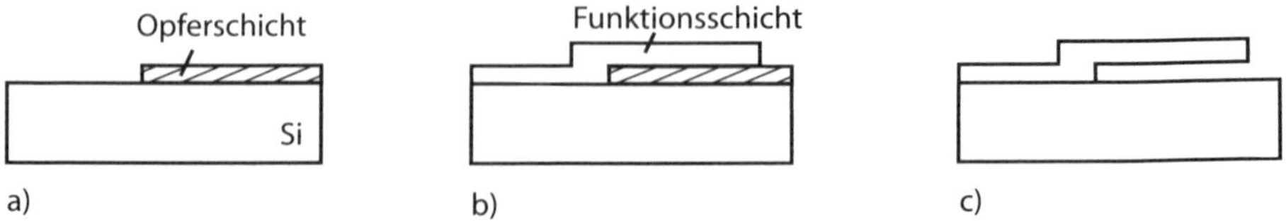

Bild 4.47 Schematische Darstellung der Prozessschritte bei der Oberflächenmikromechanik (Bsp. Biegefeder): a) Abscheidung und Strukturierung der Opferschicht; b) Abscheidung und Strukturierung der Funktionsschicht; c) nach dem Opferschichtätzen

[13] Nathansen, H. C.; Wickstrom, R. A.: A resonant-gate Silicon surface transistor with high-Q band pass properties. Applied Physics Letters 7 (1965), S. 84-86

[14] Howe, R. T.; Muller, R. S.: Polycrystalline and amorphous silicon micromechanical beams: annealing and mechanical properties. Sensors and Actuators 4 (1983), S. 447-454

Polysilizium hat naturgemäß Materialeigenschaften, die denen von einkristallinem Silizium sehr ähnlich sind, so dass mechanische und thermische Störeinflüsse gering sind. SiO_2 lässt sich mit vielen unterschiedlichen Verfahren in hinreichend guter Qualität herstellen (**Tabelle 4.20**). Mit Ätzlösungen, die auf Flusssäure (HF) oder gepufferter Flusssäure (BHF Buffered HF; wässrige Lösung aus HF und Ammoniumfluorid NH_4F) basieren, kann SiO_2 sehr selektiv gegenüber Silizium herausgelöst werden (**Tabelle 4.21**).

Bei der Oberflächenmikromechanik können auch mehrere Opfer- und Funktionsschichten genutzt werden, so dass sich komplizierte dreidimensionale Formen herstellen lassen. Damit ist eine große Formenvielfalt realisierbar. Die Dicke der Opferschichten bestimmt dabei die Bewegungsräume der beweglichen mechanischen Elemente bzw. ihr Spiel.

Tabelle 4.20 Eigenschaften von SiO_2-Schichten als Opferschichtmaterial[15]

Herstellung	Abscheidetemperatur in °C	Abcheiderate	Kantenbedeckung	Schichtspannung	Ätzrate in 1 % HF-Lösung in nm/s	Bemerkungen
Thermisch	800 ... 1000	niedrig	konform	–	0,1	sehr gute Schichtqualität; gute Dickenkontrolle
LPCVD	600 ... 900	niedrig	konform	–	niedrig	gute Schichtqualität
LPCVD-LTO	400 ... 500	niedrig	schlecht	– ... +	0,7 (25)[1]	großer H-Gehalt
LPCVD-TEOS	650 ... 750	mittel	konform	–	mittel	
APCVD	300 ... 500	groß	gut	+	1 (15)[1]	Schichtverunreinigungen
PECVD	200 ... 400	mittel	konform	–	1,2 (40)[1]	Einbau von H, N in die Schicht
PECVD-TEOS	350 ... 400	mittel	konform	– ... +	0,3 (1)[1]	Einbau von H, N in die Schicht
SOG	< 200	groß	planarisierend	– ... +	1,2	instabile Schichten

– Druckspannung; + Zugspannung; LTO Low Temperature Oxide; TEOS Tetraethoxysilan $Si(OC_2H_5)_4$; SOG Spin-on-Glass;
[1]PSG (SiO_2 abgeschieden mit 7 Gew.% P)

[15] Bühler, J.; Steiner, F.-P.; Baltes, H.: Silicon dioxide sacrificial layer etching in surface micromachining. Journal of Micromechanics and Microengineering 7 (1997), S. R1-R13

Tabelle 4.21 Ätzraten von gepufferter Flusssäure (BHF; HF (50 %) : NH_4F (40 %) = 1 : 5 ... 1 : 100)

Geätztes Material	Ätzrate in nm/min	Geätztes Material	Ätzrate in nm/min
(1 0 0)-Si	< 0,1	SiO_2 (PECVD)	45 ... 160
(1 1 1)-Si	< 0,1	SiO_2 (PSG)	60
Poly-Si	0,2	Si_3N_4 (PECVD)	4
SiO_2 (thermisch)[1]	22		

[1] Feuchtoxid, 1100 °C

Beispiel 4.9 Herstellung eines Zahnrades mittels Oberflächenmikromechanik

Bild 4.48 zeigt die Herstellungsschritte für ein Zahnrad aus Poly-Si, das durch eine Poly-Si-Drehachse auf dem Si-Substrat gehalten wird.

Mit den beiden Funktionsschichten #1 und #2 werden das Zahnrad und die Drehachse für das Zahnrad gebildet. Um das Zahnrad frei umlaufen lassen zu können, muss es von Substrat und Achse getrennt sein. Das wird durch die beiden Opferschichten erreicht, die das Zahnrad vollständig umschließen. Um die Reibung zwischen Zahnrad und Welle gering zu halten, müssen die Grenzflächen zwischen den Funktions- und Opferschichten sehr glatt sein.

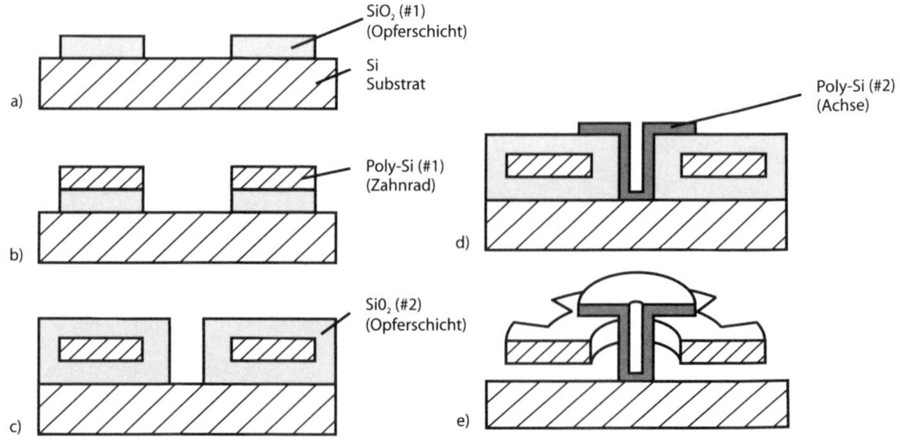

Bild 4.48 Herstellung eines Zahnrades: a), b) Abscheidung und Strukturierung der ersten Opfer- bzw. Funktionsschicht; c), d) Abscheidung und Strukturierung der zweiten Opfer- bzw. Funktionsschicht; e) Freilegen des Zahnrades durch Opferschichtätzen

4.10.2 Herstellung von Hohlräumen

Viele Anwendungen benötigen abgeschlossene, zumeist auch hermetisch dichte Hohlräume. So erfordern Absolutdrucksensoren Vakuum auf einer Seite der deformierbaren Druckplatte. Für das Herauslösen der Opferschichten ist andererseits aber der Zugang unter die Funktionsschichten notwendig, um die Opferschichten herausätzen zu können. Üblicherweise werden dazu spezielle Opferschichtkanäle vorgesehen, über die die entsprechende Ätzlösung die Opferschichten herauslösen kann. Diese relativ dünnen Kanäle werden anschließend verschlossen (**Bild 4.49**):

- Thermische Oxidation: Sind die Opferschichtkanäle in (einkristallines oder Poly-) Silizium eingebettet, wachsen diese bei thermischer Oxidation zu (s. **Bilder 4.49d1** und **4.11**).
- Schichtabscheidung (**Bild 4.49d2**).

Beispiel 4.10 Herstellung eines resonanten Drucksensors

Bild 4. zeigt einen resonanten Drucksensor, bei dem eine H-förmige Struktur an den vier Enden des H mit der Oberfläche einer Druckplatte verbunden ist und in Resonanz schwingt. Die Schwingungsbewegung senkrecht zur Druckplatte wird durch einen Wechselstrom angeregt, der durch die Arme der H-Struktur fließt, und entsteht durch

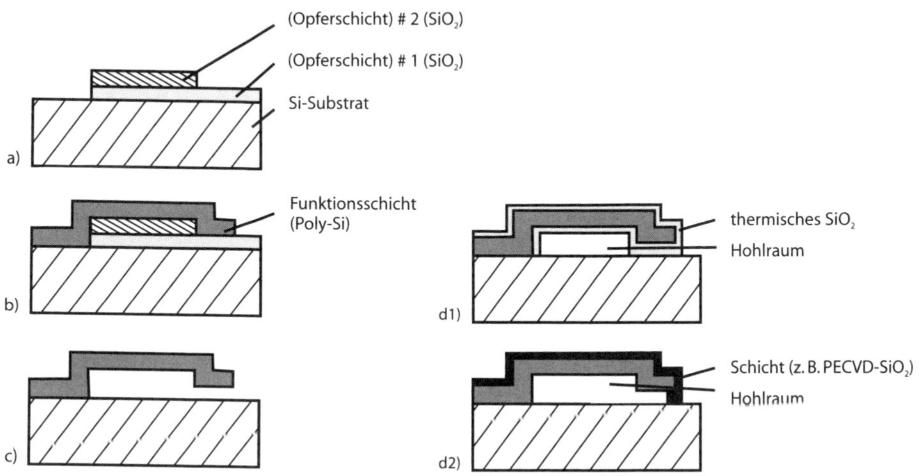

Bild 4.49 Herstellung abgeschlossener Hohlräume mittels Oberflächenmikromechanik: a) Abscheidung zweier Opferschichten zur Schaffung von Opferschichtätzkanälen (#1) und des Hohlraums (#2), b) Abscheidung der Funktionsschicht; c) Opferschichtätzen; d1) Verschluss des Hohlraums durch thermische Oxidation; d2) durch Schichtabscheidung

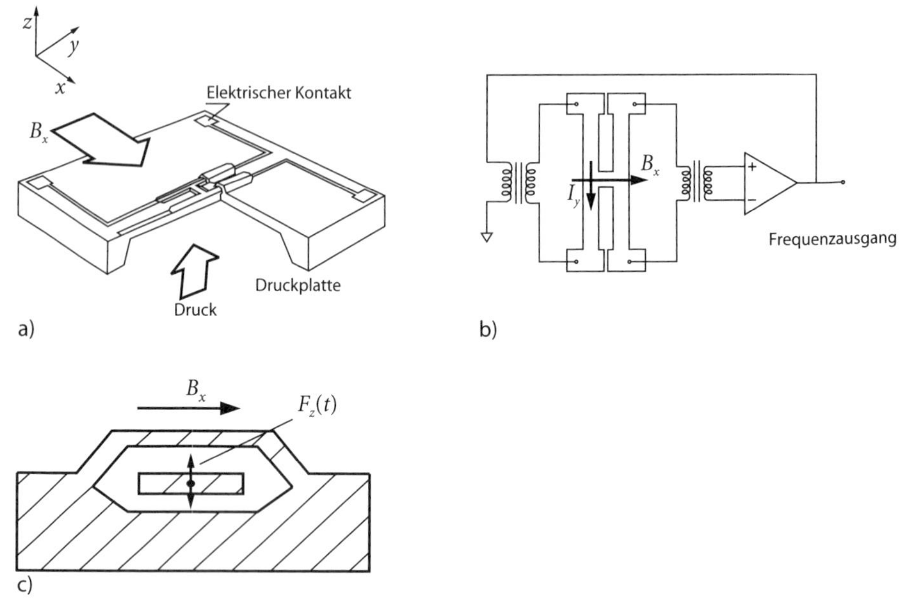

Bild 4.50 Resonanter Drucksensor (nach[16]): a) Aufbau; b) schematische Darstellung des Funktionsprinzips; c) Querschnitt durch die Schwingungsstruktur

LORENTZ-Kräfte F_Z, wenn das Magnetfeld B parallel zur Plattenoberfläche wirkt (vgl. Abschn. 1.4):

$$F_z(t) = I_y(t) \cdot l_y \cdot B_x \,. \tag{4.52}$$

Durch eine Biegedeformation infolge eines Messdrucks p ändert sich die Resonanzfrequenz der schwingenden H-Struktur. Eine Schwingung mit hoher Güte wird erreicht, wenn sie im Vakuum erfolgt. Aus diesem Grund ist es vorteilhaft, die H-Struktur entsprechend **Bild 4.50c** zu häusen. Für die Herstellung sind folgende Randbedingungen zu berücksichtigen:

- Die schwingende H-Struktur (Funktionsschicht #1) soll aus einkristallinem Silizium bestehen.

- Damit kommt als erste Opferschicht selbst nur einkristallines Silizium in Frage, das wie der H-Schwinger epitaktisch aufgebracht wird.

---

[16] Ikeda, K., Kuwayama, H., Kobayashi, T., Watanabe, T., Nikshikawa, T., Yoshida, T., Harada, K.: Three dimensional micromachining of silicon pressure sensor integrating resonant strain gauge on diaphragm. Sensors and Actuators A 21-23 (1990), S. 328-331

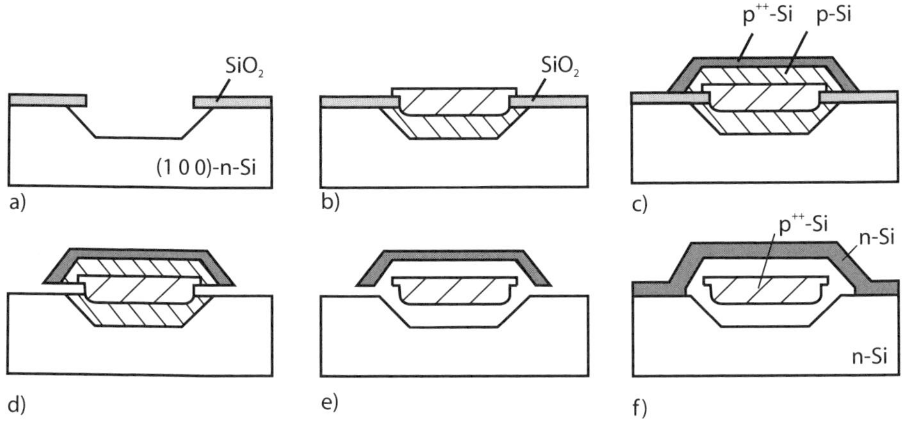

Bild 4.51 Herstellung des resonanten Drucksensors von Bild 4.50c (Erläuterung im Text)

- Um eine hinreichend gute Ätzselektivität zwischen Funktions- und Opferschichten zu erreichen, werden erstere mit Bor hoch dotiert und der Ätzstopp an solchen hoch dotierten p^{++}-Schichten angewendet (a. Abschn. 4.6.4), wo p-Si normal und p^{++}-Si mit einer um Größenordnung geringeren Ätzrate anisotrop nasschemisch abgetragen werden.

- Die Häusung der Schwingungsstruktur wird über eine zweite Funktionsschicht, wiederum aus p^{++}-Si, erreicht.

Die Herstellungsschritte sind in **Bild 4.51** dargestellt. Eine dünne SiO_2-Schicht dient einerseits als Ätzmaske zum anisotropen Einätzen des Freiraumes für die Schwingungsschicht (**Bild 4.51a**) und später als Ätzkanal zum Opferschichtätzen (**Bild 4.51d**). Anschließend wird eine Opferschicht aus p-Si epitaktisch abgeschieden, deren Dicke größer als die Schwingungsamplitude der darauf epitaktisch aufgewachsenen p^{++}-Schicht (schwingende H-Struktur) sein muss (**Bild 4.51b**). Die nachfolgende p-Si-Opferschicht ermöglicht später die Schwingung der H-Struktur nach oben, während die darauf aufgebrachte p^{++}-Schicht später den Gehäusedeckel bilden wird **Bild 4.51c**). Anschließend werden die Opferschichten aus SiO_2 (**Bild 4.51d**) und aus p-Si herausgelöst (**Bild 4.51e**). Das erfolgt z. B. mit Flusssäure, die eine große Ätzselektivität zwischen SiO_2 und p- bzw. p^{++}-Si zeigt, sowie mit KOH-Lösung, die das p-Si ätzt, aber die p^{++}-Si-Funktionsschichten stehen lässt. Der Verschluss der Struktur erfolgt dann mittels epitaktischer Abscheidung von n-dotiertem Silizium (**Bild 4.51f**). Durch Tempern in Stickstoff-Atmosphäre erfolgt eine Ladungsträgerdiffusion aus der p^{++}-Si-Deckelschicht in die darüber liegende n-Si-Schicht, wo sie rekombinieren. Die resultierende oberste Deckelschicht ist damit nach der Temperung n-leitend, so dass nur noch die Schwingungsstruktur p^{++}-leitend ist. Damit kann der Strom direkt in die schwingende H-Struktur eingeprägt werden, die die pn-Übergänge zum umgebenden n-Si die elektrische Isolation sichern.

4.10.3 Haften beweglicher Strukturen

a) Haftung durch Flüssigkeitsfilme

Das Freilegen der beweglichen Strukturen in der Oberflächenmikromechanik erfolgt am Ende des Herstellungsprozesses beim Opferschichtätzen. Wird SiO_2 als Opferschicht verwendet, nutzt man dazu wässrige HF-Lösung (**Tabelle 4.21**). Die Strukturen werden danach in Wasser gespült und getrocknet. Die Flüssigkeit bildet in den schmalen Spalten Kapillarkräfte aus, die zu einem Haften der beweglichen Strukturen an den eng gegenüber liegenden feststehenden Flächen führt (**Bild 4.52**, Anhang D). Dieser Vorgang wird oft als **Sticking** bezeichnet.

Haftung tritt dann ein, wenn die Adhäsionskraft größer als die Kraft für die elastische Auslenkung der oberflächenmikromechanischen Struktur ist. Die kritische Länge ℓ_{krit}, bei der Haftung eintritt, ist[17]

$$\ell_{\text{krit}} = \sqrt[4]{\frac{3}{2} \cdot \frac{Eh^3 d^2}{\gamma_S}}. \qquad (4.53)$$

Hier sind E der Elektrizitätsmodul, h die Biegerdicke, d der Spaltabstand und γ_S die flächenbezogene Adhäsionsenergie. Ist die Adhäsion durch einen Flüssigkeitsfilm bedingt, ist die Adhäsionsenergie durch die Oberflächenspannung γ_{FL} zwischen Flüssigkeit und Luft und den Kontaktwinkel φ zwischen Flüssigkeit und Strukturelement gegeben:

$$\gamma_S = 2\gamma_{FL} \cos\varphi. \qquad (4.54)$$

Der Faktor 2 berücksichtigt, dass sich zwei Flüssigkeitsmenisken im Spalt bilden. Damit wird aus Gl. (4.53)

$$\ell_{\text{krit}} = \sqrt[4]{\frac{3}{16} \cdot \frac{Eh^3 d^2}{\gamma_{FL} \cos\varphi}}. \qquad (4.55)$$

17 Tas, N.; Sonnerberg, T.; Jansen, H.; Legtenberg, R.; Elwenspoek, M.: Stiction in surface micromachining. Journal of Micomechanics and Microengineering 6 (1996), S. 385-397

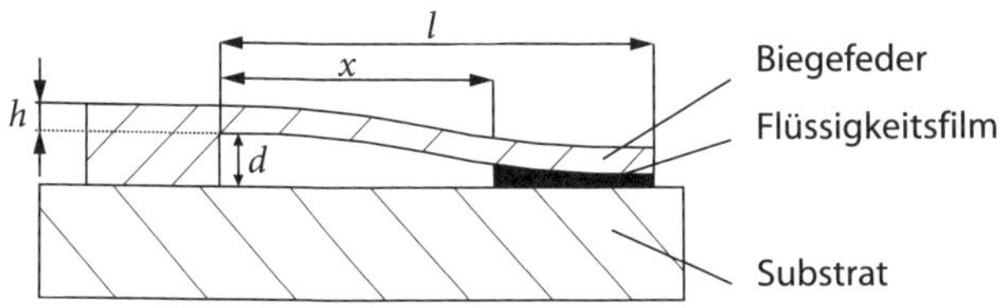

Bild 4.52 Haftung einer Biegefeder über einen Flüssigkeitsfilm am Substrat

Vernachlässigt man intrinsische Spannungen und die durch Verlängerung der neutralen Faser auftretenden Membranspannungen, ist ℓ_{krit} für zweiseitig eingespannte Biegefedern um etwa den Faktor 2,5 und der kritische Radius von Kreisplatten um etwa den Faktor 1,7 größer als der Wert von Gl. (4.55).

Beispiel 4.11 Haftung einer Biegefeder

Eine einseitig eingespannte Biegefeder aus Poly-Si habe eine Dicke von $h = 2$ µm und einen Elastizitätsmodul von $E = 160$ GPa. Die Spaltdicke d infolge der herausgeätzten Opferschicht ist 2 µm. Die Oberflächenspannung ist $\gamma_{FL} = 146$ mJ/m² und der Kontaktwinkel $\varphi = 0$ (Wasser, 20 °C). Aus Gl. (4.54) folgt damit als kritische Länge

$$l_{krit} = \sqrt[4]{\frac{3}{16} \cdot \frac{160 \cdot 10^9 \text{ Nm}^{-2} \cdot \left(2 \cdot 10^{-6}\right)^3 \text{ m}^3 \cdot \left(2 \cdot 10^{-6}\right)^2 \text{ m}^2}{146 \cdot 10^{-3} \text{ Nm}^{-1} \cdot \cos 0}} = 51 \text{ µm}.$$

In den meisten Anwendungen haben die Strukturen größere Lateralabmessungen, so dass es zum Sticking kommt.

b) Vermeidung von haftenden Strukturen

Aus **Bild 4.52** und Gl. (4.55) ergeben sich folgende Maßnahmen, um das Haften von oberflächenmikromechanischen Strukturen auf dem Siliziumsubstrat oder benachbarten Strukturen zu vermeiden:

- Versteifung der Struktur,
- Verringerung der Adhäsionsfläche,
- Verringerung der Oberflächenspannung,
- Vermeidung von Flüssigkeiten beim Opferschichtätzen und Reinigen.

Eine intrinsische Versteifung der Struktur ist schwierig, zumal die kritische Länge ℓ_{krit} nur proportional zu $h^{3/4}$ ist. Eine einfachere Möglichkeit ist hier die Schaffung von Abstandssäulen aus Polymermaterial vor dem Opferschichtätzen (**Bild 4.53a**). Diese

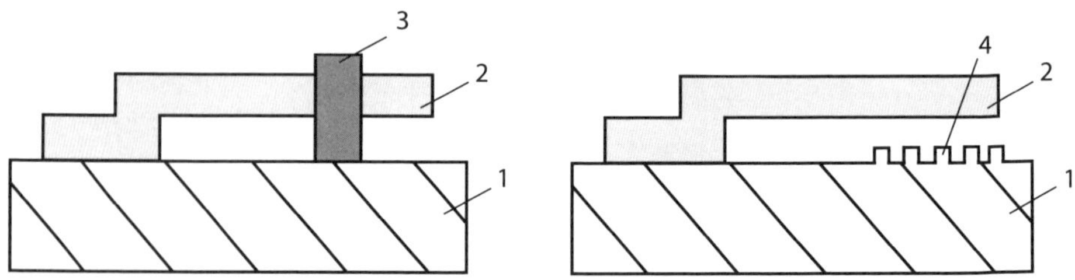

a) b)

Bild 4.53 Vermeidung des Haftens oberflächenmikromechanischer Strukturen durch a) Versteifung mit Abstandssäulen; b) Verringerung der Kontaktfläche mittels Noppen
1 Substrat, 2 Biegefeder, 3 Abstandssäule, 4 Noppen

Abstandshalter können dann nach dem Opferschichtätzen durch Plasmaätzen in Sauerstoff ohne Haftungsprobleme entfernt werden. Durch eine Vorstrukturierung der Substratoberfläche („Noppen“, **Bild 4.53b**) können die Adhäsionsfläche und damit die Adhäsionskräfte stark reduziert werden. Die Oberflächenspannung lässt sich durch eine spezielle Oberflächenbehandlung nach dem Opferschichtätzen reduzieren, wenn die Ätzlösung durch geeignete Flüssigkeiten ersetzt wird. Dabei bilden sich z. B. hydrophobe, haftungsschwache, selbstassemblierende Monoschichten heraus.

Die Herausbildung von Flüssigkeitsfilmen kann vermieden werden, wenn entweder statt wässriger HF-Ätzlösung gasförmiger Flusssäuredampf zum Ätzen benutzt wird. Gleiches gilt für die Spül- und Reinigungsprozesse, wenn statt Reinigungslösungen das Gefriertrocknen (Sublimation) oder das superkritische Trocknen mittels CO_2-Anwendung findet (**Tabelle 4.22**).

Tabelle 4.22 Techniken zur haftungsvermeidenden Freilegung oberflächenmikromechanischer Strukturen

Gefriertrocknen (Sublimation)	Superkritisches Trocknen mit CO_2
1. Opferschichtätzen mit HF- bzw. BHF-Ätzlösung	
2. Spülen in deionisiertem Wasser	
3. Ausspülen des Wassers mit IPA (Isopropylalkohol)	
4. Ausspülen des IPA mit Zyklohexan	4. Ausspülen des IPA mit flüssigem CO_2
5. Einfrieren des Zyklohexan auf -10 °C	5. Erhöhung von Temperatur (> 35 °C) und Druck (> 75,8 bar)
6. Sublimation von Zyklohexan	6. Freigeben des superkritischen CO_2 bei 35 °C und Normaldruck
7. Rückkehr zu Raumtemperatur	

4.10.4 Vergleich von Volumen- und Oberflächenmikromechanik

Tabelle 4.23 vergleicht die Vor- und Nachteile der Oberflächenmikromechanik mit denen der Volumenmikromechanik. Die Auswahl, welches der beiden Verfahren verwendet werden sollte, hängt von der konkreten Anwendung, den Strukturformen und den zur Verfügung stehenden Fertigungsausrüstungen ab.[18]

Tabelle 4.23 Vor- und Nachteile von Volumen- und Oberflächenmikromechanik

Technik	Vorteile	Nachteile
Volumenmikromechanik	• ausgezeichnetes Materialverhalten (einkristallines Silizium) • einfache Realisierbarkeit von großen Massen (für Beschleunigungssensoren) und von großen Flächen (für kapazitive und elektrostatische Wandler)	• stark strukturierte Oberflächen • größerer Chipflächenbedarf durch Ätzschrägen • eingeschränkt IC-kompatibel • begrenzte Strukturvariabilität
Oberflächenmikromechanik	• kleine Chipflächen realisierbar • IC-kompatibel • größere Strukturvielfalt • große Materialvielfalt	• Flächen und Massen klein • keine einkristallinen Materialien nutzbar

So wird die Mehrzahl der Drucksensoren gegenwärtig in Volumentechnik hergestellt (wobei hier das piezoresistive Messprinzip dominiert), während Beschleunigungssensoren überwiegend oberflächenmikromechanisch gefertigt werden (und vorrangig kapazitiv arbeiten).

4.11 Oberflächennahe Mikromechanik

Die Oberflächenmikromechanik hat den großen Vorteil, dass die gesamte Waferprozessierung an der Oberfläche des Siliziumwafers erfolgt. Damit vermeidet man die Doppelseitenbelichtung und, da nur dünne Schichten verwendet werden, lange Ätzzeiten. Nachteilig ist allerdings, dass die Funktionselemente aus Poly-Si und nicht aus einkristallinem Silizium bestehen. Die oberflächennahe Mikromechanik versucht nun, bewegliche Strukturen aus monokristallinem Silizium im oberflächennahen Bereich des Si-Wafers zu schaffen.

[18] French, P. J.; Sarro, P. M.: Surface versus bulk micromachining: the contest for suitable applications. Journal of Micromechanics and Microengineering 8 (1998), S. 45-53

4.11.1 Prinzip

Um freibewegliche Strukturen an der Si-Waferoberfläche zu schaffen, müssen sie rundherum freigelegt werden. **Bild 4.54** zeigt die beiden grundlegenden Verfahrensschritte dazu:

1. Ausgehend von einer Ätzmaske an der Waferoberfläche werden anisotrop tiefe Gräben geätzt (**Bild 4.54a**). Die Grabenwände begrenzen später die Zielstruktur seitlich.
2. Um in der Tiefe des Wafers die Unterschneidung der Zielstruktur zu erreichen, wird ausgehend von der Bodenfläche der Gräben das Silizium isotrop geätzt (**Bild 4.54b**). Durch den seitlichen Ätzabtrag erfolgt die Freilegung der Struktur. Um die seitlichen Begrenzungsflächen vor weiterem Abtrag zu schützen, werden sie ebenso wie die Waferoberfläche durch einen Ätzresist passiviert.

Beide Ätzschritte können die gleiche Ätzmaske nutzen, so dass die Verfahren für die oberflächennahe Mikromechanik zumeist Einmaskenverfahren sind.

4.11.2 Verfahren

Das in **Bild 4.54** dargestellte Prinzip soll am Beispiel der zwei bekanntesten Verfahren illustriert werden.

a) SCREAM-Prozess

Das Akronym SCREAM steht für Single Crystal Reactive Etching And Metallization. Das Verfahren wurde 1992 als erste Technik für die oberflächennahe Mikromechanik von

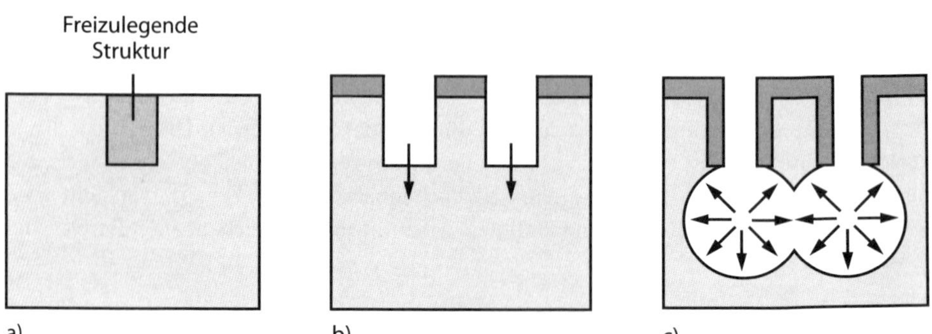

Bild 4.54 Schematische Darstellung der oberflächennahen Mikromechanik: a) Ausgangsstruktur; b) anisotroper Ätzprozess zur Formung der seitlichen Begrenzungsflächen; c) isotroper Ätzprozess zur Unterschneidung der Zielstruktur

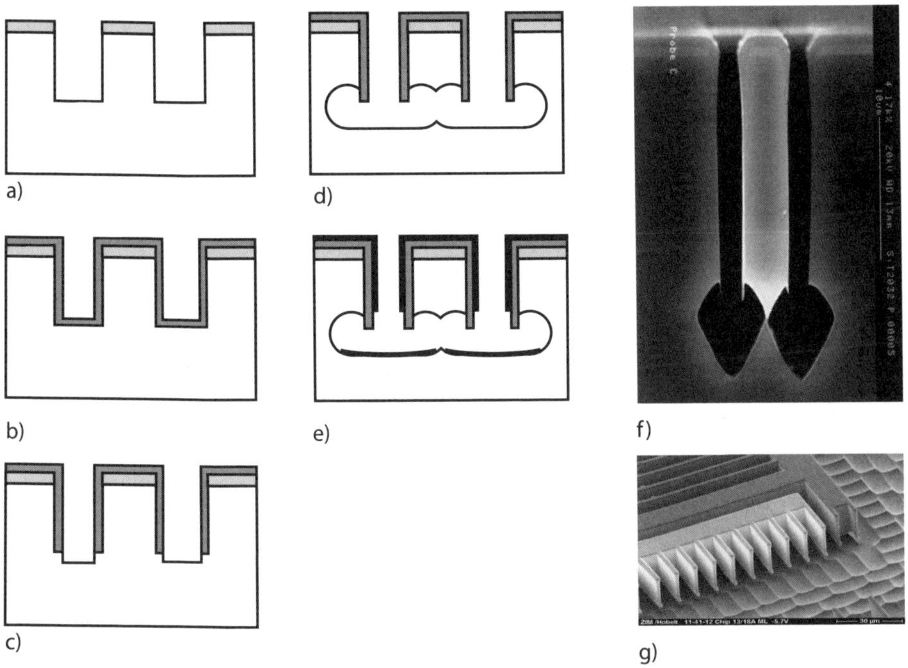

Bild 4.55 SCREAM-Verfahren: a) Ätzen der seitlichen Begrenzungsgräben mittels DRIE; b) Oxidation der Oberfläche; c) Fortsetzung des DRIE; d) isotropes Ätzen am Ätzgrubenboden; e) Metallisierung und Kontaktierung der Struktur; f) und g) Querschnitt und Seitenansicht der freigelegten Struktur (Quelle: Zentrum für Mikrotechnologien, TU Chemnitz)

Z. L. ZHANG und N. C. MACDONALD vorgestellt.[19,20]

Bild 4.55 zeigt schematisch die wesentlichen Fertigungsschritte:

- Herstellung der SiO_2-Ätzmaske (thermische Oxidation),
- Tiefes reaktives Ionenätzen (DRIE) zur Schaffung der Ätzgräben ($Cl_2/BCl_3/H_2$-RIE)(**Bild 4.55a**),
- Passivierung der Seitenwände in der Ätzgrube durch thermische Oxidation (150 nm, 1000 °C, feucht)(**Bild 4.55b**),
- Anisotropes reaktives Ionenätzen zur Entfernung der Oxidschicht auf den Bodenflächen der Struktur und Vertiefung der Struktur (CF_4/O_2) (**Bild 4.55c**),

---

19 Zhang, Z. L.; MacDonald, N. C.: A RIE process for submicron, silicon electromechanical structures. Journal of Micromechanics and Microengineering 2 (1992), S. 31-38

20 MacDonald, N. C.: SCREAM MicroElectroMechanical Systems. Microelectronic Engineering 32 (1996), S. 49-73

- Isotropes Ätzen des Si-Volumens vom freigelegten Boden der Ätzgruben aus (SF_6) (**Bild 4.55d**),
- Magnetronsputtern von Al (**Bild 4.55e**).

Durch die Metallisierung der Grubenseitenwände lässt sich die Struktur hervorragend für kapazitive Antriebe nutzen. Die elektrostatischen Kräfte wachsen proportional mit der Elektrodenfläche. Durch ein hohes Aspektverhältnis (Ätztiefe zu Strukturbreite) können die Elektrodenflächen sehr groß gestaltet werden, was insbesondere für Interdigitalstrukturen vorteilhaft ist.

b) SIMPLE-Prozess

Das SIMPLE-Verfahren (**Si**licon **M**icromachining by **P**lasma **E**tching) nutzt dotierte und epitaktische Schichten an der Waferoberfläche, die als Ätzstoppschicht für die freizulegenden Funktionselemente und als schnellätzende Schicht für die isotrope laterale Ätzung zur Strukturfreilegung dienen. **Bild 4.56** zeigt schematisch die einzelnen Schritte des Prozesses:[21]

- Die Ausgangswafer besitzen eine vergrabene hochdotierte n^+-Si-Schicht (As oder Sb, Implantationsenergie 100 ... 200 keV, Dosis $3 \cdot 10^{15}$... $3 \cdot 10^{16}$ cm^{-2}) für den lateralen Unterschneidungsätzprozess und eine darauf epitaktisch abgeschiedene Siliziumschicht. Deren Dicke bestimmt die Dicke der herauszuarbeitenden mechanischen Funktionselemente **Bild 4.56a**).
- Der Wafer wird in einem Cl_2/BCl_3-Plasma gaschemisch geätzt. Das Cl_2/BCl_3 hat die Eigenschaft, dass es p-leitendes oder schwach n-leitendes Silizium anisotrop und stark n-leitendes Silizium isotrop abträgt (**Bild 4.56b**). Damit werden im Epi-Si und im Si-Substrat tiefe Einätzungen erzeugt, während die vergrabene n^+-Si-Schicht lateral weggeätzt wird, so dass die mechanische Struktur freigelegt wird.

Um wie beim SCREAM-Prozess elektrostatische Wandler zu fertigen, kann analog zu **Bild 4.55e** ein Metallisierungsschritt angeschlossen werden. Das SIMPLE-Verfahren hat gegenüber dem SCREAM-Prozess eine Reihe von Vorteilen:

- Ein gemeinsamer Ätzprozess für die Erzeugung der Trenngräben und der lateralen Unterätzungen,
- Geringere Zahl von Prozessschritten,
- Die Dicke der mechanischen Funktionselemente ist durch die Epi-Si-Schichtdicke reproduzierbar einstellbar.

---

[21] Li, Y. X.; French, P. J.; Sarro, P. M.; Wolffenbuttel, R F.: SIMPLE- A technique of silicon micromachining using plasma etching. Sensors and Actuators A57 (1996), S. 223-232

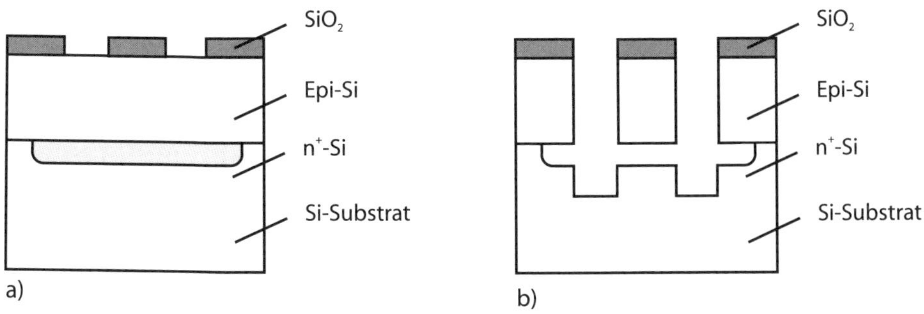

Bild 4.56 SIMPLE-Prozess: a) Ausgangswafer; b) nach dem Ätzen im Cl_2/BCl_2-Plasma

4.12 HARMST

4.12.1 Begriffsbestimmung

Unter dem Akronym HARMST werden die Verfahren der High Aspect Ratio Micro System Technologies zusammengefasst. Darunter versteht man die Verfahren, bei denen Form- und Funktionselemente mit großem Strukturhöhe-/Strukturbreiteverhältnis erzeugt werden können. Prinzipiell lassen sich hier auch die Verfahren dazurechnen, bei denen mit einem anisotropen Ätzverfahren sehr tiefe Ätzgräben erzeugt werden können (HART High Aspect Ratio Trenches [ELWENSPOEK98], s. Abschn. 4.5.3), sowie die Prozesse der oberflächennahen Mikromechanik (s. Abschn. 4.11).

4.12.2 LIGA-Verfahren

Das LIGA-Verfahren bezeichnet einen Prozess, bei dem die mechanischen Elemente über (Röntgenstrahltiefen-) LIthographie, (Mikro-)Galvanik und (Präzisions)Abformung hergestellt werden. Es ist von BECKER, EHRFELD und MÜNCHMEYER Ende der 70-er Jahre am damaligen Kernforschungszentrum Karlsruhe für die Herstellung von Ultrapräzisionsdüsenarrays für die Kernisotropentrennung entwickelt worden.[22]

Ursprünglich war die Entwicklung auf Metall- und Kunststoffstrukturen fokussiert gewesen, wobei jedoch Verfahren der Mikroelektronik (z. B. die Röntgenstrahllitho-

[22] Becker, E., Ehrfeld, W., Münchmeyer, D.: Production of separation-nozzle systems for uranium enrichment by a combination of X-ray lithography and galvanoplastics. Naturwissenschaften 69 (1982), S. 520-523

graphie) genutzt wurden. Damit stellt das LIGA-Verfahren ein weitestgehend eigenständiges Formgebungsverfahren dar.

Das Grundverfahren des LIGA-Prozesses ist in **Bild 4.57** dargestellt [BRÜCK01][EHRFELD02][MENZ95]:

- Ein mit röntgenstrahlempfindlichem Fotolack (PMMA Polymethylmethacrylat) beschichtetes Substrat wird Röntgensynchrotronstrahlung ausgesetzt (**Bild 4.57a**). Durch die energiereiche Röntgenstrahlung sind Resistdicken von bis zu 1mm belichtbar. Durch die hochparallele Synchrotronstrahlung sind extrem scharfe Übergänge zwischen belichteten und unbelichteten Bereichen im Mikrometerbereich möglich, die Belichtungsschräge ist geringer als 0,1 °.
- Die Fotoresiststruktur wird entwickelt (**Bild 4.57b**) und dient als Formmaske für die nachfolgenden Galvanik- bzw. Abformprozesse. Zumeist werden von ihr durch galvanische Abscheidung metallische Tochtermasken hergestellt, die dann für die eigentliche Formreproduktion dienen.
- Dazu füllt man in einem mikrogalvanischen Prozess die Öffnungen der Resistmaske mit metallischem Material (reine Metalle oder Legierungen, **Bild 4.57c**). Die fertige Tochterform entsteht nach Herauslösen des Fotoresistmaterials (**Bild 4.57d**).
- Durch Befüllen der Metallform und Herauslösen aus der Metallform lassen sich viele gleichartige Form- bzw. Funktionselemente reproduzieren (**Bild 4.57**e, **f**). Meist

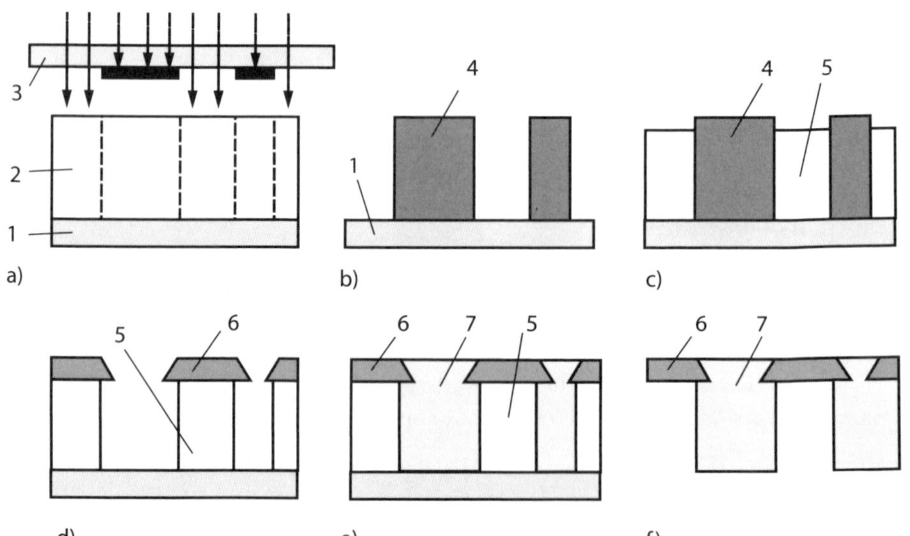

Bild 4.57 LIGA-Grundprozess: a) Röntgenstrahltiefenlithographie; b) Lackentwicklung; c) galvanische Abscheidung; d) Formherstellung zur Abformung; e) Abformung; f) Herauslösen der Form
1 Substrat, 2 Fotoresist, 3 Maske, 4 Resiststruktur, 5 Metallstruktur, 6 Trägerplatte, 7 Abformmasse

erfolgt dies durch Abformung mit polymeren Werkstoffen (z. B. PMMA, Polycarbonate, Polyamide), aber auch Sinterprozesse mit Keramiken oder die Verwendung von Glas ist möglich. Da durch die Röntgenstrahlbelichtung Abformschrägen von 0,1 ° entstehen, ist eine einfache Formentnahme der abgeformten Strukturen aus der Metallform möglich.

Durch die Verwendung von Röntgensynchrotronstrahlung zur PMMA-Tiefenbelichtung sind Strukturhöhen von bis zu 1 mm und Aspektverhältnisse von bis zu 100 möglich. Diese extremen Eigenschaften und Genauigkeiten des Lithografieschrittes übertragen sich im Galvanik- und Abformschritt auf die herzustellende Struktur. Beim LIGA-Verfahren wird prinzipbedingt das Muster der Lithografiemaske in die Tiefe des Fotoresists fortgesetzt, so dass das Spektrum der herstellbaren Formen begrenzt ist. Es ist damit kein richtiges dreidimensionales Herstellungsverfahren, sondern wird als 2½-dimensional bezeichnet. Durch Mehrfachschrägbelichtung und Integration von Opferschichten lassen sich jedoch auch richtig dreidimensionale und frei bewegliche Funktionsstrukturen erzeugen.

Die Röntgenstrahltiefenlithografie erfordert die Nutzung von Synchrotronstrahlung und ist damit kostenintensiv. Das LIGA-Verfahren ist deshalb nur für sehr große Stückzahlen attraktiv. Dabei kann eine belichtete PMMA-Struktur von **Bild 4.57b** für die Herstellung vieler Tochtermasken genutzt werden. Für Anwendungsgebiete mit geringeren Anforderungen kann die Röntgenstrahlung auch durch UV-Strahlung ersetzt werden. Wegen der geringen Photonenenergie ist die belichtbare Resistdicke dann allerdings erheblich geringer. Für solche Anwendungen kommt zumeist der Fotoresist SU-8 zur Anwendung (s. Abschn. 3.4.2a).

4.13 Miniaturisierte klassische Verfahren

Die Miniaturisierung von mechanischen, optischen und fluidischen Bauteilen kann auf zwei verschiedenen Wegen erreicht werden:

- Nutzung der technologischen Verfahren der Mikroelektronik für die Fertigung dreidimensionaler Funktions- und Formelemente, wie es in den bisherigen Abschnitten dargestellt wurde,
- Weiterentwicklung der klassischen feinwerktechnischen Verfahren. Zu den Wegbereitern dieses zweiten Ansatzes gehörten die Uhrmacher. Sie haben bereits Mikrobauteile konstruiert, gefertigt und zu Mikroprodukten gefügt, als die Begriffe

Mikrofertigung und Mikroproduktion im technischen Sprachgebrauch noch nicht üblich waren.[23]

Der Größenbereich von Mikrobauteilen ist nicht scharf abgegrenzt, die typischen Abmessungen erstrecken sich vom Mikrometer- bis in den Millimeterbereich. Die Besonderheit solcher Bauteile besteht in kleinem Volumen, geringem Gewicht und kleinen Toleranzen. Als Mikrofertigungsverfahren werden solche Fertigungsverfahren bezeichnet, die ins Kleine skaliert und zur Herstellung von Mikrobauteilen bzw. von Mikrostrukturen in größeren Bauteilen qualifiziert wurden. Dabei wird nicht nur Vorhandenes verkleinert, sondern Neues entwickelt. Mit der Miniaturisierung sind physikalisch oder strukturell bedingte Skalierungseffekte verbunden (s. Kapitel 2), die eine Verhaltensänderung bei Bauteilen, Fertigungsverfahren und Werkzeugen bewirken. Ein Beispiel für einen physikalisch bedingten Effekt ist das rasch ansteigende Verhältnis von Bauteiloberfläche zu Bauteilvolumen. Deshalb laufen die thermischen Vorgänge Erwärmung und Abkühlung anders als im Makrobereich ab, was zur schnelleren Abkühlung von Bauteilen beim Mikrourformen bzw. beim Mikroumformen führt. Ein Beispiel für einen strukturell bedingten Effekt ist, dass sich die **Korngröße** des Werkstoffgefüges nicht mit der Bauteildimension verkleinert, was sich auf die Schneidkante von Mikrozerspanwerkzeugen und auf Reibungsvorgänge im Mikrobereich auswirkt.

Die inzwischen industriell etablierten Mikrofertigungsverfahren stellen eine Ergänzung oder eine Alternative zu den aus der Mikroelektronik abgeleiteten, lithografisch basierten Fertigungsverfahren dar. Sie sind flexibel, können eine große Formenvielfalt in einer breiten Materialpalette fertigen und bereits bei kleinen bis mittleren Stückzahlen kostengünstig sein. Die Anwendungsbereiche für Mikrofertigungsverfahren sind sehr unterschiedlich. Die benötigten Stückzahlen reichen von der Massenfertigung im Automobilbau bis zu kleinen und mittleren Stückzahlen im Maschinenbau oder in der Medizintechnik. Die Entscheidung für ein Mikrofertigungsverfahren hängt außer von der gewünschten Bauteilfunktion, dem Werkstoff und der späteren Integration des Bauteils in ein Mikroprodukt vor allem von der erforderlichen Stückzahl und den damit verbundenen Kosten ab.

In **Tabelle 4.24** sind die wichtigsten Mikrofertigungsverfahren aus den ersten drei Hauptgruppen der DIN 8580 aufgeführt. Mit den Verfahren der Hauptgruppe Trennen können nicht nur einzelne Mikrobauteile aus Metall, Kunststoff, Keramik oder Silizium hergestellt, sondern auch mikrostrukturierte Werkzeuge, so genannte Formeinsätze, gefertigt werden. Diese werden in die Maschinen für die Mikrofertigungsverfahren der Hauptgruppen Urformen und Umformen eingebaut und ermöglichen nach dem Prinzip „Negativ-Positiv" die Herstellung von abgeformten Mikrobauteilen in mittleren bis

---

[23] Kocher, H.: Die Stellung der Mikrotechnik in der metallverarbeitenden Industrie. Technische Rundschau, 1963, Heft 19, S. 17

großen Stückzahlen. Die Verfahren der Hauptgruppen Urformen und Umformen werden deshalb auch als sekundäre Fertigungsverfahren oder Replikationsverfahren, die der Hauptgruppe Trennen als primäre Fertigungsverfahren bezeichnet.

Tabelle 4.24 Mikrofertigungsverfahren aus den ersten drei Hauptgruppen nach DIN 8580

Urformen	Umformen	Trennen
Mikrospritzgießen	Mikroheißprägen	Mikrozerspanen (Fräsen, Drehen, Bohren, Schleifen, Gewinden)
Mikropulverspritzgießen	Mikroprägen	Mikroerodieren
Mikrogießen	Feinschneiden	Mikro-Laserabtragen

Nachfolgend werden drei Verfahren als exemplarische Vertreter ihrer Hauptgruppen näher beschrieben: Mikrospritzgießen, Mikroheißprägen und Mikrozerspanen. Außerdem werden Beispiele von Mikrobauteilen dargestellt, die mit verschiedenen Mikrofertigungsverfahren realisiert wurden.

4.13.1 Mikrospritzgießen

Beim Mikrospritzgießen (**Bild 4.58**) wird ein Kunststoffgranulat in der Plastifiziereinheit einer Spritzgießmaschine aufgeschmolzen und unter Druck in den Hohlraum eines allseitig geschlossenen Spritzgießwerkzeuges gespritzt. Das Werkzeug ist temperiert und enthält Formeinsätze, die ein Negativ des Spritzgießteiles darstellen. Die plastifizierte Kunststoffmasse füllt den Werkzeughohlraum vollständig aus. Ist die Kunststoffmasse ausreichend erstarrt, wird das Werkzeug geöffnet und das Spritzgießteil entformt.

Es gibt verschiedene Formen und Größen von Mikro-Spritzgießteilen. Für Mikrobauteile sind Außenmaße im Millimeterbereich, Wandstärken von einigen zehn Mikrometern und Bauteilmassen von weniger als 100 Milligramm typisch. Daneben gibt es größere, meist ebene Spritzgießteile mit Abmessungen im Zentimeterbereich, die aber Strukturen im Mikrometerbereich aufweisen, z. B. für Fluidik- oder Spektrometeranwendungen. Sie werden als Mikrostrukturbauteile bezeichnet, ihre Masse liegt im Grammbereich. Eine weitere Gruppe umfasst noch großflächigere Mikrostrukturbauteile: Abmessungen im Dezimeterbereich und mikrostrukturierte Oberflächen mit relativ geringem Aspektverhältnis, z. B. CDs (Masse einer CD: ca. 15 g), DVDs, Hologramme. Eine vierte Gruppe sind Mikro-Präzisionsteile: Bauteile mit Feinwerktechnik-Abmessungen und Toleranzen im Mikrometerbereich, z.B. Glasfaser-Stecker mit einer Bauteilmasse von 6 g.

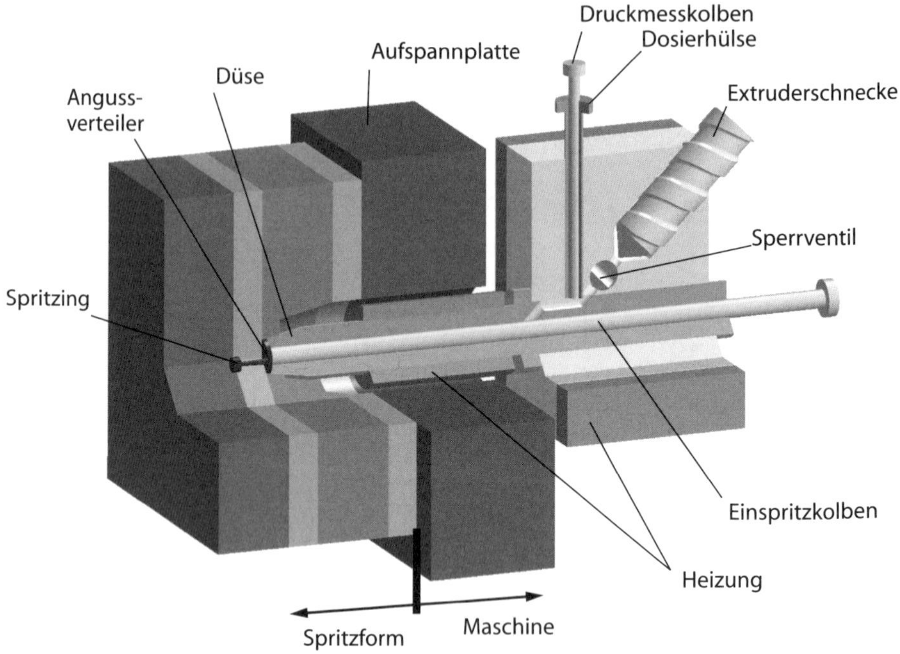

Bild 4.58 Mikrospritzgießmaschine (Quelle: Battenfeld Ges. m.b.H., Kottingbrunn, Österreich)

Weil das Volumen von Mikrobauteilen sehr klein ist (**Bild 4.59**), müssen die Spritzgießmaschinen entsprechend angepasst werden, um exaktes Dosieren und Einspritzen kleinster Schmelzemengen reproduzierbar zu gewährleisten. Zum Spritzgießen von Bauteilen mit feinsten Oberflächenstrukturen werden mikrostrukturierte Formeinsätze in Kombination mit einem evakuierten Werkzeug und einer dynamischen Werkzeugtemperierung (variotherme Prozessführung) eingesetzt. Dabei wird die Werkzeugwand bis zur Schmelztemperatur des Kunststoffes aufgeheizt und nach dem Einspritzvorgang wieder unter die Erstarrungstemperatur des Kunststoffes abgekühlt. Das Aufheizen unterstützt die vollständige Formfüllung und verhindert, dass die Randschicht des Spritzgussteiles zu schnell erstarrt. Die mögliche **Zykluszeit** des Mikrospritzgießens wird wesentlich vom Aspektverhältnis der Spritzlinge und von der Dynamik der Werkzeugtemperierung bestimmt. Für einfache Strukturen liegen minimale Zykluszeiten bei 5 ... 15 s. Bei größeren Aspektverhältnissen und längeren Fließwegen können die Zykluszeiten auch im Minutenbereich liegen. Spritzgießteile können in allen thermoplastischen Kunststoffen hergestellt werden. Typische Werkstoffe sind Polyethylene (PE), Polypropylene (PP), Polystyrene (PS), Polymethylmethacrylate (PMMA), Polycarbonate (PC), Polysulfone (PSU), Polybuthylenterephthalate (PBT), Polyetheretherketone (PEEK), Polyoxymethylene (POM), Liquid Crystal Polymere (LCP), Polyamide (PA).

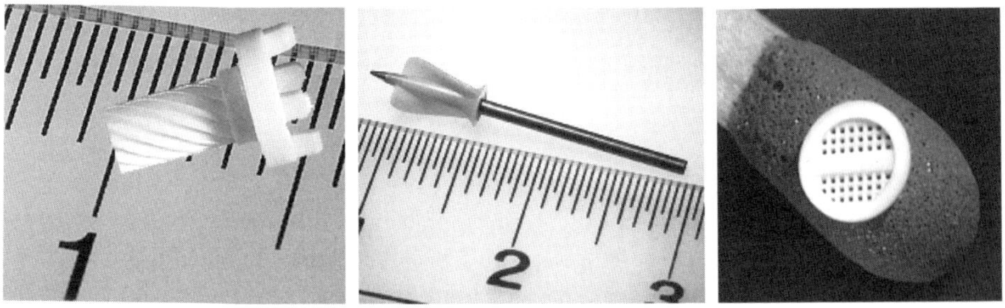

a) b) c)

Bild 4.59 Mikrospritzgießteile: a) Zahnrad für Drehgeber, Modul 0,11 mm, Werkstoff PBT, Masse 20 mg; b) Impeller für Blutförderung, Wandstärke 0,2 mm, Werkstoff PEEK; c) Mikrofilter für Medizin und Akustik, Maschenweite 80 µm, Werkstoff POM, Masse 0,9 mg (Quellen: a, b) Horst Scholz GmbH+Co. KG, Kronach, Deutschland, c) Battenfeld GmbH, Kottingbrunn, Österreich)

Im Spritzgießwerkzeug können auch Montageprozesse realisiert werden. Dabei werden zusätzliche Einlegeteile im Spritzgießwerkzeug positioniert und mit einem spritzgegossenen Bauteil zu einer unlösbaren Verbindung kombiniert. Umgekehrt können auch gezielt nichtkompatible Materialien durch Mehrkomponentenspritzgießen so kombiniert werden, dass zueinander bewegliche Bauteile entstehen.

Moderne Fertigungszellen zum Spritzgießen von Mikrobauteilen ermöglichen neben dem eigentlichen Spritzgieß-Vorgang zusätzliche Funktionen wie optische Qualitätskontrolle, Handling, Verpackung und Ablage der Bauteile. Sie können unter Reinraumbedingungen produzieren.

Eine Zwischenstellung zwischen Spritzgießen und Heißprägen nimmt das Spritzprägen ein. Dabei wird eine Kunststoffschmelze in das nicht vollständig geschlossene Werkzeug gespritzt. Unmittelbar nach der Füllung des Werkzeughohlraumes wird das bewegliche Werkzeugteil mit der Prägekontur in die noch plastische Formmasse gedrückt, so dass die geprägte Flächenkontur mit erhöhter Genauigkeit abgebildet wird. Spritzprägeteile sind spannungsärmer als normal hergestellte Spritzgießteile, weil der Spritzdruck bei der Formfüllung geringer sein kann. Spritzprägen wird besonders für optische Funktionsteile und für Speichermedien aus PC (CD, DVD) angewendet.

Neben Kunststoffen sind auch metallische und keramische Werkstoffe spritzgießfähig, wenn sie in Pulverform gebracht und mit einem thermoplastischen Binder versetzt werden. Dieses Verfahren wird als Mikropulverspritzgießen (Micro Powder Injection Moulding, MicroPIM) bezeichnet. Das Pulvergemisch wird unter geeigneten Druck- und Temperaturbedingungen in das Werkzeug gespritzt. Nach dem Entformen des Spritzgussteiles folgen die beiden thermischen Bearbeitungsschritte Entbindern und

Sintern. Dabei wird zunächst der Binderanteil wieder aus dem Spritzgussteil entfernt. Beim nachfolgenden Sintern schrumpft es um etwa 20 % auf seine endgültige Größe.

4.13.2 Mikroheißprägen

Beim Heißprägen (**Bild 4.60**) wird ein thermoplastisches Substrat in das geöffnete vortemperierte Abformwerkzeug eingelegt und bis über seine Erweichungstemperatur aufgeheizt. Danach wird das Abformwerkzeug mit hoher Kraft und unter Vakuum in das Substrat gedrückt. Dadurch wird die Struktur des Abformwerkzeuges mit hoher Detailgenauigkeit im Kunststoff abgebildet. Werkzeugober- und -unterteil werden nicht vollständig geschlossen, zwischen den beidseitigen Prägekonturen verbleibt eine Restschicht. Nach dem Abkühlen des Werkzeuges kann das verfestigte Prägeteil aus dem Werkzeug entnommen werden.

Gegenüber dem Spritzgießen werden beim Heißprägen vorgefertigte Substrate benutzt. Ihre Fläche kann bis zu $150 \times 150\ mm^2$ betragen. Heißprägen eignet sich besonders zur Strukturierung flächiger Bauteile für die Mikrofluidik (**Bild 4.61**) und die Mikrooptik. Da beim Prägeprozess sehr viel weniger Material fließt als beim Spritzgießen, sind die im Bauteil erzeugten inneren Spannungen gering, was besonders für optische Eigenschaften wichtig ist. Wesentliche Kriterien für ein gutes Resultat des Prägeprozesses sind eine an Werkstoff und Bauteil angepasste Temperatursteuerung und eine sehr genaue Antriebsbewegung des Prägewerkzeuges mit Geschwindigkeiten im Bereich von µm/s. Die Prägetemperaturen für typische thermoplastische Substrate reichen bis 250 °C. Heißprägen kann schon für Kleinserien bis 1000 Stück wirtschaftlich sein.

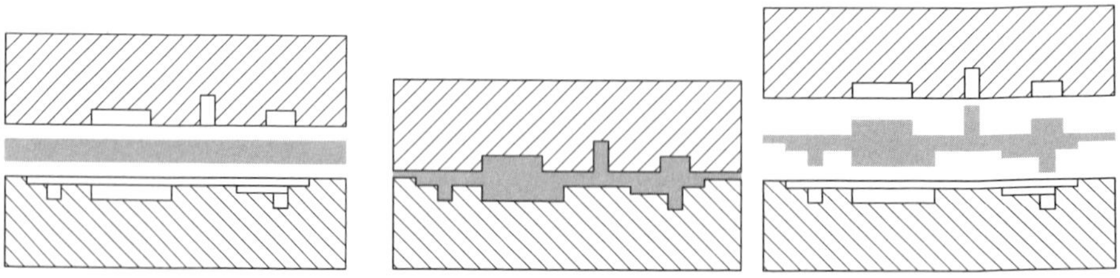

a) b) c)

Bild 4.60 Heißprägen: a) Geöffnetes Werkzeug, Einlegen des Substrates; b) Geschlossenes Werkzeug, Heißprägen unter Vakuum; c) Geöffnetes Werkzeug, Entformen des Prägeteiles

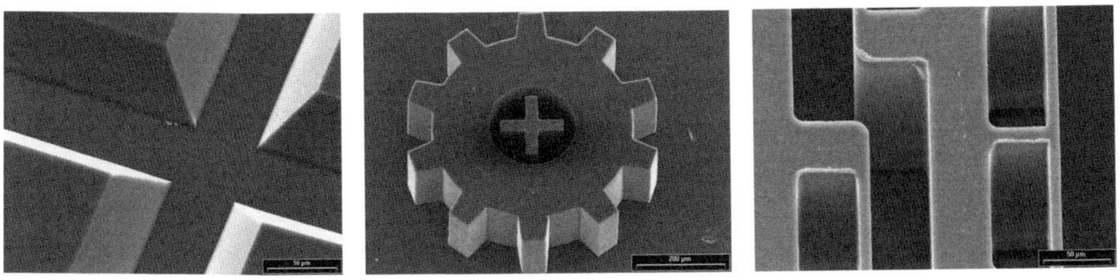

a) b) c)

Bild 4.61 Heißprägeteile : a) Fluidikstruktur, Werkzeug anisotrop geätzter Silizium-Wafer, Werkstoff PMMA, Strukturbreite (50 ... 100) µm, Höhe 50 µm; b) Zahnrad, Werkzeug LIGA-Formeinsatz, Werkstoff PMMA, Strukturbreite 30 µm (Kreuz), Höhe 150 µm; c) Teil eines Beschleunigungssensors, Werkzeug LIGA-Formeinsatz, Werkstoff PMMA, Strukturbreite 8 µm (Kreuz), Höhe 150 µm
(Quelle: JENOPTIK Mikrotechnik GmbH, Jena, Deutschland)

4.13.3 Mikrozerspanen

Mikrozerspanung ist die spanabhebende Werkstoffbearbeitung mit miniaturisierten Werkzeugen, die aus den klassischen Verfahren wie Fräsen, Drehen, Bohren, Schleifen weiterentwickelt wurde. Damit können relativ kostengünstig Kunststoffe, Nichteisen-Metalle und auch Werkzeugstähle bearbeitet und komplexe dreidimensionale Geometrien in großer Vielfalt erzeugt werden: Nuten mit verschiedenen Querschnitten, sich kreuzende Nuten, Gruben, konzentrische Rillen mit verschiedenem Oberflächenprofil, gekrümmte Flächen, Durchgangs- oder Sacklöcher. Typische Aufgaben sind die Herstellung von Mikrobauteilen wie Optikfassungen, Montageplatten, Greifern sowie von Abformwerkzeugen für das Spritzgießen oder Heißprägen. Die lateralen Abmessungen sind bei vertieften Strukturen wie Nuten vom Durchmesser der Werkzeuge abhängig, bei erhabenen Strukturen wie Stegen vor allem von der Werkstofffestigkeit. Typische laterale Abmessungen liegen bei 30 ... 500 µm, typische Maßtoleranzen bei einigen Mikrometern. Die Genauigkeit der Strukturen hängt von der Maschinengenauigkeit und von der Deformation der Werkzeuge ab.

Zum Mikrozerspanen werden Werkzeuge aus hochlegierten Stählen (HSSE), aus Vollhartmetall (VHM) oder aus Diamant verwendet. Mit Diamantwerkzeugen lassen sich hohe Oberflächengüten erzeugen, wie sie vor allem für optische Komponenten benötigt werden. Sie sind zur Bearbeitung von Kunststoffen und Nichteisenmetallen geeignet, wegen des hohen Verschleißes jedoch nicht zur Bearbeitung von Stahl. Für Stahl und andere schwer zerspanbare Werkstoffe werden VHM- oder HSSE-Werkzeuge eingesetzt, mit denen allerdings nur begrenzte Oberflächengüten erreicht werden können. Diamantwerkzeuge zum Drehen und Fräsen sind in den verschiedensten Geometrien und mit scharfer Schneidkante (Verrundung kleiner 1 µm) verfügbar. Der gegenwärtig kleinste Durchmesser bei Diamant-Schaftfräsern ist 200 µm. VHM-Fräs- und Bohrwerkzeuge werden mit Durchmessern ab 50 µm, HSSE-Bohrer bereits ab 30 µm angeboten. Für Fräswerkzeuge sind in **Tabelle 4.25** weitere Angaben zusammengestellt. Die maximale Schnitttiefe wird von der Biegesteifigkeit des Werkzeuges begrenzt.

Tabelle 4.25 Fräswerkzeuge zur Mikrozerspanung (Auswahl)

Hartmetallschaftfräser		**Diamantschaftfräser**	
Durchmesser in mm	**Maximale Schnitttiefe in mm**	**Durchmesser in mm**	**Maximale Schnitttiefe in mm**
0,05	0,30	-	-
0,15	0,30	-	-
0,20	0,50	0,20	0,50
0,30	1,00	0,30	0,80
0,50	1,50	0,50	1,50
0,80	3,00	0,80	1,80
1,00	3,00	1,00	2,20

Tabelle 4.26 zeigt eine Übersicht zu Werkstoffen und ihren Zerspanungseigenschaften. Gegenüber der Zerspanung im Makrobereich gibt es wesentliche Unterschiede:

- Die Abmessungen der zu erzeugenden Mikrostrukturen nähern sich dem Bereich der kristallinen Gefügestruktur mancher Werkstoffe.
- Im Mikrobereich verändern sich Werkstoffeigenschaften.
- Das Verhältnis von Schneidkantenverrundung zur Spantiefe verändert sich stark.
- Die erzeugten Grate können die Größe der Mikrostruktur erreichen.

Tabelle 4.26 Werkstoffe, Werkzeuge und Zerspanungseigenschaften

Werkstoff	**Mikrobauteil**		
	Werkzeug	**Zerspanbarkeit**	**Gratbildung**
Polymethylmetacrylat (PMMA)	Diamant VHM HSSE	gut	gering
Polycarbonat (PC)			stark
Polyetheretherketon (PEEK)			mittel
Aluminium hochfest		sehr gut	gering
Messing (CuZn)			mittel
Kupfer (Cu)		mittel	stark

Tabelle 4.27 gibt typische Kennwerte der beschriebenen Mikrofertigungsverfahren an. **Bild 4.** zeigt Werkzeuge und Produktbeispiele der Mikrozerspanung.

Tabelle 4.27 Typische Kennwerte miniaturisierter klassischer Formgebungsverfahren

Merkmal	Mikrofertigungsverfahren		
	Mikrospritzgießen	Mikroheißprägen	Mikrozerspanen
Minimale Strukturbreite	1 µm	0,05 µm	Stege 30 µm Kanäle 60 µm
Maximale Strukturtiefe	einige mm	einige mm	0,1 ... 6 mm
Maximales Aspektverhältnis	kleiner 10	bis zu 100	1,5 ... 30
Bauteiltoleranz	größer 2 µm	1 ... 2 µm	1 ... 2 µm
Werkstoffe	thermoplastische Werkstoffe	alle Thermoplaste	Kunststoffe, Metalle
Wirtschaftliche Losgröße	10000	10	1 ... 100

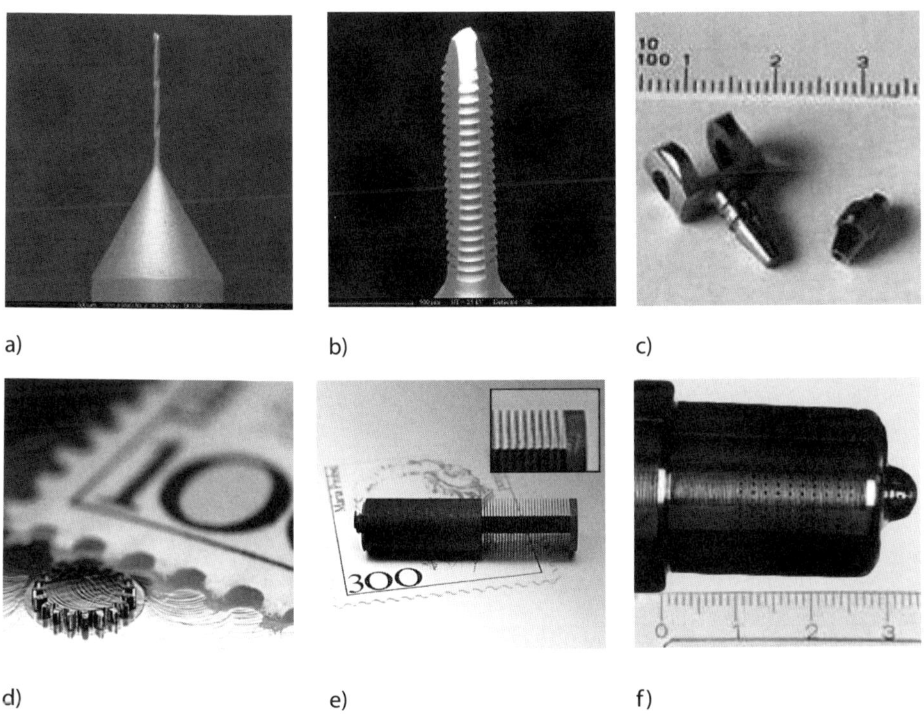

Bild 4.62 Mikrozerspanung: a) Hartmetallbohrer ø 50 µm; b) Hartmetall-Gewindebohrer S 0,306x0,08; c) Fingergelenk und Zahnwurzel, Werkstoff Titan; d) Elektrode zum Erodieren von Mikrozahnrädern, ø 2,5 mm, Werkstoff Kupfer, gefräst mit Schaftfräser ø 0,1 mm; e) Graphitelektrode zur Herstellung von Messerköpfen für Trockenrasierer, gesägt, Lamellendicke 0,1 mm; f) Dieselmotor-Einspritzdüsen, Bohrung ø 0,36 mm, Werkstoff Stahl 53 HRC (Quellen: a, b) DIXI polytool, Le Locle, Schweiz; c, d, e, f) Kern Mikro- und Feinwerktechnik GmbH & Co. KG, Murnau, Deutschland)

Beispiel 4.12 Schnittgeschwindigkeit und Drehzahl bei der Mikrozerspanung
Eine besondere Anforderung der Mikrozerspanung an die Werkzeugmaschinen stellen die relativ hohen Drehzahlen dar. Je kleiner der Werkzeugdurchmesser ist, umso höher muss die Drehzahl sein, um die erforderliche optimale Schnittgeschwindigkeit zu erreichen. Diese hängt von Werkstoff und Werkzeug ab. Wenn z. B. ein Diamant-Schaftfräser mit einem Durchmesser von $d = 200\ \mu m$ verwendet wird und die nötige Schnittgeschwindigkeit $v = 100$ m/min beträgt, ergibt sich für die Arbeitsspindel einer Mikro-Werkzeugmaschine aus $n = v/\pi d$ eine Drehzahl von $n \cong 160000\ \text{min}^{-1}$. Solche hohen Drehzahlen in Kombination mit weiteren Kriterien wie Bauteilabmessungen und Bauteiltoleranzen erfordern gegenüber der herkömmlichen Zerspanung neue Maschinenkonzepte, die vor allem eine hohe Steifigkeit von Maschine und Werkzeug, Rundlauf- und Positioniergenauigkeit, Vibrationsarmut, hochauflösende Steuerungen und Wegmesssysteme sowie die Werkstückspanntechnik betreffen.

4.14 Auswahl von mikrotechnischen Fertigungsverfahren

In den bisherigen Abschnitten sind eine Vielzahl unterschiedlichster Verfahren vorgestellt worden, die für die Herstellung mikrotechnischer Funktions- und Formelemente angewendet werden können. Oft müssen mehrere Verfahrensschritte in einen Prozessablauf zusammengeführt werden, um komplizierte dreidimensionale Formen zu erzeugen. **Tabelle 4.28** fasst die Entscheidungspunkte zusammen, die bei der Auswahl der geeigneten Fertigungsverfahren für den Herstellungsprozess der Funktions- und Formelemente eines Mikrosystems berücksichtigt werden müssen.

Tabelle 4.28 Entscheidungspunkte zur Auswahl von Fertigungsverfahren für die Herstellung von Mikrosystemkomponenten

1. Material der Funktions- und Formelemente, z. B.
• Klassische Konstruktionswerkstoffe (**Tabelle 4.26**) • Silizium(Volumenmikromechanik, Oberflächenmikromechanik mit epitaktischen Schichten) • Poly-Silizium (Oberflächenmikromechanik) • SiO_2 (Dünnschichttechnik) • Glas (Waferbonden zum Silizium)
2. Analyse der Grundformen: Entscheidung über Formgebung (**Tabelle 4.27, Tabelle 4.29**)
• Löcher, Gräben, Gruben • Durchbrüche • dünne Platten, Membranen • Biege-, Torsionszungen • Brücken • Erhebungen (Mesas)

Tabelle 4.28 Entscheidungspunkte zur Auswahl von Fertigungsverfahren für die Herstellung von Mikrosystemkomponenten (fortgesetzt)

3. Synthese der Gesamtgestalt
• Ein- und Zweiseitenbearbeitung • Mehrschrittformgebung • Zwei- oder Multiwaferaufbau (einschließlich Waferbonden, s. Abschn. 4.8)
4. Formbegrenzung bei der Formgebung
• lateral durch: Ätzmaske, Ätzstoppschichten, Anisotropie des Ätzverfahrens • vertikal durch: Ätzstoppmechanismen
5. Auswahl der Verfahrensschritte von **Tabelle 4.1** unter Berücksichtigung von:
• Maximale Verfahrenstemperatur • Prozesszeit • Konformität (Abschn. 4.4.2) • Thermisches Budget (Abschn. 4.7.1d) • u. v. a. m.

Tabelle 4.29 Einteilung der Formgebungsverfahren

Verfahren	**Subtraktiv**	**Additiv-subtraktiv**
Zweidimensionale (2D-) Strukturierung	–	Dünnschichttechnik in der Mikroelektronik
Quasi-dreidimensionale (2½D-) Strukturierung[1]	isotropes nasschemisches Ätzen (s. Abschn. 4.5) anisotropes Trockenätzen (s Abschn. 4.5.3) oberflächennahe Mikromechanik (s. Abschn. 4.11; z. B. SCREAM-, SIMPLE-Prozess) miniaturisierte klassische Verfahren (z. B. Mikroheißprägen)	HARMST-Verfahren (s. Abschn. 4.12, z. B. LIGA-Prozess)
Dreidimensionale (3D-) Strukturierung	anisotropes nasschemisches Tiefenätzen (s. Abschn. 4.6) miniaturisierte klassische Verfahren (z. B. Mikrozerspanen, Mikrospritzgießen)	Oberflächenmikromechanik (s. Abschn. 4.10) Bonden und Rückätzen (BESOI, s. Abschn. 4.9.2)
	Kombinationen aus subtraktiven oder additiv-subtraktiven 3D- und 2½D-Strukturierungsverfahren	

[1] einfache Fortsetzung des ebenen, lithografisch abgebildeten Musters in die Tiefe

Beispiel 4.13 Herstellung einer Düsenstruktur

Düsen für Tintendruckköpfe sind ein wichtiger Produktzweig in der Mikrosystemtechnik. Beispielhaft soll für die Zielstruktur von **Bild 4.63** eine Herstellungstechnologie für eine Düse aus einkristallinem Silizium entwickelt werden. Für eine große Lebensdauer und hohe Zuverlässigkeit soll die Düsenstruktur mit einer SiO_2-Schicht überzogen werden.

a) Grundformen und Synthese der Gesamtgestalt

Die angestrebte Form ist in **Bild 4.63a** dargestellt. Sie setzt sich aus einer Grube und einem Loch zusammen (**Tabelle 4.28**, Punkt 2) und kann somit gemäß **Tabelle 4.28**, Punkt 3

- in einem Wafer durch Zweiseitenbearbeitung (lokale Abdünnung von einer Seite, Loch von der gegenüberliegenden Seite) oder
- in einem Zweiwaferprozess (z. B. je eine Einätzung in jedem Wafer, anschließend Bonden und Rückätzen).

erfolgen. Im Weiteren wird der erstere Ansatz genutzt.

b) Formbegrenzung

Die Formgebung zur Herstellung der Düsenstruktur soll durch anisotropes Tiefenätzen vorgenommen werden. Die Düsenöffnung soll seitlich durch Ätzstoppschichten (mit Bor hoch dotiertes p^{++}-Si) begrenzt werden, während sich der Vorratsraum durch die Ätzmaskenbegrenzung geometrisch einstellen lässt.

c) Auswahl der Verfahrensschritte

Für die geometrische Begrenzung von Düsenöffnung und Vorratsraum sind entsprechende p^{++}-Si-Gebiete auf der Vorderseite zu dotieren und eine Ätzmaske auf der Rückseite zu schaffen. Dies passiert in folgenden Schritten:

- Schaffung einer thermischen Oxidschicht mit geringer Dicke, durch die Durchimplantation nicht möglich ist. Dazu verwendet man zwei Oxidationsschritte mit Zwischenstrukturierung (**Bild 4.63b-d**). Die Implantation durch die dünne SiO_2-Schicht ermöglicht, dass das Konzentrationsmaximum der Dotanden näher an die Oberfläche gebracht werden kann.
- Hochdosisimplantation mit anschließender Ausheilung (**Bild 4.63e**). Damit wird die spätere Düsenöffnung festgelegt.
- Strukturierung der SiO_2-Ätzmaske auf der Scheibenrückseite durch nasschemisches Ätzen in BHF-Lösung (**Bild 4.63f**).

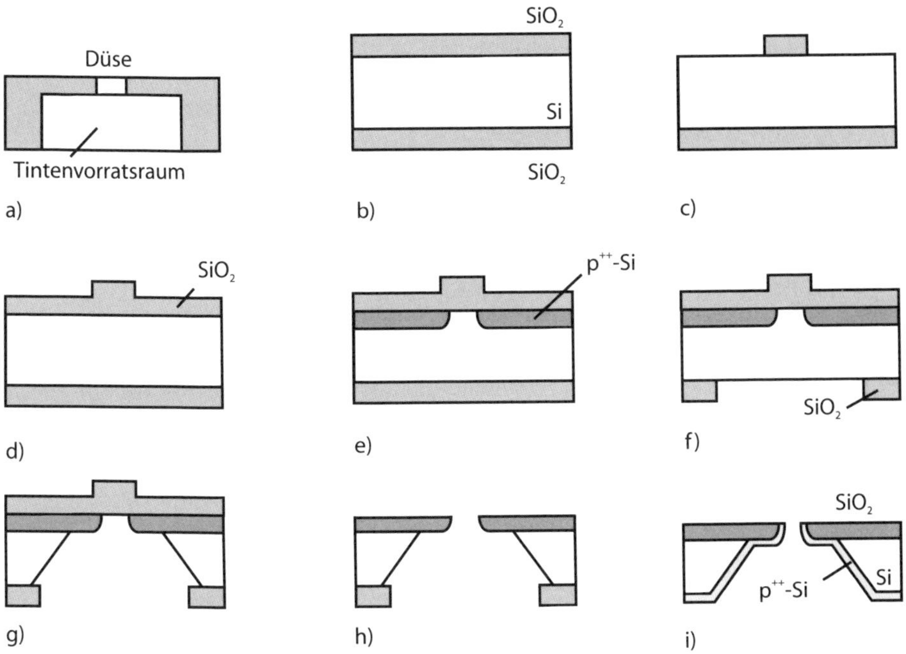

Bild 4.63 Herstellung einer Düse für einen Tintenstrahldrucker (Erläuterungen im Text)

- Anisotropes Siliziumätzen, z. B. mit KOH-Ätzlösung (**Bild 4.63g**). Dabei bilden sich die Formen für den Vorratsraum und die Düsenöffnung heraus.

- Entfernung der SiO_2-Schichten auf der Vorder- und Rückseite durch nasschemisches Ätzen mit BHF-Lösung und thermische Oxidation der gesamten Struktur (**Bild 4.63i**).

Aufgaben

4.1 Beim anisotropen Ätzen von (1 1 0)-Silizium entstehen Einätzungen, die durch sechs {1 1 1}-orientierte Seitenwände eingeschlossen werden (**Bild 4.32**). Berechnen Sie die Winkel dieser Flächen untereinander und in Bezug auf die Waferoberfläche!

4.2 Auf einem (1 0 0)-Si-Wafer befindet sich eine Ätzmaske mit <1 1 0>-orientierten Maskenkanten (**Bild 4.64**). Zum Schutz der konvexen Ecke ist eine lange, rechteckige Kompensationsätzmaske angefügt. Konstruieren Sie qualitativ den Unterätzvorgang! Benutzen Sie dazu das Ätzratendiagramm von **Bild 4.21**.

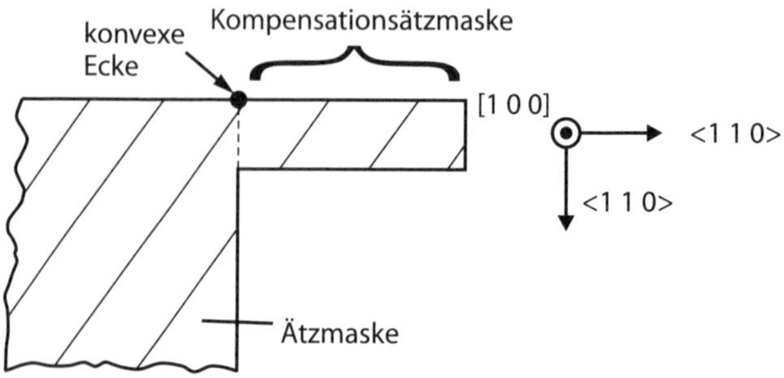

Bild 4.64 Konvexe Ätmaskenecke mit Kompensationsmaskenteil

4.3 Ein Drucksensor soll eine quadratische Druckplatte mit einer Abmessung von 500 µm und einer Dicke von 25 µm haben. Der dicke Rand um die Druckplatte soll aus Stabilitäts- und Montagegründen mindestens 100 µm betragen. Vergleichen Sie den Platzbedarf für die Herstellung aus Standardwafern von 150 mm Durchmesser, wenn die Herstellung einerseits mittels anisotropem nasschemischen Tiefenätzen und anderseits als Zweiwaferprozess durch Bonden und Rückätzen erfolgt!

4.4 Im SIMOX-Prozess werden $2 \cdot 10^{18}$ Sauerstoffionen pro cm^2 mit einer Energie von 200 keV in Si implantiert. Nach der Hochtemperaturausheilung (6 h, 1300 °C) formt sich eine 400 nm dicke, scharf zum Si hin begrenzte, stöchiometrische SiO_2-Schicht. Über der Oxidschicht befindet sich eine 200 nm dicke Si-Schicht. Schätzen Sie aus diesen Angaben die projektierte Reichweite R_p und deren Streuung ΔR_p für die Sauerstoffimplantation in Silizium (für 200 keV) ab!

4.5 Infolge des Opferschichtätzens zum Freilegen beweglicher Strukturen in der Oberflächenmikromechanik kann es zum Haften dieser Strukturen am Substrat kommen. Erläutern Sie, warum man durch Noppen gemäß **Bild 4.53b** kritische Biegerlängen erreichen kann, die um ein Vielfaches größer sind, als sich aus Gl. (4.53) ergeben würde!

4.6 Mit Verfahren der oberflächennahen Mikromechanik lassen sich Strukturen schaffen, die nur von SiO_2-Brücken, auf denen sich Al-Leitbahnen befinden, gehalten werden (AIM Air-gap Insulated Microstructures, **Bild 4.65**). Entwickeln Sie eine einfache Herstellungstechnologie!

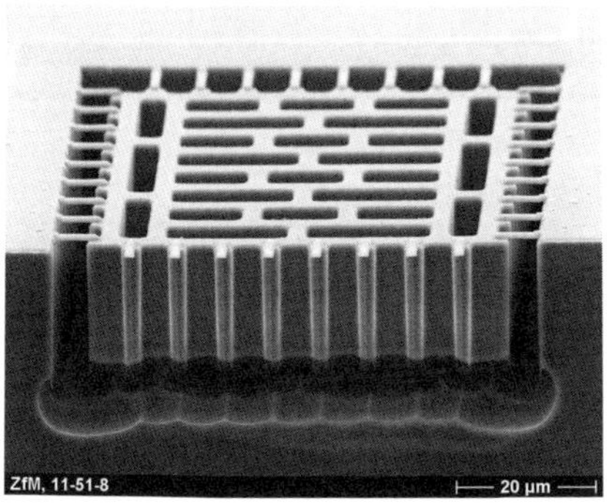

Bild 4.65 Luftspaltisolierte Mikrostruktur, hergestellt in oberflächennaher Mikromechanik. Strukturhöhe 20 µm, Lateralabmessungen 60x60 µm², Stegbreite 2 µm
(Quelle: TU Chemnitz, Zentrum für Mikrotechnologien)

4.7 Entwickeln Sie eine Herstellungstechnologie für eine Halbkugel aus einkristallinem Silizium, die einen Radius von 200 µm und eine Wanddicke von 5 µm hat!

4.8 Drucksensoren lassen sich auf vielfältige Weise herstellen (**Tabelle 4.30**). Entwickeln Sie für alle gezeigten Varianten Herstellungstechnologien!

4.9 Entwickeln Sie eine Herstellungstechnologie für den piezoresistiven Beschleunigungssensor mit Anschlag von **Bild 4.66**!

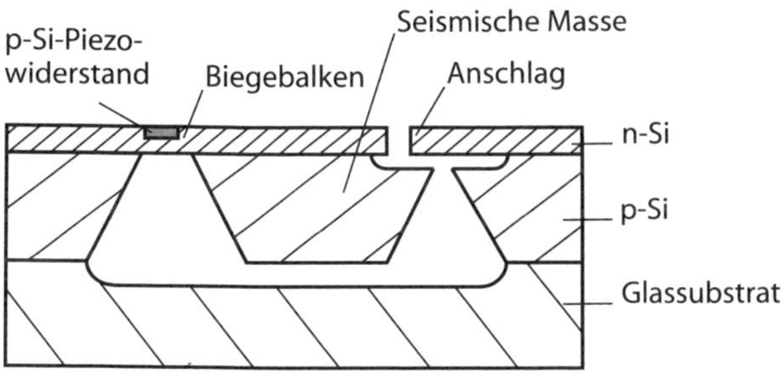

Bild 4.66 Piezoresistiver Beschleunigungssensor[24]

4.10 Stellen Sie den relativen Anteil der Toleranz am Nennmaß, der sich nach DIN ISO 286 ergibt, für Bauteile mit Nennmaßen von 6 … 1 mm und IT-Qualitäten IT 5 … IT 7 grafisch dar! Welche Tendenz ist erkennbar, welcher Entwicklungsbedarf

[24] Barth, P. W.; Pourahmadi, F.; Mayer, R.; Poydock, J.; Petersen, K.: Technical Digest. IEEE Solid State Sensor and Actuator Workshop; Hilton Head Island, June 6-9,1988, S. 35

ist daraus für die Tolerierung sowie für die Mess- und Prüftechnik von Mikrobauteilen mit Abmessungen unterhalb von 1 mm ableitbar?

Tabelle 4.30 Gestaltung dünner Biegeplatten für Drucksensoren

Bearbeitung	Si-Druckplatte	Poly-Si-Druckplatte	SiO_2- oder Si_3N_4-Druckplatte
Zweiseitenbearbeitung	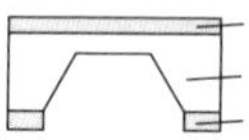	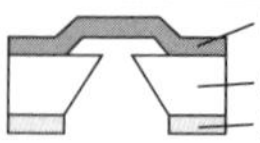	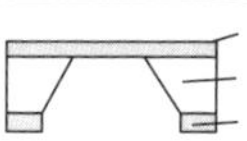
Einseitenbearbeitung (Oberflächenmikromechanik)	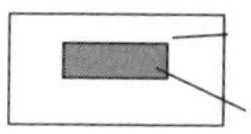	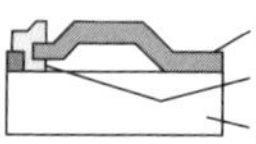	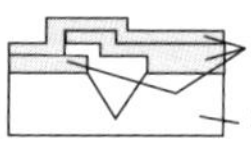
Zweischeibenbearbeitung (Bonden und Rückätzen)	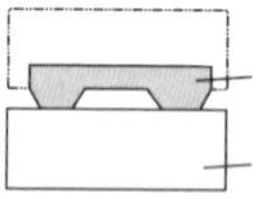		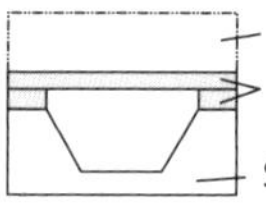

[1] vor der Herauslösung des porösen Siliziums; [2] Kombination aus anisotropem, nasschemischem Ätzen und Opferschichtverfahren

Literatur

[ALBERS05] *Albers, J.*: Kontaminationen in der Mikrostrukturierung. München, Wien: Carl Hanser Verlag 2005

[BRÜCK01] *Brück, R.; Rizvi, N.; Schmidt, A.*: Angewandte Mikrotechnik. München, Wien: Carl Hanser Verlag 2001

[CAMPELL01] *Campell, S. A.*: The Science and Engineering of Microelectronic Fabrication. 2. Aufl. New York, Oxford: Oxford University Press 2001

[EHRFELD02] *Ehrfeld, W. (Hg.)*: Handbuch Mikrotechnik. München, Wien: Carl Hanser Verlag 2002

[ELWENSPOEK98] *Elwenspoek, M.; Jansen, H. V.*: Silicon Micromachining. Cambridge University Press 1998

[FRÜHAUF05] *Frühauf, J.*: Shape and Functional Elements of the Bulk Silicon Microtechnique. Berlin u. a.: Springer 2005

[FUKUDA98] *Fukuda, T. Menz, W. (Hg.)*: Micro Mechanical Systems. Handbook of Sensors and Actuators, Bd. 6. Amsterdam u. a.: Elsevier 1998

[GAIL02] *Gail, L.; Hartig, H.-P.*: Reinraumtechnik. Berlin u. a.: Springer 2002

[GARDNER01] *Gardner, J. W.; Varadan, V. K.; Awadelkarim, O. O.*: Microsensors, MEMS and Smart Devices. Chichester u. a.: John Wiley & Sons 2001

[GERLACH05] *Gerlach, G; Werthschützky, R.*: 50 Jahre Entdeckung des piezoresistiven Effekts - Geschichte und Entwicklung piezoresistiver Sensoren. Technisches Messen 72 (2005)2, S.53-76

[KERN93] *Kern, W. (Hg.)*: Handbook of Semiconductor Cleaning Technology. Park Ridge: Noyes Publishing 1993

[MADOU97] *Madou, M.*: Fundamentals of Microfabrication. Boca Raton: CRC Press 1997

[MENZ05] *Menz, W.; Bley, P.*: Mikrosystemtechnik für Ingenieure. 2. Aufl. Weinheim. VCH Wiley 1995

[NISHI00] *Nishi, Y.; Doering, R.*: Handbook of Semiconductor Manufacturing Technology. New York, Basel: Marcel Dekker 2000

[OHRING92] *Ohring, M.*: The Materials Science of Thin Films. San Diego u. a.: Academic Press 1992

[QUIRK01] *Quirk, M.; Serda, J.*: Semiconductor Manufacturing Technology. Upper Saddle River, Columbus: Prentice Hall 2001

[SCHADE91] *Schade, K.*: Mikroelektroniktechnologie. Berlin: Verlag Technik 1991

[SEIDEL86] *Seidel, H.*: Der Mechanismus des Siliziumätzens in alkalischen Lösungen. Dissertation. Freie Universität Berlin 1986

[SZE00] *Sze, S.*: ULSI Technology. John Wiley & Sons 2000

[VÖLKLEIN05] *Völklein, F.; Zetter, T.*: Einführung in die Mikrosystemtechnik. 2. Aufl. Braunschweig, Wiesbaden: Vieweg 2005

5 Aufbau- und Verbindungstechnik

Die **Aufbau- und Verbindungstechnik** oder das **Packaging**, wie die Aufbau- und Verbindungstechnik auch genannt wird, führt Funktionskomponenten zu technischen Systemen (Mikrosystemen) zusammen, wobei die Systemfunktionen unter allen zugelassenen Umgebungs- und Betriebsbedingungen aufrecht erhalten und gesichert werden müssen.

Sie ist eine Systemtechnik (s. **Bild 1.4**) und hat vielfältige Aufgaben für die Systemfunktionen zu erfüllen. Man schätzt ab, dass allgemein nur ein Drittel der Kosten die Fertigung der Siliziumchips betrifft, während ein weiteres Drittel jeweils auf das Packaging und auf den Test entfällt [RAI00].

5.1 Aufgaben und Anforderungen

5.1.1 Aufgaben

Die Aufbau- und Verbindungstechnik muss unterschiedlichste Funktionen erfüllen, die sich aus den geforderten Systemfunktionen (**Tabelle 5.1**, **Bild 5.1**) und aus den Produktanforderungen für die unterschiedlichen Anwendungsgebiete (**Tabelle 5.2**) ergeben.

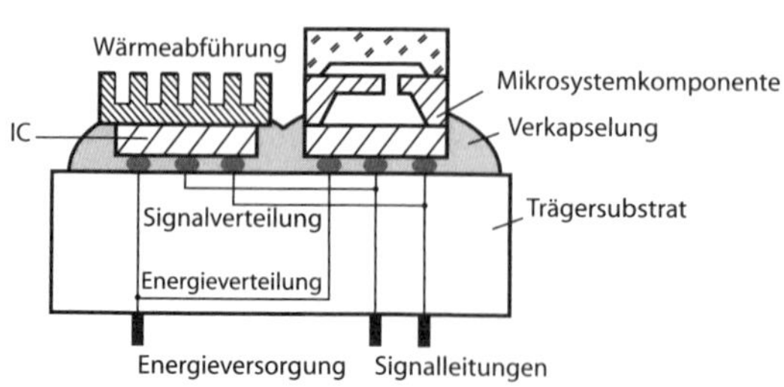

a)

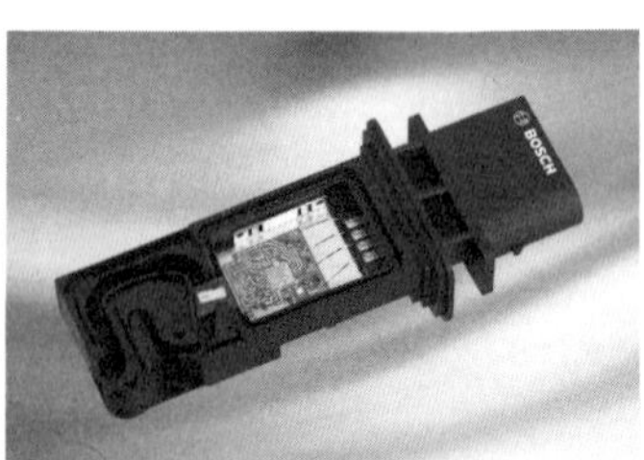

b)

Bild 5.1 Mikrosystempackaging mit mechanischen, elektrischen, sensorischen, thermischen und protektiven Funktionen, a) Prinzipaufbau (nach [TUMMALA01]; b) Beispiel Luftmassensensor (Robert Bosch GmbH)

Tabelle 5.1 Funktionen der Aufbau- und Verbindungstechnik

Ebene	Funktionen
Mechanisch	geometrische Anordnung der Funktions- und Formelemente im System; mechanische Antriebsbewegungen (bei Aktoren)
Elektrisch	Energie-/Stromversorgung; Signalverteilung
Sensorisch	Zuführung der Sensorsignale
Thermisch	Verlustwärmeabführung
Protektiv	Schutz aller Teilkomponenten und des Gesamtsystems gegen funktionsbeeinträchtigende Störungen (mechanische, chemische, elektromagnetische)
Kompatibilität	gegenüber Umgebung; Biokompatibilität

Tabelle 5.2 Anforderungen an Produkte in verschiedenen Marktsegmenten

Gebiet	Temperaturbereich in °C	Mechanische Stoßbelastung	Relative Luftfeuchte in % r.F.
Anwender	0 ... +60	Falltest (1 m auf Beton)	normal
Industrie	-20 ... +80	≤ 5 g	85 (bei 85 °C)
Automobil (motornah)	-40 ... +150	≤ 3 g	85 (bei > 100 °C)
Luft- und Raumfahrt	-55 ... +125	≤ 1500 g	85 (bei 85 °C)
Information und Kommunikation	-40 ... +85	Falltest (1 m auf Beton)	85 (bei 85 °C)
Medizin	-20 ... +80	≤ 5 g	normal

Um diese vielfältigen Aufgaben zu erfüllen, sind Mikrosysteme, so wie elektronische Geräte auch, meist hierarchisch aufgebaut, wobei jeder Ebene unterschiedliche Funktionen zugewiesen sein können. Beim Packaging kann man allgemein vier Ebenen unterscheiden:

1. Packagingmaßnahmen am Chip (z. B. Passivierungsschichten auf der Chipoberfläche, am Einzelchip oder noch im Waferverbund)
2. Chipmontage (z. B. Verbindung mit Gegenkörper, Gehäusung eines Schaltkreises)
3. Baugruppenmontage (z. B. Leiterplatte mit Sensoren, ICs und diskreten Bauelementen)
4. Systemmontage (z. B. Gerätemontage, Motherboard, Backplane).

Für jede Ebene kommen unterschiedliche Verfahren zur Anwendung. Die Abscheidung von Passivierungsschichten wird mit Schichtherstellungsverfahren (s. Abschn. 4.4), die Verbindung der Mikrosystemchips mit Trägersubstraten mittels entsprechender Verbindungsverfahren (s. Abschn. 4.8) realisiert. Die Baugruppenmontage nutzt oft Löten und Kleben und stützt sich dabei auf die Dünn- oder Dickschichttechnik.

Beispiel 5.1 Aufbau- und Verbindungstechnik für piezoresistive Drucksensoren

Bild 5.2 zeigt den Querschnitt durch einen montierten piezoresistiven Drucksensor, der äußerlich üblichen DIL-(Dual In Line)Gehäusen ähnelt. Für die Zuführung des Messdrucks des Absolutdrucksensors ist ein spezieller Druckanschlussstutzen vorgesehen. Kernstück des Sensors ist der piezoresistive Siliziumdrucksensor (s. Abschn. 7.2.5). Damit das Messsignal nur durch den Messdruck beeinflusst und nicht durch thermisch oder mechanische Verspannungen gestört wird, ist der Sensorchip mit einem Gegenkörper mit angepasstem Längenausdehnungskoeffizienten (meist Silizium oder Glas) verbunden und weich im Gehäusekörper eingeklebt.

Die elektrische Kontaktierung der Piezowiderstände im Siliziumchip erfolgt über Drahtbrücken auf die äußeren elektrischen Anschlüsse. Damit durch das Druckmedium keine Beeinflussung der Halbleiteroberfläche erfolgt (z. B. durch Korrosion), ist der Sensorchip in ein Schutzgel eingebettet, dessen Nachgiebigkeit so groß ist, dass der Messdruck bis zur Biegeplatte des Sensorchips nur vernachlässigbar abgeschwächt wird.

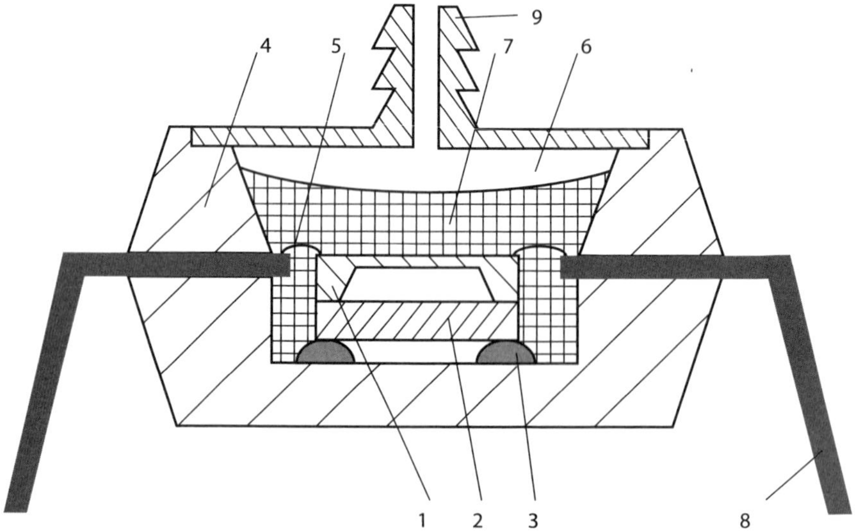

Bild 5.2 Montierter Drucksensorchip im Gehäuse: 1 Sensorchip, 2 Gegenkörper, 3 Klebepunkte, 4 Gehäusekörper, 5 elektrische Drahtbondung, 6 Abdeckung, 7 Schutzgel, 8 elektrische Anschlüsse (Trägerstreifen), 9 Druckanschlussstutzen

Da die Verlustwärmeentwicklung in piezoresistiven Sensoren gering ist, kann auf spezielle Wärmeabführungsmaßnahmen verzichtet werden, zumal durch die gute Wärmeleitfähigkeit von Silizium die in den Piezowiderständen entstehende Verlustwärme gut zum dicken Chiprand abgeführt wird. **Tabelle 5.3** gibt einen Überblick über die Anforderungen, die sich aus den Systemfunktionen und den Anwendungsspezifikationen ergeben.

Tabelle 5.3 Anforderungen an Packaging-Lösungen (vgl. Bild 5.1)

Ebene		Anforderungen
Allgemein		• geringe Kosten • geringe Größe • hohe Zuverlässigkeit und Qualität • geringer Störgrößeneinfluss
Elektrisch	Chipmetallisierung	• gute Haftung, Delaminationsresistenz • Zuordnungsgenauigkeit • Kratzer, Unterbrechungen • Kurzschlüsse • Dicke • Kontaktwiderstand • Kantenbedeckung • Lasertrimmung
	Bonddrähte	• Festigkeit • Haftung • Platzierungsgenauigkeit • Bimetallische Kontamination (Kirkendall-Effekt) • Abmessungen (Höhe, Krümmung)
	Zuleitungen	• Festigkeit • Haftung • Lötbarkeit • Kontamination • Korrosion
Mechanisch		• Höhe, Abmessungen, Orientierungsgenauigkeit • Medienkompatibilität • mechanische Defekte • Uniformität von Passivierungen • Vibrationsfestigkeit • Dämpfung • intrinsische Spannungen, Deformationen • Rissbildung
Thermisch		• effiziente Wärmeabführung • thermische Lastwechselbeständigkeit
Funktionsparametereinfluss		• Langzeitstabilität der Funktionsparameter • geringe Querempfindlichkeiten hinsichtlich Störgrößen • Langzeitstabilität der Parameter

Wie aus Beispiel 5.1 deutlich wird, gehen die Anforderungen bei der Aufbau- und Verbindungstechnik von Mikrosystemen deutlich über die in der Elektronik und Mikroelektronik hinaus. Das ist durch folgende Ursachen bedingt:

- Zusätzlich zur elektrischen Energieversorgung und zu den elektrischen Signalen treten unterschiedliche nichtelektrische (mechanische, optische, fluidische u. a.) Signale und Größen auf.
- Mikrosysteme sollen gegen ausgewählte Größen (z. B. elektromagnetische Strahlung, Temperatur und Feuchte) geschützt werden, während andere Größen das System zumindest lokal gezielt beeinflussen sollen (z. B. die Messgrößen bei Sensoren, chemische Spezies in Lab-on-Chip-Systemen). Das erfordert selektive Schutzmaßnahmen.
- Fortschreitende Miniaturisierung auch für nichtelektronische Komponenten.

5.1.2 Zuverlässigkeitsgerechtes Packaging

Fehler- bzw. Ausfallmechanismen treten auf der untersten Ebene des Packaging auf. Ausfälle werden infolge der Betriebsbedingungen durch Überlast oder Verschleiß verursacht (**Tabelle 5.4**).

Tabelle 5.4 Ausfallmechanismen an Mikrosystemen

Überlast		**Verschleiß**		
mechanisch	elektrisch	mechanisch	elektrisch	chemisch
Bruch	elektromagnetische Verträglichkeit	Rissbildung	Kurzschlüsse durch	Korrosion
plastische Deformation	elektrostatischer Durchschlag	Abrieb	Hillock- und Whiskerbildung	Diffusion von Medien (z.B. Feuchte)
Delamination	Elektromigration		Elektromigration	

Um der Hauptaufgabe der Aufbau- und Verbindungstechnik zu entsprechen, müssen Mikrosysteme so aufgebaut sein, dass die Funktions- und Störgrößen zumindest für eine bestimmte Betriebsdauer keinen schädigenden Einfluss auf die Funktionsparameter haben. Dies erfordert einen speziellen zuverlässigkeitsgerechten Entwurf für das Packaging (**Design for Reliability**). Daraus ergeben sich spezielle Anforderungen für die Werkstoffauswahl der Funktions- und Formelemente sowie der eingesetzten Technologien für die Herstellung der Mikrosystemkomponenten und für die Aufbau- und Verbindungstechnik (**Tabelle 5.5**). Aus diesem Grund muss der Mikrosystementwurf immer auch mit dem Packagingentwurf verbunden sein.

Tabelle 5.5 Zuverlässigkeitsgerechter Mikrosystementwurf

Ebene	Fehlermechanismus	Zuverlässigkeitsgerechter Entwurf
1. + 2. Chippackaging	Korrosion	Abdichtung und Verkapselung
	Sprödbruch	Verringerung der mechanischen Spannungen; Defektvermeidung
	Elektromigration	Verwendung anderer Werkstoffe; Verringerung der Stromdichte
3. Funktionsgruppen-packaging	Rissbildung	Lastverringerung; Verwendung von Hochtemperaturwerkstoffen
	Ermüdungsbruchentstehung und -ausbreitung (Fatigue)	Verringerung der mechanischen Spannungsbelastung; Einschränkung des Temperaturbereichs; Verwendung anderer Werkstoffe, Geometrien und Abmessungen
	Delamination	Verbesserung der Haftung; Verringerung der Schichtspannungen
	Interdiffusion	Temperaturreduktion
	Strahlungsschäden	Abschirmung
4. Systempackaging	Korrosion	Defektvermeidung, -verringerung; verminderter Feuchtebereich; Temperaturreduktion
	Abrieb, Abnutzung	Spannungsverringerung; Reibungsminderung

5.2 Funktionen der Aufbau- und Verbindungstechnik

In **Tabelle 5.1** war ein Überblick über die Funktionen gegeben worden, die das Packaging von Mikrosystemen zu erfüllen hat. Im Folgenden sollen ausgewählte Funktionen etwas näher betrachtet werden, ohne dass detailliert auf alle Probleme eingegangen werden kann. Dafür sei auf [TUMMALA01] und [RAY00] (speziell für Mikrosysteme) sowie [TUMMALA97] und [SCHEEL97] (für elektronische Bauelemente und Baugruppen) verwiesen.

5.2.1 Mechanische Verbindungen

Eine der Aufgaben der Aufbau- und Verbindungstechnik ist es, die Funktionskomponenten des Mikrosystems geometrisch anzuordnen und zu fixieren. Dies erfolgt meist auf einem Träger, der selbst Teil des Gehäuses sein kann.

a) Substratwerkstoffe

Als Träger oder Substrat kann der Siliziumchip selbst (bei **monolithischer Integration**), Leiterplattenmaterial, Keramik, Kunststoff oder Metall verwendet werden (**Tabelle 5.6**).

Tabelle 5.6 Trägerwerkstoffe für Mikrosysteme

Träger	Eigenschaften
Silizium	• hart und spröd • Verbindung des Si-Chips mit Si oder Glas mittels Kleben, Glaslöten, eutektischem Bonden, anodischem Bonden oder Siliziumdirektverbinden (s. Abschn. 4.8) • hermetisch dichte Verbindung möglich • elektrische Leitbahnen auf Si zum Drahtbonden • meist als Chip-Size-Packaging für Subsysteme in Mikrosystemen eingesetzt
Keramik	• hart und spröd • keramische Verdrahtungsträger • keramische Gehäuse meist zweigeteilt (Träger, Deckel) • elektrische Leitbahnen mittels Dünn- und Dickschichttechnik erzeugbar, für Drahtbonden nutzbar
Leiterplattenmaterial	• besteht aus Träger-(Glashartgewebe) und Bindematerial (Epoxid) • flexible Leiterplatten auf der Basis von Kunststofffolien (PE, PI, PTFE) verfügbar • Leitbahnen durch Kaschieren und fotolithografische Strukturierung
Kunststoff	• Umhüllen von Funktionskomponenten, die mit einem Trägerstreifen (Lead-frame) elektrisch kontaktiert sind, durch Spritzgießen • Funktionskomponenten sind den harschen Bedingungen des Spritzgießens unterworfen • nicht hermetisch dicht
Metall	• robust, einfach verarbeitbar • hermetisch abdichtbar, für harsche Umgebungen nutzbar (Edelstahl) • für kleine Stückzahlen geeignet

b) Monolithische versus Hybridintegration

Für viele Anwendungen wäre es prinzipiell möglich, alle Funktionskomponenten eines Mikrosystems in einem Siliziumchip monolithisch zu integrieren, d. h. innerhalb eines einzelnen Siliziumchips zu realisieren (**Bild 5.3**). Für die mikroelektronischen Komponenten sind Standardtechnologien verfügbar (z. B. CMOS, BiCMOS); mit den mikrotechnischen Fertigungstechniken (s. Kapitel 4) steht ein großes Spektrum von Verfahren zur dreidimensionalen Formgebung zur Verfügung. Durch monolithische Integration lassen sich folgende Vorteile nutzen [WOLFFENBUTTEL96]:

- Minimale Größe und minimales Gewicht durch höchste Integration,
- hohe Zuverlässigkeit durch reduzierte Anzahl von Komponenten,
- optimale Temperaturanpassung durch den einheitlichen Trägerwerkstoff Silizium,
- einfache Realisierung von Sensor- und Aktorarrays,
- geringe parasitäre Induktivitäten, Kapazitäten und Widerstände,
- hohe elektromagnetische Immunität durch geringe Abmessungen,
- geringe Kosten bei großen Stückzahlen.

Diesen Vorteilen stehen eine Reihe von Nachteilen gegenüber:

- Die monolithische Integration von mikromechanischen mit elektronischen Funktionselementen erfordert eine komplexe Fertigungstechnologie aus mikroelektronischen Basistechnologien und Mikrotechniken. Dadurch sind hohe stückzahlunabhängige Festkosten FK_m erforderlich. Für Material, Arbeitslohn usw. fallen außerdem pro Stück (variable) Kosten VK_m an. Die **Gesamtkosten** pro Stück ergeben sich dann bei einer Stückzahl n zu

$$K_m = \frac{1}{n} FK_m + VK_m . \tag{5.1}$$

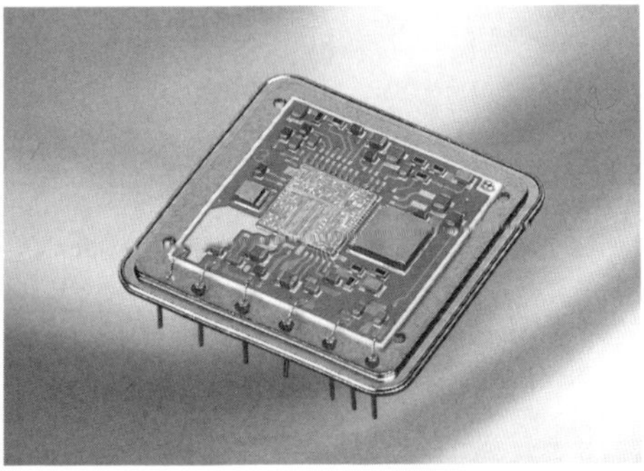

Bild 5.3 Beispiele für hybrid aufgebaute Beschleunigungssensoren (Quelle: Robert Bosch GmbH)

Für die **Stückkosten** bei **hybrid integrierten Mikrosystemen** ergibt sich analog

$$K_h = FK_h / n + VK_h. \qquad (5.2)$$

Die Abhängigkeit der Kosten K von der Stückzahl n ist in **Bild 5.4** dargestellt. Da die Festkosten FK_m für die monolithische Integration viel höher als die für die Hybridintegration sind, wird nur bei sehr großen Stückzahlen oberhalb einer kritischen Stückzahl n_{krit} monolithische Integration wirtschaftlich:

$$n_{krit} = \frac{FK_m - FK_h}{VK_h - VK_m}. \qquad (5.3)$$

- Für die Integration von Mikromechanik und Mikroelektronik sind zusätzliche Maskenebenen für die Halbleiterbearbeitung erforderlich. Dadurch reduziert sich die kombinierte Ausbeute gemäß Gl. (4.2) entscheidend (s. Beispiel 4.2).
- Monolithisch integrierte Mikrosysteme erfordern im Allgemeinen die Verbindung von analogem und digitalem Schaltungsentwurf (Non-recurring Engineering). Dies steigert die Komplexität und damit die Kosten des Entwurfs.
- Gerade bei Mikrosensoren muss das Packaging die Einwirkung der Messgröße erlauben, den Einfluss aller anderen, störenden Größen aber verhindern. Diese Trennung ist oft nur mit großem Aufwand erreichbar. Bei hybrid aufgebauten Mikrosystemen können elektronische Schaltungskomponenten wegen des modularen Aufbaus viel besser vor störenden Einflüssen geschützt werden.
- Durch einen Hybridaufbau von Mikrosystemen können flexibel Systemfamilien für unterschiedliche Betriebsbedingungen, elektrische Ausgangssignalformen (analog, digital) und Messbereiche (für Sensoren) geschaffen werden.

Da im Unterschied zum Halbleiterbauelementemarkt der Mikrosystemmarkt viel stärker diversifiziert ist und oft nur relativ kleine Stückzahlen erfordert, wird in der überwiegenden Zahl der Anwendungen die Hybridintegration angewendet. Vollkommen monolithisch integrierte Lösungen findet man gegenwärtig nur für Standard-Druck-, Beschleunigungs- und Drehratensensoren für den Automobilbereich, bei denen die Stückzahlen größer als 10^7 sind.

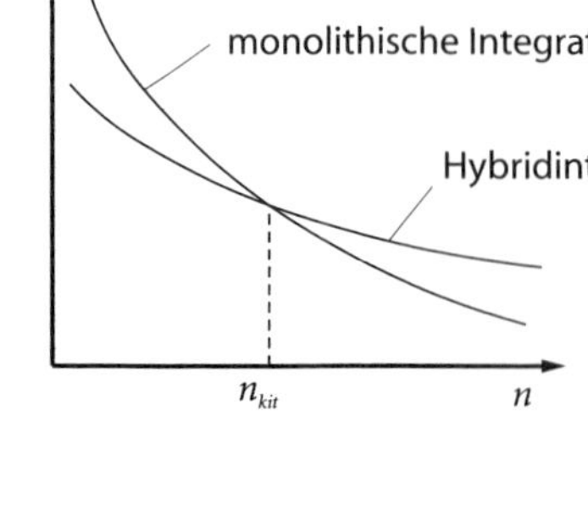

Bild 5.4 Abhängigkeit der Fertigungskosten K pro Stück von der Stückzahl n

Beispiel 5.2 Monolithische Integration von kapazitiven Beschleunigungssensoren

Die monolithische Integration von kapazitiven Beschleunigungssensoren erfordert Investitionen an Halbleiterausrüstungen von 10 Mio. €. Bei Berücksichtigung einer verringerten Ausbeute kostet die Fertigung eines einzelnen Sensorchips 10 €. Die Gehäusung und Verkappung kostet pro Stück weitere 2 €.

Bei der Hybridvariante sind Investitionen für das Packaging von 1 Mio. € erforderlich. Die Fertigung eines Sensorchips kostet 4 €, die Montage und Gehäusung weitere 5 €. Jeder Sensor soll dabei noch einen Signalverarbeitungsschaltkreis enthalten, der zugekauft wird und 6 € kostet.

Es soll ermittelt werden, ab welcher Stückzahl n_{krit} die monolithische Integration wirtschaftlich sinnvoll wird. Gemäß dem gegebenen Preis gilt:

- für die monolithische Variante:
  $FK_m = 10^7\,€ \qquad VK_m = (10+2)\,€ = 12\,€$
- für die Hybridvariante
  $FK_h = 10^6\,€ \qquad VK_h = (4+5+6)\,€ = 15\,€$

Mit Gl. (5.3) ergibt sich damit

$$n_{krit} = \frac{FK_m - FK_h}{VK_h - VK_m} = \frac{9 \cdot 10^6 \text{ EUR}}{3\,\text{EUR}} = 3 \cdot 10^6.$$

Unter den genannten Bedingungen ist die monolithische Integration erst bei Stückzahlen von mindestens 3 Millionen wirtschaftlich.

c) Thermische Anpassung

Bei der Montage von Mikrosystemen werden Werkstoffe gepaart, die oft einen unterschiedlichen thermischen Längenausdehnungskoeffizienten haben (s. **Tabelle 6.7**). Wie bei der Abscheidung von Dünnschichten auf Substraten (Abschn. 3.5) tritt durch die thermisch verursachte Dehnungsdifferenz (s. Gl. (3.32))

$$\Delta\varepsilon = (\alpha_1 - \alpha_2)\Delta T \tag{5.4}$$

eine Deformation des Verbundes auf. Hier bezeichnen α_1 und α_2 die Ausdehnungskoeffizienten der Verbindungspartner und ΔT die Temperaturdifferenz zur Verbindungstemperatur. In der Praxis wird meist unter folgenden beiden Wegen gewählt, um Deformationen oder den Eintrag von mechanischen Spannungen in Funktions- und Formelemente des Mikrosystems zu vermeiden:

- Thermische Anpassung durch feste Verbindung von Elementen mit angepasstem thermischem Längenausdehnungskoeffizienten (z. B. anodisches Bonden von Silizium und Glas; Siliziumdirektbonden)
- mechanische Spannungsentkopplung durch eine hochelastische, sehr weiche Zwischenschicht (z. B. mit weichem Klebstoff oberhalb der Glastemperatur T_G, vgl. **Bild 3.10**).

5.2.2 Elektrische Verbindungen

Mit der Aufbau- und Verbindungstechnik sollen die Mikrosystemkomponenten mit elektrischer Energie versorgt und über elektrische Signalleitungen untereinander und mit der Systemumgebung verbunden werden.

Tabelle 5.7 zeigt wichtige Verfahren, mit denen Siliziumchips auf Substraten elektrisch kontaktiert werden können.

Tabelle 5.7 Kontaktierungsverfahren von ungehäusten Chips auf Substraten

Verfahren	**C&W** **Chip and Wire**	**TAB** **Tape Automated Bonding**	**FC** **Flip Chip**
Prinzipbild	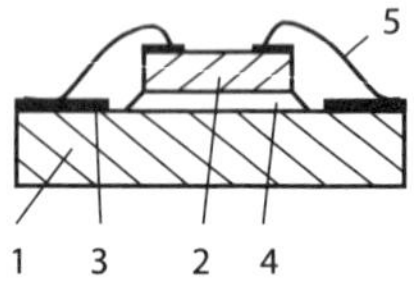	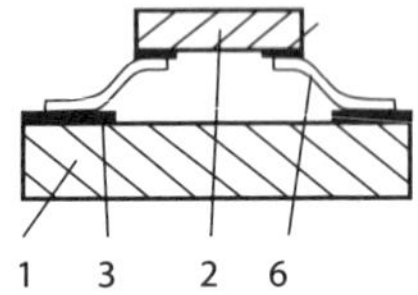	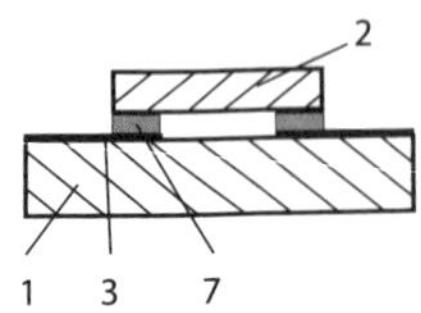
Verbindung	seriell	parallel	parallel
Elektrische Verbindung Chip-Substrat	Drahtbrücken	flexibler Schaltungsträger	Löthöcker (Bumps)
Kontaktierung	TC- oder US-Drahtbonden	Löten oder TC-Bonden	Löten, Kleben oder TC-Bonden

1 Substrat, 2 Si-Chip, 3 Bondpad, 4 Klebstoff, 5 Drahtbrücke, 6 flexibler Schaltungsträger, 7 Löthöcker

Das **Drahtbonden** (Chip & Wire) ist zur Zeit noch das wichtigste Verfahren zur Kontaktierung von Halbleiterchips. Verwendet werden dazu Mikrodrähte mit einem typischen Durchmesser von 20 ... 25 µm, die in Form von Drahtbrücken verlegt werden. Die zur Verbindungsbildung erforderliche Energie wird durch Ultraschall (Ultraschall- bzw. US-Bonden), durch Kombination von Wärme und Druck (Thermokompressions- bzw. TC-Bonden) oder Wärme, Druck und Ultraschall (Thermosonic- bzw. TS-Bonden) zugeführt. Für das US-Bonden eignet sich Al- bzw. AlSi1-Draht, für das TC- und TS-Bonden Au-Draht. Nachteilig ist, dass die Drahtbrücken nur nacheinander und nicht parallel realisiert werden können.

Beim **TAB-Bonden** wird die Kontaktierung durch Löten oder TC-Bonden mit einem flexiblen Schaltungsträger vorgenommen. Die Kontaktierung kann hier parallel in einem Arbeitsgang erfolgen. Nachteilig ist der vergleichsweise große Platzbedarf.

Das **Flip-Chip-Bonden** ermöglicht ebenfalls die Verbindung aller Chipkontakte in einem Arbeitsgang, benötigt jedoch weniger Substratfläche, so dass sich hohe Packungsdichten erreichen lassen. Dazu werden auf den Chips im Waferverbund Löthöcker abgeschieden, die nach Umdrehen des Chips mit den Leitbahnen auf dem Substrat verbunden werden. Als Bump können neben einer Vielzahl metallischer Kontaktsysteme auch leitfähige Polymere verwendet werden (Polymer-FC-Technik). Durch Temperaturunterschiede und die daraus resultierende Dehnungsdifferenz zwischen Chip und Substrat können in den Löthöckern sehr große Scherdehnungen auftreten. Diese lassen sich verringern, wenn die Scherkräfte nicht nur auf die kleinen Querschnitte der Bumps wirken, sondern auf große Querschnittsflächen. Deshalb füllt man den gesamten Zwischenraum zwischen Chip und Substrat mit einem so genannten Underfiller. Zusätzlich erreicht man damit auch einen besseren Schutz der Kontaktstellen vor Feuchte und anderen chemischen Spezies.

5.2.3 Wärmeabführung

In der Mikrosystemtechnik erfolgt die Wärmeabführung überwiegend durch Wärmeleitung (s. Abschn. 6.3.2), in der Mikrofluidik ggf. auch durch Konvektion.[1] Technisch bedeutsam sind dabei vor allem die Wärmeleitungswege über (**Bild 5.5**)

- den Siliziumchip selbst,
- spezielle Wärmesenken (meist aus Kupfer),
- die elektrischen Kontakte (Bonddrähte, Trägerstreifen, Löthöcker, Lötstellen).

Die Wärmeleitung über Kunststoffgehäuse und -einbettungen, Leiterplatten und keramische Substrate ist wegen deren schlechter Wärmeleitfähigkeit gering (vgl. **Tabelle 5.7**).

Bei Luftspalten mit Abständen im Mikrometerbereich, wie sie z. B. bei Mikrobolometern oder elektrostatischen Aktoren auftreten, kann auch die Wärmeleitfähigkeit der Luft bedeutsam sein. Durch Füllen mit Gasen, die größere Wärmeleitungskoeffizienten besitzen, lässt sich dieser Wärmeleitungsanteil erhöhen, durch Evakuieren der Luft (Vakuum) verringern.

[1] Dies wird beispielsweise in Luftströmungssensoren nach dem Anemometerprinzip ausgenutzt.

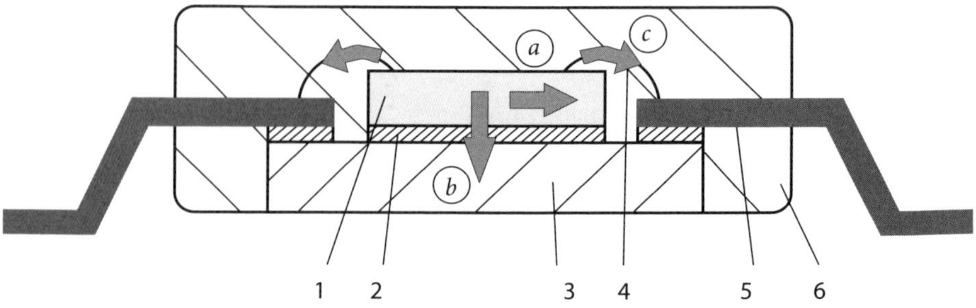

Bild 5.5 Wärmeleitungspfade vom Siliziumchip mit Verlustleistungsquelle: a) lateral im Chip; b) zur Wärmesenke; c) über metallische Kontakte
1 Si-Chip, 2 isolierende Verbindungsschicht, 3 Wärmesenke (Kupfer), 4 Bonddrähte, 5 Anschlusskontakte, 6 Umhüllung/Gehäuse

5.2.4 Verkapselung und Gehäusung

Verkapselung und Gehäusung dienen dem Schutz der Teilkomponenten und des kompletten Mikrosystems gegen funktionsbeeinträchtigende Störungen. Dies betrifft einerseits die chemische Beeinflussung infolge

- Feuchte,
- korrosiver Arbeits- und Messmedien (z.B. Druckmessung in der Prozessmesstechnik),
- Umweltkontaminationen (ionische Verunreinigungen wie Natrium-, Kalium- und Chlorionen, verursacht durch biogene (z. B. Schweiß) oder abiogene (z. B. Salzwasser) Quellen),
- atmosphärischer Bestandteile (z. B. NO_x und SO_2 in Luft und Abgasen)

und andererseits mechanische Ursachen wie

- mechanische Beschädigung,
- mechanische Belastungen infolge mechanischer Spannungskonzentration in bestimmten Systembereichen (z. B. Beseitigung von schädigenden Scherspannungen in Flip-Chip-Kontakten durch Underfiller im Löthöckerbereich zwischen Chip und Substrat).

a) Beschichtungen

Die einfachste Form des Schutzes gegenüber Medieneinflüssen ist die Beschichtung der Mikrosystemkomponenten oder der kompletten Mikrosysteme. Die Schichten sollen dabei eine Barriere gegenüber jeweiligen chemischen Spezies bilden. Passivierungsschichten können bereits auf Chipebene vorgesehen werden und dafür vor der Chipvereinzelung auf Waferebene aufgebracht werden. Für die Siliziummikromechanik eignen sich besonders Doppelschichten aus Siliziumdioxid (thermisches SiO_2 als fast perfekt defektfreie Schicht) und Siliziumnitrid (chemisch nahezu inert)[2]. Man unterscheidet für Siliziumchips zwischen Primärpassivierung (unter der Metallisierungsebene) und Sekundärpassivierung (Schutz einschließlich der Metallisierung).

Als Beschichtung werden weiterhin organische Materialien wie [RAI00]

- Silikon- und Fluorosilikongele (abgeschieden mit Dicken bis zu Millimetern, s. **Bild 5.2**),
- Parylen (konforme Abscheidung im CVD-Prozess)

verwendet.

b) Trennmembranen

Für Drucksensoren erfolgt die Ankopplung des Messdrucks häufig über Trennmembranen aus Edelstahl (s. **Bild 3.1**). Damit die Trennmembran so biegeweich ist, dass ihre Nachgiebigkeit gegenüber der der Siliziumbiegeplatte vernachlässigbar bleibt, wird sie meist als Wellmembran ausgeführt. Die Druckübertragung erfolgt über einen ölgefüllten Zwischenraum, wobei die Ölfüllung luft- bzw. gasblasenfrei sein muss. Trennmembranen sind gegenüber Beschichtungen im Hinblick auf chemische Einwirkungen um ein Vielfaches widerstandsfähiger. Allerdings zeigen sie Nachteile hinsichtlich der Packagingkosten, der erforderlichen Baugröße und des eingeschränkteren Arbeitstemperaturbereichs.

c) Verkapselung

Die Verkapselung von Mikrosystemen kann durch [TUMMALA01]

- Vergießen,
- Spritzgießen oder -pressen (s. **Bild 5.6**) sowie
- Aufbringen in der Flüssigphase und Aushärten

erreicht werden.

Typische Materialien sind

- Epoxidharze: Sie sind am weitesten verbreitet. Ihre Polymerisation ist schnell und sauber und findet ohne Bildung flüchtiger Bestandteile statt. Als Härter werden Anhydride, Amine oder Phenole genutzt.

---

2 Nakladal, A.; Sager, K.; Gerlach, G.: Influences of humidity and moisture on the long-term stability of piezoresistive pressure sensors. Measurement 16 (1995), S. 21-29

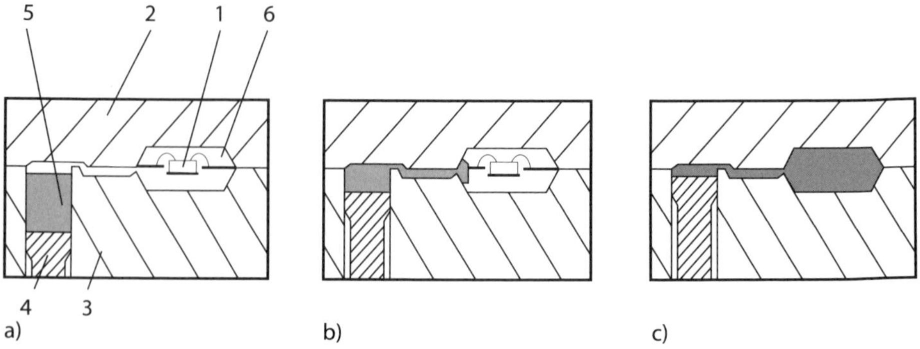

Bild 5.6 Verguss von Mikrosystemen durch Spritzgießen in drei verschiedenen Phasen: 1 Mikrosystem, 2, 3 Formober- und -unterteil, 4 Stempel, 5 Vergussmasse, 6 Hohlraum

- Zyanatester: Sie weisen höhere Glastemperaturen (190 °C ... 290 °C) und eine geringere Wasserabsorption als Epoxide auf.
- Urethane: Sie zeigen ausgezeichnete Haftungseigenschaften und eine hervorragende Schichtkonformität. Acrylat-Gruppen erlauben die UV-induzierte Vernetzung.

d) Hermetische Abdichtung

Nach [TUMMALA01] bezeichnet man ein Gehäuse als hermetisch dicht, wenn der Volumendurchfluss (Leckrate) für die Diffusion von Helium weniger als 10^{-8} cm^3s^{-1} beträgt. Hermetisch dichte Gehäuse verhindern ebenso die Diffusion von Feuchte und Wasser und erhöhen damit die Langzeitstabilität der Parameter von elektronischen Komponenten und Mikrosystemen. Gettermaterialien innerhalb des Gehäuses absorbieren verbleibende oder durchdiffundierende Gas- oder Wassermoleküle und verbessern damit die Eigenschaften zusätzlich.

Tabelle 5.8 zeigt Feuchtediffusionsraten durch typische Gehäusematerialien. Dementsprechend sind insbesondere anorganische Werkstoffe für die hermetische Abdichtung geeignet (**Tabelle 5.9**). Geeignete Verfahren dafür sind:

- Löten,
- Schweißen,
- Glaslöten,
- anodisches Bonden,
- Siliziumdirektbonden.

Tabelle 5.8 Feuchtediffusionsrate durch Gehäusematerialen für die Elektronik und Mikrosystemtechnik (nach [SCHEEL97])

Material	Diffusionsrate in $g \cdot cm^{-1} \cdot s^{-1} \cdot Pa^{-1}$
Silikon	10^{-4}
Epoxidharz	10^{-8}
Glas	10^{-12}
Metall	10^{-14}

Tabelle 5.9 Werkstoffe für die hermetisch dichte Gehäusung von Mikrosystemen

Hermetisch dicht	Hermetisch undicht
Einkristalle	organische Polymere
Metalle	Silikone
Siliziumnitrid	Epoxidharze
Gläser	

Um die Dichtheit von Packages zu prüfen, werden häufig beschleunigte Lebensdauertests durchgeführt, die aus folgenden Prüfungen bestehen:[3]

- Thermischer Schock: zyklische Tests zwischen –65 °C und 150 °C (Zykluszeit 10 s),
- Salznebeltests: 0,5 ... 3% NaCl (pH = 6,0 ... 7,5) für 24 h bei 35 °C,
- Feuchtetest im Autoklaven: 100 % r. F., 121 °C, 2 atm.

Die jüngsten Entwicklungen auf dem Gebiet der Kunststoffe ermöglichen inzwischen, dass auch Kunststoffgehäusungen die genannten Testbedingungen überstehen können.

Beispiel 5.3 Montage von Mikrosensoren

Für Beschleunigungssensoren mit oberflächenmikromechanischer Interdigitalkondensatorstruktur (vgl. **Bild 1.9d**) soll eine Aufbau- und Verbindungstechnologie eingesetzt werden, die folgende Anforderungen erfüllt:

- Schutz der beweglichen Interdigitalkondensatorstruktur durch (möglichst hermetische) Verkappung,
- Integration von getrennt gefertigtem Sensorchip und Signalauswerte-IC.

Prinzipiell lassen sich für diese Aufgabenstellung unterschiedliche Lösungen finden[4]. **Bild 5.7a** zeigt die einfachste Variante, bei der Sensorchip und IC nebeneinander auf ei-

---

[3] US-amerikanischer Militärstandard MIL-STD-883

[4] Delapierre, G.: MEMS and microsensors from laboratory to industry. In: Transducers '99, The 10th International Conference on Solid-State Sensors and Actuators. Digest of Technical Papers, Vol. 1. Sendai, Japan, June 7-10, 1999. S. 6-11

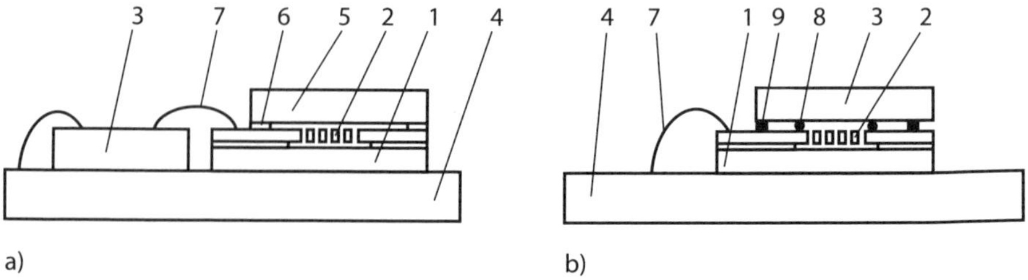

Bild 5.7 Packaginglösungen für kapazitive, oberflächenmikromechanische Beschleunigungssensoren
1 Sensorchip, 2 Sensorstruktur, 3 Signalauswerte-IC, 4 Substrat, 5 Verkappung, 6 Polymer-Dichtung, 7 Drahtbondbrücke, 8 Löthöcker, 9 Dichtung

nem Substrat angeordnet und über Drahtbondbrücken elektrisch miteinander verbunden sind. Eine solche Anordnung vermeidet spezielle Anforderungen an Chipgröße oder Gestaltung des Signalauswerte-IC. Die bewegliche mechanische Struktur des Sensorchips ist durch einen Deckel geschützt, der für die gute thermische Anpassung zum Sensorchip ebenfalls aus Silizium bestehen sollte. Die Abdichtung der Verkappung wird durch einen polymeren Abdichtring erreicht. Da dieser sehr dünn, aber lateral ausgedehnt ist, wird eine quasihermetische Abdichtung erreicht.

Bild 5.7b zeigt eine Variante, bei der der IC selbst die Aufgabe des mechanischen Schutzes für den Sensorchip übernimmt. Da beide Chips aus Si bestehen, ist die thermische Anpassung des Chipverbundes optimal. Der Signalauswerte-IC ist als Flip-Chip „face down" auf den Sensorchip aufgesetzt. Gleichzeitig mit den Löthöckern lässt sich ein Verschlussring erzeugen, der die Struktur hermetisch abdichtet. Die Gesamtfläche eines solchen Chipaufbaus beschränkt sich im Wesentlichen auf den Flächenbedarf für den Sensorchip. Die Ausbeute der Gesamtanordnung ergibt sich als Produkt aus den Ausbeuten für Sensorchip und IC.

Beispiel 5.4 Fertigungsablauf für piezoresistive Drucksensoren

Beispielhaft soll für den Drucksensor von **Bild 5.2** der Fertigungsprozess vom Ende der Waferherstellung bis zum auslieferungsfähigen Sensor dargestellt werden:

1. Bonden der Wafer für Sensoren und Gegenkörper
2. Wafertest
3. Chipvereinzelung durch Wafersägen
4. Montage der Einzelchips auf Trägerstreifen

5. Chiptest, ggf. Trimmen von Bauelementen
6. Schutzgelfüllung
7. Montage von Abdeckung und Druckanschlussstutzen
8. Endtest

Aufgaben

5.1 Zeigen Sie die elektrischen, mechanischen, sensorischen, thermischen und protektiven Funktionen des Packaging am Beispiel von

- Drehratensensoren (**Bild 1.7**),
- Tintenstrahldruckköpfen,
- Infrarot-Bolometerarraysensoren.

5.2 Welche betriebswirtschaftlichen Maßnahmen müssten ergriffen werden, damit die monolithische Integration der kapazitiven Beschleunigungssensoren von Beispiel 5.2 bereits für 1 Mio. Stück wirtschaftlich wird?

5.3 Zeigen Sie am Drucksensor von **Bild 5.2**, wie die beiden Strategien zur thermischen Anpassung von Abschn. 5.2.1c Anwendung gefunden haben!

5.4 In den Piezowiderständen piezoresistiver Sensoren wird Verlustwärme erzeugt. Zeigen Sie die Wärmeleitungspfade für die Wärmeabführung beim Sensor von **Bild 3.1**!

5.5 Was sind Ursachen für Fatigue und Delamination (s. **Tabelle 5.5**)?

5.6 Warum ist das Packaging für Inertialsensoren (z. B. Beschleunigungs- oder Drehratensensoren) technisch einfacher als für Drucksensoren?

Literatur

[TUMMALA97] *Tummala, R. R.; Rymaszewski, E. J.; Klopfenstein, A. G. (Hrsg.):* Microelectronics Packaging Handbook 3 Bände, 2. Aufl., New York u. a.: Chapman &Hall 1996.

[WOLFFENBUTTEL96] *Wolffenbuttel, R. F. (Hrsg.):* Silicon Sensors and Circuits: On-Chip Compatibility. Sensor Physics and Technology, Bd. 3, London u. a.: Chapman&Hall 1996.

[RAI00] *Rai-Choudhury, P. (Hg.):* MEMS and MOEMS Technology and Applications. Bellingham: SPIE Press 2000.

[TUMMALA01] *Tummala, R. (Hg.):* Fundamentals of Microsystems Packaging. New York u. a. 2001.

[SCHEEL97] *Scheel, W. (Hg.):* Baugruppentechnologie der Elektronik: Montage. Berlin: Verlag Technik und Saulgau: Eugen G. Lenze Verlag 1997.

[HANKE94] *Hanke, H. (Hg.)*: Baugruppentechnologie der Elektronik: Hybridträger. Berlin: Verlag Technik 1994.

6 Funktions- und Formelemente der Mikrosystemtechnik

Funktions- und Formelemente sind die Grundbausteine zum Aufbau von mikromechanischen, mikrooptischen, mikrofluidischen und anderen Mikrokomponenten. Mikrokomponenten sind abgeschlossene Funktionseinheiten, die durch ihr Zusammenwirken eine gewünschte Systemfunktion realisieren. Mikrokomponenten haben Strukturen im Mikrometer-Bereich, ihre technische Funktion beruht auf der Mikrogestalt. Diese Definition [NEXUS02] charakterisiert, dass in der Mikrosystemtechnik Funktion und Form sehr eng aneinander gebunden sind: Konstruktion, Werkstoff und Technologie eines Elementes sind untereinander und mit der zu realisierenden Funktion stärker verflochten, als das in klassischen Disziplinen wie Feinwerktechnik, Elektrotechnik oder Maschinenbau der Fall ist. Das Doppelwort „Funktions- und Formelement" drückt diesen Sachverhalt auch sprachlich aus. Ein anschauliches Beispiel ist die Realisierung eines integrierten Widerstandes in Silizium (**Bild 6.1**). Der Widerstand ergibt sich aus $R = \rho l/A = \rho l/hb$, wobei l, b und h Länge, Breite und Dicke und ρ der spezifische Widerstand sind. Der Quotient ρ/h wird durch die Technologie (Ionenimplantation: Energie, Ionenart, Substrat), der Quotient l/b wird durch die Konstruktion (Maske) bestimmt: Der Wert von R ist nur durch exaktes Zusammenwirken von Konstruktion, Werkstoff und Technologie genau einstellbar.

6.1 Mechanische Elemente

Die mikromechanischen Funktions- und Formelemente können in zwei Gruppen eingeteilt werden: **statische** und **dynamische** Elemente (**Tabelle 6.1**). Nachfolgend werden als

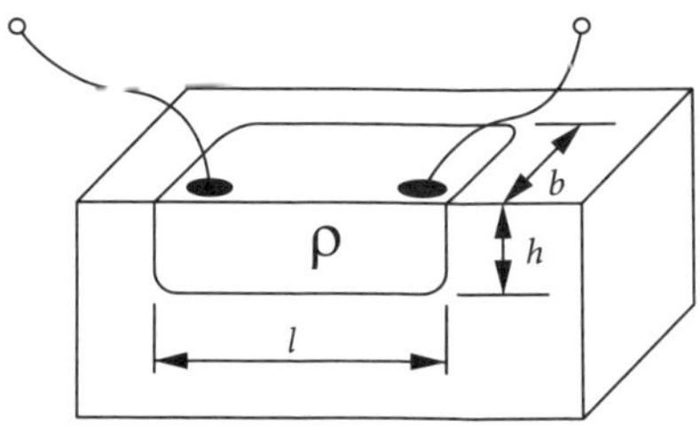

Bild 6.1 Integrierter Widerstand in Silizium

exemplarische Vertreter mikromechanischer Funktions- und Formelemente schwingfähige Feder-Masse-Anordnungen betrachtet. Sie werden oft als Grundelemente von sensorischen und aktorischen Wandlern (Kapitel 7) angewendet, z.B. als Signalwandler für physikalische Größen wie Beschleunigung, Drehrate, Neigung, Kraft, Druck oder als Energiewandler für steuerbare Spiegel oder Ventile. Dabei verbindet ein Federelement eine bewegliche Masse mit einem ortsfesten Rahmen und erzeugt eine von der Auslenkung der Masse abhängige **Rückstellkraft**.

Tabelle 6.1 Einteilung mikromechanischer Funktions- und Formelemente

Art	statisch, ortsfest	dynamisch, beweglich
Beispiele	Rahmen, Stege, Deckel, Achsen, Anschläge, Kanäle, Kavernen, Düsen	Balken, Brücken, Membranen, Platten, Zahnräder, Hebel
Funktionen	mechanische Stabilität, Lagerung, Begrenzung eines Bewegungsbereiches, Verkappung, Beeinflussung der Dämpfung, Mikrofluidik	Wandler, Resonatoren, Geradführungen, Getriebe

Typische Federelemente in der Silizium-Mikromechanik sind **Biegebalken**, **Torsionsbalken** und **Membranen**. Unterschiedliche Gestaltung der Aufhängung der beweglichen Massen am Rahmen und unterschiedliche Dimensionierung ermöglichen, wichtige Parameter wie **Empfindlichkeit**, **Querempfindlichkeit**, **Eigenfrequenz** oder die maximal auftretende Spannungen in den Federn konstruktiv zu beeinflussen.

Besonders in der frühen **Entwurfsphase** sind analytische Beschreibungen eine nützliche Hilfe bei der Auswahl von prinzipiell geeigneten Funktions- und Formelementen. Mit vereinfachenden Annahmen und unter Berücksichtigung der verfügbaren Technologie können sie so dimensioniert werden, dass vorgegebene Funktionseigenschaften näherungsweise erfüllt werden. Oft kann vorgegebenen Anforderungen auch durch eine Modifikation bereits erprobter Formelemente entsprochen werden, die in Modellbibliotheken gespeichert sind. Eine umfassende Verhaltensanalyse zum Nachweis der Funktionseigenschaften und der mechanischen Zuverlässigkeit erfordert numerische Berechnungsprogramme, z. B. auf der Basis der Finiten Elemente Methode (s. Kapitel 8).

Im **Bild 6.2** sind häufig verwendete Grundformen mikromechanischer Funktions- und Formelemente der Volumen-Technologie dargestellt.[1] Dabei handelt es sich jeweils um **Feder-Masse-Systeme** mit wenigen Bewegungsfreiheitsgraden, die durch die Lage und die Form der Federn bestimmt werden. Meist reicht es aus, diese bevorzugten Bewegungsrichtungen in die Untersuchungen einzubeziehen. Im einfachsten Fall können die

[1] Charakteristische Kennwerte der Funktions- und Formelemente von Bild 6.2 finden sich in *Mehner, J.*: Mechanische Beanspruchungsanalyse von Siliziumsensoren und -aktoren unter dem Einfluss von elektrostatischen und Temperaturfeldern. Dissertation, TU Chemnitz 1994

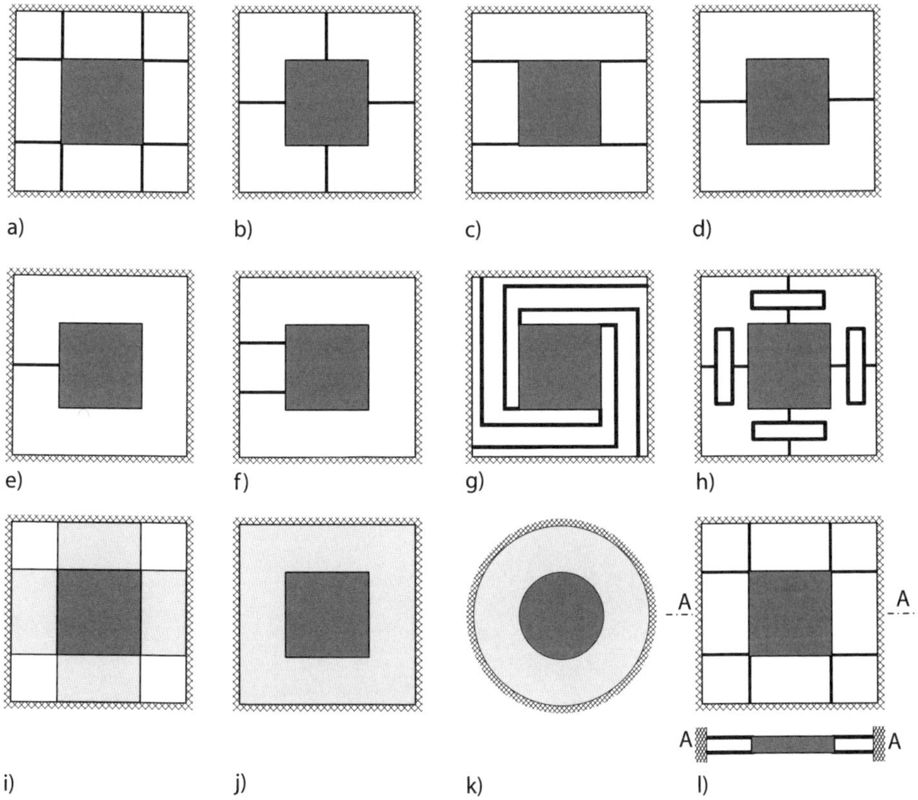

Bild 6.2 Grundformen von Funktions- und Formelementen in Volumen-Technologie

Elemente als Feder-Masse-Dämpfer-Systeme mit einem **Freiheitsgrad** betrachtet werden, für die im translatorischen Fall die Bewegungsgleichung.

$$m\ddot{x} + k\dot{x} + cx = F_{\mathrm{err}}(t) \qquad (6.1)$$

gilt, wobei x die Auslenkung, c die Federsteifigkeit, k die Dämpfungskonstante und $F_{\mathrm{err}}(t)$ die erregende Kraft sind.

Bild 6.3 zeigt für vier Grundformen mit Biege- und Torsionsfedergelenken die Mikroskopbilder von gefertigten Elementen. Für die Berechnung der mechanischen Kennwerte solcher mikromechanischen Elemente gelten keine anderen physikalischen Gesetze als in der Makrowelt. Die Gesetze der **Kontinuumsmechanik** sind nach unten bis zu Werkstoffdicken von einigen Hundert Atomlagen anwendbar. Für Silizium mit einer Gitterkonstante von 0,543 nm ist der Abstand zweier benachbarter Atomlagen 0,235 nm (s. Abschn. 3.3). Das bedeutet, dass für Abmessungen bis hinunter zu 50 nm (entspricht ca. 200 Atomlagen) mit der Kontinuumsmechanik gerechnet werden kann.

a) d) f) h)

Bild 6.3 Mikroskopbilder der mikromechanischen Elemente a), d), f), und h) aus Bild 6.2
a) die achtfache Aufhängung der Platte mit zwei parallelen Federn an jeder Seite ermöglicht vertikale Bewegung mit kleiner Auslenkung (Biegung der Federn); d) die zweiseitige Aufhängung der Platte ermöglicht Kippbewegung um ihre Längsachse (Torsion der Federn); f) die einseitige Aufhängung der Platte mit zwei parallelen Federn ermöglicht eine pendelförmige Auslenkung (Biegung der Federn); h) die vierfache Aufhängung der Platte an Mäanderfedern ermöglicht Kippbewegungen um zwei Drehachsen sowie die Vertikalbewegung (Torsion und Biegung der Federn) (Quelle: Zentrum für Mikrotechnologien, TU Chemnitz)

Die Berechnung wichtiger Kennwerte erfolgt am Beispiel des Elementes von **Bild 6.2f**. **Bild 6.4** zeigt dazu das **Strukturmodell**, das aus zwei parallelen, einseitig eingespannten Biegefedern mit angekoppelter starrer Platte besteht.

Es werden folgende vereinfachende Annahmen getroffen:

- Die Masse der an die Federn angekoppelten Platte ist in ihrem Schwerpunkt konzentriert und viel größer als die Masse der Federn.
- Die äußere Kraft F greift im Massenschwerpunkt an.
- Die Biegesteifigkeit der Platte ist viel größer als die der Federn (starre Platte).
- Die Federn sind starr eingespannt: $y' = 0$ bei $z = 0$ (keine Rahmendeformation).
- Es liegt lineares Federverhalten vor (kleine Auslenkungen).
- Die Federn haben ideale Form (keine Ätzfehler, keine Kerben).
- Länge und Breite der Federn sind viel größer als ihre Dicke (reine Biegung).

6.1.1 Empfindlichkeit in Nutzrichtung

Die Empfindlichkeit in Nutzrichtung, auch als **Sensitivität** bezeichnet, ist

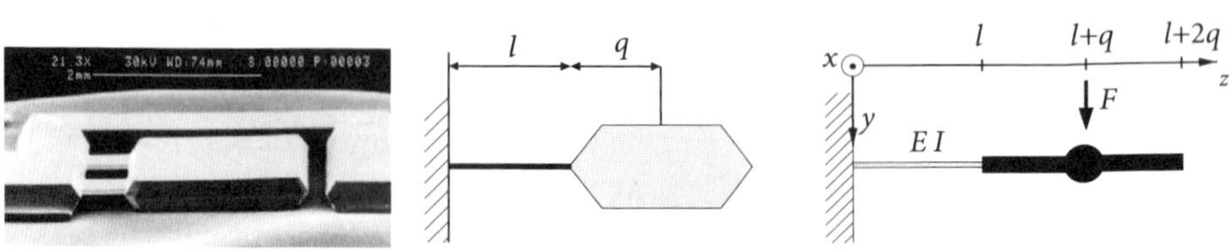

Bild 6.4 Strukturmodell für das Feder-Masse-System mit zwei parallelen, einseitig eingespannten Federn nach Bild 6.2f zur Berechnung von mechanischen Kennwerten: x, y, z sind die auf die Federachse normierten dimensionslosen Koordinaten. E Elastizitätsmodul, I Flächenträgheitsmoment, F Kraft

$$S_y = \frac{\text{Ausgangsgröße}}{\text{Eingangsgröße}} = \frac{\text{Auslenkung } y}{\text{Kraft } F_y} \,. \tag{6.2}$$

Der Zusammenhang zwischen Auslenkung der Federn und einwirkender Kraft ist

$$\frac{y''(z)}{\left(1+y'(z)^2\right)^{3/2}} = -\frac{M_x(z)}{E\,I_{xx}} \,, \tag{6.3}$$

wobei M_x das Biegemoment um die x-Achse, E der Elastizitätsmodul und I_{xx} das auf die x-Achse bezogene Flächenträgheitsmoment sind. Der Nennerausdruck auf der linken Seite beschreibt den Einfluss von großen Auslenkungen, wenn der lineare Bereich verlassen wird. Mit der vereinfachenden Annahme $y' << 1$ wird

$$y''(z) = -\frac{M_x(z)}{E\,I_{xx}} \,. \tag{6.4}$$

Im Bereich der Federn $(0 < z < 1)$ gilt

$$y'' = -\frac{M_x(z)}{E\,I_{xx}} = -\frac{F_y(z-l-q)}{E\,I_{xx}} \,. \tag{6.5}$$

Zweimalige Integration und Berücksichtigung der Randbedingungen für die feste Einspannung auf der linken Seite der Federn $y'(z=0)=0$ und $y(z=0)=0$ liefert für die Auslenkung der Federn die Gleichung

$$y = \frac{F_y}{E\,I_{xx}}\left(-\frac{z^3}{6} + \frac{l\,z^2}{2} + \frac{qz^2}{2}\right). \tag{6.6}$$

Im Bereich der starren Platte $(1 < z < 1 + 2q)$ gilt $y'' = 0$, $y' = a$ und

$$y = az + b \,. \tag{6.7}$$

Wegen der Übergangsbedingungen Feder–Platte müssen bei $z = l$ die Auslenkung y und der Anstieg y' von Federn und Platte gleich sein. Diese Bedingungen liefern die Konstanten a und b in Gl. (6.7) und damit die Auslenkung des Plattenschwerpunktes:

$$y(l+q) = \frac{F_y\,l^3}{3\,E\,I_{xx}}(1+3r+3r^2) \tag{6.8}$$

mit $r = q/l$. Daraus ergibt sich für die Empfindlichkeit in Nutzrichtung

$$S_y = \frac{y(l+q)}{F_y} = \frac{l^3}{3\,E\,I_{xx}}(1+3r+3r^2). \tag{6.9}$$

Die Empfindlichkeit ist identisch mit der Nachgiebigkeit n bzw. mit dem Kehrwert der Federsteifigkeit c des Elementes: $S_y = n = c^{-1}$.

Für das Flächenträgheitsmoment gilt bei einem Rechteckquerschnitt der Feder

$$I_{xx} = \frac{bh^3}{12}. \tag{6.10}$$

Dabei sind b die Federbreite und h die Federdicke. Bei parallelen Federn kann deren Anzahl w in Gl. (6.10) als Faktor bzw. in Gl. (6.9) als Quotient berücksichtigt werden. Im betrachteten Beispiel entsteht durch den zweistufigen anisotropen Ätzprozess der in **Bild 6.5** dargestellte Federquerschnitt in Form eines Doppeltrapezes. Der Trapezwinkel ist ca. 25° (schnellätzende {1 1 3}–Fläche, s. Abschn. 4.6). Für das Flächenträgheitsmoment gilt dann abweichend von Gl. (6.10)

$$I_{xx} = \frac{bh^3}{12}(1 + 0{,}53\lambda) \tag{6.11}$$

mit $\lambda = h/b$ [MEHNER00]. Für $\lambda < 0{,}2$ kann näherungsweise mit dem Rechteckquerschnitt gerechnet werden. Für die Empfindlichkeit in Nutzrichtung gilt dann mit Gl. (6.10)

$$S_y = \frac{2l^3}{Ebh^3}(1 + 3r + 3r^2). \tag{6.12}$$

Gl. (6.12) zeigt, dass Federdicke h und Federlänge l sowie deren jeweilige Toleranzen den größten Einfluss auf die Empfindlichkeit haben.

Bei sehr breiten und kurzen Federn oder allseitig eingespannten Membranen wird durch die Einspannung die **Querkontraktion** behindert und ein ebener Verformungszustand erzwungen. Dann ist mit dem Elastizitätsmodul

$$E' = E/(1 - \nu^2) \tag{6.13}$$

zu rechnen. Dabei ist ν die richtungsabhängige Querkontraktions- oder POISSON-Zahl. Für die in der Volumen-Technologie typischen <1 1 0>-orientierten Federn ist $\nu = 0{,}063$ und bewirkt kaum einen Unterschied zwischen E und E'.

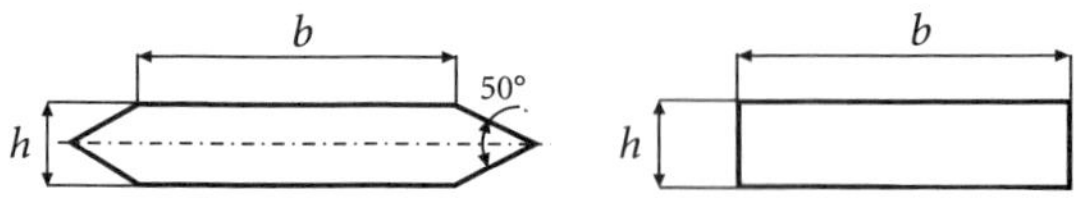

Bild 6.5 Technologisch bedingter Federquerschnitt des Elementes von Bild 6.2f im Vergleich mit Rechteckquerschnitt

Beispiel 6.1 Empfindlichkeit von Biegeelementen mit speziellem Design

Die Empfindlichkeit in Nutzrichtung hängt u. a. von der Federlänge l und deren Toleranz ab. Bei einem Design, das sehr kurze Federn und sehr lange Platten vorsieht, erhält man aus Gl. (6.12) mit $q >> l$

$$S_y = \frac{2}{Ebh^3}(l^3 + 3ql^2 + 3q^2 l) \approx \frac{6q^2}{Ebh^3} l. \tag{6.14}$$

Die Empfindlichkeit wird dann im Wesentlichen von einem Term dominiert, der im Unterschied zu Gl. (6.12) die Federlänge l nur als lineare Einflussgröße enthält.

6.1.2 Querempfindlichkeit

Die Querempfindlichkeit ist die Auslenkung des Elementes bei einer Krafteinwirkung senkrecht zur Nutzrichtung (im **Bild 6.4** in x- und z-Richtung). Bei Krafteinwirkung in x-Richtung werden die Federn entsprechend einer Parallelfederanordnung mit eingespannten Federenden s-förmig ausgelenkt. Die Querempfindlichkeit in x-Richtung ist

$$S_{\mathrm{qx}} = \frac{x(l+q)}{F_x} = \frac{l^3}{24EI_{yy}} \quad \text{bzw.} \quad S_{\mathrm{qx}} = \frac{l^3}{2Ehb^3}. \tag{6.15}$$

Eine Auslenkung in x-Richtung ist mit einem Querversatz der Platte in z-Richtung verbunden:

$$\Delta z = \frac{F_x{}^2 l^5}{960E^2 I_{yy}{}^2} = \frac{3x^2}{5l}. \tag{6.16}$$

Dieser Querversatz ist für Volumenelemente wie im hier betrachteten Beispiel wegen der Abmessungen der Parallelfedern praktisch zu vernachlässigen.

Die Querempfindlichkeit S_{qz} in z-Richtung ist unkritisch, wenn der Schwerpunkt der Platte in der Federebene liegt, wie es hier der Fall ist. Wenn der Schwerpunkt dagegen bei einem asymmetrischen Design oder durch eine Zusatzmasse auf der Platte um eine Strecke e_y aus der Federebene heraus verschoben ist, dann erzeugt eine Störkraft in z-Richtung ein Moment $M_x = F_z e_y$. Diese Störkraft würde zu einer Auslenkung in y-Richtung führen, die messtechnisch nicht von einer Auslenkung infolge einer Anregung in Nutzrichtung unterschieden werden kann.

Beispiel 6.2 Empfindlichkeit und Querempfindlichkeit von Biegefedern

Biegefedern sollen eine möglichst geringe Querempfindlichkeit und eine große Empfindlichkeit in Nutzrichtung haben. Aus dem Quotienten von Querempfindlichkeit und Empfindlichkeit in Nutzrichtung ist zu erkennen, wie solche Federn dimensioniert werden müssen, um diese Forderung zu erfüllen:

Der Quotient $\frac{S_{qx}}{S_y} \sim \frac{h^2}{b^2}$ wird klein für dünne und breite Federn.

6.1.3 Eigenfrequenz

Für die erste Eigenfrequenz des Elementes von **Bild 6.2f** gilt bei einer vereinfachten Rechnung mit Gl. (6.9)

$$\omega_e = \sqrt{\frac{c}{m}} = \sqrt{\frac{3\,E\,I_{xx}}{l^3(1+3r+3r^2)m}} = \sqrt{\frac{E\,b\,h^3}{2\,l^3(1+3r+3r^2)m}} \ . \qquad (6.17)$$

Der bei einseitiger Einspannung mit einer translatorischen Bewegung der Masse stets verbundene Rotationsfreiheitsgrad wurde dabei vernachlässigt.

6.1.4 Dämpfung

In Gl. (6.17) ist die Dämpfung nicht berücksichtigt. Tatsächlich wird das dynamische Verhalten durch die Dämpfung wesentlich beeinflusst. Dämpfungswirkungen entstehen grundsätzlich durch

- **viskose Dämpfung** durch umgebende Medien (Gas),
- Verluste durch die elektrische Beschaltung,
- Energieaustrag über die Aufhängung,
- thermoelastische Verluste (Thermokompression),
- plastische Verformung, innere Reibung (bei Silizium bisher nicht bekannt).
-

Die viskose Dämpfung hat den größten Einfluss. Bei mikromechanischen Schwingern, bei denen sich Massen mit kleinen Spaltabständen gegenüber feststehenden Platten bewegen, müssen zwei Fälle unterschieden werden, die sich durch die Bewegungsrichtung der Platten unterscheiden (**Bild 6.6**).

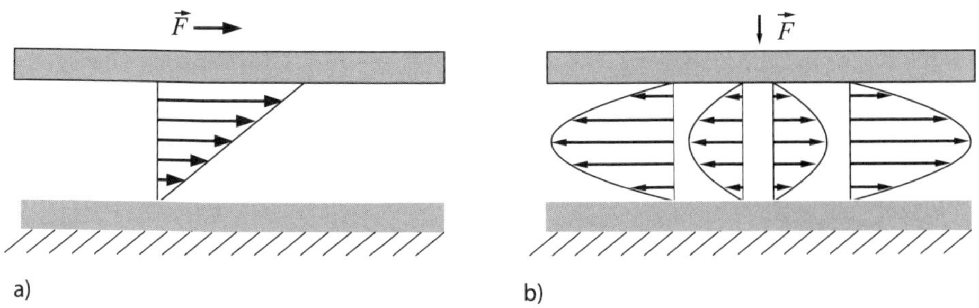

Bild 6.6 Dämpfungswirkungen bei mikromechanischen Schwingern

- Bei einer Bewegung der Platte parallel zur feststehenden Fläche (**Bild 6.6a**) entsteht keine Druckänderung im Luftspalt, die Dämpfungswirkung resultiert aus den Schwerkräften im Fluid. Dieser Vorgang wird als **slide-film-Dämpfung** bezeichnet.
- Bei einer Bewegung der Platte senkrecht zur feststehenden Fläche (**Bild 6.6b**) wird dagegen ein Druck auf das Gas ausgeübt. Das Gas entweicht teilweise aus dem Spalt zwischen bewegter und fester Platte und erzeugt Reibungsverluste. Dieser Vorgang wird als **squeeze-film-Dämpfung** bezeichnet. Besonders bei engen Spalten und hoher Frequenz der Platte kann ein Teil des Gases den Spalt nicht verlassen und wird komprimiert. Diese beiden physikalischen Erscheinungen bewirken eine Kraft auf die Platte, die man sich als komplexe Größe vorstellen kann. Der Realteil wirkt als Dämpfung k_s, der Imaginärteil als zusätzliche Feder c_s, die die Steifigkeit des Systems verändert. Beide Effekte sind druck- und frequenzabhängig. Die Frequenz der schwingenden Masse, bei der Real- und Imaginärteil der Reaktionskraft gleich groß sind, wird als **cut-off-Frequenz** bezeichnet. Bei Frequenzen unterhalb der cut-off-Frequenz überwiegt der Dämpfungsanteil ($k_{\text{eff}} = k + k_s(\omega)$), bei Arbeitsfrequenzen oberhalb der cut-off-Frequenz überwiegt der Steifigkeitsanteil ($c_{\text{eff}} = c + c_s(\omega)$). Für typische Plattenabmessungen im Millimeter-Bereich und typische Spaltabstände von $1 \ldots 6\,\mu\text{m}$ erhält man cut-off-Frequenzen unterhalb von 1 kHz. Wegen der beschriebenen Effekte kann sich die Eigenfrequenz eines mikromechanischen Schwingers infolge der Dämpfung verringern oder auch erhöhen:

$$\omega_e = \sqrt{\frac{c_{\text{eff}}}{m} - \left(\frac{k_{\text{eff}}}{2m}\right)^2} . \qquad (6.18)$$

Neben der **Dämpfungskonstante** k wird zur Beschreibung der Dämpfung das dimensionslose **Dämpfungsmaß** D verwendet:

$$D = \frac{k}{2\sqrt{mc}} . \qquad (6.19)$$

Die Wirkung des Gases in engen Spalten bei senkrechter Plattenbewegung wird als **molekulare** oder **viskose Strömung** beschrieben, wobei es einen Übergangsbereich gibt. Zur Charakterisierung der drei Bereiche dient die KNUDSEN-Zahl, die das Verhältnis der freien Weglänge der Luftmoleküle zur Spaltgröße beschreibt (s. Abschn. 6.2).

6.1.5 Güte

Die mechanische Güte Q ist

$$Q = \frac{m\omega_e}{k} = \frac{c}{k\omega_e} = \frac{1}{2D} \tag{6.20}$$

Reale Güten mikromechanischer Schwinger betragen in Luft und bei Atmosphärendruck 10 … 100, im Vakuum 10^4 … 10^6.

6.1.6 Amplitudengang

Der Verlauf des Betrages der Empfindlichkeit $S_y = y/F_y$ in Abhängigkeit von der Frequenz ω bei sinusförmiger Erregung $F_y(t) = F_{y\max}\sin(\omega t)$ liefert den Amplitudengang. **Bild 6.7** zeigt einen typischen Verlauf mit je nach Dämpfung mehr oder weniger ausgeprägter Resonanz.

Der Verlauf zeigt, dass die statische Empfindlichkeit ($\omega \to 0$) dem Kehrwert der Federsteifigkeit entspricht und dass der Schwinger bei tiefen Frequenzen ein lineares Übertragungsverhalten aufweist, d. h. für alle Frequenzen gleich empfindlich ist. Die Linearität bleibt bis zu einer als **Grenzfrequenz** bezeichneten Frequenz $\omega_g \leq \omega_e$ erhalten. Bei $\omega > \omega_g$ können in Abhängigkeit von Erregerfrequenz und Dämpfung zu große oder

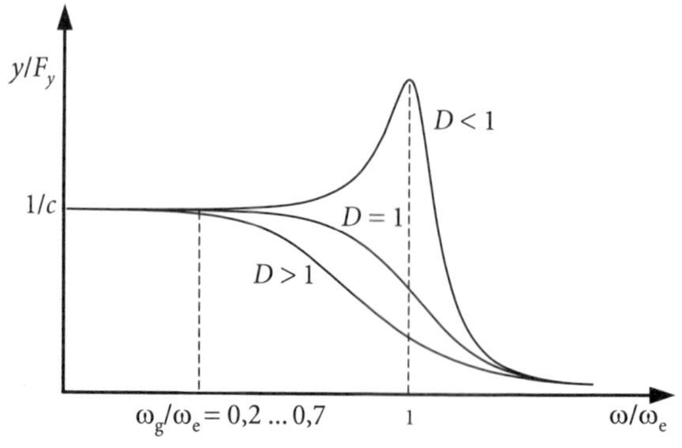

Bild 6.7 Amplitudengang mikromechanischer Schwinger

zu kleine Auslenkungen auftreten. Praktisch kann, je nach Genauigkeitsforderungen, mit $\omega_g = (0{,}2 \ldots 0{,}7)\omega_e$ gerechnet werden. Aus dieser Sicht ist eine möglichst hohe Eigenfrequenz wünschenswert. Dies bedeutet eine kleine Masse m und große Federsteifigkeit c. Letzteres führt jedoch zu kleiner statischer Empfindlichkeit. Wie man aus den Gln. (6.12) für die Empfindlichkeit und (6.17) für die Eigenfrequenz sehen kann, sind die Forderungen nach hoher Empfindlichkeit und gleichzeitig hoher Eigenfrequenz gegenläufig.

Die besonderen Eigenschaften von einkristallinem Silizium (ermüdungsfrei, sehr geringe innere Dämpfung) ermöglichen es, mikromechanische Schwinger für sensorische oder aktorische Anwendungen gezielt für einen Betrieb in Resonanz $\omega = \omega_e$ auszulegen. Damit können für Aktoren bei geringstem Energieaufwand große Auslenkungen erzielt werden. Sensorisch kann ausgenutzt werden, dass die Empfindlichkeit des Schwingers in einer kleinen Umgebung $\Delta f = f_e / Q$ um ungefähr den Faktor Q größer ist als bei allen anderen Frequenzen. Der Schwinger siebt also aus jeder Erregung im Wesentlichen die Frequenzanteile um seine Eigenfrequenz heraus und wirkt damit frequenzselektiv.

6.1.7 Spannung an der Einspannstelle

Die durch die Auslenkung erzeugte Nennspannung im Federquerschnitt (Biegespannung) ist an der Einspannstelle am größten. Sie ergibt sich aus

$$\sigma_b = \frac{M_b}{W_b} = \frac{F(l+q)}{W_b}, \tag{6.21}$$

wobei M_b das Biegemoment und W_b das Widerstandsmoment sind. Letzteres ist bei einem Rechteckquerschnitt

$$W_b = \frac{bh^2}{6} w, \tag{6.22}$$

wobei w die Anzahl der parallelen Federn ist.

Die in den Abschnitten 6.1.1 bis 6.1.7 betrachteten Kennwerte wurden am Beispiel des Elementes von **Bild 6.2f** behandelt. Sie können in ähnlicher Weise ermittelt werden, wenn die Kraft auf die bewegliche Masse eine Kippbewegung um die Federachse (z-Achse) bewirkt. Dann wird das Federgelenk zwischen beweglicher Masse und Rahmen nicht auf Biegung, sondern auf Torsion beansprucht und für Parameter wie Empfindlichkeit, Eigenfrequenz oder Spannung an der Einspannstelle ergeben sich andere Gleichungen. Die Empfindlichkeit z. B. des Elementes von **Bild 6.2d** ergibt sich aus

$$S_{\text{rot z}} = \frac{\text{Drehwinkel } \varphi}{\text{Drehmoment } M} = n_{\text{rot z}} = \frac{1}{c_{\text{rot z}}} = \frac{l}{2GI_{\text{p}}}. \tag{6.23}$$

Darin sind l die Federlänge, G der Schubmodul und I_{p} das polare Flächenträgheitsmoment des Federquerschnittes. Für Federn mit Rechteckquerschnitt bh ist $I_{\text{p}} = bh^3 k_1$. Damit wird die Empfindlichkeit

$$S_{\text{rot}\,z} = \frac{l}{2Gbh^3 k_l}. \tag{6.24}$$

Der Faktor k_1 ist in **Tabelle 6.2** angegeben.

Tabelle 6.2 Faktoren k_1 und k_2 in Abhängigkeit vom Seitenverhältnis b/h

b/h	∞	10	8	4	2	1
k_1	0,333	0,313	0,307	0,281	0,229	0,140
k_2	0,333	0,313	0,307	0,282	0,246	0,208

Für den Schubmodul G sind wegen der Anisotropie des Werkstoffes Silizium die Ausrichtung der Feder und das Seitenverhältnis b/h zu berücksichtigen. Für in <1 1 0>-Richtung orientierte Federn kann ein mittlerer Schubmodul G_{m} angenommen werden (**Tabelle 6.3**).

Tabelle 6.3 Mittlerer Schubmodul in Abhängigkeit vom Seitenverhältnis b/h

b/h	∞	4	2	1,5	1	0,1	0
G_{m} in GPa	50,9	52,5	55,0	57,3	62,3	77,5	79,6

Eine Vorspannung der Federn durch eine Längskraft F, die z. B. von technologiebedingten Spannungen verursacht sein kann, erhöht die Federsteifigkeit $c_{\text{rot}\,z}$ um den Term $F(b^2 + h^2)/6l$ und bewirkt gegenüber Gl. (6.24) eine verringerte Empfindlichkeit

$$S_{rot\,z} = \frac{6l}{12Gbh^3 k_l + F(b^2 + h^2)}. \tag{6.25}$$

Die Eigenfrequenz des Elementes von **Bild 6.2d** ist

$$\omega_e = \sqrt{\frac{c_{rot\,z}}{J}} = \sqrt{\frac{24Gbh^3 k_l}{lm(d^2 + a^2)}}. \tag{6.26}$$

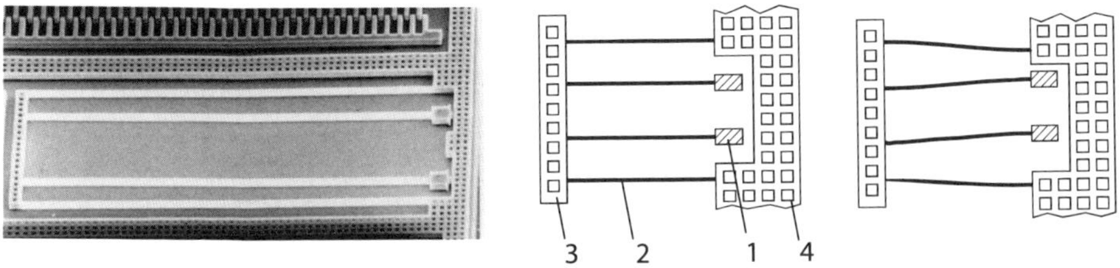

a) b) c)

Bild 6.8 Parallelgeführte Masse in Oberflächentechnologie: a) Mikroskopbild; b) nicht ausgelenkt; c) ausgelenkt. 1 ortsfester Anker, 2 Feder, 3 Quersteg, 4 geführte Masse (Quelle: Zentrum für Mikrotechnologien, TU Chemnitz)

Darin sind J das Massenträgheitsmoment der zweiseitig aufgehängten Platte, m deren Masse, d und a deren Dicke und Breite. Die Spannung an der Einspannstelle[2] ergibt sich aus

$$\tau_t = \frac{M_d}{W_t} = 2G\frac{h}{l}\frac{k_1}{k_2}\varphi\,. \tag{6.27}$$

Der Faktor k_2 ist in **Tabelle 6.2** angegeben. Für ein Seitenverhältnis $b/h \geq 4$ kann mit $\tau_t = 2G(h/l)\varphi$ gerechnet werden.

Auch in der Oberflächentechnologie können schwingfähige Feder-Masse-Anordnungen als exemplarische Vertreter mikromechanischer Funktions- und Formelemente betrachtet werden. Im Unterschied zur Volumen-Technologie bewegen sie sich in der Waferebene. Analog zu **Bild 6.2** existieren auch für die Oberflächentechnologie Modellbibliotheken, in denen Grundelemente und konstruktive Details wie Anschläge oder Dämpfungsstrukturen einschließlich ihrer analytischen und numerischen Charakterisierung gespeichert sind. Oft ist es möglich, vorgegebene Anforderungen als Variantenkonstruktion durch Modifikation vorhandener Modelle und technologisch erprobter Bauformen zu erfüllen. Häufig sind parallelgeführte Massen gefordert, die große Auslenkungen bei möglichst geradliniger Bewegung und konstanter Federsteifigkeit realisieren. Die beweglichen Massen, die für den elektrostatischen Antrieb oder zur kapazitiven Detektion genutzt werden, sind oft als **Kammstrukturen** ausgebildet (**Bild 6.8**).

In **Tabelle 6.4** sind Bauformen für **Parallelführungen** dargestellt. Sie können durch Kennwerte gemäß den Abschn. 6.1.1 bis 6.1.7 charakterisiert werden [MEHNER00]. Bei der Zweifeder-Führung ergibt sich bei Auslenkung der Masse eine s-förmige Biegung der einseitig eingespannten Federn (**S-Feder**) und deshalb keine geradlinige Bewegung. Der

[2] Die Torsionsspannung τ ist im Kapitel 1 mit σ_4 bezeichnet.

auftretende Querversatz kann mit Gl. (6.16) berechnet werden. Querversatz wie auch eine mögliche Verdrehung der Masse sind besonders kritisch bei Kammstrukturen, weil wegen der kleinen Spaltabstände zwischen den ineinander greifenden Kämmen leicht ein Verklemmen auftreten kann. Bei der Vierfeder-Führung sind Knickeffekte zu beachten. Die Gesamtfedersteifigkeit der Bügelfeder-Führung ergibt sich aus der Parallelschaltung der vier Bügelfedern. Diese bestehen jeweils aus zwei hintereinander geschalteten S-Federn. Die Bauform hat eine geringe Querstabilität und ist anfällig gegen Rotation um die Plattennormale. Die auch aus der Feinwerktechnik bekannte Stegführung besitzt durch die zusätzlichen Querstege eine deutlich größere Steifigkeit bezüglich Querkräften und Rotationen um die Plattennormale, außerdem wird die statische Durchsenkung vermindert. Die lineare Federsteifigkeit in Nutzrichtung wird durch die Querstege nicht beeinflusst. Sie ist unempfindlich gegen Materialspannungen und wird wegen ihrer Vorteile häufig verwendet.

Tabelle 6.4 Bauformen und Merkmale von Parallelführungen in Oberflächen-Technologie

Zweifeder-Führung	Vierfeder-Führung	Bügelfeder-Führung	Stegführung
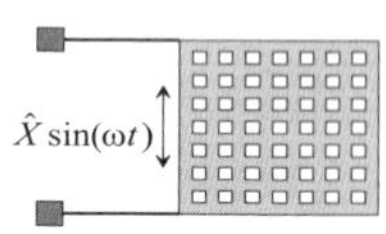	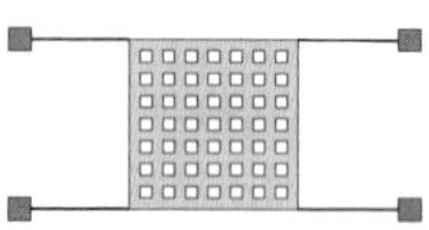	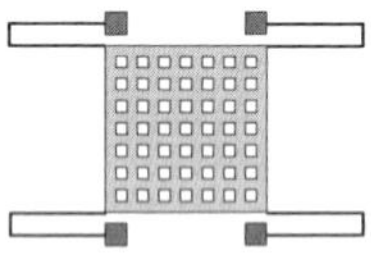	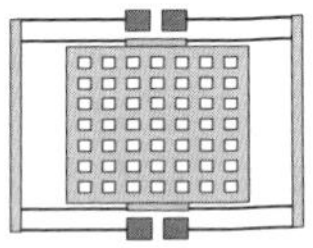
• lineare Federsteifigkeit • Querversatz • unempfindlich bei Materialspannungen • große Durchsenkung	• progressive Federsteifigkeit • kein Querversatz • Materialspannungen ändern Federsteifigkeit • geringe Durchsenkung	• lineare Federsteifigkeit • kein Querversatz • unempfindlich bei Materialspannungen • große Durchsenkung	• lineare Federsteifigkeit • kein Querversatz • unempfindlich bei Materialspannungen • geringe Durchsenkung

Beispiel 6.3 Eigenfrequenz mikromechanischer Schwinger

Im **Bild 6.9** ist ein mikromechanischer Schwinger aus Silizium mit linear gestuften Kämmen dargestellt, wie er als Grundelement eines frequenzselektiven Vibrationssensors benutzt wird. Der Schwinger hat eine Masse von $m = 20$ µg, die Länge eines Federbandes beträgt $l = 400$ µm. Weiter sind bekannt: Federhöhe $h = 50$ µm (im Bild nicht dargestellt), Federbreite $b = 3$ µm, Elastizitätsmodul $E = 169$ GPa.

Die Eigenfrequenz des dargestellten Schwingers ergibt sich aus

$$f_e = \frac{1}{2\pi}\sqrt{\frac{c}{m}} \,. \tag{6.28}$$

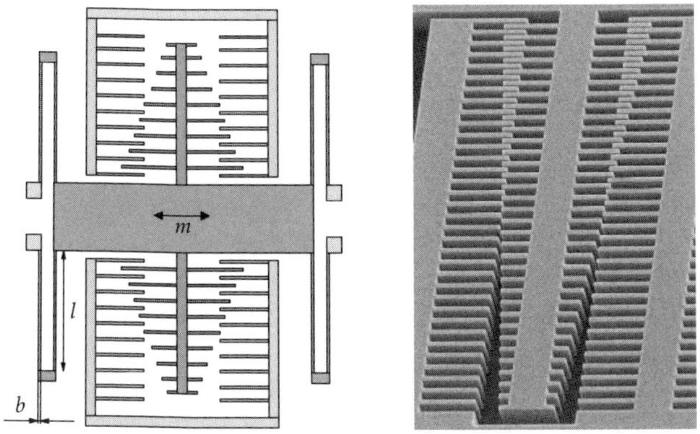

Bild 6.9 Mikromechanischer Schwinger mit linear gestuften Kammelementen (Quelle: Zentrum für Mikrotechnologien, TU Chemnitz)

Eine Auslenkung der Masse bewirkt für jedes Federband der Länge l eine s-förmige Verformung (S-Feder) mit

$$c_\mathrm{S} = \frac{12EI}{l^3} = \frac{Ehb^3}{l^3}. \tag{6.29}$$

Für eine Bügelfeder ist dann

$$\frac{1}{c_\text{Bügel}} = \frac{1}{c_\mathrm{S}} + \frac{1}{c_\mathrm{S}} \text{ bzw. } c_\text{Bügel} = \frac{c_\mathrm{S}}{2}. \tag{6.30}$$

Die Masse ist an vier parallel geschalteten Bügelfedern am Rahmen aufgehängt, damit wird

$$c_\text{gesamt} = 4c_\text{Bügel} = 2c_\mathrm{S} = \frac{2Ehb^3}{l^3}. \tag{6.31}$$

Die Gesamtfedersteifigkeit beträgt $c_\text{gesamt} = 7{,}13\ \mathrm{Nm}^{-1}$. Damit ergibt sich eine Eigenfrequenz des Resonators von $f_e = 3$ kHz.

Um die Eigenfrequenz um z. B. 5 % von 3 kHz auf $f_e^* = 0{,}95 f_e = 2{,}85$ kHz zu verringern, ist eine Federsteifigkeit von

$$f_e^* = \frac{1}{2\pi}\sqrt{\frac{c^*_\text{gesamt}}{m}} = 0{,}95\frac{1}{2\pi}\sqrt{\frac{c_\text{gesamt}}{m}} \tag{6.32}$$

nötig, d. h. $c^*_\text{gesamt} = 0{,}95^2 c_\text{gesamt} = 6{,}43\ \mathrm{Nm}^{-1}$ (vergleiche auch $\Delta c / c = 2\Delta f_\mathrm{e} / f_\mathrm{e}$).

6.2 Fluidische Elemente

6.2.1 Kennzahlen und Modellsysteme

Wie in Abschn. 2.2 beschrieben wurde, charakterisieren dimensionslose Kennzahlen das Verhältnis unterschiedlicher Effekte einer Strömung. Das Strömungsverhalten und die Bedeutung eines bestimmten physikalischen Effekts können durch diese Kennzahlen abgeschätzt werden. Fluidische Systeme mit den gleichen dimensionslosen Kennzahlen werden als ähnlich betrachtet. Auf der Basis der Dimensionsanalyse ist es möglich, fluidische Systeme unterschiedlicher Größen zu vergleichen und die Wirkung der Miniaturisierung vorherzusagen. Eine große Gruppe dimensionsloser Kennzahlen basiert auf den Verhältnissen verschiedener Kräfte einer Strömung wie Trägheitskraft, Reibungskraft, Oberflächenkraft, Schwerkraft und Druckkraft. Die NAVIER-STOKES-Gleichung, eine der Grundgleichungen zur Beschreibung einer Strömung, stellt das Gleichgewicht dieser Kräfte dar.

Das Verhältnis zwischen der Trägheitskraft und der viskosen Reibungskraft entscheidet, ob eine Strömung laminar oder turbulent ist. Wenn die Reibungskraft vorherrscht, werden Störungen in der Strömung von der Reibungskraft gedämpft und die Strömung ist laminar. Bei hohen Geschwindigkeiten sind die von der Trägheitskraft bestimmten Störungen größer als die Reibungskraft. Die Strömung ist dann instabil oder turbulent. Das Verhältnis zwischen der Trägheitskraft und der viskosen Reibungskraft wird als die **REYNOLDS-Zahl** bezeichnet:

$$\mathrm{Re} = \frac{\text{Trägheitskraft}}{\text{viskose Reibungskraft}} = \frac{\rho u D_h}{\mu} = \frac{u D_h}{\nu}\,. \tag{6.33}$$

Dabei sind u die mittlere Strömungsgeschwindigkeit und D_h der hydraulische Durchmesser oder eine andere charakteristische Abmessung. Die Dichte ρ, die dynamische Viskosität μ und die kinematische Viskosität $\nu = \mu/\rho$ sind konstante Fluideigenschaften. Der hydraulische Durchmesser wird durch den Kanalquerschnitt A und den Umfang U bestimmt:

$$D_\mathrm{h} = 4A/U\,. \tag{6.34}$$

Im Makrobereich wird eine kritische REYNOLDS-Zahl von 2300 als Grenze zwischen der laminaren und turbulenten Strömung angenommen. Die REYNOLDS-Zahl in mikrofluidischen Komponenten ist viel kleiner als diese kritische Zahl. Es kann daher angenommen werden, dass das Strömungsverhalten in den meisten mikrofluidischen Komponenten und Systemen laminar ist. Dies führt bei praktischen Anwendungen oft zu Schwierigkeiten, wenn Fluidströme gemischt werden sollen.

Das Verhältnis zwischen der Druckkraft und der Trägheitskraft ist die EULER-Zahl:

$$\mathrm{Eu} = \frac{\text{Druckabfall}}{\text{Trägheit}} = \frac{\Delta p}{\rho u^2}\,. \tag{6.35}$$

Der Druckabfall Δp ist wegen der überwiegenden viskosen Reibungskraft im Mikrobereich meist sehr groß, während die Trägheit vernachlässigbar ist. Es wird daher erwartet, dass die EULER-Zahl von mikrofluidischen Komponenten sehr groß ist.

Die Oberflächenkraft zwischen zwei Fluidphasen (Flüssigkeit-Flüssigkeit oder Gas-Flüssigkeit) spielt eine große Rolle für das Kraftgleichgewicht. Das Verhältnis zwischen der Trägheit und der Oberflächenspannung wird als WEBER-Zahl bezeichnet:

$$\mathrm{We} = \frac{\text{Trägheit}}{\text{Oberflächenspannung}} = \frac{\rho u^2 D_\mathrm{h}}{\sigma}\,. \tag{6.36}$$

Dabei ist σ die Oberflächenspannung zwischen den beiden Fluidphasen. Die Oberflächenkraft kann auch mit der Reibungskraft verglichen werden. Die **Kapillaritätszahl** Ca charakterisiert das Verhältnis zwischen der Reibungskraft und der Oberflächenkraft. Diese Zahl ist zugleich das Verhältnis zwischen der WEBER-Zahl und der REYNOLDS-Zahl:

$$\mathrm{Ca} = \frac{\text{Oberflächenkraft}}{\text{Reibungskraft}} = \frac{We}{Re} = \frac{\mu u}{\sigma}\,. \tag{6.37}$$

In der Definitionsgleichung der Kapillaritätszahl tritt keine räumliche Variable auf. Deshalb wird diese Kennzahl nicht von der Miniaturisierung beeinflusst.

Transporteffekte im Mikrobereich werden durch molekulare Diffusion und Konvektion bestimmt. Die Diffusion wird durch zufällige BROWNsche Bewegungen der Moleküle bestimmt, dagegen wird die Konvektion von der Strömung verursacht. Das Verhältnis zwischen Konvektion und Diffusion wird durch die **PECLET-Zahl** beschrieben:

$$\mathrm{Pe} = \frac{\text{Konvektion}}{\text{Diffusion}} = \frac{uL_\mathrm{ch}}{D}\,. \tag{6.38}$$

Dabei ist D der Diffusionskoeffizient und L_ch ist die charakteristische Länge des Transportprozesses. Eine kleine PECLET-Zahl deutet auf einen von Diffusion dominierten Transportprozess hin.

Das Verhältnis zwischen Advektion einer periodischen Störung und der Strömung wird durch die **STROUHAL-Zahl** charakterisiert:

$$\mathrm{St} = \frac{\text{periodische Störung}}{\text{Advektion}} = \frac{fL_\mathrm{ch}}{u}\,. \tag{6.39}$$

Dabei ist *f* die Frequenz der periodischen Störung.

Mikrofluidische Systeme können auf unterschiedlichen Ebenen modelliert werden: auf der molekularen Ebene, auf der physikalischen Ebene und auf der Systemebene. Auf der molekularen Ebene werden einzelne Moleküle berücksichtigt. Die Bewegung der Moleküle wird durch die deterministische Methode der molekularen Dynamik (MD) beschrieben. Die große Anzahl von Molekülen verlangt einen extrem hohen Rechenaufwand. Anstatt der Simulation jedes Moleküls können viele Moleküle zusammen als ein Teilchen modelliert werden. Die Wechselwirkung der Moleküle in einem Teilchen ist statistisch bestimmt. Diese statische Methode wird als die **direkte Simulation Monte Carlo** (DSMC) bezeichnet.

Auf der physikalischen Ebene werden das Fluid als Kontinuum und alle Eigenschaften als kontinuierliche Variablen betrachtet. Diese Beschreibung mikrofluidischer Systeme und Komponenten wird als das Kontinuum-Modell bezeichnet. Es wird durch ein Gleichungssystem zur Massenerhaltung, Momentenerhaltung und Energieerhaltung beschrieben. Die Erhaltungsgleichungen sind oft partielle Differenzialgleichungen, die für einfache Fälle analytisch gelöst werden können. Für Probleme mit komplizierter Geometrie und gekoppelten Feldern kann ein Kontinuum-Modell nur durch numerische Methoden gelöst werden.

Das Kontinnuum-Modell nimmt an, dass die Fluideigenschaften kontinuierlich durch den Raum definiert sind. Fluideigenschaften wie Viskosität und Dichte werden als Materialeigenschaften angenommen. Die Miniaturisierung von fluidischen Komponenten berührt jedoch die Grenze der molekularen Dimensionen, bei denen das Fluid nicht mehr als ein Kontinuum betrachtet werden kann. Eine wichtige dimensionslose Zahl zur Bestimmung der Kontinuum-Bedingungen ist die **KNUDSEN-Zahl**:

$$\mathrm{Kn} = \frac{\text{freie Weglänge}}{\text{Charakteristische Geometrie}} = \frac{\lambda}{D_\mathrm{h}} \,. \tag{6.40}$$

Dabei sind λ die freie Weglänge der Moleküle und D_h der hydraulische Durchmesser oder eine andere charakteristische Länge. Die KNUDSEN-Zahl nimmt mit der Miniaturisierung ($D_\mathrm{h}\downarrow$) oder bei verdünnten Gasen ($\lambda\uparrow$) zu. Im Allgemeinen können unterschiedliche Strömungsbereiche und Modelle durch die KNUDSEN-Zahl bestimmt werden:

- $\mathrm{Kn}<10^{-3}$: Kontinuum-Modell, NAVIER-STOKES-Gleichung mit Haftbedingungen,
- $10^{-1}<\mathrm{Kn}<10$: Kontinuum-Modell, NAVIER-STOKES-Gleichung mit Gleitbedingungen,
- $10^{-3}<\mathrm{Kn}<10^{-1}$: Übergang zwischen Kontinuum-Modell und molekularem Modell,
- $\mathrm{Kn}>10$: Freie molekulare Strömung.

Auf der Systemebene wird das Verhalten von mikrofluidischen Komponenten in einem Makromodell zusammengefasst. Das Verhalten kann entweder aus den Modellen der physikalischen Ebene, der molekularen Ebene oder direkt aus experimentellen Ergebnissen gewonnen werden. Die Makromodelle werden in ein Netzwerk eingebunden und simuliert. Das Verhalten eines mikrofluidischen Systems mit Makromodellen ist ähnlich wie in der Netzwerksimulation der Elektrotechnik. Deshalb können gleiche Werkzeuge zur Modellierung eines mikrofluidischen Systems verwendet werden. Im Vergleich zur physikalischen Ebene wird der Rechenaufwand auf der Systemebene bedeutend reduziert. **Tabelle 6.5** illustriert die Analogiebeziehungen zwischen Fluidmechanik und Elektrotechnik.

Beispiel 6.4 Fluidische Kennzahlen in Mikromischern

Die mittlere Strömungsgeschwindigkeit in einem Mikromischer ist 1 mm/s. Der Mikromischer hat zwei Einlässe und einen Mischkanal. Zwei Flüssigkeiten aus den Einlassen strömen im Mischkanal nebeneinander. Der Mischkanal hat eine Breite von $B = 1$ mm und eine Höhe von $H = 100$ µm. Die Viskosität, die Dichte und der Diffusionskoeffizient der Flüssigkeiten sind $\mu = 1 \cdot 10^{-3}$ Pa·s, $\rho = 11 \cdot 10^{3}$ kg/m³ und $D = 1 \cdot 10^{-9}$ m²/s. Es sind die REYNOLDS-Zahl und die PECLET-Zahl für den Mischer zu bestimmen.

Die charakteristische Länge für die REYNOLDS-Zahl ist der hydraulische Durchmesser. Für einen flachen Kanal ($B >> H$) kann der hydraulische Durchmesser näherungsweise gleich der Kanalhöhe angenommen werden:

$$D_\mathrm{h} = 4A/U \approx H\,. \tag{6.41}$$

Die REYNOLDS-Zahl ist dann:

$$\mathrm{Re} = \frac{\rho u D_h}{\mu} = \frac{1 \cdot 10^{3} \cdot 1 \cdot 10^{-3} \cdot 100 \cdot 10^{-6}}{1 \cdot 10^{-3}} = 0{,}1\,. \tag{6.42}$$

Diese REYNOLDS-Zahl ist viel kleiner als die kritische REYNOLDS-Zahl. Die Strömung ist daher laminar und der Mischprozess erfolgt nur auf der Basis der Diffusion.
Die charakteristische Länge für die PECLET-Zahl ist die Kanalbreite B. Die PECLET-Zahl ist dann:

$$\mathrm{Pe} = \frac{u L_\mathrm{ch}}{D} = \frac{uB}{D} = \frac{1 \cdot 10^{-3} \cdot 1 \cdot 10^{-3}}{1 \cdot 10^{-9}} = 1000\,. \tag{6.43}$$

Die große PECLET-Zahl bedeutet, dass in diesem Fall Konvektion über Diffusion dominiert. Für die Kanallange kann hier eine Faustregel benutzt werden. Der Mischkanal soll etwa $L = \mathrm{Pe} \cdot B = 1000 \cdot 1$ mm = 1 m lang sein, um am Ende des Mischkanals homogenes Mischen zu erreichen.

6.2.2 Elementtypen

a) Fluidischer Widerstand

Ein Mikrokanal mit einer inkompressiblen laminaren Strömung stellt einen linearen **fluidischen Widerstand** dar. Der Druckabfall über einem geraden Mikrokanal ist proportional zur mittleren Strömungsgeschwindigkeit:

$$\Delta p = f_{\mathrm{F}}\mathrm{Re}(2L\mu / D_{\mathrm{h}}^2)u\,. \tag{6.44}$$

Dabei sind f_{F} der FANNING-Reibungsfaktor und L die Kanallänge. Das Produkt aus FANNING -Reibungsfaktor und der REYNOLDS-Zahl ist bei einer laminaren Strömung konstant und hängt nur von der Geometrie des Kanalquerschnitts ab. Der Massenstrom wird aus der Querschnittfläche A bestimmt:

$$\dot{m} = \rho A u \tag{6.45}$$

Gemäß **Tabelle 6.5** wird der fluidische Widerstand eines geraden Mikrokanals mit laminarer Strömung wie folgt berechnet:

$$R_{\mathrm{fluid}} = \frac{\Delta p}{\dot{m}} = f_{\mathrm{F}}\,Re\frac{2L\mu}{\rho A D_{\mathrm{h}}^2} = f_{\mathrm{F}}\,\mathrm{Re}\frac{2L\nu}{A D_{\mathrm{h}}^2}\,. \tag{6.46}$$

Tabelle 6.5 Analogie zwischen Fluidmechanik und Elektrotechnik

Fluidische Größen		Elektrische Größen	
Massenstrom $\dot{m} = \mathrm{d}m/\mathrm{d}t$	$[\dot{m}]$ = kgs^{-1}	Elektrischer Strom I	$[I]$ = A
Druck p	$[p]$ = kgm^{-1}s^{-2}	Elektrische Spannung U	$[U]$ = V
Druckabfall Δp	$[\Delta p]$ = kgm^{-1}s^{-2}	Spannungsabfall ΔU	$[\Delta U]$ = V
Fluidischer Widerstand $R_{\mathrm{fluid}} = \Delta p / \dot{m}$	$[R_{\mathrm{fluid}}]$ = m^{-1}s^{-1}	Elektrischer Widerstand $R = \Delta U / I$	$[R]$ = VA^{-1}
Fluidische Trägheit $\Delta p = L_{\mathrm{fluid}}\mathrm{d}\dot{m}/\mathrm{d}t$	$[L_{\mathrm{fluid}}]$ = m^{-1}	Induktivität $\Delta U = L\mathrm{d}I/\mathrm{d}t$	$[L]$ = VsA^{-1}
Fluidische Kapazität $\dot{m} = C_{\mathrm{fluid}}\mathrm{d}p/\mathrm{d}t$	$[C_{\mathrm{fluid}}]$ = ms^{2}	Kapazität $I = C\mathrm{d}U/\mathrm{d}t$	$[C]$ = AsV^{-1}

Der fluidische Widerstand nimmt mit der Miniaturisierung in dritter Ordnung zu. Systeme mit langen Mikrokanälen werden eine starke Dämpfungscharakteristik aufweisen. **Tabelle 6.6** zeigt typische Kanalquerschnittsformen und die Berechnung des Produkts f_{F}Re. Nichtlineare fluidische Widerstände wie im Falle turbulenter Strömungen oder nicht-NEWTONscher Fluide können als druckabhängige Funktionen dargestellt werden. Der Widerstand einer realen fluidischen Komponente, wie z. B. eines passiven Ventils, lässt sich durch eine experimentell ermittelte Wertetabelle beschreiben.

Tabelle 6.6 Produkt aus FANNING-Reibungsfaktor und REYNOLDS-Zahl

Querschnittsform	Produkt aus FANNING-Reibungsfaktor und REYNOLDS-Zahl
Kreis 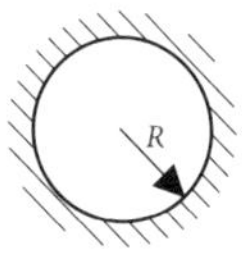	$f_F \mathrm{Re} = 16$
Parallele Platten 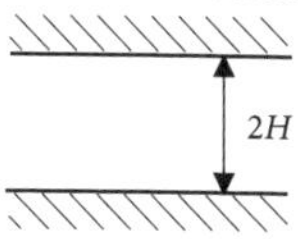	$f_F \mathrm{Re} = 24$
Rechteck 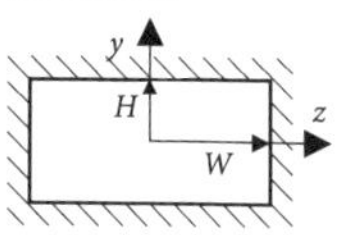	$f_F \mathrm{Re} = 24(1\text{-}1{,}3553\alpha+1{,}9467\alpha^2\text{-}1{,}7012\alpha^3+0{,}9564\alpha^4\text{-}0{,}2537\alpha^5)$ mit $\alpha = H/W$
Rechteck mit kreis-runden Ecken 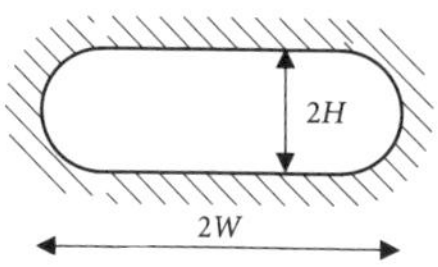	$f_F \mathrm{Re} = 24\text{-}\ 23{,}616\alpha+22{,}346\alpha^2\text{-}4{,}724\alpha^3\text{-}3{,}0672\alpha^4+1{,}0623\alpha^5)$ mit $\alpha = H/W$ und $0 \leq \alpha \leq 1$

Ein fluidischer Widerstand kann nur in instationären Fällen eingesetzt werden, wenn der Massenstrom und der Druckabfall gleichphasig sind. Die so genannte dynamische REYNOLDS-Zahl stellt das Verhältnis zwischen der dynamischen Erregung und der viskosen Dämpfung dar:

$$\mathrm{Re}_d = \frac{\text{dynamische Erregung}}{\text{viskose Dämpfung}} = \frac{D_h}{2}\sqrt{\frac{2\pi f \rho}{\mu}} \,. \tag{6.47}$$

Dabei ist f die Erregungsfrequenz. Eine kleine dynamische REYNOLDS-Zahl bedeutet, dass die viskose Dämpfung über die dynamische Erregung dominiert. Mit Werten unter einer kritischen dynamischen REYNOLDS-Zahl kann der fluidische Widerstand für instationäre Probleme eingesetzt werden. Die kritische dynamische REYNOLDS-Zahl eines kreisrunden Kanals ist z. B. 2,45.

Beispiel 6.5 Modellierung einer zylindrischen Kapillare

Bestimmen Sie die maximale Erregungsfrequenz einer zylinderischen Kapillare mit dem Durchmesser von 100 µm, so dass die Kapillare durch einen fluidischen Widerstand modelliert werden kann! Die Viskosität und die Dichte der Flüssigkeiten in der Kapillare sind $\mu = 1\cdot10^{-3}$ Pa·s und $\rho = 1\cdot10^{3}$ kg/m^3.

Aus (6.47) wird die Erregungsfrequenz für die kritische dynamische REYNOLDS-Zahl $\mathrm{Re}_{d,k}$ wie folgt bestimmt:

$$f = \frac{2\mu}{\pi\rho}\left(\frac{\mathrm{Re}_\mathrm{d}}{D_\mathrm{h}}\right)^2 = \frac{1\cdot10^{-3}}{3.14\cdot1\cdot10^3}\left(\frac{2{,}45}{100\cdot10^{-6}}\right)^2 = 382\,\mathrm{Hz}\,. \tag{6.48}$$

b) Fluidische Kapazität

Ähnlich wie die elektrische Kapazität ist eine **fluidische Kapazität** ein fluidisches Element zur Energiespeicherung. Die Speicherung potenzieller Energie wird durch die Kompressibilität des Fluids oder die elastischen Eigenschaften einer mikrofluidischen Komponente bestimmt. Der durch Kompressibilität generierte Massenstrom ist

$$\dot{m} = m_0\gamma \mathrm{d}p/\mathrm{d}t\,, \tag{6.49}$$

wobei m_0 die Masse im Anfangszustand und γ der Kompressibilitätsfaktor des Fluids. sind. Gemäß **Tabelle 6.5** ergibt sich

$$C_\mathrm{fluid} = m_0\gamma\,. \tag{6.50}$$

Zur Herstellung von mikrofluidischen Komponenten und Systemen werden zunehmend polymere Werkstoffe wie Silikonkautschuk (PDMS, Polydimethylsiloxan) verwendet. Die fluidische Kapazität wird dann durch die elastische Kanalwand aus Silikonkautschuk verursacht. Elastische mechanische Komponenten, wie eine Ventilklappe oder eine Pumpenmembran, bilden infolge der Struktur-Fluid-Interaktion ebenso eine fluidische Kapazität. Die von einer Elastizität verursachte fluidische Kapazität kann entweder durch direkte Messung oder durch gekoppelte Simulation bestimmt werden.

c) Fluidische Trägheit

Die **fluidische Trägheit** einer mikrofluidischen Komponente wird in **Tabelle 6.5** definiert. Die kinetische Energie des Fluids wird in der fluidischen Trägheit gespeichert. Die fluidische Trägheit eines Mikrokanals mit einem konstanten Querschnitt ist dann

$$L_\mathrm{fluid} = L/A\,. \tag{6.51}$$

6.2.3 Fluidische Schnittstellen

Im Gegensatz zu anderen Mikrosystemen benötigen mikrofluidische Systeme für den Anschluss an Makrosysteme außer Schnittstellen für den Informations- und den Energiefluss auch Kopplungen für den Stofffluss. Nach der Art der Ankopplung zwischen dem Mikro- und dem Makrosystem unterscheidet man drei Formen solcher fluidischer Kopplungen:

- kraftschlüssige Kopplung,
- stoffschlüssige Kopplung und
- formschlüssige Kopplung.

Kraftschlüssige Kopplungen lassen sich mit Hilfe von Federn oder Dichtringen realisieren. Federstrukturen werden mit mechanischen Grundelementen entworfen und können in ein mikrofluidisches System integriert werden. Systeme aus polymeren Werkstoffen wie Silikonkautschuk sind selbstdichtend und benötigen keine Dichtringe. Dichtringe können aber auch mit Hilfe von polymerer Mikrotechnik in Systeme aus härteren Werkstoffen integriert werden. Kraftschlüssige Kopplungen zeichnen sich durch lange Lebensdauer und relativ hohe Druckfestigkeit aus.

Bei **stoffschlüssigen Kopplungen** wird die Verbindung durch Kleben, eutektisches Bonden, Glaslöten oder anodisches Bonden hergestellt. Hier ist besonders die Resistenz der Verbindungsstelle gegenüber aggressiven Fluiden und die Ablösung des Verbindungsmaterials zu beachten. Kleben ist eine schnelle und günstige Methode für mikrofluidische Experimente im Labor.

Formschlüssige Kopplungen können direkt aus Silizium realisiert werden. Darüber hinaus werden auch polymere Koppler benutzt. Die Koppler können durch Mikrospritzgießen hergestellt werden. Nach der Montage werden die polymeren Koppler durch Hitze erweicht, um einen besseren Formschluss zu gewährleisten.

Viele mikrofluidische Systeme werden in biologischer Umgebung eingesetzt. Neben der Materialauswahl für das System ist auch die Biokompatibilität der fluidischen Schnittstellen ein wichtiger Entwurfsaspekt. Die Reaktion der fluidischen Schnittstelle auf die Umgebung und die Reaktion der biologischen Umgebung auf die Schnittstelle sind entscheidend für den Dauerbetrieb eines Systems, besonders eines implantierten Systems. Mikrofluidische Systeme können entweder in vitro im Reagenzglas oder in vivo im lebenden Organismus auf ihre Biokompatibilität getestet werden.

6.2.4 Entwurf mikrofluidischer Elemente und Komponenten

Der Entwurfsprozess fluidischer Elemente und Komponenten folgt den Regeln der Mikrosystemtechnik. Der Entwurfsprozess kann entweder das Top-Down- oder das Bottom-

Up-Modell benutzen. Im Gegensatz zur digitalen Elektronik gibt es in der Mikrofluidik noch keine ausreichende Anzahl von Funktionselementen zum Aufbau eines komplexen mikrofluidischen Systems. Obwohl einige mikrofluidische Systeme mit hunderten Schaltelementen, wie Mikroventilen und Mikropumpen, bereits realisiert wurden, kann die Mikrofluidik den Integrationsgrad der Mikroelektronik in der nahen Zukunft noch nicht erreichen. Für den Entwurf von einzelnen mikrofluidischen Komponenten ist das Top-Down-Modell besser geeignet.

a) Entwurf mikrofluidischer Elemente

Die Gestaltungsmöglichkeiten eines zu entwerfenden mikrofluidischen Elements werden maßgeblich durch die Herstellungstechnologie bestimmt. Nachfolgend wird beispielhaft der Entwurf des Mikrokanals eines elektrokinetischen Fluidnetzwerks für die Kapillar-Elektrophorese dargestellt. Mit Hilfe dieser Methode können z. B. Fragmente von DNS (Desoxyribonukleinsäuren) analysiert werden.

Bild 6.10 illustriert das Prinzip der **Kapillar-Elektrophorese.** Das Fluidnetzwerk besteht aus zwei gekreuzten Mikrokanälen: aus einem kurzen Injektionskanal und einem langen Separationskanal. Beim Anlegen einer elektrischen Spannung über den Injektionskanal wird die Probeflüssigkeit zuerst mittels Elektroosmose in den Injektionskanal eingeführt. Elektroosmose ist die Strömung einer ionisierten Flüssigkeit in einem elektrischen Feld relativ zu der geladenen Kanaloberfläche. Außer von der Kanaloberfläche hängt die Elektroosmose-Geschwindigkeit auch von der elektrischen Feldstärke und der dynamischen Viskosität der Flüssigkeit ab. Die Geometrie des Kanalquerschnitts spielt dabei keine so wesentliche Rolle wie bei einer druckgetriebenen Strömung. Beim Anlegen einer elektrischen Spannung über den Separationskanal wird eine kleine Probenmenge eingespeist. Zugleich mit der Elektroosmose-Strömung separieren sich infolge der Elektrophorese die Moleküle in der Probe. Elektrophorese ist die Bewegung der geladenen Teilchen relativ zu der umgebenden Flüssigkeit unter der Wirkung eines elektrischen Feldes. Die Elektrophorese-Geschwindigkeit hängt nur von der Oberflächenladung, der elektrischen Feldstärke und der dynamischen Viskosität der umgebenden Flüssigkeit ab. Unterschiedliche Moleküle in der Probe können aufgrund ihrer unterschiedlichen

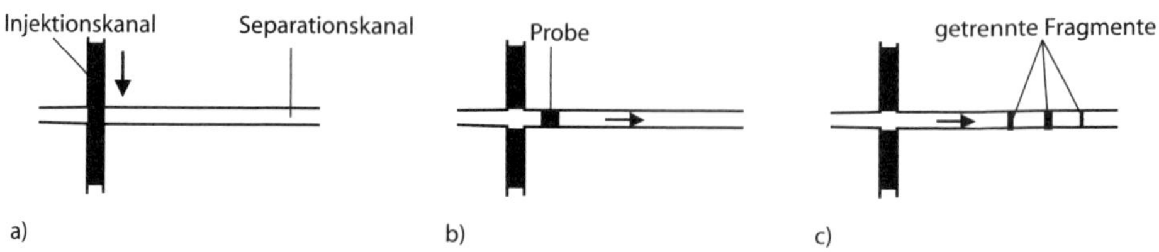

Bild 6.10 Prinzip der Kapillar-Elektrophorese: a) Dosierung; b) Injektion; c) Separation

Ladungen getrennt werden. Die getrennten Moleküle können am Ende des Separationskanals optisch detektiert werden. Elektroosmose und Elektrophorese sind umkehrbare elektrokinetische Wandlereffekte, die als Wandler-Vierpol nach Abschn. 7.1 betrachtet werden können. Folgende Randbedingungen sind zu berücksichtigen:

- Das Substrat soll elektrisch isolierend und optisch transparent sein. Dafür stehen nur Glas und Polymer zur Verfügung.
- Während die Querschnittsform keine Rolle spielt, soll die Querschnittsfläche klein genug sein, dass der elektrische Widerstand des Fluidnetzwerkes genügend groß wird.
- Bei einem großen elektrischen Widerstand wird beim Anlegen einer hohen elektrischen Spannung Wärme erzeugt. Die erhöhte Temperatur verringert die Separationsqualität. Deshalb muss eine gute Wärmeabführung gewährleistet werden.

Die Gestaltung der Fluidführung muss dabei die externe Behandlung der Probeflüssigkeit und die optische Detektion berücksichtigen. Prinzipiell stehen verschiedene Kanalformen zur Verfügung. Bei einem Glassubstrat ist wegen des isotropen Glasätzens nur die Form 1 in **Bild 6.11a** herstellbar. Durch polymere Techniken wie Heißprägen können die Formen 1 bis 3 in einem polymeren Substrat realisiert werden. Das GAUSS-Profil von Form 4 lässt sich mit direktem Laser-Schreiben herstellen. Die Kombination von Materialauswahl und Kanalform wird nach den in der Aufgabenstellung angegebenen Kriterien bewertet. Von der Aufgabenstellung bis zur Entscheidung für die endgültige Lösung muss eine Reihe von Kompromissen (z. B. zwischen den Herstellungskosten und

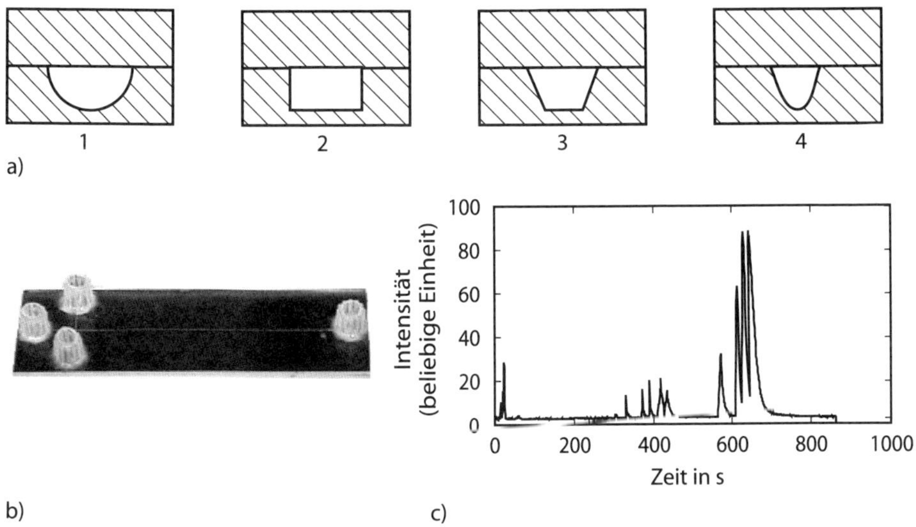

Bild 6.11 Entwurf von Mikrokanälen für die Kapillar-Elektrophorese: a) Kanalformen; b) typischer Kapillar-Elektrophorese-Separator; c) typisches Signal der optischen Detektion am Ende des Separationskanales

der guten Wärmeabführung von Glas und Polymer) getroffen werden. Die Optimierung wird mit Hilfe der gegebenen Voraussetzungen und funktionsbestimmenden Zusammenhänge durchgeführt. **Bild 6.11b** und **Bild 6.11c** zeigen einen typischen polymeren Kapillar-Elektrophorese-Separator und das entsprechende Separationsergebnis. Jede Spitze im **Bild 6.11c** repräsentiert ein DNS-Fragment.

b) Entwurf mikrofluidischer Komponenten

Mit den zur Verfügung stehenden Elementen können unterschiedlichste mikrofluidische Komponenten entworfen werden. Nachfolgend sind Entwurfsbeispiele für polymere **Mikroventile** und **Mikropumpen** dargestellt. Je nachdem, ob Mikroventile Aktorelemente verwenden oder nicht, werden sie in **aktive** und **passive Mikroventile** unterteilt. Während aktive Ventile nach Antriebsprinzipien klassifiziert werden, unterscheidet man passive Ventile anhand ihrer Aufbauform. Passive Mikroventile sind gleichrichtende fluidische Komponenten. Die einfachste Ausführung sind Mikrokanäle mit gleichrichtender Charakteristik wie z. B. ein Diffusor/Düse- oder ein Tesla-Element (**Bild 6.12**). Um eine bessere fluidische Gleichrichtung zu erreichen, werden bewegliche Teile oder Ventilklappen verwendet. **Bild 6.12c** zeigt verschiedene polymere Klappenventile. Die Ventilcharakteristik wird von der Materialeigenschaft und der Geometrie der Federstruktur bestimmt. Der Entwurf eines erwünschten Verhaltens kann daher auf den Entwurf von mechanischen Elementen (Abschn. 6.1) zurückgeführt werden.

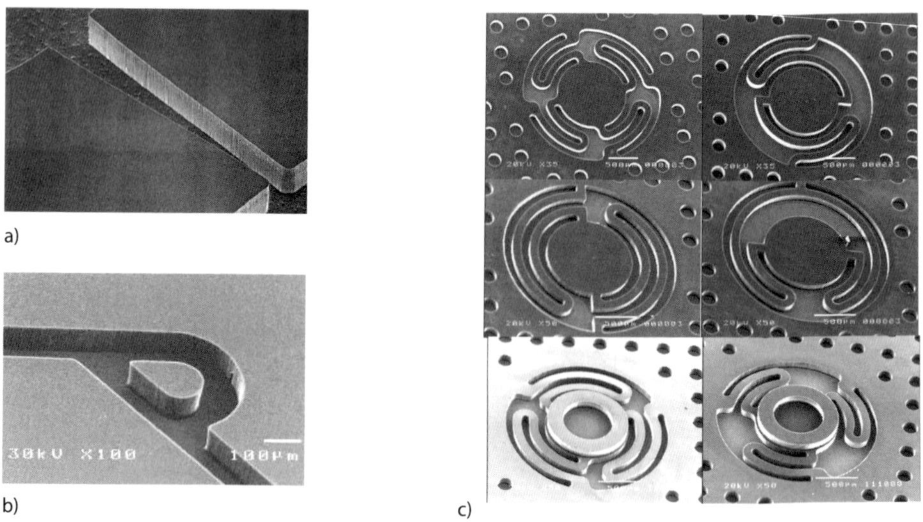

Bild 6.12 Gestaltungsformen von polymeren Mikroventilen ohne bewegliche Teile a) Diffusor/Düse-Element, b) Tesla-Element; und mit beweglichen Teilen: c) Klappenventile

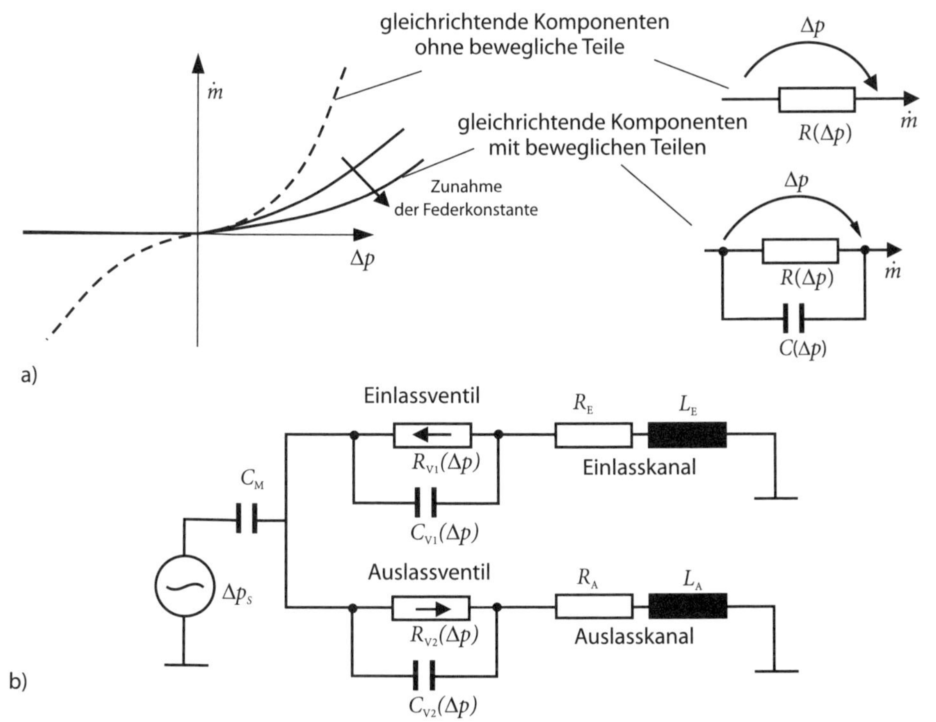

Bild 6.13 Makromodelle mikrofluidischer Komponenten: a) Mikroventile; b) Mikropumpen

Auf der Systemebene können Mikroventile als nichtlineare fluidische Widerstände und nichtlineare fluidische Kapazitäten modelliert werden. Unter der Annahme eines inkompressiblen Fluids und einer harten Kanalwand können gleichrichtende Kanalstrukturen wie das Diffusor/Düse- oder das Tesla-Element ausschließlich als nichtlineare Widerstände betrachtet werden, die fluidische Kapazität ist vernachlässigbar (**Bild 6.13**).

Im Gegensatz zu einfachen gleichrichtenden Kanalstrukturen wird in Klappenventilen durch die Federstrukturen potenzielle Energie gespeichert. Der Einfluss der Federsteifigkeit auf das Verhalten eines Klappenventils wird durch die Massenstrom-Druckabfall-Kennlinie im **Bild 6.13** verdeutlicht. Ein Klappenventil kann auf der Systemebene als ein nichtlinearer fluidischer Widerstand modelliert werden, der parallel zu einer nichtlinearen fluidischen Kapazität geschaltet ist.

Ebenso wie Mikroventile lassen sich Mikropumpen in mechanische (mit beweglichen Teilen) und nichtmechanische (ohne bewegliche Teile) unterscheiden. Die Pumpenmembran wird von einem Aktor bewegt. Der Aktor kann auf unterschiedlichsten Wandlerkonzepten basieren (Kapitel 7). Auf der Systemebene repräsentiert die Pumpenmembran eine fluidische Kapazität. Der Aktor kann als eine zeitabhängige Druckquelle angesehen werden. **Bild 6.13** stellt das vereinfachte Makromodell einer Mikropumpe dar.

6.3 Thermische Elemente

Thermische Elemente in Mikrosystemen dienen zur Energiewandlung für Sensoren und Aktoren (s. Abschn. 7.1) oder zum Wärmetransport durch Leitung, Strahlung oder Konvektion. Zur ersten Gruppe gehören z. B. Heizer, Temperaturwiderstände, Dioden und Transistoren, thermoelektrische Generatoren (SEEBECK-Effekt), PELTIER-Kühler, Bimaterialien, Elemente mit thermisch bedingten Längen- oder Volumenänderungen, die sowohl durch direkte Wärmeausdehnung als auch durch Phasenübergänge zustande kommen können. Zur zweiten Gruppe gehören Elemente wie Wärmeleiter, Wärmespreizer, Wärmestrahler, Wärmeisolatoren, Kühlflächen.

In **Tabelle 6.7** sind thermische Kenngrößen für wichtige Werkstoffe in der Mikrosystemtechnik zusammengestellt. Es ist zu beachten, dass sie temperaturabhängig sind. Diese Abhängigkeit kann zum Teil in der Rechnung erfasst werden [VDI04].

Tabelle 6.7 Thermische Kenngrößen wichtiger Werkstoffe bei $T = 300$ K

Werkstoff	ρ in kgm^{-3}	c in $Wskg^{-1}K^{-1}$	λ in $Wm^{-1}K^{-1}$	α in 10^{-6} K^{-1}
Aluminium	2700	920	230	23
Kupfer	8900	390	390	17
Gold	19300	125	314	15
Chrom	6900	440	95	6,6
Platin	21500	133	70	9,0
Silizium	2330	710	156	2,3
Siliziumoxid	2660	750	1,2	0,3
Siliziumnitrid	3100	750	19	2,8
Al_2O_3-Keramik[1]	3950	900	30 ... 32	6,6
Lot (63Sn37Pb)	8340	200	70	21
Bleifreies Lot (SnAg3,5)	7360	219	57,3	22
FR-4[2]	1900	1500	0,2 ... 0,3	12 ...16
Kunststoffe[3]	1000 ... 2500	1000 ... 1400	0,1 ... 0,5	10 ... 100
Wasser	1000	4200	0,6	260[4]
Luft	1,16	1000	0,026	3400[4]

ρ Dichte, c spezifische Wärmekapazität, λ Wärmeleitfähigkeit, α linearer thermischer Ausdehnungskoeffizient. [1]Werte stark von der Porösität abhängig, [2]Leiterplatten-Basismaterial, [3]Thermoplaste (spritzgegossen), Duroplaste (spritzgepresst), [4]thermischer Volumenausdehnungskoeffizient

6.3.1 Thermisch-elektrische Analogien

Mit Hilfe von thermisch-elektrischen Analogien können die Analysemethoden zu elektrischen Netzwerken auch auf thermische Berechnungen angewendet werden. Vergleichbar sind die physikalischen Grundlagen von Wärme- und Stromleitung sowie die mathematische Beschreibung der stationären und instationären Vorgänge. Nicht vergleichbar ist in der Regel der Zeitmaßstab. In **Tabelle 6.8** ist die am häufigsten benutzte Analogie angegeben, bei der sich die Ähnlichkeit zwischen Wärmetransport und Stromtransport auch in der weitgehenden Identität von thermischen und elektrischen Größen widerspiegelt. Dieser Sachverhalt wird im Fall der stationären Wärmeleitung und dem dafür geltenden „OHMschen Gesetz der Wärmeleitung" sofort deutlich. Dabei werden der Wärmestrom durch den elektrischen Strom, die Temperaturdifferenz durch die elektrische Spannung und der thermische Widerstand durch den elektrischen Widerstand ersetzt. Die aus der Elektrotechnik bekannten Beziehungen für die Reihen- und Parallelschaltung von Widerständen sind analog für die thermischen Widerstände anwendbar.

Tabelle 6.8 Thermisch-elektrische Analogie

Thermische Größen		Elektrische Größen	
Wärmestrom Φ	$[\Phi] = \mathrm{W}$	Strom I	$[I] = \mathrm{A}$
Wärmestromdichte q	$[q] = \mathrm{Wm^{-2}}$	Stromdichte J	$[J] = \mathrm{Am^{-2}}$
Wärmemenge Q	$[Q] = \mathrm{Ws}$	Ladung Q	$[Q] = \mathrm{As}$
Temperatur T	$[T] = \mathrm{K}$	Potenzial φ	$[\varphi] = \mathrm{V}$
Temperaturdifferenz ΔT, $\vartheta_{\text{Ü}}$	$[\Delta T, \vartheta_{\text{Ü}}] = \mathrm{K}$	Spannung U	$[U] = \mathrm{V}$
Thermischer Widerstand R_{th}	$[R_{\text{th}}] = \mathrm{KW^{-1}}$	Widerstand R	$[R] = \mathrm{VA^{-1}}$
Wärmekapazität C_{th}	$[C_{\text{th}}] = \mathrm{WsK^{-1}}$	Kapazität C	$[C] = \mathrm{AsV^{-1}}$
Wärmeleitfähigkeit λ	$[\lambda] = \mathrm{Wm^{-1}K^{-1}}$	Leitfähigkeit κ	$[\kappa] = \mathrm{AV^{-1}m^{-1}}$
Wärmeübergangszahl α	$[\alpha] = \mathrm{Wm^{-2}K^{-1}}$	Flächenleitwert $R^{-1}A^{-1}$	$[R^{-1}A^{-1}] = \mathrm{AV^{-1}m^{-2}}$

6.3.2 Grundgleichungen für den Wärmetransport

Die SI-Einheit der Temperatur T ist Kelvin ($[T] = \mathrm{K}$). Der absolute Nullpunkt liegt bei 0 K = –273,15 °C. Der Bezug zur CELSIUS-Skala der Umgebungstemperatur kann durch

$$T/\mathrm{K} = \vartheta/°\mathrm{C} + 273{,}15 \qquad (6.52)$$

hergestellt werden. Oft wird nicht die absolute Temperatur T betrachtet, sondern die Temperaturdifferenz ΔT gegenüber einer Bezugstemperatur T_0 (z. B. Umgebungstemperatur). Diese Temperaturdifferenz wird auch als Übertemperatur bezeichnet:

$$\Delta T = \vartheta_{\ddot{U}} = T(t) - T_0 \,. \tag{6.53}$$

Der Wärmetransport in Festkörpern, Gasen und Flüssigkeiten sowie zwischen diesen kann durch **Wärmeleitung**, durch **Konvektion** oder durch **Wärmestrahlung** erfolgen. In Festkörpern erfolgt der Wärmetransport prinzipiell durch Wärmeleitung. In den meisten anderen Fällen trägt die Wärmeleitung den größten Anteil zum Wärmetransport bei, oft ist sie zugleich der zeitbestimmende Vorgang. Das FOURIER-Gesetz für die eindimensionale Wärmeleitung besagt, dass ein Wärmestrom Φ_{thL} in Richtung der kälteren Region fließt, wenn zwischen den Stirnflächen eines quaderförmigen Körpers eine Temperaturdifferenz $\Delta T = T_{\mathrm{E}} - T_{\mathrm{A}}$ existiert (**Bild 6.14**):

$$\Phi_{\mathrm{thL}} = \frac{\mathrm{d}Q}{\mathrm{d}t} = -\lambda A \frac{\mathrm{d}T}{\mathrm{d}x} \,. \tag{6.54}$$

Das Verhältnis von Temperaturdifferenz und Wärmestrom wird als thermischer Widerstand definiert (OHMsches Gesetz der Wärmeleitung):

$$R_{\mathrm{thL}} = \Delta T / \Phi_{\mathrm{thL}} = s/\lambda \cdot A \,. \tag{6.55}$$

Aus Gl. (6.54) folgt:

- Wärmeleitung erfolgt im Material ohne Massentransport.
- Der Wärmestrom ist der Wärmeleitfähigkeit des Materials, der durchströmten Querschnittsfläche und der Temperaturdifferenz direkt proportional sowie der Länge des durchströmten Querschnitts umgekehrt proportional.
- Der thermische Widerstand verhält sich analog dem elektrischen Widerstand.

Wärmeleitung tritt nicht nur in Festkörpern, sondern auch in Flüssigkeiten und Gasen

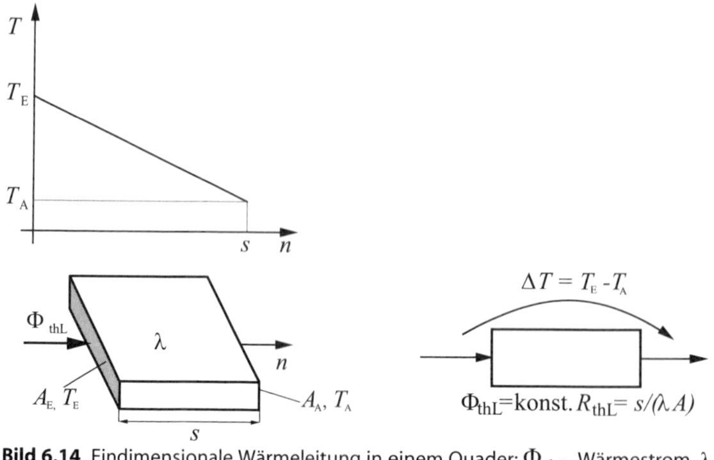

Bild 6.14 Eindimensionale Wärmeleitung in einem Quader: Φ_{thL} Wärmestrom, λ Wärmeleitfähigkeit, A_{E}, A_{A}, T_{E}, T_{A} wärmeerzeugende und wärmeabführende Flächen sowie deren Temperaturen

auf. Das ist für technische Anwendungen von großem Interesse, z. B. für thermische Elemente zur Erzeugung von Dampfblasen oder zur Wärmeabfuhr bei Elementen, bei denen der Wärmetransport im Festkörper wegen sehr kleiner Querschnittsfläche A behindert ist (z. B. Element von **Bild 6.2d**). Die Materialgröße Wärmeleitfähigkeit ist bei Flüssigkeiten und Gasen im Allgemeinen um Zehnerpotenzen kleiner als bei Metallen (**Tabelle 6.7**). Bei Gasen ist sie druckunabhängig, solange die **mittlere freie Weglänge** der Moleküle klein gegen die Gefäßabmessungen ist (KNUDSEN-Zahl Kn, s. Abschn. 6.2). Für Luft ist die mittlere freie Weglänge bei einem Druck von 1 bar ca. 0,06 µm, bei 10 mbar aber bereits ca. 6 µm. Das bedeutet, dass bei mikromechanischen Abmessungen von Spalten oder Kavernen und bei geringen Drücken die Wärmeleitfähigkeit nicht mehr druckunabhängig, sondern direkt proportional zur Dichte bzw. zum absoluten Druck ist. Für die Wärmeleitung in Flüssigkeiten gibt es kein einfaches Modell. Die Wärmeleitfähigkeit hängt von der Temperatur und stark von Phasenübergängen ab. Bei Wasser verringert sich die Wärmeleitfähigkeit λ im Bereich von $T = 273$ K (Eis) bis $T = 400$ K (Wasserdampf) von 2,2 $\mathrm{Wm^{-1}K^{-1}}$ auf 0,03 $\mathrm{Wm^{-1}K^{-1}}$.

Bei der Konvektion erfolgt der Wärmeübergang von einem Festkörper (Wand) mit der Fläche A auf ein Fluid (Gas oder Flüssigkeit). Konvektion entsteht durch die Bewegung des Gases bzw. der Flüssigkeit. Sie hängt wesentlich von den thermischen und fluidischen Randbedingungen ab. Zur Abschätzung des entstehenden Wärmestromes gibt es analytische Ansätze, eine exakte Rechnung ist schwierig. Es wird zwischen freier Konvektion und erzwungener Konvektion (Lüfter, Wasserkühlung) unterschieden. Der thermische Widerstand bei Konvektion (Wärmeübergangswiderstand) wird wie im Falle der Wärmeleitung durch das Verhältnis von Temperaturdifferenz und Wärmestrom definiert:

$$R_{\mathrm{thK}} = \Delta T / \Phi_{\mathrm{thK}} = 1/\alpha_{\mathrm{K}} A \,. \tag{6.56}$$

Der Wärmeübergangskoeffizient α_{K} hängt u. a. von der Strömungsgeschwindigkeit des Fluids, der Wandtemperatur, der Fluiddichte und der Wandhöhe ab. Bei freier Konvektion wird für Gase mit Werten von $\alpha_{\mathrm{K}} = 5 \ldots 25\ \mathrm{Wm^{-2}K^{-1}}$ gerechnet, bei erzwungener Konvektion mit Werten von $\alpha_{\mathrm{K}} = 10 \ldots 120\ \mathrm{Wm^{-2}K^{-1}}$. Der thermische Widerstand bei Konvektion ist besonders für die Wirksamkeit von Kühlkörpern wichtig. Wärmeübertragung durch Verdampfung und Kondensation stellt eine Sonderform der Konvektion dar. Für im Vakuum betriebene Mikrosysteme ist wichtig, dass kein konvektionsbedingter Wärmestrom existiert.

- Konvektion ist an einen Massentransport im Fluid gebunden.
- Konvektion wird durch den Wärmeübergangskoeffizienten α_{K} charakterisiert.

Wärmestrahlung ist Wärmetransport durch Absorption oder Emission elektromagnetischer Wellen. Dieser Mechanismus ist im Gegensatz zur Wärmeleitung und zur Konvektion nicht an Materie gebunden. Das STEFAN-BOLTZMANN-Gesetz beschreibt den abgestrahlten Wärmestrom in Abhängigkeit von der Temperatur und der Oberfläche des Strahlers:

$$\Phi_{\mathrm{thS}} = \mathrm{d}Q/\mathrm{d}t = \varepsilon \cdot \sigma \cdot A_\mathrm{S}(T_\mathrm{S}^{\;4} - T_0^{\;4}) \,. \tag{6.57}$$

Darin ist ε die dimensionslose Emissivität (Korrekturfaktor für den Reflexionsanteil des Strahlermaterials im Verhältnis zum schwarzen, nichtreflektierenden Strahler), σ die STEFAN-BOLTZMANN-Konstante ($5{,}67 \cdot 10^{-8}$ $\mathrm{Wm^{-2}K^{-4}}$), A_S die Strahlerfläche, T_S die Temperatur des Strahlers und T_0 die Umgebungstemperatur. Bei $T_\mathrm{S} - T_0 << T_0$ d. h. für eine Strahlertemperatur, die nur wenig größer als die Bezugstemperatur ist, kann die Wärmestrahlung mit einer linearen Näherung abgeschätzt werden:

$$T_\mathrm{S}^{\;4} \approx T_0^{\;4} + 4T_0^{\;3}(T_\mathrm{S} - T_0) \,. \tag{6.58}$$

Aus Gl. (6.57) wird dann

$$\Phi_\mathrm{S} \approx \varepsilon \cdot \sigma \cdot A_\mathrm{S} \cdot 4T_0^{\;3}(T_\mathrm{S} - T_0) \,. \tag{6.59}$$

Wärmestrahlung kann nur zwischen Flächen ausgetauscht werden, die sich „sehen". Der Sichtfaktor F_{12} einer Fläche A_1 zu einer zweiten Fläche A_2 beschreibt den Strahlungsanteil, der von der strahlenden Fläche A_1 emittiert und von der Fläche A_2 aufgenommen wird:

$$\Phi_\mathrm{S} = \varepsilon \cdot \sigma \cdot A_1 \cdot F_{12} \cdot T_\mathrm{S}^{\;4} \,. \tag{6.60}$$

Aus der Grundgleichung für den Wärmestrom $\Phi = \alpha A \Delta T$ kann auch bei Wärmeübergang durch Wärmestrahlung ein thermischer Widerstand definiert werden:

$$R_{\mathrm{thS}} = \Delta T/\Phi_{\mathrm{thS}} = 1/(\alpha_{\mathrm{S12}} \cdot A_\mathrm{S}) \,. \tag{6.61}$$

Dabei ist der Wärmeübergangskoeffizient

$$\alpha_{\mathrm{S12}} = f(x)\rho_{\mathrm{eff}} \cdot \sigma \cdot T_\mathrm{S}^3 \tag{6.62}$$

mit $f(x) = 1 + x + x^2 + x^3$ und $x = T_0 / T_\mathrm{S}$ ($T_0 < T_\mathrm{S}$). Der effektive Absorptionsgrad ρ_{eff} ist ein Faktor, der die Flächen von Strahler und Empfänger sowie deren Absorptionsgrade berücksichtigt:

$$\rho_{\mathrm{eff}} = \frac{1}{\dfrac{1}{\rho_1} + \dfrac{A_1}{A_2}\left(\dfrac{1}{\rho_2} - 1\right)} \,. \tag{6.63}$$

Die Absorptionsgrade ρ_1 und ρ_2 der Flächen 1 und 2 hängen von Temperatur und Beschaffenheit der Oberflächen ab. Für den häufigen Fall $A_2 >> A_1$ wird $\rho_{\mathrm{eff}} = \rho_1$.

Aus Gl. (6.60) ergibt sich:

- Wärmestrahlung ist zur vierten Potenz der Strahlertemperatur proportional (T^4-Gesetz).
- Der durch Wärmestrahlung abführbare Wärmestrom erreicht erst für hohe Strahlertemperaturen einen nennenswerten Anteil an der Wärmeübertragung.

Die thermischen Signale Wärmeänderung Q und Temperaturdifferenz ΔT sind, bezogen auf ein konkretes Element, einander proportional. Um ein Element mit der Masse m von der Ausgangstemperatur T_0 auf die Temperatur T_1 zu erwärmen, ist eine Wärmezufuhr

$$Q = mc(T_1 - T_0) \tag{6.64}$$

nötig. Dabei ist c die spezifische Wärmekapazität des Materials (s. **Tabelle 6.7**). Oft interessiert die zum Aufheizen nötige Leistung

$$P = \frac{\mathrm{d}Q}{\mathrm{d}t} = mc\frac{\mathrm{d}T(t)}{\mathrm{d}t} = C_{\mathrm{th}}\frac{\mathrm{d}T(t)}{\mathrm{d}t}. \tag{6.65}$$

Die Wärmekapazität

$$C_{\mathrm{th}} = mc = V \cdot \rho \cdot c \tag{6.66}$$

ist ein Maß für die Änderung der im Element gespeicherten Wärme, bezogen auf die zugehörige Temperaturänderung. Wenn nicht die absolute Temperatur betrachtet wird, sondern wie in Gl. (6.53) die Temperaturdifferenz bezüglich einer Bezugstemperatur, ergibt sich mit Gl. (6.65)

$$P = C_{\mathrm{th}}\frac{\mathrm{d}\vartheta_{\ddot{\mathrm{U}}}(t)}{\mathrm{d}t}. \tag{6.67}$$

Aus Gl. (6.67) wird deutlich, dass sich die Temperatur eines Elementes nicht sprunghaft ändern kann, weil das eine unendlich große Leistung erforderte. Sie zeigt außerdem: Wird einem thermisch ideal isolierten Element mit der Wärmekapazität C_{th} vom Zeitpunkt $t = 0$ an die Leistung $P =$ konst. (= Wärmestrom Φ) zugeführt, kommt es wegen

$$\frac{\mathrm{d}\vartheta_{\ddot{\mathrm{U}}}(t)}{\mathrm{d}t} = \frac{P}{C_{\mathrm{th}}} \neq 0 \tag{6.68}$$

zu einem instationären Verhalten. Für die zeitabhängige Erwärmung des Elementes gilt

$$\vartheta_{\ddot{\mathrm{U}}}(t) = \vartheta_{\ddot{\mathrm{U}}}(t=0) + 1/C_{\mathrm{th}}\int_0^{t'} P dt. \tag{6.69}$$

Praktisch ist ein Element thermisch nicht ideal isoliert, so dass ein Teil der eingeleiteten Leistung über thermische Widerstände R_{th} an angrenzende Medien abgegeben wird:

$$P = C_{th} \frac{d\vartheta_{Ü}}{dt} + P_{a} . \tag{6.70}$$

Die an die Umgebung abgegebene Leistung P_a (bzw. der Wärmestrom Φ_a) ist aus den für Wärmeleitung, Konvektion und Wärmestrahlung angegebenen Gleichungen zu berechnen, wobei $\Delta T(t) = \vartheta_{Ü}(t) = T(t) - T_0$ ist und R_{th} sich aus den jeweiligen Wärmetransportmechanismen ergibt. Für die zeitabhängige Erwärmung des Elementes ergibt sich aus der Lösung der linearen Dgl. (6.70) unter den Bedingungen $P(t) =$ konst. und $\vartheta_{Ü}(0) = 0$

$$\vartheta_{Ü}(t) = PR_{th}\left(1 - e^{-t/\tau_{th}}\right) \tag{6.71}$$

mit der thermischen Zeitkonstante $\tau_{th} = C_{th} R_{th}$.

Für $t >> \tau$ wird der stationäre Zustand erreicht:

$$\mathrm{d}\vartheta_{Ü}/\mathrm{d}t = 0 \text{ und } \Delta T = \vartheta_{Ü} = PR_{th} . \tag{6.72}$$

Die thermischen **Ausgleichsvorgänge** sind abgeklungen, die Wärmekapazitäten sind „aufgeladen" und die gesamte zugeführte Leistung wird an die angrenzenden Medien abgegeben. Die sich einstellende Übertemperatur des Elements wird umso schneller erreicht, je kleiner die **thermische Zeitkonstante** τ_{th} ist. Für thermische Elemente der Mikrosystemtechnik sind die thermischen Zeitkonstanten wesentlich kleiner als in der Makrowelt. Dadurch sind für Aufheiz- und Abkühlzyklen Frequenzen bis in den Kilohertz-Bereich möglich.

6.3.3 Ersatzschaltungen

Thermische Ersatzschaltungen bestehen aus Wärmestrom- und Temperaturquellen (Φ bzw. ΔT) sowie Netzwerken, die thermische Widerstände R_{th} und thermische Kapazitäten C_{th} in serieller und paralleler Anordnung enthalten. Mit den in **Tabelle 6.8** angegebenen Analogiebeziehungen und den thermischen Knoten- und Maschensätzen können thermische Berechnungen analog zu Netzwerkberechnungen in der Elektrotechnik ausgeführt werden:

- Der **thermische Knotensatz** besagt, dass die Summe aus zugeführter Leistung (wärmeerzeugendes Bauelement), abgeführter Leistung (Wärmetausch mit der Umgebung) und gespeicherter Leistung (im Bauelement oder im Kühlkörper) Null ist. Leistung (Wärmestrom) verhält sich analog dem elektrischen Strom.

- Der **thermische Maschensatz** besagt, dass die Summe der Temperaturdifferenzen längs eines geschlossenen Weges Null ist. Temperaturdifferenzen sind elektrischen Spannungsdifferenzen vergleichbar.
- Während des instationären Temperaturverhaltens fließt der Wärmestrom von der Wärmequelle zur Umgebung und lädt dabei die Wärmekapazitäten auf.
- Die nach Erreichen des stationären Zustandes abführbare maximale Leistung P_{max} ergibt sich nach Gl. (6.72) als Quotient aus höchstzulässiger Übertemperatur und dem thermischen Gesamtwiderstand zwischen Quelle und Umgebung.

In **Bild 6.15** ist als Beispiel die thermische Ersatzschaltung eines gehäusten Halbleiterbauelementes dargestellt, das die Verlustleistung P_V erzeugt und auf einem Kühlkörper (Wärmesenke) montiert ist.

Der thermische Innenwiderstand R_{th12} des Halbleiterbauelementes hängt von der internen Aufbau- und Verbindungstechnik ab und wird meist in Datenblättern angegeben. Der Widerstand R_{th24} charakterisiert den Wärmeübergang vom Bauelementgehäuse zur Wärmesenke. Er umfasst den Wärmeübergang vom Gehäuse zur Isolierscheibe, den Wärmedurchgang durch die Isolierscheibe und den Wärmeübergang von der Isolierscheibe zur Wärmesenke. Die Isolierscheibe ist gut wärmeleitend. Der gesamte Übergangswiderstand R_{th24} hängt von der thermischen Kopplung zwischen Bauelementgehäuse und Wärmesenke ab, u. a. von Dicke der Isolierscheibe, Anpresskraft, Oberflächengüte, Wärmeleitpaste. Der Widerstand R_{th4a} charakterisiert den Wärmeübergang von der Wärmesenke zur Umgebung (Konvektionswiderstand). Der Konvektionswiderstand R_{th2a}, der den direkten Wärmeübergang vom Bauelement-Gehäuse zur Umgebung beschreibt, wäre als Ableitwiderstand gegenüber Massepotenzial (Umgebungstemperatur T_0 bzw. ϑ_a) einzuzeichnen. Er ist allerdings gegenüber den anderen thermischen Widerständen so groß, dass er vernachlässigt werden kann. Die Wärmekapazitäten $C_{th} = mc$ beziehen sich stets auf das Potenzial der Umgebungstemperatur. Die zu ihrer „Aufladung“ nötige Wärmemenge ist $Q = C_{th}\Delta T$.

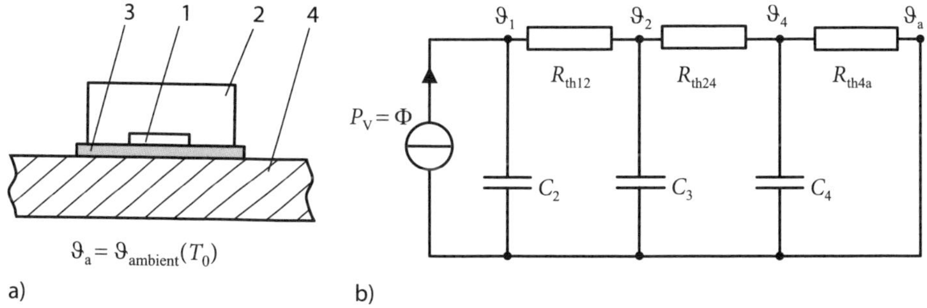

Bild 6.15 Thermische Ersatzschaltung eines Halbleiterbauelementes: 1 wärmeerzeugender Chip (Verlustleistung P_V), 2 Bauelementgehäuse, 3 Isolierscheibe, 4 Wärmesenke

Beispiel 6.6 Berechnung eines Luftstromsensors

Die Luftströmung kann mit einem Sensor gemessen werden, der ein Heizelement und einen Temperaturfühler enthält (**Bild 6.16**). Durch den Luftstrom erfolgt ein Abtransport von Wärme, so dass sich eine dem Luftstrom proportionale Temperaturdifferenz $\Delta T = T_1 - T_0$ einstellt. Die Temperaturen T_0 und T_1 werden mit integrierten Temperatursensoren gemessen. Die Temperaturdifferenz ΔT zwischen dem Heizer und dem Punkt T_0 wird mittels Regelung konstant gehalten. Eine Luftströmung um den Sensor bewirkt eine erhöhte Wärmeabfuhr und eine Zunahme der erforderlichen Heizleistung. Die zugeführte Heizleistung ist ein Maß für die Strömungsgeschwindigkeit der Luft. Als thermisches Wandlerelement dient hier ein Siliziumchip mit den Abmessungen $10\times2\times0{,}5\ \text{mm}^3$. Siliziumdicke 0,5 mm, Oxiddicke 2 µm, Nitriddicke 0,5 µm. Der Chip enthält eine Heizerstruktur der Fläche $2\times1{,}5\ \text{mm}^2$.

Der gesputterte Platin-Heizer liegt auf der SiO_2-Schicht, seine vertikale Ausdehnung kann vernachlässigt werden. Die rechte Seite des Siliziumchips wirkt durch ihre konstruktive Anordnung in der Umgebung als Wärmesenke. Die Wärmeabfuhr durch freie Konvektion und Strahlung ist so gering, dass sie vernachlässigt werden kann. Bei der Berechnung der thermischen Widerstände ist zu beachten, dass die Wärmeströme im Bereich Heizer (1) senkrecht zur Heizerfläche, in dem restlichen Bereich (2) dagegen in Längsrichtung zum Punkt T_0 fließen. Die Wärmeströme erfassen jeweils den gesamten Querschnitt aller drei Schichten. Nachfolgend werden folgende Fragen und deren Lösungen betrachtet:

a) Wie sieht die thermische Ersatzschaltung für den stationären Fall (keine Luftströmung) aus? Welche Vereinfachungen sind möglich? Wie groß ist die benötigte Heizleistung, um über die Länge des Sensorchips eine Temperaturdifferenz von $\Delta T = 90\ \text{K}$ aufrecht zu erhalten?

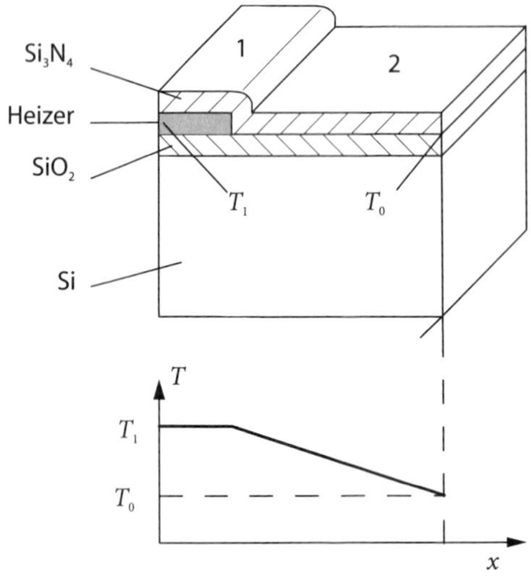

Bild 6.16 Luftstromsensor (nicht maßstäblich)

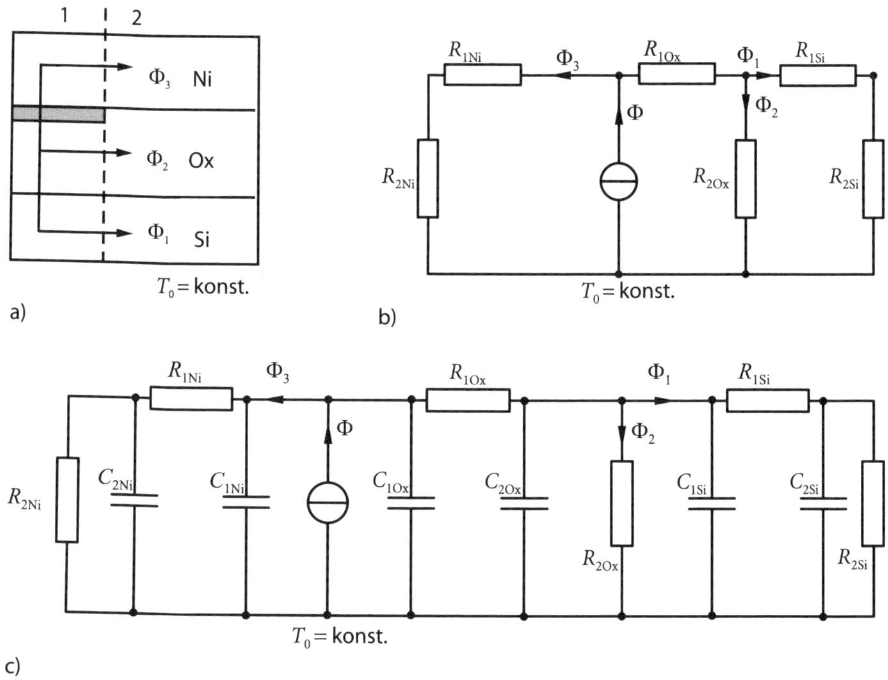

Bild 6.17 Thermische Ersatzschaltung des Luftstromsensors nach Bild 6.16: a) Schichtaufbau Heizer und Wärmeströme in den Bereichen 1,2; b) thermische Ersatzschaltung für den stationären Fall; c) thermische Ersatzschaltung für den instationären Fall (Aufheizen des Elementes). Ni Siliziumnitrid, Ox Siliziumoxid, Si Silizium

b) Wie sieht die thermische Ersatzschaltung für den instationären Fall (Aufheizen des Elements vom Einschalten bis zum Erreichen des stationären Zustandes) aus? Wie groß ist die Aufheizzeit bis zum Erreichen des stationären Zustandes?

Die thermische Ersatzschaltung ist in **Bild 6.17** dargestellt. Die thermischen Widerstände und die Wärmekapazitäten sind aus den Gln. (6.51) und (6.62) zu berechnen. Mit den angegebenen Abmessungen und den Materialgrößen aus **Tabelle 6.7** ergeben sich für die thermischen Widerstände und Kapazitäten der einzelnen Schichten die in **Tabelle 6.9** angegebenen Werte.

Tabelle 6.9 Thermische Widerstände und thermische Kapazitäten zum Beispiel 6.6

Thermischer Widerstand	R_{th} in KW^{-1}	Thermische Kapazität	C_{th} in WsK^{-1}
R_{1Ox}	0,56	C_{1Ox}	$12\cdot10^{-6}$
R_{1Ni}	0,009	C_{1Ni}	$3{,}5\cdot10^{-6}$
R_{1Si}	1,07	C_{1Si}	$2{,}5\cdot10^{-3}$
R_{2Ox}	$1{,}77\cdot10^{6}$	C_{2Ox}	$67{,}8\cdot10^{-6}$

Tabelle 6.9 Thermische Widerstände und thermische Kapazitäten zum Beispiel 6.6 (fortgesetzt)

Thermischer Widerstand	R_{th} in KW^{-1}	Thermische Kapazität	C_{th} in WsK^{-1}
R_{2Ni}	$0{,}45 \cdot 10^{6}$	C_{2Ni}	$19{,}8 \cdot 10^{-6}$
R_{2Si}	54,5	C_{2Si}	$14{,}2 \cdot 10^{-3}$

a) Stationärer Fall

Weil die Wärmeströme im Bereich des Heizers (1) näherungsweise nur senkrecht zur Heizerfläche, im restlichen Bereich (2) dagegen in Längsrichtung fließen, sind insgesamt drei Wärmeströme Φ_1, Φ_2, Φ_3 zu berücksichtigen, die vom Heizer zum Punkt T_0 gerichtet sind und die jeweils die Bereiche (1) und (2) durchströmen. Auf ihrem Pfad finden die Wärmeströme folgende thermische Widerstände vor (**Bild 6.17a**):

$$\Phi_1: R_{1Ox}, R_{1Si}, R_{2Si}; \quad \Phi_2: R_{1Ox}, R_{2Ox}; \quad \Phi_3: R_{1Ni}, R_{2Ni}.$$

Der Widerstand R_{1Ox} wird von $(\Phi_1 + \Phi_2)$ durchflossen. Daraus ergibt sich für den stationären Fall die thermische Ersatzschaltung nach **Bild 6.17b**.

Wir können im Folgenden einige Vereinfachungen vornehmen: Die Zahlenwerte zeigen, dass wegen $R_{1Ni}, R_{1Si}, R_{1Ox}, R_{2Si} << R_{2Ni}, R_{2Ox}$ die Wärmeflüsse Φ_2 und Φ_3 sehr klein sein werden. Der gesamte Wärmefluss wird praktisch von Φ_1 repräsentiert. Der wirksame thermische Gesamtwiderstand ist dann die Reihenschaltung von R_{1Ox}, R_{1Si}, R_{2Si}, d. h. $R_{thL} = (0{,}56 + 1{,}07 + 54{,}5)\ KW^{-1} = 56{,}13\ KW^{-1}$. Bei weiterer Vereinfachung könnten auch noch R_{1Ox} und R_{1Si} vernachlässigt werden.

Um über die Länge des Sensorchips eine Temperaturdifferenz von $\Delta T = 90$ K aufrecht zu erhalten, muss eine Heizleistung von

$$P_{Heiz} = \Phi = \frac{\Delta T}{R_{thL}} = \frac{90\,K}{56{,}13\,KW^{-1}} = 1{,}6\ W \tag{6.73}$$

zugeführt werden.

b) Instationärer Fall

Die thermischen Kapazitäten sind in die Ersatzschaltung nach **Bild 6.17c** eingezeichnet. Sie gehören zu den jeweiligen thermischen Widerständen und beziehen sich stets einseitig auf die Bezugstemperatur T_0.

Vereinfachung: Die thermischen Kapazitäten C_{1Si} und C_{2Si} sind wesentlich größer als alle anderen, so dass die thermische Gesamtkapazität näherungsweise aus

$$C_{th\,gesamt} = C_{1Si} + C_{2Si} = 16{,}7 \cdot 10^{-3}\ WsK^{-1} \tag{6.74}$$

ermittelt werden kann. Damit wird die Zeitkonstante

$$\tau_{th} = C_{th} R_{th} = 0{,}94\ \text{s}. \qquad (6.75)$$

Berechnet man die Zeit bis zum Erreichen des stationären Zustandes aus $t \geq 3\tau_{th}$, ergibt sich $t \cong 3$ s.

Mit den Näherungswerten für R_{th} und C_{th} kann die Ersatzschaltung so vereinfacht werden, dass sie nur noch aus der Wärmestromquelle und der Parallelschaltung von R_{thL} mit C_{thges} besteht.

Aufgaben

6.1 Ein kapazitiver Beschleunigungssensor soll in Silizium-Mikromechanik hergestellt und für eine Nennbeschleunigung von $a_N = 50\ \text{ms}^{-2}$ entwickelt werden. Die Eigenfrequenz des mikromechanischen Elements (bewegliche Kondensatorplatte, durch Biegefedern mit dem Rahmen verbunden) ist $f_e = 1{,}4$ kHz (Grenzfrequenz $f_g = 1$ kHz). Wie groß ist die Auslenkung y der beweglichen Kondensatorplatte, die bei Nennlast für die kapazitive Auswertung zur Verfügung steht?

6.2 Für den im **Bild 6.18** dargestellten mikromechanischen Torsionsspiegel aus Silizium gemäß Bild 6.2d soll der Wärmestrom berechnet werden, der infolge Wärmeleitung von der Spiegelplatte zum Rahmen fließt. Die Spiegelplatte dient zur Ablenkung von Laserstrahlen. Ein Teil der Strahlung wird absorbiert, dadurch erreicht die Spiegelplatte eine Temperatur von 80 °C. Der Rahmen hat eine Temperatur von 20 °C. Federquerschnitt und Federlänge sind $30 \times 60\ \mu\text{m}^2$ und 1000 µm. Die Wärmeleitfähigkeit von Silizium ist $\lambda_{Si} = 156$ W/Km. Die Wärmeabfuhr durch Konvektion kann vernachlässigt werden.

Bild 6.18 Mikromechanischer Torsionsspiegel aus Silizium

6.3 Wie wirken sich relative Änderungen $\Delta h/h$ der Strukturdicke h von mikromechanischen Schwingern auf deren Eigenfrequenz f_e aus, wenn diese

a) in Silizium-Bulk-Mikromechanik

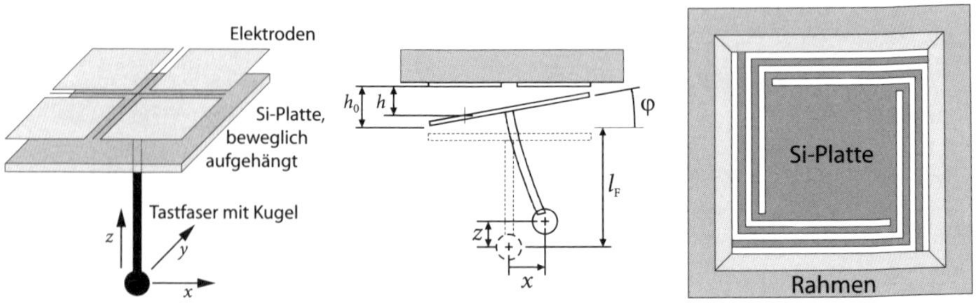

Bild 6.19 Mikromechanisches Tastsystem

b) in Silizium-Oberflächen-Mikromechanik

hergestellt sind?

Feder und Masse des Schwingers seien gleich dick. Der Federquerschnitt sei rechteckförmig. Die Bewegung der Strukturen erfolgt bei Bulk-Strukturen in Richtung der Wafernormalen und bei Oberflächen-Strukturen in der Waferebene.

6.4 Wie kann die Dämpfung beweglicher mikromechanischer Elemente beeinflusst werden? Hat eine veränderte Dämpfung Konsequenzen auf andere Kenngrößen des schwingungsfähigen Systems?

6.5 Zur Konturvermessung in der Fertigungsmesstechnik ist das im **Bild 6.19** dargestellte mikromechanische Tastsystem vorgesehen. Der Tastkopf besteht aus einer an Siliziumfedern beweglich aufgehängten Siliziumplatte gemäß **Bild 6.2g**, an der in Richtung der Flächennormalen eine Glasfaser mit Tastkugel starr befestigt ist. Die Tastkugel tastet in x-y-Richtung eine Werkstückoberfläche an und wird dabei ausgelenkt. Die Auslenkung wird auf die Siliziumplatte übertragen und kann z. B. kapazitiv detektiert werden. Gegeben sind folgende Werte:

Maximale Tastkugelauslenkung:	$s_{x,y\ max} = 20\ \mu m$
Glasfaserdurchmesser	$d_F = 18, 40$ oder $50\ \mu m$
Tastkugeldurchmesser	$d_K = 33$ oder $100\ \mu m$
Glasfaserlänge	$l_F = 1, 2$ oder 3 mm
Fasermaterial Quarzglas	$E_F = 75$ GPa ; $\rho_F = 2200\ kgm^{-3}$.
Federsteifigkeit der Siliziumfeder	$c_{Sz} = 4{,}61$ N/m ; $c_{Srot\,x,y} = 15{,}3\times10^{-6}$ Nm
Siliziumplatte:	Fläche $3\times3\ mm^2$, Dicke $30\ \mu m$, $\rho_{Si} = 2300\ kg/m^3$.

a) Wie hängt bei einer Antastung in x, y-Richtung die an der Tastkugel wirksame Federsteifigkeit $c_{Tx,y}$ von den Federsteifigkeiten c_F der Glasfaser und c_S der

Siliziumplatte (Sensorelement) ab? Die Glasfaser wird auf Biegung, die Siliziumfeder wird auf Torsion beansprucht.

b) Wie groß sind für die angegebenen Faserlängen und -durchmesser, die Federsteifigkeiten c_F der Glasfaser und die wirksamen Federsteifigkeiten $c_{Tx,y}$?

c) Welche Faserlängen und -durchmesser kommen für eine engere Auswahl in Betracht, wenn die Antastkraft bei s_{max} im Bereich 30 ... 250 µN liegen soll?

d) Wie groß ist die statische Durchsenkung z_{stat} der Siliziumplatte auf Grund ihres Eigengewichtes (das Gewicht der Glasfaser kann vernachlässigt werden)?

e) Wie groß ist die Eigenfrequenz f_z des Sensorelementes?

6.6 Bestimmen Sie die Weber-Zahl für die Kapillarenströmung mit einer Wasser/Luft-Grenzschicht bei einer Geschwindigkeit von 100 µm/s! Die Kapillare ist zylindrisch und hat einen Durchmesser von 100 µm. Die Oberflächenspannung der Wasser/Luft-Grenzschicht ist 72 N/m. Es wird angenommen, dass die Kapillare absolut hydrophil (Kontaktwinkel ist 0 °) ist.

6.7 Die freie Weglänge der Luftmoleküle unter Raumbedingungen (25 °C, 1 bar) ist $6{,}11 \cdot 10^{-8}$ m. Bestimmen Sie die KNUDSEN-Zahl für Luft in einer zylindrischen Kapillare mit einem Durchmesser von 10 µm.

6.8 Wird sich die im Beispiel 6.6 unter b) berechnete thermische Zeitkonstante im Betriebsfall des Sensors verändern?

6.9 Welche Temperatur nimmt bei der im Beispiel 6.6 unter a) berechneten Heizleistung die Unterseite des Siliziumsubstrates im Bereich der Heizerstruktur an?

Literatur

[NEXUS02] Europäische Kommission, Network of Excellence in Multifunctional Microsystems (NEXUS), Market analysis for Microsystems 1996 - 2002

[MEHNER00] *Mehner, J.*, Entwurf in der Mikrosystemtechnik. Dresdner Beiträge zur Sensorik. Bd. 9, 2000. Dresden University Press

[NGUYEN02] *Nguyen, N. T, Wereley, S. T.*: Fundamentals and Application of Microfluidics. Artech, 2002

[NGUYEN04] *Nguyen, N. T.*: Mikrofluidik – Entwurf, Herstellung und Charakterisierung. Teubner, Stuttgart 2004

[VDI04] VDI-Wärmeatlas, 9. Auflage, Springer-Verlag, Berlin, Heidelberg, New York, 2004

7 Sensoren und Aktoren

Mikrosysteme ergänzen die Mikroelektronik, die sich insbesondere der analogen und digitalen elektrischen Signalverarbeitung sowie der Signal- bzw. Datenspeicherung widmet, um sensorische und aktorische Funktionen. Sie schlagen damit die Brücke zur nichtelektrischen Umgebung technischer Systeme, in der vorzugsweise nichtelektrische Zustandsgrößen auftreten. Diese unmittelbare Kopplung von elektrischen bzw. elektronischen mit nichtelektrischen (mechanischen, thermischen, optischen) Komponenten ist typisch für Sensoren und Aktoren.

Als **Sensoren** werden dabei Bauelemente bezeichnet, die eine (vorzugsweise nichtelektrische) Messgröße in ein elektrisches Messsignal umwandeln. Ein **Aktor** ist dagegen ein Bauelement, das eine elektrische Antriebsenergie in mechanische Arbeit umwandelt. In der schematischen Darstellung eines technischen oder natürlichen Regelkreises (**Bild 7.1**) können Sensoren als „Eingangswandler" betrachtet werden, die die Messgröße in ein elektrisches Messsignal umwandeln und einer Verarbeitungseinheit (Prozessor, Gehirn) zuführen.

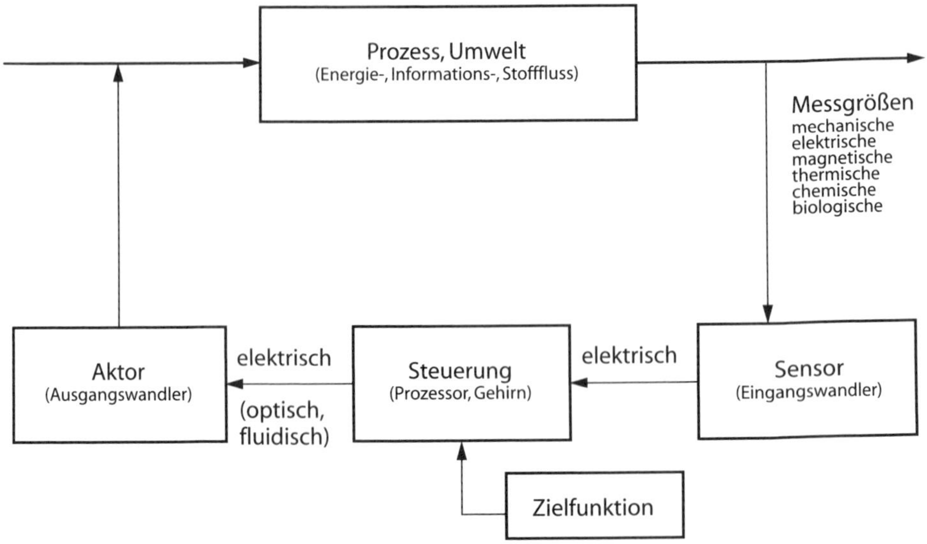

Bild 7.1 Sensoren und Aktoren als Ein- und Ausgangswandler in einem Regelkreis

Die Verarbeitungseinheit erzeugt entsprechend einer gegebenen Zielfunktion Ansteuersignale für die Aktoren, die als „Ausgangswandler" auf einen technischen Prozess oder auf die Umwelt einwirken.

Bei Sensoren und Aktoren handelt es sich demnach um Wandler, die Energie der einen Form in eine andere Form umwandeln. Da die Energiewandlung prinzipiell in entgegengesetzter Wandlungsrichtung erfolgen kann, sind die Wandlungsprinzipien oft sowohl für Aktoren als auch (invers) für Sensoren nutzbar. Beispiele dafür sind der piezoelektrische Effekt, der einerseits in Piezoaktoren für Präzisionslinearantriebe und andererseits für piezoelektrische Schwingungsaufnehmer oder Beschleunigungssensoren verwendet wird, oder elektrostatische Wandler, die für elektrostatische Antriebe sowie kapazitive Sensoren benutzt werden. So war im **Bild 1.6** ein Drehratensensor vorgestellt worden, der die Messung der Drehrate über den CORIOLIS-Effekt mittels eines kapazitiven Beschleunigungsaufnehmers vornimmt (**Bild 1.8d**). Die Interdigital-Fingerstruktur kann in getrennten Bereichen gleichermaßen zur kapazitiven Abstandsmessung und zur elektrostatischen Kraftkompensation, mit der der bewegliche Elektrodenanteil wieder in seine Ruhelage zurück bewegt wird, genutzt werden [KOVACS98]. Dies ermöglicht den Betrieb eines solchen Sensors im Feedback-loop-Modus als kraftkompensierter Sensor, was eine außerordentlich hohe Messgenauigkeit ermöglicht [KHAZAN94]. Voraussetzung für solche Nutzungen ist, dass der Wandlungsmechanismus reversibel ist. Im Folgenden soll deshalb zuerst auf die prinzipiellen Eigenschaften von Wandlern für Sensoren und Aktoren eingegangen werden, bevor dann einzelne Wandlerprinzipien vorgestellt werden.

7.1 Umkehrbare und parametrische Wandler

7.1.1 Umkehrbare Wandler

Wandler sollen als abgeschlossene Systeme betrachtet werden, deren innere Energie W_i sich hier beispielhaft aus elektrischer Energie W_{el} und mechanischer Energie W_{mech} zusammensetzt:

$$W_i = W_{el} + W_{mech} \tag{7.1}$$

Wenn das System (Sensor, Aktor) über längere Zeiträume konstante Eigenschaften aufweisen soll, muss die innere Energie des Systems als Zustandsfunktion konstant sein:

$$dW_i = 0 \tag{7.2}$$

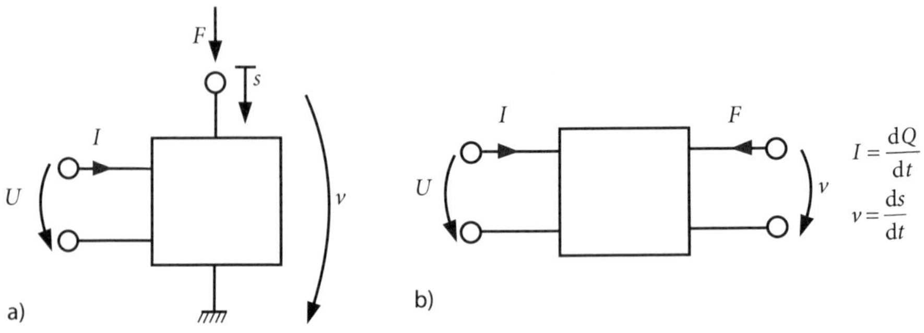

Bild 7.2 Allgemeiner elektromechanischer Wandler, a) Prinzipbild; b) Wandlervierpol

Gleichermaßen sollen Wandler eine reversible Funktion aufweisen. Dies bedeutet, dass das Umlaufintegral

$$\oint W_i = 0 \tag{7.3}$$

wegunabhängig sein muss.

Für ein allgemeines elektromechanisches System nach **Bild 7.2**, ergibt sich

$$\mathrm{d}W_i = U\mathrm{d}Q + F\mathrm{d}s\,, \tag{7.4}$$

wobei U die elektrische Spannung, Q die Ladung, F die Kraft und s der Weg sind.

Treten keine Energieflüsse (z. B. Diffusions- oder OHMscher Strom, Wärmestromtransport) auf, liegt ein statischer Wandler vor, für den Gl. (7.2) einfach zu realisieren ist. Elektrostatische Wandler, bei denen nur ein Verschiebungs-, aber kein Leitungsstrom auftritt, sind solche Wandler.

Die Spannung $U = U(Q, s)$ und die Kraft $F = F(Q, s)$ sind von der Landung Q und vom Weg s abhängig. Der Zustand des Wandlers ist damit durch zwei der insgesamt vier Koordinaten vollständig beschrieben. Aus der Bedingung von Gl. (7.3) folgt mit Gl. (7.4)

$$\oint (U\mathrm{d}Q + F\mathrm{d}s) = \oint \left[U(Q,s)\mathrm{d}Q + F(Q,s)\mathrm{d}s\right] = 0. \tag{7.5}$$

Daraus ergibt sich, dass das Integral in Gl. (7.5) ein vollständiges Differenzial sein muss:

$$\begin{aligned} \Delta U &= \left.\frac{\partial U}{\partial Q}\right|_{s_0} \Delta Q + \left.\frac{\partial U}{\partial s}\right|_{Q_0} \Delta s \\ \Delta F &= \left.\frac{\partial F}{\partial Q}\right|_{s_0} \Delta Q + \left.\frac{\partial F}{\partial s}\right|_{Q_0} \Delta s \end{aligned} . \tag{7.6}$$

Dabei gilt

$$\left.\frac{\partial U}{\partial s}\right|_{Q_0} = \left.\frac{\partial F}{\partial Q}\right|_{s_0} = A_0 = \text{konst.}, \tag{7.7}$$

wobei s_0 und Q_0 konstante Werte für den Weg s und die Ladung Q sind, um die die Änderungen Δs und ΔQ auftreten.

Die Koeffizienten in den Gln. (7.5) bis (7.7) haben konkrete physikalische Bedeutungen [LENK01]: Der Parameter A_0 aus Gl. (7.7) ist die Wandlerkonstante oder der Reziprozitätsparameter

$$\left.\frac{\partial U}{\partial Q}\right|_{S_0} = \frac{1}{C_K}\,. \tag{7.8}$$

C_K ist die Kapazität des mechanisch festgebremsten (kurzgeschlossenen: s_0 = konst.) Systems. Weiter gilt

$$\left.\frac{\partial F}{\partial s}\right|_{Q_0} = \frac{1}{n_\ell}, \tag{7.9}$$

wo n_ℓ die Nachgiebigkeit des elektrisch leer laufenden Systems ist.

Beim Übergang zu harmonischen Größen und mit $\underline{v} = \mathrm{j}\omega\underline{s}$ bzw. $\underline{I} = \mathrm{j}\omega\underline{Q}$ ergibt sich aus den Gln. (7.5) und (7.6)

$$\begin{aligned} \underline{U} &= \underbrace{\frac{1}{\mathrm{j}\omega C_K}\underline{I}}_{\underline{U}_\mathrm{C}} + \underbrace{\frac{A_0}{\mathrm{j}\omega}\underline{v}}_{\underline{U}_\mathrm{W}} \\ \underline{F} &= \underbrace{\frac{A_0}{\mathrm{j}\omega}\underline{I}}_{\underline{F}_\mathrm{W}} + \underbrace{\frac{1}{\mathrm{j}\omega n_\ell}\underline{v}}_{\underline{F}_n}. \end{aligned} \tag{7.10}$$

Das Gleichungssystem (7.10) lässt sich durch das Ersatzschaltbild von **Bild 7.3** darstellen. Folgende Aussagen lassen sich aus Gl. (7.10) bzw. **Bild 7.3a** ziehen:

Der elektromechanische Wandler ist umkehrbar. Bei Zuführung von elektrischer Energie ändern sich Kraft $\underline{F}$ und Geschwindigkeit $\underline{v}$. Der Wandler arbeitet so als Aktor. Im umgekehrten Fall führt eine mechanische Last mit $\underline{v}$ bzw. $\underline{F}$ zu Änderungen von Strom $\underline{I}$ und Spannung $\underline{U}$. In diesem Fall arbeitet der Wandler als Sensor.

Beim Betrieb des Wandlers als Aktor wird elektrische Energie eingebracht. Ein Teil der elektrischen Energie wird im Kondensator C_K gespeichert, der restliche Teil in mechanische Energie umgewandelt. Die umgewandelte mechanische Energie steht allerdings nicht vollständig zur freien Nutzung zur Verfügung, da ein Teil für die elastische Deformation der mechanischen Komponente (Feder n_ℓ) verwendet wird.

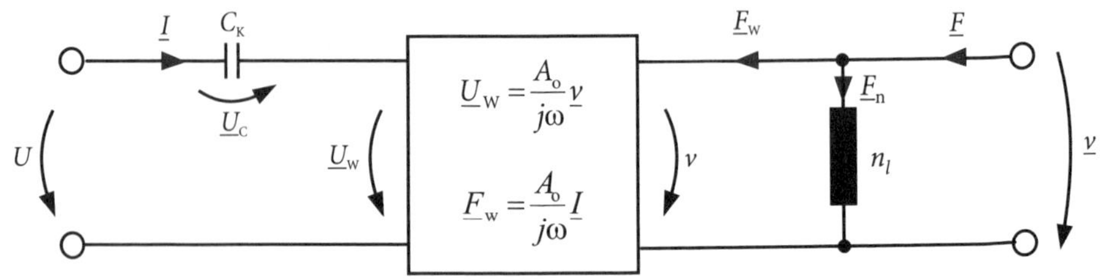

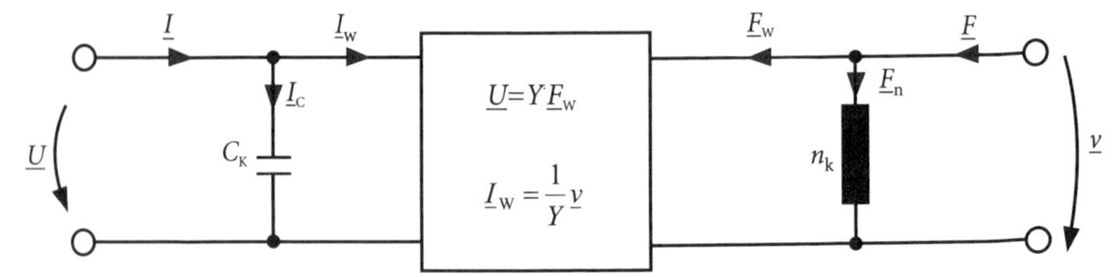

Bild 7.3 Ersatzschaltbild eines umkehrbaren statischen Wandlers: a) mit imaginärem Transformator; b) mit Gyrator als Kopplungsvierpol

Bei mechanoelektrischen Sensoren wird dem Messprozess mechanische Energie entzogen. Diese führt einerseits zur Deformation der Feder n_ℓ. Die verbleibende Energie wird in elektrische Energie gewandelt, von der ein Teil im Kondensator C_K gespeichert wird.

Das Gleichungssystem (7.10) und die Ersatzschaltung von **Bild 7.3a** weisen einen transformatorartigen **Kopplungsvierpol** auf, der allerdings rein imaginär ist. Deshalb wird Gl. (7.10) meist in folgender Form geschrieben:

$$\begin{aligned} \underline{I} &= \underbrace{\frac{1}{Y}\underline{v}}_{\underline{I}_W} + \underbrace{\mathrm{j}\omega C_0 \underline{U}}_{\underline{I}_C} \\ \underline{F} &= \underbrace{\frac{1}{\mathrm{j}\omega n_K}\underline{v}}_{\underline{F}_n} + \underbrace{\frac{1}{Y}\underline{U}}_{\underline{F}_W} \end{aligned} \quad \text{mit} \left\{ \begin{aligned} n_K &= n_\ell \| n_C = \frac{n_\ell n_C}{n_\ell + n_C} \\ n_C &= \frac{1}{A_0^2 C_K} \\ Y &= \frac{1}{A_0 C_K}. \end{aligned} \right. \tag{7.11}$$

Das entsprechende Ersatzschaltbild weist nun einen Übertragervierpol auf, der Potenzialgrößen ($\underline{U}$, $\underline{v}$) in Flussgrößen ($\underline{I}_W$, $\underline{F}_W$) umwandelt und umgekehrt. Einen solchen Wandler nennt man Gyrator. Der imaginäre Transformator von **Bild 7.3a** ist damit in einen reellen Gyrator übergegangen.

Ganz allgemein lässt sich Gl. (7.11) folgendermaßen schreiben:

$$\begin{aligned} \underline{I} &= \gamma_{11}\underline{U} + \gamma_{12}\underline{v} \\ \underline{F} &= \gamma_{21}\underline{U} + \gamma_{22}\underline{v}. \end{aligned} \tag{7.12}$$

Der Koeffizient γ_{11} beschreibt den elektrischen Eingangsleitwert $\underline{I}/\underline{U}$ bei mechanischer Klemmung ($\underline{v}$ = 0), γ_{22} die mechanische Admittanz $\underline{F}/\underline{v}$ im Kurzschlussfall $\underline{U}$ = 0. Die Koeffizienten γ_{12} und γ_{21} sind Kopplungskonstanten, die gleich groß sind:

$$\gamma_{12} = \gamma_{21}\,. \tag{7.13}$$

Bei Änderung der Richtung des Stromes $\underline{I}$ oder der Kraft $\underline{F}$ im System wären γ_{12} und γ_{21} betragsmäßig gleich groß, hätten aber ein entgegengesetztes Vorzeichen.

Beispiel 7.1 Elektrostatischer Wandler

Das **Bild 7.4** zeigt einen elektrostatischen Wandler, dessen untere Kondensatorelektrode fest steht und dessen obere Elektrode parallel zur unteren verschoben werden kann. Im Grundzustand ist die Überdeckungsfläche der Elektroden $a{\cdot}b$ und der Abstand d. Für diesen Grundzustand besitzt die Feder die Nachgiebigkeit n.

Eine angelegte Spannung U bewirkt eine Kraft F_{el}, die sich aus der Änderung der elektrostatischen Feldenergie im Kondensator bei Verschiebung um $s = \Delta b$ ergibt:

$$F_{el} = \frac{\mathrm{d}W_{el}}{\mathrm{d}b} = \frac{\mathrm{d}\left(\dfrac{Q^2}{2C}\right)}{\mathrm{d}b} = \frac{Q^2}{2}\frac{\mathrm{d}\left(\dfrac{1}{C}\right)}{\mathrm{d}b}. \tag{7.14}$$

Dabei ist C die Kapazität und Q die Ladung auf den Elektroden. Mit $C = \varepsilon ab/d$ wird

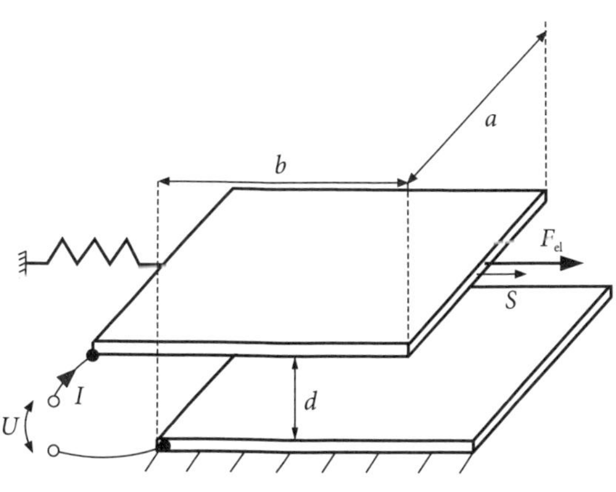

Bild 7.4 Elektrostatischer Wandler

$$F_{\mathrm{el}} = \frac{Q^2}{2}\left(\frac{1}{C^2}\right)\frac{\mathrm{d}C}{\mathrm{d}b} = \frac{1}{2}\left(\frac{Q^2}{C}\right)\varepsilon\frac{a}{d} = \frac{1}{2}U^2\varepsilon\frac{a}{d}. \tag{7.15}$$

In Anlehnung an die Gln. (7.5) und (7.6) können wir bestimmen:

$$\left.\frac{\partial Q}{\partial U}\right|_{s=0} = C = \varepsilon\frac{ab}{d}, \tag{7.16}$$

$$\left.\frac{\partial F}{\partial s}\right|_{U=U_0} = \frac{1}{n} \tag{7.17}$$

und aus Gl. (7.15)

$$\left.\frac{\partial F}{\partial U}\right|_{s=0,\ U=U_0+\Delta U} = \varepsilon\frac{a}{d}\cdot U_0 = \left.\frac{\partial Q}{\partial s}\right|_{U=U_0} \tag{7.18}$$

Damit ergibt sich

$$\begin{aligned} \Delta Q &= C\,\Delta U + \varepsilon_0\frac{a}{d}U_0 s \\ \Delta F &= \varepsilon\frac{a}{d}U_0\,\Delta U + \frac{1}{ns} \end{aligned} \tag{7.19}$$

bzw. nach Übergang zu sinusförmigen Größen ($\underline{I} = j\omega\underline{Q}$, $\underline{v} = j\omega\underline{s}$):

$$\begin{aligned} \underline{I} &= \underbrace{j\omega C\,\underline{U}}_{\underline{I}_C} + \underbrace{\varepsilon\frac{a}{d}U_0\underline{v}}_{\underline{I}_W} \\ \underline{F} &= \underbrace{\varepsilon\frac{a}{d}U_0\underline{U}}_{\underline{F}_W} + \underbrace{\frac{1}{j\omega n}\underline{v}}_{\underline{F}_n}. \end{aligned} \tag{7.20}$$

Gl. (7.20) entspricht genau dem Ersatzschaltbild von **Bild 7.3b** mit $n = n_K$, $C = C_K$ und $Y = \varepsilon\, aU_0/d$. Der Betrieb des elektrostatischen Wandlers erfordert eine elektrische Bias-Spannung U_0, der die Anregungsspannung $\underline{U}$ überlagert ist.

Beispiel 7.2 Kopplungsfaktor eines elektrostatischen Wandlers

Wandler transformieren Energie der einen Form in eine andere Form. Dabei wird jedoch nur ein Teil der Eingangsenergie umgewandelt, da ein Teil in den Speicherelementen der ursprünglichen physikalischen Domäne gespeichert wird.

Es soll der Kopplungsfaktor K^2, d. h. das Verhältnis von umgewandelter mechanischer Energie zur aufgebrachten elektrischen Energie für den elektrostatischen Wandler von **Bild 7.4** berechnet werden.

Der Kopplungsfaktor K^2 eines umkehrbaren elektromechanischen Wandlers ist

$$K_{\text{mech}}^2 = \frac{\text{mechanische Energie}}{\text{aufgebrachte elektrische Energie}} = \frac{W_{\text{mech}}}{W_{\text{el}}}, \tag{7.21}$$

wenn er als Aktor und

$$K_{\text{el}}^2 = \frac{\text{elektrische Energie}}{\text{aufgebrachte mechanische Energie}} = \frac{W_{\text{el}}}{W_{\text{mech}}}, \tag{7.22}$$

wenn er als Sensor betrieben wird. Für umkehrbare Wandler ist

$$K_{\text{mech}}^2 = K_{\text{el}}^2 = K^2. \tag{7.23}$$

Bei stationären Prozessen können wir die Energien auch durch die entsprechenden Leistungen P_{mech} und P_{el} ersetzen.

Für den Fall, dass der elektrostatische Aktor von **Bild 7.2** mit einer sinusförmigen Spannung $\underline{U}_0$ angetrieben wird und die Ausgangskraft $\underline{F} = 0$ ist, wird (**Bild 7.3b**, Gl. (7.20))

$$P_{\text{el}} = \underline{U}\,\underline{I} \tag{7.24}$$

und

$$P_{\text{mech}} = \underline{v} \cdot \underline{F}_{\text{n}} = \underline{U} \cdot \underline{I}_{\text{W}}. \tag{7.25}$$

Letztere Gleichung ergibt sich daraus, dass $\underline{U} \cdot \underline{I}_{\text{W}}$ die elektrische Leistung ist, die von der linken, elektrischen Seite in **Bild 7.3b** auf die rechte, mechanische transformiert wird. Mit den Transformationsgleichungen des Gyrators folgt ($\underline{F} = 0$, $\underline{F}_{\text{W}} = -\underline{F}_{\text{n}}$)

$$\frac{\underline{I}_{\text{W}}}{\underline{U}} = \frac{1}{Y^2} \cdot \frac{\underline{v}}{\underline{F}_{\text{W}}} = \frac{1}{Y^2} \cdot \frac{\underline{v}}{\underline{F}_{\text{W}}} = \frac{1}{Y^2} j\omega n = j\omega C_{\text{n}} \tag{7.26}$$

mit $C_{\text{n}} = n/Y^2$.

Die Feder auf der mechanischen Seite macht sich also auf der elektrischen Seite als zusätzlicher Kondensator C_{n} bemerkbar, der parallel zu C_{K} liegt. Dies bedeutet, dass die Deformation der Feder n zu einer Erhöhung der messbaren Eingangskapazität des Aktors führt. Mit Gl. (7.26) wird

$$P_{\text{mech}} = \underline{U} \cdot \underline{I}_{\text{W}} = \underline{U}^2 j\omega\, C_{\text{n}}, \quad P_{\text{el}} = \underline{U} \cdot \underline{I} = \underline{U}^2 j\omega (C_{\text{K}} + C_{\text{n}}), \tag{7.27}$$

so dass sich für den Kopplungsfaktor

$$K^2 = \frac{P_{\text{mech}}}{P_{\text{el}}} = \frac{C_{\text{n}}}{C_{\text{K}} + C_{\text{n}}}. \tag{7.28}$$

ergibt. Der Kopplungsfaktor kann damit nur kleiner als eins sein. Eine gute Energiewandlung erreicht man, wenn C_K viel kleiner als C_n ist.

7.1.2 Parametrische Wandler

Bisher wurden umkehrbare Wandler betrachtet. Bei deren Nutzung als Aktor oder Sensor ist man daran interessiert, dass die Eigenschaften des Wandlers konstant bleiben, um eine eindeutige Beziehung zwischen den Zustandsgrößen zu haben. Das bedeutet z. B. für den allgemeinen Fall von Gl. (7.12), dass die Koeffizienten γ_{ij} in der Koeffizientenmatrix konstant sind. Diese Bedingung muss nicht immer zwangsläufig aufrecht erhalten werden. Dazu soll Gl. (7.12) noch einmal ausführlich geschrieben werden:

$$\begin{aligned} \underline{I} &= \gamma_{11}\,\underline{U} + \gamma_{12}\,\underline{v} = \left.\frac{\partial I}{\partial U}\right|_{v_0} \cdot \underline{U} + \left.\frac{\partial I}{\partial v}\right|_{U_0} \cdot \underline{v} \\ \underline{F} &= \gamma_{21}\,\underline{U} + \gamma_{22}\,\underline{v} = \left.\frac{\partial F}{\partial U}\right|_{v_0} \cdot \underline{U} + \left.\frac{\partial F}{\partial v}\right|_{U_0} \cdot \underline{v} \end{aligned} \tag{7.29}$$

Sorgt man im konkreten Fall dafür, dass ausgewählte Größen $\underline{I}$, $\underline{U}$, $\underline{F}$ oder $\underline{v}$ zu Null werden und hält die Parameter γ_{ii} nicht mehr konstant, sondern lässt Veränderungen der geometrischen oder Materialparameter in den γ_{ij} zu, erhält man **parametrische Wandler**.

Beispiel 7.3 Kapazitiver Wegsensor als parametrischer Wandler

Im **Bild 7.5** ist ein kapazitiver Wegsensor dargestellt. Der Sensor wird mit einem Sinusstrom I gespeist. In Abhängigkeit von der Auslenkung $s = \Delta b$ soll sich die Ausgangsspannung U ändern. Diese Anordnung entspricht dem elektrostatischen Wandler von **Bild 7.4**. Die bewegliche obere Elektrode ist jetzt jedoch nicht von einer Feder n gehalten, so dass die mechanische Gegenkraft F_n fehlt. Entsprechend Gl. (7.20) ist für die Koeffizienten in Gl. (7.29)

$$\gamma_{11} = \mathrm{j}\omega\,\varepsilon\frac{ab}{d} \qquad \gamma_{12} = \gamma_{21} = \varepsilon\frac{a}{d}U_0 \qquad \gamma_{22} = \frac{1}{\mathrm{j}\omega n} \tag{7.30}$$

Da keine Bias-Spannung U_0 anliegt, wird $\gamma_{12} = \gamma_{21} = 0$. Die fehlende Feder kann als $n \rightarrow \infty$ bzw. $\gamma_{22} = 0$ dargestellt werden.

Damit reduziert sich Gl. (7.29) zu:

$$\underline{I} = \mathrm{j}\omega\ \varepsilon \frac{ab}{d} \underline{U} = \mathrm{j}\omega C\ \underline{U}. \tag{7.31}$$

Die Auslenkung s der oberen Elektrode verliert hier die physikalische Bedeutung der Zustandsgröße, die sie im Beispiel 7.1 hatte, sondern wirkt als veränderlicher Parameter $b = b_0 + \Delta b = b_0 + s$. Der kapazitive Wegsensor ist damit kein umkehrbarer Wandler mehr, da eine Änderung der Spannung U wegen der fehlenden Gegenkraft der Feder nicht zu einer definierten Änderung der Auslenkung s führen würde.

Entsprechend Gl. (7.31) wirkt die Anordnung nun als parametrischer Wandler, wobei eine Kapazitätsänderung durch Änderung aller Parameter erreicht werden kann:

$$\frac{\Delta C}{C} \approx \frac{\Delta \varepsilon}{\varepsilon} + \frac{\Delta a}{a} + \frac{\Delta b}{b} - \frac{\Delta d}{d}. \tag{7.32}$$

Der Sensor von **Bild 7.5** könnte damit auch als Füllstandssensor benutzt werden, wo eine aufsteigende dielektrische Flüssigkeit eine Änderung der Dielektrizitätszahl ε zwischen den Kondensatorplatten verursacht.

Umkehrbare und parametrische Wandler können gemäß **Bild 7.6** unterschieden werden:

- Bei umkehrbaren Wandlern ist die Energie W_e der Eingangsgröße Träger des Messsignals (für Sensoren). Die Energie W_a des Ausgangssignals wird direkt aus dem Messprozess durch Energieumwandlung gewonnen.
- Parametrische Wandler finden als Sensoren Anwendung. Das Messsignal verändert die Parameter γ_{ij} eines Energiewandlers. Die Eingangsenergie ist die Speiseenergie, die über Speisespannung oder -strom zur Verfügung gestellt wird. Sie ist nicht Träger des Messsignals. Parametrische Effekte werden auch als Modulationseffekte bezeichnet.

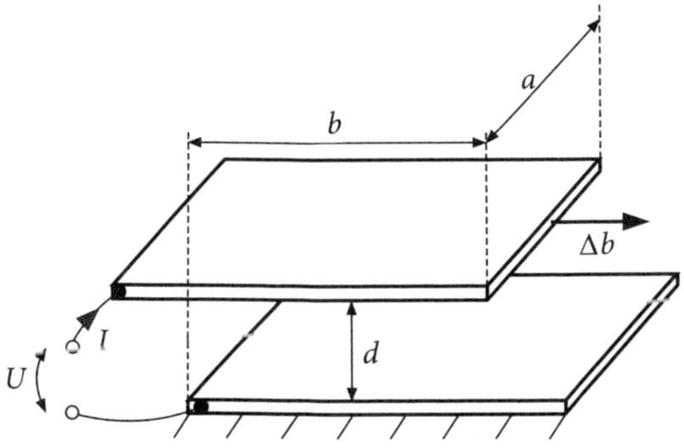

Bild 7.5 Kapazitiver Wegsensor

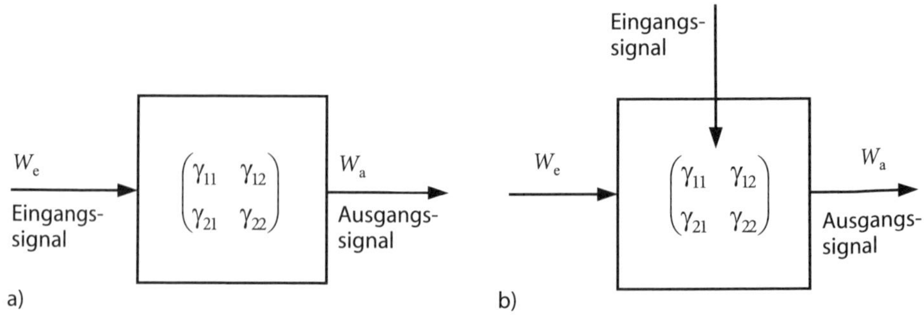

Bild 7.6 a) Umkehrbare und b) parametrische Wandler (Nach [MIDDELHOEK98])

Generell gilt:

- Alle resistiven, kapazitiven und induktiven Sensoren sind parametrische Wandler.
- Aus kapazitiven parametrischen Wandlern werden durch Einfügen von Rückstellkräften über Federelemente umkehrbare elektrostatische Wandler (s. Beispiele 7.1 und 7.2). Analog verhält es sich für parametrische induktive und umkehrbare elektrodynamische Wandler (s. **Bild 7.9**).
- Für Aktoren finden prinzipiell umkehrbare Wandlerprinzipien Anwendung, da dort die Umwandlung von elektrischer in mechanische Energie im Mittelpunkt steht.

7.1.3 Stationäre umkehrbare Wandler

Eine Vielzahl sensorischer und aktorischer Wandlungsmechanismen stützt sich auf Transportprozesse einer Ladungsmenge Q (elektrische Stromdichte $J_{el} = \mathrm{d}^2q/\mathrm{d}t\mathrm{d}A$), von Partikeln (Teilchenstromdichte $J_T=\mathrm{d}^2n/\mathrm{d}t\mathrm{d}A$) oder einer Wärmeenergie W_{th} (Wärmestromdichte $J_{th}=\mathrm{d}^2W_{th}/\mathrm{d}t\mathrm{d}A$). Die genannten Flüsse werden dabei durch Gradienten von Potenzialen ∇U, Stoffkonzentrationen ∇n und der Temperatur ∇T hervorgerufen, wobei gilt

$$\nabla = \begin{pmatrix} \partial/\partial x \\ \partial/\partial y \\ \partial/\partial z \end{pmatrix}. \tag{7.33}$$

Mit diesen Prozessen ist ein räumlicher Energietransport verbunden, so dass für das Wandlersystem erst einmal nicht mehr vom thermodynamischen Gleichgewicht ausgegangen werden kann. Deshalb kann auch nicht mehr von statischen Wandlern gesprochen werden, die in Abschn. 7.1.1 betrachtet worden waren. Allerdings lässt sich nach der ONSAGER-Theorie auch dann noch das Prinzip der mikroskopischen Reversibilität thermodynamischer Prozesse anwenden [ONSAGER31]. Voraussetzung dafür ist, dass sich zu den Flussgrößen J_i antreibende Gradienten X_i finden lassen, die das ONSAGER-Kriterium erfüllen, gemäß dem das Produkt $J_i X_i$ einer Entropieerzeugung entsprechen muss (S Entropie):

$$J_i X_i = \frac{1}{V}\frac{dS}{dt}. \tag{7.34}$$

Elektrischer Driftstrom: OHMscher Strom führt zu JOULEscher Erwärmung

$$\mathrm{d}Q = T\mathrm{d}S = (U \cdot I)\,\mathrm{d}t \tag{7.35}$$

wobei Q die Wärme- und $(UI)\mathrm{d}t$ die elektrische Energieänderung sind. Mit $UI = J_{\mathrm{el}}V$ (E Elelektrische Feldstärke, J_{el} elektrische Stromdichte, V Volumen) ergibt sich

$T\mathrm{d}S = EJ_{\mathrm{el}}V\mathrm{d}t$ bzw.

$$\left(\frac{1}{V}\frac{\mathrm{d}S}{\mathrm{d}t}\right)_{\mathrm{el}} = J_{\mathrm{el}} \cdot \frac{E}{T} = J_{\mathrm{el}} X_{\mathrm{el}}. \tag{7.36}$$

$X_{\mathrm{el}} = E/T$ erfüllt das ONSAGER-Kriterium von Gl. (7.34). In gleicher Weise könnten auch J_{el}/T als Flussgröße und ∇T als antreibender Gradient gewählt werden.

Wärmestrom: Vom Ort x_{A} fließt Wärme Q nach x_{B}, wenn $T(x_{\mathrm{B}}) < T(x_{\mathrm{A}})$ ist. Unter Annahme kleiner Temperaturänderungen $\Delta T = T(x_{\mathrm{A}}) - T(x_{\mathrm{B}}) << T(x_{\mathrm{A}})$ gilt für die Entropieänderung:

$$\Delta S = \Delta Q\left(\frac{1}{T(x_{\mathrm{A}})} - \frac{1}{T(x_{\mathrm{B}})}\right) \approx -\Delta Q \frac{\Delta T}{T^2}. \tag{7.37}$$

Mit der Wärmestromdichte $J_{\mathrm{th}} = \mathrm{d}^2Q/\mathrm{d}t\mathrm{d}A \approx \Delta Q/A\Delta t$ wird

$$\begin{aligned}\left(\frac{1}{V}\frac{\mathrm{d}S}{\mathrm{d}t}\right)_{\mathrm{th}} &= \frac{1}{V}\cdot \lim_{\Delta t\to 0}\frac{\Delta S}{\Delta t} = \lim_{\Delta t\to 0}\left(-\frac{1}{V}J_{\mathrm{th}}A\,\frac{\Delta T}{T^2}\right)\\ &= \lim_{\Delta t\to 0}\left(-\frac{A\Delta x}{V}J_{\mathrm{th}}\frac{\Delta T}{\Delta X}\frac{1}{T^2}\right) = J_{\mathrm{th}}\frac{-\nabla T}{T^2} = J_{\mathrm{th}}X_{\mathrm{th}};\; X_{\mathrm{th}} = -\frac{\nabla T}{T^2}.\end{aligned} \tag{7.38}$$

Paare von Flussgrößen J_i und Gradienten X_i können als umkehrbar genommen werden, wenn für sie das ONSAGER-Kriterium von Gl. (3.34) erfüllt ist. Dann lässt sich ein solches System allgemein folgendermaßen darstellen:

$$\begin{aligned}J_1 &= L_{11}X_1 + L_{12}X_2\\ J_2 &= L_{21}X_1 + L_{22}X_3.\end{aligned} \tag{7.39}$$

Die L_{ij} bezeichnen Transportkoeffizienten. Die Erfüllung des ONSAGER-Theorems führt dabei zu $L_{12} = L_{21}$. Der Kopplungsfaktor ist

$$K^2 = \frac{L_{12}\,L_{21}}{L_{11}\,L_{22}} = \frac{L_{12}^2}{L_{11}\,L_{22}} < 1 \ .$$

Beispiel 7.4 Elektrothermische Wandler

Elektrothermische Wandler wandeln elektrische Energie in Wärmeenergie und umgekehrt. Dabei tritt elektrischer Strom- sowie Wärmetransport auf. Gemäß [KWAAITAAL93] lassen sich für $J_1 = J_{el}$, $J_2 = J_{th}$, $X_1 = E/T$ und $X_2 = -\nabla T/T^2$ die Wandlergln. (7.40) finden:

$$\begin{pmatrix} J_{el} \\ J_{th} \end{pmatrix} = \begin{pmatrix} \rho T & \rho\alpha_2 T^2 \\ \rho\alpha_S T^2 & \lambda T^2 + \rho\alpha_S^2 T^3 \end{pmatrix} \begin{pmatrix} E/T \\ -\nabla T/T^2 \end{pmatrix} . \tag{7.40}$$

Dabei sind ρ spezifischer Widerstand, α_S SEEBECK-Koeffizient und λ Wärmeleitfähigkeit. Die Wandlergln. (7.40) enthalten verschiedene physikalische Gesetzmäßigkeiten:

Bei konstanter Temperatur $\nabla T = 0$ folgt aus Gl. (7.40a) das OHMsche Gesetz:

$$J_{el} = \rho \cdot E. \tag{7.41}$$

Wenn der spezifische Widerstand zu Null wird ($\rho = 0$), ergibt sich aus Gl. (7.40b) das FOURIERsche Wärmeleitungsgesetz:

$$J_{th} = -\lambda \nabla T. \tag{7.42}$$

Ein Temperaturgradient ∇T zwischen zwei Orten eines Leiters führt gemäß dem SEEBECK-Effekt zu einer Potenzialdifferenz ΔU und damit einer elektrischen Feldstärke E. Für $J_{el} = 0$ wird aus Gl. (7.40a):

$$E = \alpha_S\, \Delta T. \tag{7.43}$$

Umgekehrt führt ein elektrischer Strom zu einem Wärmestrom, der zur thermoelektrischen Kühlung genutzt werden kann (PELTIER-Effekt). Dieser ergibt sich aus der Verkopplung der Gln. (7.40a) und (7.40b) für $\nabla T = 0$:

$$J_{th} = \alpha_S \cdot T \cdot J_{el} \,. \tag{7.44}$$

SEEBECK- und PELTIER-Effekt gemäß den Gln. (7.43) und (7.44) sind die beiden thermoelektrischen Wandlereffekte.

Resistive Sensoren arbeiten auf der Grundlage von Gl. (7.41). Der Widerstand R ergibt sich mit $I = J_{el}\,A$ und $U = E\ell$ zu

$$R = \frac{U}{I} = \rho \cdot \frac{\ell}{A}\,. \tag{7.45}$$

Spezifischer Widerstand ρ, Widerstandslänge ℓ und -querschnitt A sind die Parameter, die durch die Sensormessgröße geändert werden können. Resistive Sensoren sind demgemäß, wie in Abschn. 7.1.2 ausgeführt, keine umkehrbaren, sondern parametrische Wandler.

7.2 Wandler für Sensoren und Aktoren

Die in der Mikrosystemtechnik wichtigsten Wandlerprinzipien sind in **Tabelle 7.1** aufgelistet. Die Energiewandlung kann ein- oder mehrstufig sein: einstufig z. B. bei elektrostatischen und piezoelektrischen Wandlern, mehrstufig z. B. bei der Wandlungskette elektrisch-thermisch-mechanisch.

Neben den eigentlichen Wandlerelementen für Sensor- und Aktorfunktionen sind zur praktischen Nutzung noch weitere Komponenten zur Signalaufbereitung und Stromversorgung sowie Stellglieder und Schnittstellen zur Makro-Umgebung nötig.

Tabelle 7.1 Wichtige Wandlerprinzipien in der Mikrosystemtechnik

	Aktorisch		Sensorisch	
Mechanische Größe $F, \Delta l$	elektrostatisch	⟷	kapazitiv	Elektrische Größe $U, I, \Delta R, \Delta C$
	piezoelektrisch (invers)	⟷	piezoelektrisch	
	elektrodynamisch	⟷	elektrodynamisch	
	elektromagnetisch	⟷	induktiv	
			piezoresistiv[1]	
	thermomechanisch[2]			
	Formgedächtniseffekt[3]			

[1, 2, 3] parametrischer Effekt, s. Abschn. 7.1

7.2.1 Elektrostatische Wandler

Elektrostatische Wandler können als Elektrodensysteme mit variabler Kapazität $C(x)$ betrachtet werden. Die variable Kapazität wird meist durch Plattenkondensatoren mit einer beweglichen Platte realisiert, deren bevorzugte Bewegungsrichtung x sich aus der Art ihrer Aufhängung an einem festen Rahmen ergibt (Abschn. 6.1). In **Tabelle 7.2** sind die drei wichtigsten Formen kapazitiver Wandler dargestellt. Die variable Kapazität $C(x)$ kann gemäß der Gleichung für die Kapazität eines Plattenkondensators

$$C = \frac{\varepsilon A}{d} \tag{7.46}$$

durch eine Variation des Elektrodengrundabstandes $d = d(x)$ oder durch eine Variation der Elektrodenfläche $A = A(x)$ erreicht werden, wobei x die jeweils betrachtete Bewegungsrichtung (Arbeitsrichtung) der beweglichen Kondensatorplatte und ε die Dielektrizitätskonstante sind.

Die Grundtypen können modifiziert werden, indem die bewegliche Elektrode als Teil eines Differenzialkondensators genutzt wird und die Abstands- oder Flächenvariation nicht nur auf einen Einzelkondensator, sondern auf vielzellige Arrays von Kondensatoren angewendet wird (**Kammstrukturen, Tabelle 7.2**).

Dabei sind die Elektrodenflächen der Kammarme elektrisch so miteinander verbunden, dass letztlich nur zwei Elektroden als eine wirksame Kapazität verbleiben (oder im Falle eines Differenzialkondensators vier Elektroden für zwei Kapazitäten).

Tabelle 7.2 Grundtypen elektrostatischer Wandler

Variiert wird		Schema	Kapazitätsfunktion und Merkmale
Grundabstand	Parallel	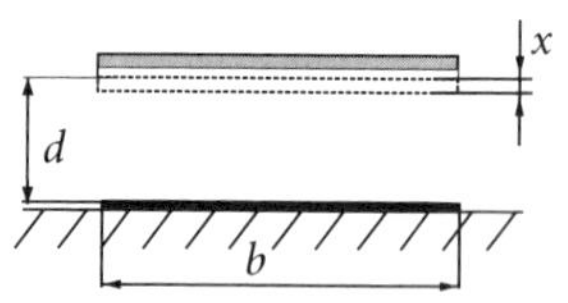 Fläche $A = a \cdot b$	$C(x) = \frac{\varepsilon A}{d - x} = \frac{\varepsilon ab}{d - x}$ (7.47) • relativ große Kapazitätsänderung • nichtlineare Kennlinie $C(x)$ • Pull-in-Effekt ist zu beachten
	Winkel	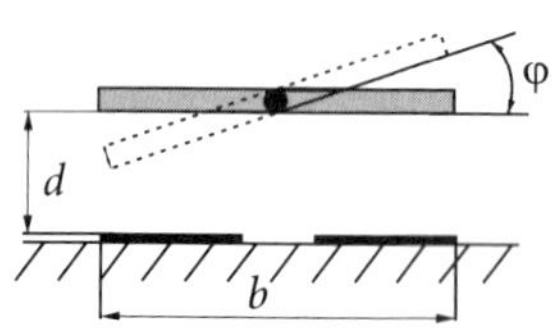 Fläche $A = a \cdot b$	$C(\varphi) = \frac{\varepsilon a}{\tan\varphi} \cdot \ln\left(\frac{b \tan\varphi}{d} + 1\right)$ (7.48) (für eine Elektrode) • relativ große Kapazitätsänderung • nichtlineare Kennlinie $C(\varphi)$ • Pull-in-Effekt ist zu beachten
Fläche		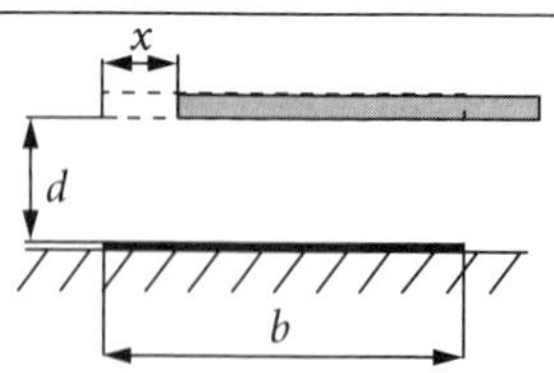 Fläche $A = a \cdot b$	$C(x) = \frac{\varepsilon a(b + x)}{d}$ (7.49) • relativ kleine Kapazitätsänderung • lineare Kennlinie $C(x)$ • kein Pull-in-Effekt

Die elektromechanischen Wirkungen der beweglichen Elektroden können aus der **Kapazitätsfunktion** $C(x)$ erklärt werden. Sie ist in den Gleichungen zur Beschreibung der sensorischen und aktorischen Wirkung von elektrostatischen Wandlern die Koppelgröße, die das elektrische und das mechanische Teilsystem verbindet. Für alle elektrostatischen Wandlertypen kommt es darauf an, die Parameter in den Gln. (7.6) bzw. (7.12) für konkrete Anordnungen, d. h. für die jeweilige Kapazitätsfunktion $C(x)$ zu bestimmen.

Bei der Kammstruktur mit Abstandsvariation nach **Tabelle 7.3** erzeugt eine Bewegung des Kammes in der angegebenen Richtung für jeden Kammarm und seine festen Gegenelektroden zwei verschiedene Kapazitätsfunktionen (**Differenzialkondensator**):

$$C_1(x) = \frac{\varepsilon ab}{d-x}, \qquad C_2(x) = \frac{\varepsilon ab}{d+x}. \tag{7.50}$$

Die erste Ableitung dieser Kapazitätsfunktionen ist nichtlinear, z.B. ist

$$\frac{\mathrm{d}C_1(x)}{\mathrm{d}x} = \frac{\varepsilon ab}{(d-x)^2}. \tag{7.51}$$

Tabelle 7.3 Kammstrukturen als modifizierte Grundtypen elektrostatischer Wandler (Quelle: Zentrum für Mikrotechnologien, TU Chemnitz)

Variation des Abstandes	Variation der Fläche	

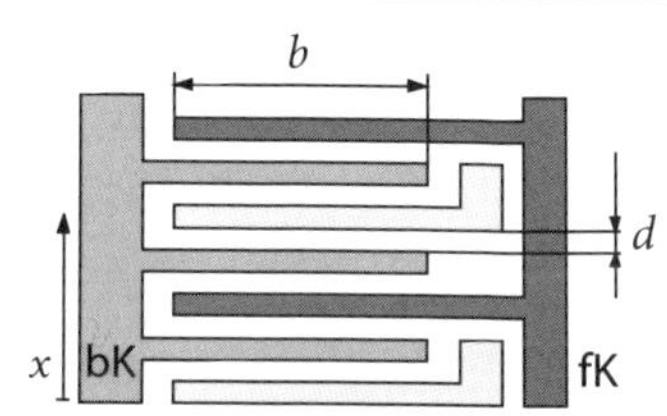

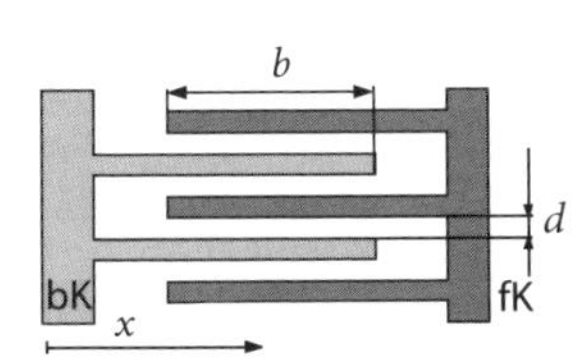

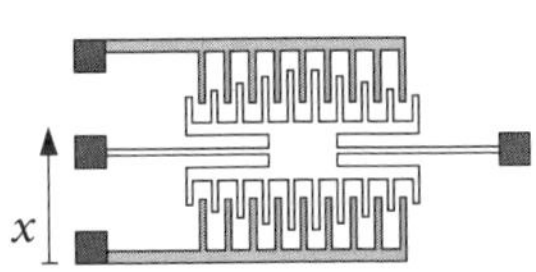

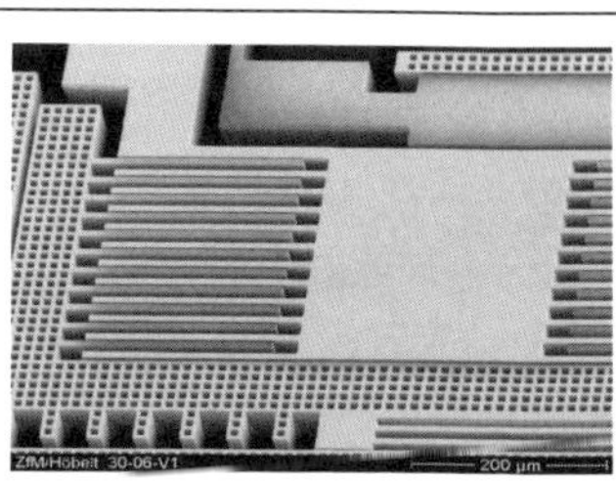

a)

b)

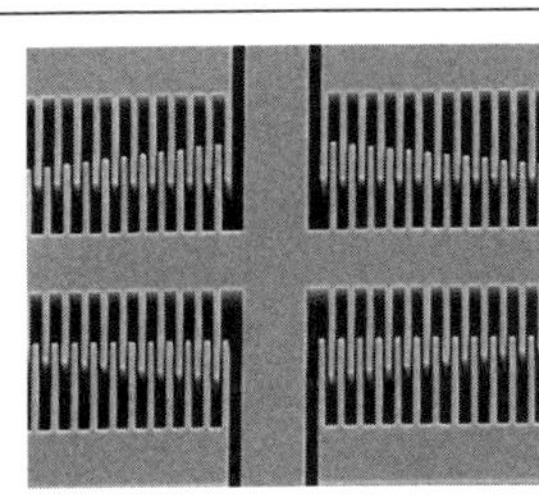

c)

bK bewegliche Kämme, fK feste Kämme, x Bewegungsrichtung, a Tiefe der Kämme (im Bild nicht dargestellt), b Überdeckung der Kämme, d Elektrodenabstand

Die Gesamtkapazität C_{ges} der Kammstruktur mit Abstandsvariation ergibt sich jeweils aus der Multiplikation der Kapazitätsänderung aus den Gln. (7.50a) bzw. (7.50b) mit der Anzahl n der Kammarme. Für die Kammstruktur mit Flächenvariation nach **Tabelle 7.3b** ergibt sich beispielsweise als Kapazitätsfunktion

$$C(x) = \frac{2n\varepsilon a(b+x)}{d}. \tag{7.52}$$

Ihre erste Ableitung ist konstant, die Bewegungsrichtung x ist darin nicht enthalten:

$$\frac{\mathrm{d}C(x)}{\mathrm{d}x} = \frac{2n\varepsilon a}{d}. \tag{7.53}$$

Die elektrostatische Kraft, die zwischen den beiden Elektroden eines Plattenkondensators mit der Fläche A und dem Abstand d wirkt, kann nach dem Prinzip der virtuellen Verrückung aus der elektrostatischen Energie W_{el} ermittelt werden (s. Gl. 7.14). Danach bewirkt eine virtuelle Verrückung der beweglichen Kondensatorplatte um dx infolge einer elektrischen Kraft F_{el} eine Veränderung der elektrischen Energie dW_{el}:

$$\mathrm{d}W_{el} = F_{el} \cdot \mathrm{d}x. \tag{7.54}$$

Die in einem Plattenkondensator gespeicherte elektrische Energie ist

$$W_{el} = \frac{CU^2}{2} = \frac{\varepsilon A U^2}{2d}. \tag{7.55}$$

Mit Gl. (7.54) ergibt sich die elektrostatische Kraft zu

$$F_{el} = \frac{\mathrm{d}W_{el}}{\mathrm{d}x} = \frac{U^2}{2} \cdot \frac{\mathrm{d}C(x)}{\mathrm{d}x}, \tag{7.56}$$

wobei für $C(x)$ die bauformabhängige Kapazitätsfunktion einzusetzen ist.

Für die in **Tabelle 7.3b** dargestellte Kammstruktur mit Flächenvariation gilt z. B. mit Gl. (7.51)

$$F_{el} = \frac{U^2}{2} \cdot \frac{2n\varepsilon a}{d}. \tag{7.57}$$

Wie Gl. (7.57) zeigt, wird die von Kammantrieben erreichbare elektrostatische Antriebskraft wesentlich von der Anzahl n der Kammarme und den unter Berücksichtigung technologisch realisierbarer Toleranzen erreichbaren Werten für Kammtiefe a und Kondensatorspalt d bestimmt. Es ist interessant, dass die Länge l der Kammarme, die Kammüberlappung b und die Verschiebung x keinen Beitrag zur Kraftkomponente F_{el} liefern.

Zur Signaldetektion werden meist die **kapazitiven Umladeströme** in den Detektionskapazitäten ausgewertet. Bei diesem Prinzip muss über der auszuwertenden Kapazität eine Polarisationsspannung U_{pol} anliegen. Der Umladestrom ist

$$I(t) = U_{\text{pol}} \frac{dC(x)}{dt} = U_{\text{pol}} \frac{dC(x)}{dx} \cdot \frac{dx}{dt}. \tag{7.58}$$

Für eine Messgröße $x(t) = \hat{X} \sin \omega t$ wird wegen $dx/dt = \hat{X} \omega \cos \omega t$ der gewünschte lineare Zusammenhang zwischen dem Spitzenwert des Umladestromes $\hat{I}$ und der zu detektierenden maximalen Schwingamplitude $\hat{X}$ erreicht, wenn $dC(x)/dx$ und die Frequenz $\omega = 2\pi f$ konstant sind. Diese Bedingungen werden von den Kammstrukturen in **Tabelle 7.3b** erfüllt. Für die Detektionskapazitäten sollen im Idealfall $dC(x)/dx = \text{konst.}$ und $d^2C(x)/dx^2 = 0$ gelten.

Tabelle 7.4 Vor- und Nachteile des elektrostatischen Wandlerprinzips

Vorteile	Nachteile
• einfache Konstruktion und Technologie: Plattenkondensator mit beweglicher Platte • Sensor- und Aktorfunktionen mit gleicher Elektrodenanordnung realisierbar (günstig für geschlossene Regelkreise) • hohe Auflösung und hohe Dynamik (geringe Masse) • geringer Temperatureinfluss • einfache Realisierbarkeit von vielzelligen Kondensatorarrays (Kammstrukturen) • monolithische Integration von Mikromechanik und Mikroelektronik möglich • verschiedene Frequenzbereiche und auch statische Signale möglich • günstiges Skalierungsverhalten für aktorische Anwendungen	• Parasitär- und Streukapazitäten sind zu beachten • meist nichtlineare Kennlinie • Stabilitätsprobleme möglich (Pull-in-Effekt, s. Kapitel 8) • empfindlich gegen Feuchte und Fremdpartikel • trotz geringer Plattenabstände relativ große Spannungen bei aktorischen Anwendungen nötig • oft Schirmung nötig

Kammstrukturen können nicht nur für die bisher betrachteten zwei Funktionen Krafterzeugung und Signaldetektion, sondern auch zur elektrostatischen Steifigkeitsbeeinflussung der elastischen Aufhängung (elektrostatische Erweichung) verwendet werden. Bei dieser Anwendung muss für die zweite Ableitung der Kapazitätsfunktion im Unterschied zu den Gln. (7.52) und (7.53) $d^2C(x)/dx^2 = \text{konst.}$ gelten, damit eine auslenkungsunabhängige elektrostatische Abstimmkraft und damit eine lineare Kennlinie erzeugt wird. Die Kapazitätsfunktion steigt dann mit der Auslenkung quadratisch an. Eine solche Forderung kann näherungsweise mit Kammstrukturen erfüllt werden, die gestufte Kämme gemäß **Tabelle 7.3c** aufweisen. Die quadratische Kapazitätsfunktion wird dadurch erreicht, dass die Kammarme nacheinander in den Bereich der festen Gegenelektroden eintauchen. In **Tabelle 7.4** sind die Vor- und Nachteile des elektrostatischen Wandlerprinzips gegenübergestellt.

Beispiel 7.5 Elektrostatische Erweichung (Fortsetzung von Beispiel 6.3)

Die Federsteifigkeit der elastischen Aufhängung von Kammstrukturen kann durch **elektrostatische Erweichung** beeinflusst werden. In **Bild 7.7** ist eine typische Kammstruktur zur elektrostatischen Erweichung dargestellt. Damit können z. B. die Resonanzfrequenzen von Schwingern innerhalb eines gewissen Bereiches variiert werden. Die elektrostatische Erweichung erfolgt mittels einer Abstimmspannung U_T, die auslenkungsabhängige elektrostatische Kräfte erzeugt und eine Verringerung der mechanischen Federsteifigkeit c_{mech} um die **elektrische Federsteifigkeit** c_{el} bewirkt. Für die variierbare Resonanzfrequenz f_e^* und für die elektrische Federsteifigkeit c_{el} gelten folgende Beziehungen:

$$f_e^* = \frac{1}{2\pi}\sqrt{\frac{c^*_{gesamt}}{m}} = \frac{1}{2\pi}\sqrt{\frac{c_{mech} - c_{el}}{m}}, \tag{7.59}$$

$$c_{el} = \frac{dF_{el}(x)}{dx} = \frac{U_T^2}{2} \cdot \frac{d^2C(x)}{dx^2}. \tag{7.60}$$

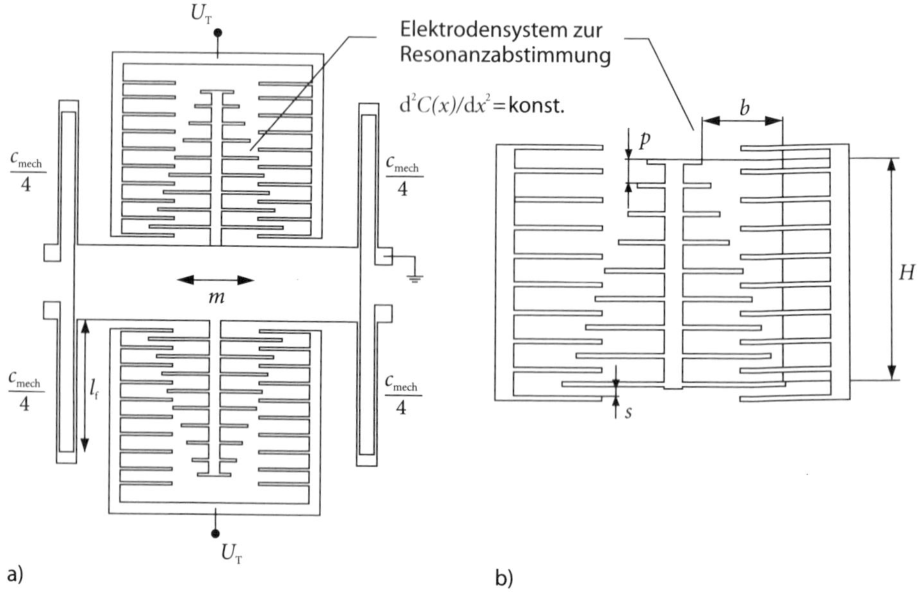

Bild 7.7 Schwinger mit linear gestuften Kammelementen zur elektrostatischen Erweichung

Praktisch wird dabei eine Elektrodenanordnung mit quadratischem Verlauf von $C(x)$ gewählt, wie sie durch linear gestufte Kämme gemäß **Tabelle 6.3c** realisiert wird. Für eine symmetrische Schwinger-Hälfte gemäß **Bild 7.7b** gilt nach [LEE98]:

$$\frac{\mathrm{d}^2C(x)}{\mathrm{d}x^2} = \frac{4\varepsilon hH}{psB}. \tag{7.61}$$

Die im Bild nicht bezeichnete Höhe der Kämme ist $h = 50\ \mu\text{m}$, die weiteren Abmessungen sind $p = 10\ \mu\text{m}$, $s = 2\ \mu\text{m}$, $B = 40\ \mu\text{m}$ und $H = 40\ \mu\text{m}$. Die Dielektrizitätskonstante ist $\varepsilon = 8{,}85\cdot10^{-12}$ As/Vm. Soll die Resonanzfrequenz z. B. um 5 % verringert werden, ist entsprechend dem Beispiel 6.3 die mechanische Federsteifigkeit durch elektrostatische Erweichung von $c_{\text{mech}} = 7{,}13\ \text{Nm}^{-1}$ auf $6{,}43\ \text{Nm}^{-1}$ zu verringern, d. h. es ist eine elektrische Federsteifigkeit von $c_{\text{el}} = 0{,}7\ \text{Nm}^{-1}$ zu realisieren. Die dafür benötigte Abstimmspannung U_{T} ergibt sich aus

$$U_{\text{T}} = \sqrt{\frac{2c_{\text{el}}}{\mathrm{d}^2C(x)/\mathrm{d}x^2}} = \sqrt{\frac{2c_{\text{el}}}{2\frac{4\varepsilon\cdot h\cdot H}{p\cdot s\cdot B}}} = \sqrt{\frac{2c_{\text{el}}\cdot p\cdot s\cdot B}{4\varepsilon\cdot h\cdot H}} = 28\ \text{V}. \tag{7.62}$$

7.2.2 Piezoelektrische Wandler

Piezoelektrische Wandler[1] beruhen auf der Wechselwirkung von elektrischen Größen (Feldstärke und dielektrische Verschiebung) mit mechanischen Größen (Spannung und Dehnung). Wird auf einen Piezowandler eine mechanische Belastung $F(t)$ ausgeübt, werden an dessen Oberflächen Ladungen erzeugt, die an zwei gegenüberliegenden metallisierten Elektroden als elektrische Spannung $U(t)$ gemessen werden können (**direkter piezoelektrischer Effekt, Bild 7.8a**). Bei Umkehrung der Wirkungsrichtung führt eine an die Wandlerelektroden angelegte Spannung zu einer Deformation des Piezowerkstoffes (**reziproker piezoelektrischer Effekt, Bild 7.8b**). Der direkte Piezoeffekt kann sensorisch, der reziproke Piezoeffekt aktorisch genutzt werden. Die genannten Wechselwirkungen treten nur bei bestimmten anisotropen Werkstoffen auf, deren wichtigste in folgende Gruppen eingeteilt werden können [FRÜHAUF05]:

- Piezokristalle
- Piezokeramiken
- Piezopolymere.

Der piezoelektrische Effekt wird mittels **Zustandsgleichungen** beschrieben, die je nach Wahl der unabhängigen Variablen unterschiedliche Darstellungsformen haben können.

---

[1] meist abgekürzt: Piezowandler; nicht zu verwechseln mit piezoresistiven Wandlern!

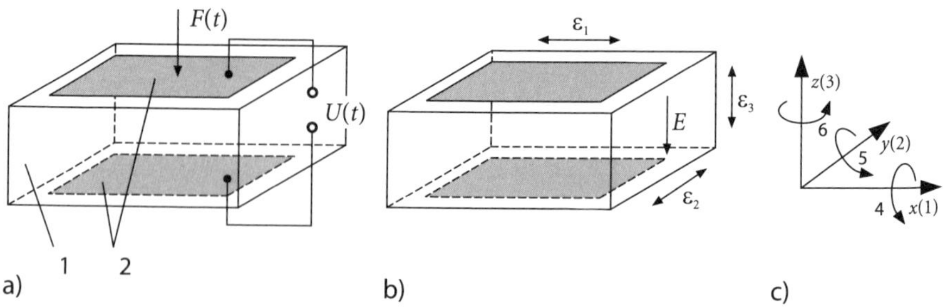

Bild 7.8 a) Direkter und b) reziproker piezoelektrischer Effekt: 1 Piezowerkstoff, 2 Elektroden, $F(t)$ Wechselkraft, $U(t)$ kraftabhängige Spannung, E elektrisches Feld, ε_i mechanische Dehnung

Werden mechanische Spannung und elektrische Feldstärke als unabhängige Variable betrachtet, lauten die Zustandgleichungen

$$D_i = d_{in}\sigma_n + \varepsilon_{im}^{\sigma} E_m \text{ (direkter Piezoeffekt)} \quad (7.63)$$

$$\varepsilon_j = s_{jn}^{E}\sigma_n + d_{jm} E_m \text{ (reziproker Piezoeffekt)} \quad (7.64)$$

mit $i, m = 1\ldots3$ und $j, n = 1\ldots6$.

Darin sind D_i die Komponenten des dielektrischen Verschiebungsvektors, σ_n die Komponenten des mechanischen Spannungstensors, E_m die Komponenten des elektrischen Feldstärkevektors, ε_i die Komponenten des mechanischen Dehnungstensors, d_{in} bzw. d_{im} die **piezoelektrischen Koeffizienten**, ε_{im} die Dielektrizitätskonstanten und s_{in} die Elastizitätskonstanten. Hochgestellte Indizes zeigen an, dass der jeweilige Parameter konstant gehalten werden muss, um den entsprechenden Koeffizienten bestimmen zu können. Die Indizierung der Parameter mit den Ziffern 1, 2 und 3 entspricht den Richtungen des in **Bild 7.8c** dargestellten Koordinatensystems, wobei die Achse 3 üblicherweise die Polarisationsrichtung des piezoelektrischen Werkstoffes angibt. Die Ziffern 4, 5 und 6 kennzeichnen Scherungen an den Achsen 1, 2 und 3, d. h. mechanische Spannungen, die tangential zu den das Koordinatensystem aufspannenden Flächen auftreten. Die piezoelektrischen Koeffizienten d_{in} *bzw.* d_{im} verknüpfen die Komponenten σ_n des mechanischen Spannungszustandes und der resultierenden dielektrischen Verschiebung D_i bzw. die Komponenten E_m der elektrischen Feldstärke und der resultierenden Dehnung ε_j. Betrachtet man die Richtungsabhängigkeiten nur für die praktisch oft angewendeten Belastungsarten, können Längs-, Quer- und Schereffekte unterschieden werden. Entsprechend den Hauptbelastungsarten beschreiben d_{11} bzw. d_{33} Längseffekte (d_L), d_{31} und d_{32} Quereffekte (d_Q) sowie d_{14} und d_{15} Schereffekte (d_S). Der piezoelektrische Koeffizient d_{15} z. B. verknüpft eine Scherung an der Achse 5 mit der resultierenden dielektrischen Verschiebung in Richtung der Achse 1. In **Tabelle 7.5** sind Kenngrößen wichtiger piezoelektrischer Werkstoffe angegeben.

Tabelle 7.5 Piezoelektrische Werkstoffe und ihre piezoelektrischen Koeffizienten

Werkstoff	Piezoelektrische Koeffizienten d_{in} in 10^{-12} C/N		
Quarz	$d_{11} = 2{,}31$	$d_{14} = -0{,}727$	
Lithiumniobat (LN)	$d_{15} = 69{,}2$	$d_{22} = 20{,}8$	$d_{33} = 6{,}0$
Zinkoxid (ZnO)	$d_{15} = -8{,}3$	$d_{31} = -5$	$d_{33} = 12{,}4$
Bariumtitanat ($BaTiO_3$)	$d_{15} = 550$	$d_{31} = -150$	$d_{33} = 374$
Blei-Zirkonat-Titanat (PZT)	$d_{15} = 265 \ldots 765$	$d_{31} = -60 \ldots -270$	$d_{33} = 380 \ldots 590$
Aluminiumnitrid (AlN)		$d_{31} = 1{,}9$	$d_{33} = 4{,}9$
Polyvinylidenfluorid (PVDF)	$d_{31} = 18 \ldots 28$	$d_{32} = 0{,}9 \ldots 4$	$d_{33} = -20 \ldots -35$

Piezokeramiken und Piezopolymere müssen nach der Herstellung bzw. nach dem Abscheiden auf ein Substrat in einem elektrischen Feld polarisiert werden, um die piezoelektrischen Eigenschaften einzuprägen. Für die Piezokeramiken PZT und Bariumtitanat ist der piezoelektrische Effekt stark ausgeprägt, sie sind deshalb für aktorische Anwendungen besonders favorisiert. Piezokristalle als einkristallines Volumenmaterial werden z. B. als Schwingquarze in Uhren verwendet. Für mikromechanische Sensoren und Aktoren werden dünne Schichten aus ZnO, PZT oder AlN mittels Sputtern, MOCVD oder Sol-Gel-Verfahren erzeugt. Diese Verfahren sind keine Standardprozesse der Halbleitertechnologie und werden meist als Backend-Prozesse realisiert. Die dabei erreichten piezoelektrischen Koeffizienten, z. B. bei PZT, sind kleiner als in massiver Keramik.

Bei aktorischer Anwendung erzeugt ein unbelasteter Piezowandler gemäß Gl. (7.63) mit $\sigma_n = 0$ und der in **Bild 7.8b** eingezeichneten Richtung des elektrischen Feldes eine mechanische Dehnung

$$\varepsilon_3 = d_{33} \cdot E_3 . \tag{7.65}$$

Mit $\varepsilon_3 = \Delta z/z$ und $E_3 = U/z$ (z ist die Abmessung des Piezowandlers in z-Richtung) wird

$$\Delta z = d_{33} \cdot U . \tag{7.66}$$

Gl. (7.66) zeigt, dass bei einer z-Ausrichtung des elektrischen Feldes die Längenänderung Δz in Feldrichtung von der Abmessung des Piezowandlers in z-Richtung unabhängig ist.

Für die Längenänderung Δx in x-Richtung ergibt sich bei einer Ausgangslänge von x und bei z-Ausrichtung des elektrischen Feldes

$$\varepsilon_1 = d_{31} \cdot E_3 . \tag{7.67}$$

Aus $\varepsilon_1 = \Delta x/x$ und $E_3 = U/z$ folgt

$$\Delta x = x d_{31} \cdot U / z. \tag{7.68}$$

Neben den piezoelektrischen Koeffizienten d ist der in den Gln. (7.21) und (7.22) angegebene Kopplungsfaktor K^2 eine wichtige Kenngröße. Der Kopplungsfaktor kann aus den in Gl. (7.63) bzw. Gl. (7.64) angegebenen Materialtensoren berechnet werden. Für den Kopplungsfaktor des freien Dickenschwingers gilt z. B.

$$k_{33} = \frac{{d_{33}}^2}{s_{33} \cdot \varepsilon_{33}}. \tag{7.69}$$

Für aktorische Anwendungen sind Piezowerkstoffe mit großem k_{33} nötig. In **Tabelle 7.6** sind für einige wichtige Piezowandler Kenngrößen, Ersatzschaltung und die Verkopplungsgleichungen (7.70) bis (7.72) angegeben.

7.2.3 Elektrodynamische Wandler

Elektrodynamische Wandler beruhen auf der Kraftwirkung eines Magnetfeldes auf einen stromdurchflossenen Leiter oder bei umgekehrter Wirkungsrichtung auf der Induktion einer Spannung in einem Leiter, der in einem Magnetfeld bewegt wird. Das elektrodynamische Wandlungsprinzip wird bei einer Vielzahl von elektromechanischen Systemen angewendet, z. B. bei Drehspulmesswerken, Lautsprechern, Linearmotoren, Schwingtischen und Mikrofonen.

Die LORENTZ-Kraft F auf einen Leiter der Länge l, der sich in einem längs l örtlich konstantem Magnetfeld B befindet und von einem Strom I durchflossen wird, ist

$$\vec{F} = I\left(\vec{l} \times \vec{B}\right) \quad \text{bzw.} \quad F = IBl \cdot \sin\left(\vec{l}, \vec{B}\right) \tag{7.73}$$

wobei $\vec{F}$, $\vec{l}$ und $\vec{B}$ Vektorgrößen sind.

Nach dem Prinzip von Wirkung und Gegenwirkung wird die gleiche Kraft auch auf den Träger des Magnetfeldes ausgeübt, z. B. auf einen Permanentmagneten, die Polflächen eines Magnetkreises oder auf stromführende Drähte. In der konstruktiven Ausführung wird das Magnetfeld oft von einem Permanentmagneten erzeugt und der Leiter als Zylinder- oder Planarspule ausgebildet. Bei der Konstruktion der Systeme wird angestrebt, dass $\sin\left(\vec{l}, \vec{B}\right) = \sin 90^0 = 1$ ist. Damit wird Gl. (7.71) zu

$$F = I \cdot B \cdot l, \tag{7.74}$$

wie es im **Bild 7.9** für ein klassisches Tauchspulsystem schematisch dargestellt ist.

Tabelle 7.6 Kenngrößen piezoelektrischer Wandlertypen

Funktion	Längsschwinger	Dickenschwinger	Dickenscherschwinger
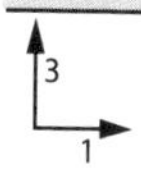	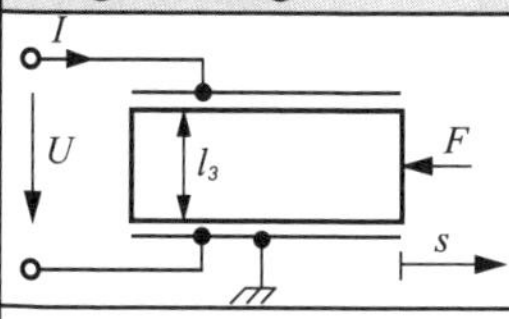	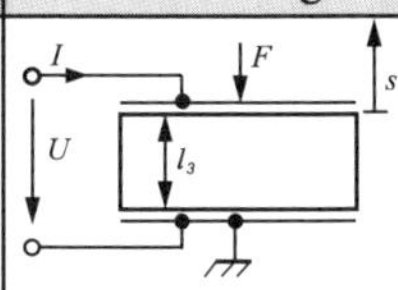	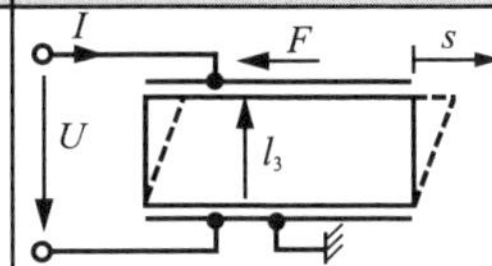
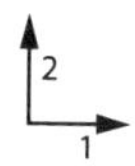	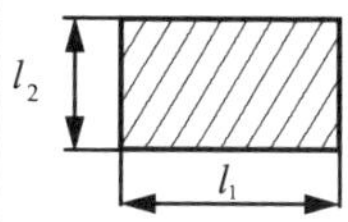	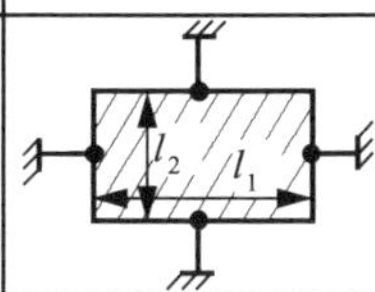	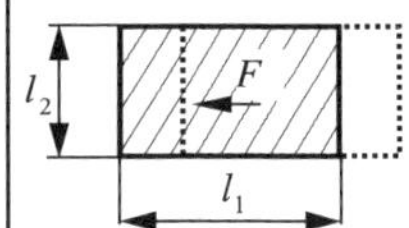
mechanische und elektrische Randbedingungen	$\sigma_2 \ldots \sigma_6 = 0$ $F = \sigma_1 l_2 l_3;\ s = \varepsilon_1 l_1$	$\varepsilon_1, \varepsilon_2, \varepsilon_4 \ldots \varepsilon_6 = 0$ $F = \sigma_3 l_1 l_2;\ s = \varepsilon_3 l_3$	$\sigma_1 \ldots \sigma_3, \sigma_4, \sigma_6 = 0$ $F = \sigma_5 l_1 l_2;\ s = \varepsilon_5 l_3$
	$D_1 = D_2 = 0;\ Q = D_3 l_1 l_2;\ E_1 = E_2 = 0;\ U = E_3 l_3;\ I = dQ/dt$		
A_{el}, l_{el}	$A_{el} = l_1 l_2;\ l_{el} = l_3$		
A_{mech}, l_{mech}	$A_{mech} = l_2 l_3;\ l_{mech} = l_1$	$A_{mech} = l_1 l_2;\ l_{mech} = l_3$	
k^2	$\dfrac{d_{31}^2}{\varepsilon_{33}^{\sigma} s_{11}^E}$	$\dfrac{1}{1 + c_{33}^E \varepsilon_{33}^{\varepsilon} / e_{33}^2}$	$\dfrac{d_{35}^2}{\varepsilon_{33}^{\sigma} s_{55}^E}$
e	d_{31}/s_{11}^E	e_{33}	d_{35}/s_{55}^E
ε	$\varepsilon_{33}^{\sigma}(1-k^2)$	$\varepsilon_{33}^{\varepsilon}$	$\varepsilon_{33}^{\sigma}(1-k^2)$
c	$1/s_{11}^E$	c_{33}^E	$1/s_{55}^E$
Ersatzschaltung	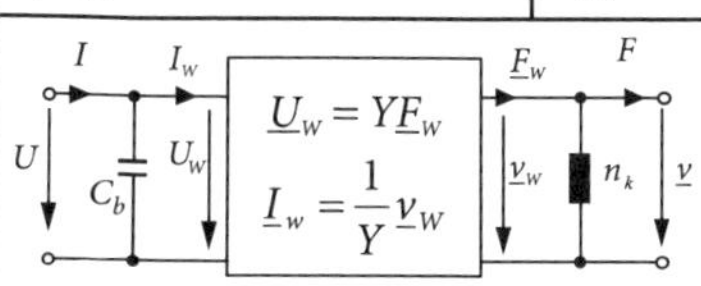		

$$\begin{pmatrix} \underline{I} \\ \underline{F} \end{pmatrix} = \begin{pmatrix} j\omega C_b & 1/Y \\ 1/Y & -1/j\omega n_k \end{pmatrix} \begin{pmatrix} \underline{U} \\ \underline{\upsilon} \end{pmatrix} \tag{7.70}$$

$$C_b = \varepsilon \frac{A_{el}}{l_{el}};\ Y = e\frac{A_{el}}{l_{mech}} = e\frac{A_{mech}}{l_{el}};\ n_k = \frac{l_{mech}}{cA_{mech}} \tag{7.71}$$

$$k^2 = \frac{1}{1 + c\varepsilon/e^2} = \frac{1}{1 + Y^2 C_b/n_k};\ \frac{1}{Y} = \frac{k}{\sqrt{1-k^2}}\sqrt{C_b/n_k} \tag{7.72}$$

Index b: mechanisch festgebremstes System; Index k: System im elektrischen Kurzschluss

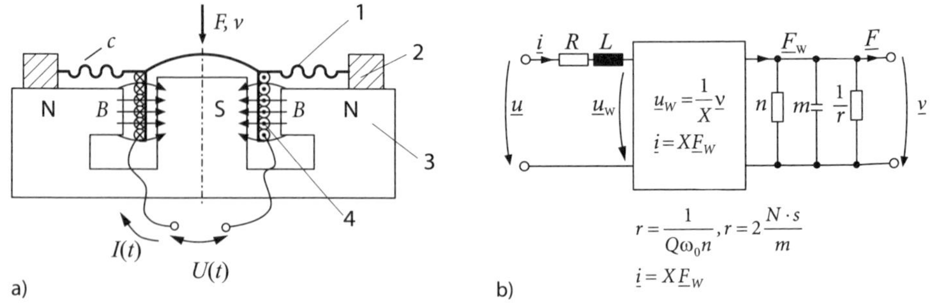

Bild 7.9 Elektrodynamischer Wandler nach dem Tauchspulprinzip: a) Aufbau; b) Ersatzschaltung. 1 Aufhängung, 2 Gestell, 3 Magnetkreis mit ringförmigem Luftspalt, 4 bewegliche Tauchspule, N Nordpol, S Südpol, F Kraft, v Geschwindigkeit, r Reibungsimpedanz, m Masse, n mechanische Nachgiebigkeit, $I(t)$ Strom, $U(t)$ Spannung, X Wandlerkonstante ($X = 1/Bl$)

Bei sensorischer Anwendung wird der Leiter mit einer Geschwindigkeit v in einem Magnetfeld mit der magnetischen Flussdichte B bewegt. Dann wird durch Bewegungsinduktion in dem Leiter eine Spannung U induziert, für die in Analogie zu Gl. (7.74)

$$U = vBl \tag{7.75}$$

gilt. Bei homogenem Magnetfeld sind die Wandlerausgangsgrößen F bzw. U linear von den Eingangsgrößen I bzw. v abhängig. Das ist für aktorische und sensorische Anwendungen vorteilhaft.

Bei der Anwendung des elektrodynamischen Wandlerprinzips in der Mikrosystemtechnik kann das bewegliche Wandlerelement mit Hilfe der im Abschnitt 6.1 dargestellten Grundformen mechanischer Elemente realisiert werden. Dabei sind zwei Bauformen möglich, die in **Bild 7.10** schematisch dargestellt sind. Als exemplarisches Beispiel für das bewegliche Wandlerelement wurde das Element gemäß **Bild 6.2d** gewählt.

Bei der Bauform nach **Bild 7.10a** sind die Stromzuführung über die beweglichen Gelenke, die Strukturierung der **Planarspule** auf dem beweglichen Element sowie vor allem deren Temperaturbelastung durch den Stromfluss als kritische Punkte anzusehen. Planarspulen erfordern außerdem hohe Windungszahlen und damit große Aktorflächen sowie einen relativ hohen OHMschen Widerstand (Leistungsaufnahme $P_{el} = I^2 R$). Bei der Bauform nach **Bild 7.10b** bewirkt die Masse des Permanentmagneten auf dem beweglichen Wandlerelement eine Verringerung seiner Dynamik. Außerdem sind sowohl die Mikromontage von Permanentmagneten als auch deren direkte Strukturierung auf dem beweglichen Wandlerelement mittels Mikrotechnologien (Mikrogalvanik, Siebdruck, Sputtern) gegenwärtig noch keine in der Mikrosystemfabrikation etablierten

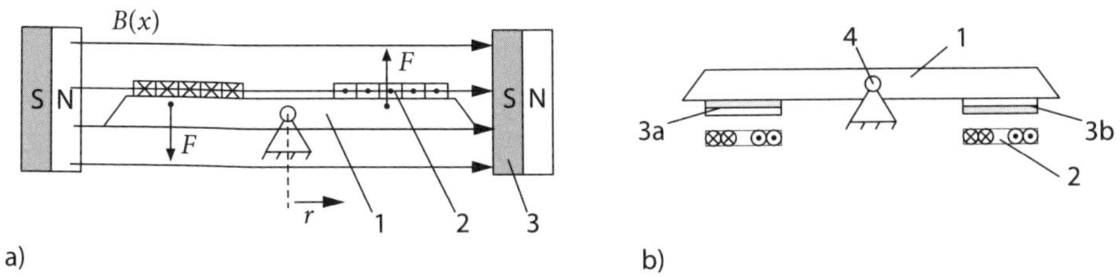

Bild 7.10 Bauformen elektrodynamischer Wandler in der Mikrosystemtechnik:
a) Planarspule auf beweglichem Siliziumelement, Permanentmagnet gestellfest; b) Permanentmagnet auf beweglichem Siliziumelement, Spule gestellfest
1 bewegliches Element; 2 Planarspule; 3 Permanentmagnet; 4 Torsionsband; r Abstand zur Drehachse; F Kraft; $B(x)$ Flussdichte, x Koordinatenrichtung, N Nordpol, S Südpol

Prozessschritte. Die direkte Strukturierung mittels Mikrotechnologien erfordert hohe Temperaturen und liefert nur kleine magnetische Kennwerte.

Eine Mikromontage der Permanentmagnete ist kostenintensiv und erfordert eine besondere, nichtmagnetisierbare Ausrüstung (Justierung, Befestigung).

Bild 7.11a zeigt einen nach **Bild 7.10a** gefertigten elektrodynamischer Wandler. Bedingt durch die Form und die Baugröße des beweglichen Wandlerelementes ist die magnetische Flussdichte B über den relativ großen Luftspalt nicht konstant. Zur Berechnung der resultierenden Kraftwirkung sind anstelle von Gl. (7.74) modifizierte analytische Ansätze oder numerische Lösungen anzuwenden. Das Drehmoment kann z. B. analytisch durch Summation aller Teilmomente M_k ermittelt werden, die durch elektrodynamische Kraftwirkung auf die einzelnen Leiter k ($k = 1 \ldots n$) erzeugt werden. Für die Teilmomente gilt gemäß **Bild 7.10a**

$$M_k = F_k r_k = I B_k l_k r_k \tag{7.76}$$

Dabei geben die r_k den Abstand eines Leiters von der Drehachse des beweglichen Elementes an. B_k ist der Wert der Flussdichte und l_k die Leiterlänge, jeweils bezogen auf die x-Koordinate von k. Längs eines Leiters und über die Leiterbreite wird die Flussdichte als konstant angenommen. Bei symmetrischer Flussdichteverteilung und symmetrischer Ausrichtung des beweglichen Elementes im Luftspalt ist das Gesamtmoment

$$M_{\text{ges}} = 2 \cdot \sum_{k=1}^{n} M_k \,, \tag{7.77}$$

wobei n die Anzahl der Leiterschleifen in der Planarspule ist.

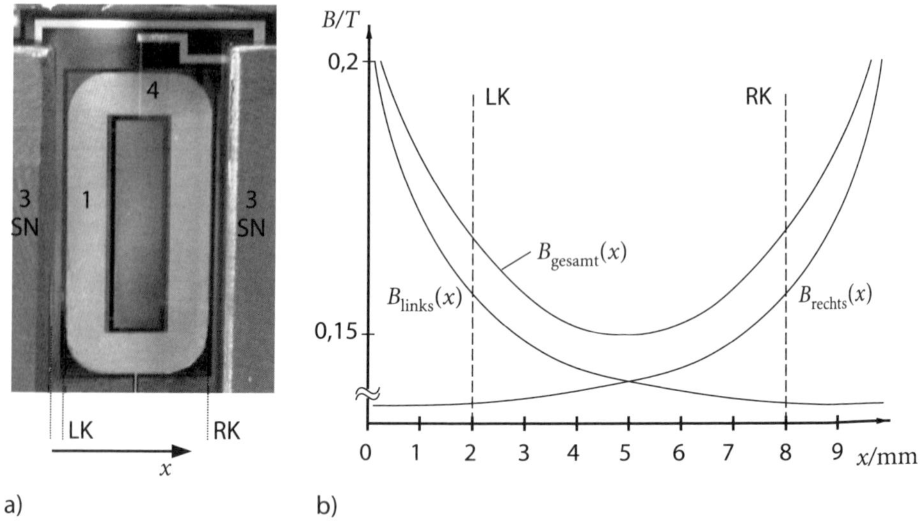

Bild 7.11 Elektrodynamischer Wandler: a) Bauform nach Bild 7.10a, b) Typischer Verlauf der Flussdichte B im Luftspalt (Die Linien LK und RK markieren die Lage des beweglichen Elementes zur *x*-Koordinate) 1 bewegliches Element mit Planarspule 2; 3 Permanentmagnet; 4 Torsionsband; N Nordpol; S Südpol (Quelle: Zentrum für Mikrotechnologien, TU Chemnitz)

Für aktorische Anwendungen sind die errreichbare Wandlerkraft F bzw. für das Beispiel nach **Bild 7.10** das erreichbare Moment M wichtige Kenngrößen. Das maximal erreichbare Moment ist wesentlich von der im Arbeitsluftspalt erreichbaren magnetischen Flussdichte B und vom Maximalstrom I_{max} abhängig. Zur Abschätzung kann der Quotient M^2/P_{el} benutzt werden, in dem M gemäß Gl. (7.77) und P_{el} aus

$$P_{el} = I^2 R = I^2 \rho \frac{l_{PS}}{A} = I^2 \rho \frac{l_{PS}}{bh} \tag{7.78}$$

zu ermitteln sind. In Gl. (7.78) sind P_{el} die vom Wandler aufgenommene elektrische Leistung, ρ der spezifische Widerstand des Leitermaterials, l_{PS} die Leiterlänge der Planarspule und bh deren Leiterquerschnitt.

Mit den Gln. (7.76) bis (7.78) wird

$$\frac{{M_{ges}}^2}{P_{el}} = \frac{4bh}{\rho l} \left(\sum_{k=1}^{n} B_k l_k r_k \right)^2 . \tag{7.79}$$

Gl. (7.79) zeigt am Beispiel von **Bild 7.11**, welche Parameter das Design elektrodynamischer Wandler beeinflussen und wie groß die Anzahl der Freiheitsgrade ist. Die vom

Wandler aufnehmbare elektrische Leistung P_{el} wird von der zulässigen Temperaturbelastung (Stromdichte) der Planarspule begrenzt.

Beispiel 7.6 Strom-Auslenkungs-Kennlinie eines elektrodynamischen Wandlers

Die Auslenkung φ eines elektrodynamischen Wandlers nach **Bild 7.10a** in Abhängigkeit vom Strom I kann aus dem Momentengleichgewicht $M_{el} = M_{mech}$ ermittelt werden. Aus den Gln. (6.23), (7.76) und (7.77) ergibt sich für die Kennlinie $\varphi(I)$

$$\varphi = I \cdot \frac{l \cdot \sum_{k=1}^{n} B_k l_k r_k}{G \cdot I_p}, \qquad (7.80)$$

wobei G der Schubmodul, I_p das polare Flächenträgheitsmoment und l die Länge eines Torsionsbandes sind. Gl. (7.80) zeigt, dass beim elektrodynamischen Wandler der Auslenkwinkel φ linear vom Strom I abhängig ist. Im Unterschied dazu hat die Kennlinie $\varphi(U)$ des elektrostatischen Wandlers nach **Tabelle 7.2** mit winkelabhängiger Kapazitätsfunktion entsprechend den Gln. (7.48) und (7.56) einen quadratischen Verlauf.

Elektrodynamische Wandler nach dem in **Bild 7.10a** bzw. **Bild 7.11a** dargestellten Prinzip, d. h. mit einer Planarspule auf einem beweglichen Siliziumelement und einem ortsfesten Permanentmagnetkreis, sind als Aktoren für MEMS-Scanner in den letzten Jahren verstärkt publiziert und von der Firma Microvision kommerziell verwertet worden.[2] [3] [4]

Für miniaturisierte Wandler kommen nur Permanentmagnete mit sehr kleinen Volumina in Betracht. Um trotzdem ausreichende Kraftwirkungen zu erzielen, sind Magnetwerkstoffe mit hoher **Energiedichte** $(BH)_{max}$ erforderlich. Besonders geeignet sind gesinterte Permanentmagnete auf der Basis seltener Erden wie Samariumkobalt (SmCo) und Neodymeisenbor (NdFeB). In **Tabelle 7.7** sind für exemplarische Beispiele die magnetischen Kennwerte angegeben. In einer quaderförmigen Bauform sind die kleinsten Magnete in einer Dicke von 1 mm und einer Kantenlänge von 2 mm verfügbar.

---

[2] Sprague, R. et al: Bi-axial magnetic drive for scanned beam display mirrors. Proc. of SPIE, Vol. 5721 (SPIE Bellingham, 2005), S. 1-13

[3] Yan, J. et al: Magnetic actuation für MEMS scanners for retinal scanning displays. Proc. of SPIE, Vol. 4985 (SPIE San Jose, 2003), S. 115-120

[4] Urey, H. et al: MEMS raster correction scanner for SXGA resolution retinal scanning display. Proc. of SPIE, Vol. 4985 (SPIE San Jose, 2003), S. 106-114

Tabelle 7.7 Magnetische Kennwerte von Permanentmagneten bei Raumtemperatur 20 °C (Quelle: Vacuumschmelze GmbH&Co. KG Hanau, VAC)

Magnetmaterial	Samariumkobalt (Sm_2Co_{17})		(Neodymeisenbor $Nd_2Fe_{14}B$)	
	VACOMAX 225 HR	VACOMAX 240 HR	VACODYM 655 HR	VACODYM 745 HR
Energiedichte $(BH)_{max}$ in kJ/m³	190 ... 225	200 ... 240	280 ... 315	370 ... 400
Koerzitivfeldstärke H_{cJ} in kA/m	1590 ... 2070	640 ... 800	1670 ... 1830	1115 ... 1195
Remanenz B_r in T	1,03 ... 1,10	1,05 ... 1,12	1,22 ... 1,28	1,40 ... 1,44
Maximale Dauertemperatur in °C	350	300	150	70

7.2.4 Thermomechanische Wandler

Thermomechanische Wandler beruhen auf einer zweistufigen Energiewandlung. Zunächst wird elektrische oder Lichtenergie in Wärme umgewandelt, nachfolgend wird infolge der Wärmedehnung von Festkörpern, Flüssigkeiten oder Gasen eine mechanische Arbeit verrichtet. Zur Erzeugung der Wärmeenergie wird meist der Stromfluss durch einen Heizwiderstand genutzt. Die zu- oder abgeführte Wärmeenergie kann auch **Phasenübergänge** fest ↔ flüssig oder flüssig ↔ gasförmig erzeugen. Diese thermodynamischen Prozesse sind mit einer großen Volumenänderung verbunden und können deshalb vorteilhaft für aktorische Effekte genutzt werden. Auch der in diesem Buch nicht behandelte **Formgedächtniseffekt** beruht auf einem thermisch erzeugten Phasenübergang, bei dem die Kristallstruktur bestimmter Legierungen zwischen einer Austenit- und einer Martensitphase wechselt.

Ein wichtiges Merkmal aller Ausführungsformen von thermomechanischen Wandlern ist ihr Zeitverhalten. Die Aufheizdauer eines Bauteils bis zum Erreichen einer geforderten Mindesttemperatur hängt vom zugeführten **Wärmestrom** Φ und der thermischen Zeitkonstanten $\tau_{th} = R_{th} C_{th}$ ab. Die Abkühldauer wird vom Wärmeübergang an die Umgebung bestimmt (s. Abschn. 6.3). Durch die Miniaturisierung von Bauteilen kann die Geschwindigkeit der thermischen Vorgänge Aufheizen und Abkühlen wesentlich erhöht werden: Die Wärmekapazität C_{th} skaliert wie ein Volumen. Eine kleine Wärmekapazität bedeutet wenig Energie und kurze Aufheizzeit. Der Wärmeübergang skaliert mit der Oberfläche, d. h. nimmt bei Miniaturisierung der Wandlerabmessungen relativ zur Wärmekapazität zu, was eine schnelle Wärmeabfuhr fördert. Trotz dieser günstigen Skalierungstendenz sind thermomechanische Wandler im Vergleich zu anderen

Prinzipien relativ langsam, typische Ansprechzeiten liegen im zweistelligen Millisekundenbereich. Ein anderer Nachteil sind die relativ hohen Heizleistungen. Dem stehen als Vorteile eine einfache Konstruktion und Technologie sowie große erreichbare Kräfte und Auslenkungen gegenüber.

a) Thermische Ausdehnung von Festkörpern

Für thermomechanische Wandler, bei denen eine Längen- oder Volumenänderung ausgenutzt wird, gelten die Gleichungen

$$\Delta l/l = \alpha \Delta T \quad \text{mit} \quad \Delta l = l(T_1) - l(T_0) \tag{7.81}$$

$$\Delta V/V = \gamma \Delta T \quad \text{mit} \quad \Delta V = V(T_1) - V(T_0) \tag{7.82}$$

Die bei der Temperatur T_0 vorliegenden Werte von Länge bzw. Volumen sind die jeweiligen Ausgangsgrößen, α bzw. γ sind die thermischen Längen- bzw. Volumenausdehnungskoeffizienten. Für den Volumenausdehnungskoeffizienten γ gilt bei Festkörpern in guter Näherung $\gamma = 3\alpha$.

Bild 7.12a zeigt einen mikromechanischen Balken mit der Länge l, der Masse m und dem linearen thermischen Ausdehnungskoeffizienten α. Der Balken ist in einem Rahmen fest eingespannt und enthält einen integrierten Heizwiderstand R_H, in dem bei Stromfluss die Heizleistung $P = I^2R_H$ erzeugt wird. Wenn die Temperatur im Balken als überall gleich angenommen werden kann (gleichmäßige Verteilung der Heizleistung über das Balkenvolumen bei sehr guter Wärmeleitfähigkeit des Balkens oder bei Stromfluss durch den ganzen Balken), ist die Temperatur im Balken nur eine Funktion der Zeit. Für den Temperaturanstieg gilt dann mit Gl. (6.61)

$$\vartheta_Ü(t) = PR_{th}\left(1 - e^{-t/\tau_{th}}\right).$$

Dabei sind $\vartheta_Ü(t)$ die Temperaturdifferenz zur Umgebung, R_{th} der thermische Widerstand zwischen Balken und Umgebung (Konvektionswiderstand), $\tau_{th} = R_{th}C_{th}$ die thermische Zeitkonstante und $C_{th} = mc$ die Wärmekapazität des Balkens. Die Wärmedehnung des Balkens ist gemäß Gl. (7.81) proportional zum Temperaturanstieg:

$$\Delta l(t) = l \cdot \alpha \cdot \Delta T(t) = l \cdot \alpha \cdot P \cdot R_{th}\left(1 - e^{-t/\tau_{th}}\right) \tag{7.83}$$

mit $\Delta l_{max} = l \cdot \alpha \cdot P \cdot R_{th}$. Der thermische Widerstand kann nach Gl. (6.47) ermittelt werden.

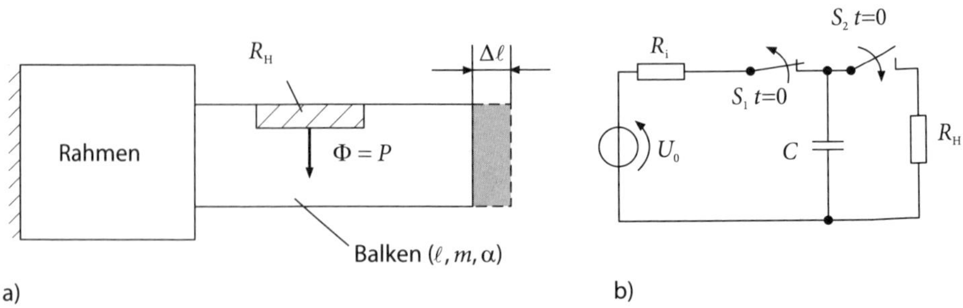

Bild 7.12 Wärmedehnung eines Balkens
a) Schema; b) Erzeugung der Heizleistung mittels Kondensatorentladung
m Balkenmasse, α Ausdehnungskoeffzient, l Balkenlänge, Δl Längenänderung, $\Phi = P$ Wärmestrom, U Spannung, R_i Innenwiderstand, R_H Heizwiderstand, C Kondensator

Wenn der Wärmestrom in den Balken nicht mittels einer konstanten Heizleistung, sondern z. B. gemäß **Bild 7.12b** durch die Entladung eines Kondensators mit der Kapazität C und der Spannung U erzeugt wird, ist der von einer Kondensatorentladung $U(t) = U_0 \cdot e^{-t/\tau}$ verursachte Wärmestrom in den Balken

$$\Phi = \Phi(t) = P(t) = \frac{U_0^{\ 2}}{R_H} \cdot e^{-2t/\tau} \quad \text{mit} \quad \tau = R_H \cdot C. \tag{7.84}$$

Für $t = 2\tau$ ist dieser Wärmestrom auf etwa 2 % seines Anfangswertes abgeklungen.

Erfolgt die Kondensatorentladung periodisch mit der Periodendauer t_P, kann der resultierende impulsförmige Wärmestrom $\Phi(t)$ vereinfacht als eine Folge von Rechteck-Impulsen betrachtet werden, wobei Impulsdauer t_I und Impulshöhe Φ_I aus $t_I = 2\tau$ bzw.

$$\Phi_I = \frac{U_0^{\ 2}}{4R} \tag{7.85}$$

bestimmt werden können.

In Gl. (7.85) ist vorausgesetzt, dass der Rechteck-Impuls und der Impuls der Kondensatorentladung den gleichen Energieinhalt haben. Eine solche Impulsfolge bewirkt während der Impulsdauer der ersten Periode einen instationären Erwärmungsvorgang entsprechend Gl. (6.61). Nach Verschwinden des Wärmestrom-Impulses verringert sich die Temperatur gemäß

$$\vartheta_Ü(t) = PR_{th} \cdot e^{-t/\tau_{th}} \,. \tag{7.86}$$

Dieser Vorgang wiederholt sich in den weiteren Perioden mit jeweils veränderten Anfangstemperaturen, deren Werte sich im Wesentlichen aus dem Verhältnis t_I / t_P ergeben.

Für $\tau_{th} >> t_P$ ist die Temperaturänderung während einer Periode zu vernachlässigen und der Temperaturanstieg im Balken kann mit Gl. (6.61) beschrieben werden, wobei

$$t = n \cdot t_P \quad \text{und} \quad \Phi = \Phi_m = \Phi_I \frac{t_I}{t_P} \tag{7.87}$$

einzusetzen ist. Φ_m entspricht dem mittleren Wärmestrom.

Ist die vom Heizwiderstand erzeugte Verlustleistung nicht gleichmäßig über das Balkenvolumen verteilt, dann ist die Temperatur im Balken eine Funktion der Zeit und des Ortes. Der von dem Heizwiderstand ausgehende Wärmestrom erwärmt dann zunächst nacheinander die verschiedenen Balkenregionen. Diese können in einer thermischen Ersatzschaltung als schmale Scheiben modelliert werden, zu denen jeweils ein thermischer Widerstand und eine thermische Kapazität gehören. Ortsabhängige und zeitabhängige Erwärmung des Balkens sind dann überlagert.

b) Thermische Ausdehnung von Bimaterialien

Die thermische Ausdehnung von **Bimaterialien** ist als aktorisches Wandlerprinzip für temperaturabhängige elektrische Schalter weit verbreitet, klassische Thermobimetalle sind in DIN 1715 genormt. Mikromechanische Ausführungsformen haben oft die Form eines Biegebalkens (**Bild 7.13**), der aus einem Schichtverbund von zwei Materialien mit unterschiedlichen thermischen Ausdehnungskoeffizienten besteht.

Eine Temperaturerhöhung von T_1 auf T_2, die meist mittels eines elektrischen Heizwiderstands erzeugt wird, bewirkt in den beiden Materialschichten eine unterschiedliche Ausdehnung. Daraus resultieren Spannungen mit entgegengesetztem Vorzeichen und folglich eine Krümmung des Balkens mit dem Radius *r*.

Die Auslenkung des freien Balkenendes kann aus dem Kräfte- und Momentengleichgewicht im Balkenquerschnitt berechnet werden [MEHNER94]. Dabei ist zu berücksichtigen, dass die Dehnung im Kontaktbereich der zwei Materialschichten stetig sein muss. Es gilt

$$y(l) \cong \frac{l^2}{2r}, \tag{7.88}$$

wobei der Krümmungsradius aus

$$r = \frac{\left(b_1 E_1 s_1^{\,2}\right)^2 + \left(b_2 E_2 s_2^{\,2}\right)^2 + 2 b_1 b_2 E_1 E_2 s_1 s_2 \left(2 s_1^{\,2} + 3 s_1 s_2 + 2 s_2^{\,2}\right)}{6 \cdot \Delta\alpha \cdot \Delta T \cdot b_1 b_2 E_1 E_2 s_1 s_2 \left(s_1 + s_2\right)} \tag{7.89}$$

ermittelt werden kann. Dabei ist $\Delta\alpha = \alpha_2 - \alpha_1$ und $\Delta T = T_2 - T_1$.

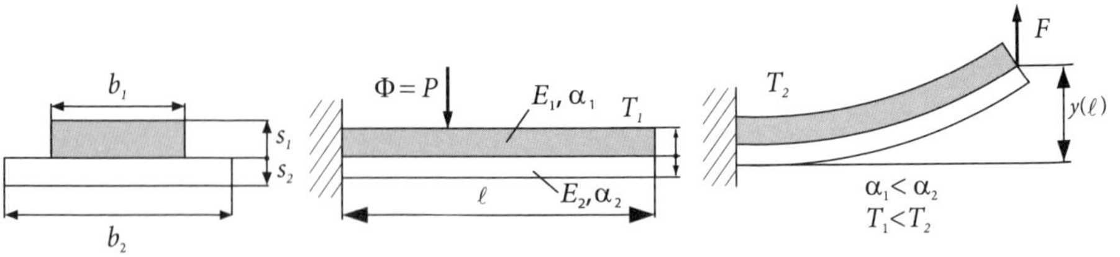

Bild 7.13 Krümmung eines Zweischicht-Balkens bei Temperaturänderung $T_1 \to T_2$
$\Phi = P$ Wärmestrom, l Balkenlänge, b Schichtbreite, s Schichtdicke, α thermischer Ausdehnungskoeffizient, $y(l)$ Auslenkung, F Kraft, T Temperatur, $\Phi = P$ Wärmestrom

Für gleiche Schichtbreiten $b_1 = b_2 = b$ wird der Krümmungsradius

$$r = \frac{s_1 + s_2}{6} \cdot \frac{3(1 + s_1/s_2)^2 + \left(1 + \frac{s_1 E_1}{s_2 E_2}\right)\left[(s_1/s_2)^2 + \frac{s_2 E_2}{s_1 E_1}\right]}{\Delta\alpha \cdot \Delta T (1 + s_1/s_2)^2} \quad . \tag{7.90}$$

Die Auslenkung $y(l)$ wird durch eine Variation der Abmessungen und der Ausdehnungskoeffizienten stärker beeinflusst als durch eine Variation der E-Moduln. Der Krümmungsradius des Wandlerelementes wird klein, wenn bei gleicher Größenordnung der E-Moduln die Abmessungen der beiden Schichten ähnliche Werte haben. Setzt man für eine überschlägliche Betrachtung der Auslenkung in Gl. (7.90) für beide Schichten gleiche Dicke $s_1 = s_2 = s$ und gleiche E-Moduln $E_1 = E_2 = E$ voraus, ergibt sich

$$y(l) = 3 \cdot l^2 \Delta\alpha \cdot \Delta T / 8 \cdot s. \tag{7.91}$$

Die Gl. (7.91) zeigt, wie die erreichbare Auslenkung durch Wahl der Konstruktionsparameter l, s, $\Delta\alpha$ beeinflusst werden kann. Eine Miniaturisierung der Abmessungen verringert die Ansprechzeit und die benötigte Heizleistung.

Die Kraft F am freien Balkenende ist

$$F = 3EI \cdot y(l)/l^3 \quad , \tag{7.92}$$

wobei die Biegesteifigkeit des Balkens aus

$$EI = \frac{\left(b_1 E_1 s_1^{\,2}\right)^2 + \left(b_2 E_2 s_2^{\,2}\right)^2 + 2 b_1 b_2 E_1 E_2 s_1 s_2 \left(2 s_1^{\,2} + 3 s_1 s_2 + 2 s_2^{\,2}\right)}{12\left(s_1 b_1 E_1 + s_2 b_2 E_2\right)} \tag{7.93}$$

ermittelt werden kann. Für gleiche Schichtbreiten $b_1 = b_2 = b$ wird

$$F = \frac{3b}{4l} \cdot \frac{s_1 + s_2}{\frac{1}{s_1 E_1} + \frac{1}{s_2 E_2}} \cdot \Delta\alpha \cdot \Delta T \quad . \tag{7.94}$$

Die thermische Ausdehnung von Bimaterialien kann, ähnlich wie bei der thermischen Ausdehnung von Festkörpern, so mit der Kraftwirkung von vorgespannten Membranen oder Balken kombiniert werden, dass ein **Schnappeffekt** erzielt wird, der zur Realisierung von Schaltfunktionen genutzt werden kann.

Beispiel 7.7 Thermomechanisch betätigtes Ventil [NGUYEN02]

Das in **Bild 7.14** dargestellte mikromechanische Ventil besitzt einen starren quadratischen Ventilsitz 6 mit einer Kantenlänge von 500 µm. Der Ventilsitz ist mittels vier Biegebalken 1 bis 4 an einem Rahmen 5 aufgehangen. Die Biegebalken bestehen aus einem Bimaterial und besitzen integrierte Heizer. Bei Stromfluss durch die Heizer bewirkt der Bimaterial-Effekt das Öffnen und Schließen des Ventilsitzes. Alle Biegebalken sind 500 µm lang und 200 µm breit. Das Bimaterial besteht aus einem Silizium-Aluminium-Verbund mit den Schichtdicken s_{Si} = 10 µm und s_{Al} = 2 µm. Die Elastizitätsmoduln sind E_{Si} = 170 GPa und E_{Al} = 70 GPa, die Ausdehnungskoeffizienten sind $\alpha_{Si} = 2{,}3 \cdot 10^{-6}\ K^{-1}$ und $\alpha_{Al} = 23 \cdot 10^{-6}\ K^{-1}$. Die Aluminiumschicht wird bei einer Temperatur von 400 °C aufgedampft. Damit das Ventil im Normalzustand bei 25 °C geschlossen ist, muss der Spalt zwischen der Unterfläche des Ventilsitzes 6 und der Ventilöffnung 7 kleiner als 10 µm sein. Dieser Wert kann wie folgt ermittelt werden:

Unter der Annahme, dass die zwei Bimorph-Schichten unter Verdampfungsbedingungen bei 400 °C stressfrei sind, gilt bei 25 °C für die Kraft am freien Ende eines Biegebalkens gemäß Gl. (7.94) $F = 3{,}615 \cdot 10^{-3}$ N. Deren Biegesteifigkeit beträgt gemäß Gl. (7.93) jeweils $EI = 3{,}774 \cdot 10^{-9}$ Pa·m⁴. Die Biegelinie der Biegebalken entspricht wegen der zweiseitigen Einspannung der einer S-Feder. Nach Gl. (6.29) ergibt sich deren Federsteifigkeit aus $c = 12\ EI/l^3$. Wegen $c_{ges} = 4c$ und $F_{ges} = 4F$ beträgt die Auslenkung des Ventilsitzes infolge des Bimorph-Effektes $y_{max} = F_{ges} / c_{ges} = Fl^3 / (12EI) = 10$ µm.

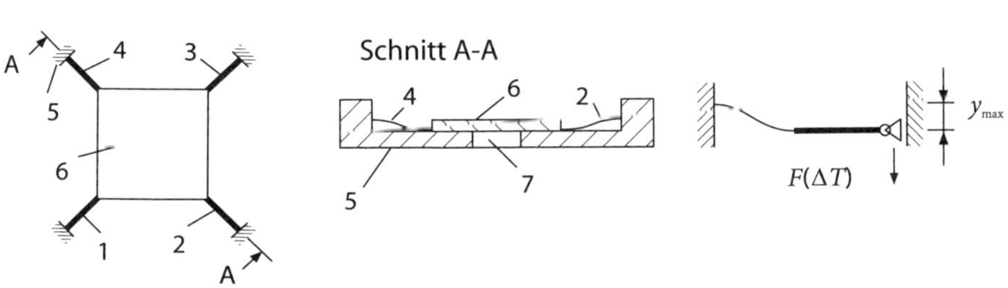

Bild 7.14 Thermomechanisches Ventil mit Bimorph-Aktor
1 bis 4 Biegebalken, 5 Rahmen, 6 Ventilsitz, 7 Ventilöffnung, y_{max} Auslenkung, $F(\Delta T)$ Kraft

c) Thermische Ausdehnung von Gasen und Flüssigkeiten

Die Wärmedehnung von Gasen und Flüssigkeiten ist gegenüber der von Festkörpern groß. Thermomechanische Wandler auf der Basis von Gasen und Flüssigkeiten können deshalb bei Zuführung thermischer Energie relativ große Kräfte und Hübe realisieren.

- Wird einer Flüssigkeit in einem mit einer Membran abgeschlossenen Hohlraum Wärme zugeführt, reagiert sie gemäß Gl. (7.82) mit einer Volumenausdehnung. Bei Wasser (Volumenausdehnungskoeffizient $\gamma = 0{,}26 \cdot 10^{-3}\ \mathrm{K}^{-1}$) würde eine Erwärmung um 20 K eine Volumenvergrößerung von etwa 0,5 % bewirken. Wegen der Inkompressibilität der Flüssigkeit würde sie auch bei hohen Gegenkräften zur Auslenkung der Membran führen.
- Befindet sich Gas in einem abgeschlossenen Hohlraum, bewirkt eine Wärmezufuhr wegen der Kompressibilität des Gases einen Druckanstieg mit der Temperatur:

$$p_1(T) = p_0(1 + \gamma \Delta T). \tag{7.95}$$

Dabei sind p_0, T_0 die Anfangswerte des Druckes bzw. der Temperatur und ΔT die Temperaturerhöhung infolge der Wärmezufuhr.

- Befindet sich in dem abgeschlossenen Hohlraum ein Flüssigkeits-Gas-Gemisch, kann durch Verdampfung der Flüssigkeit ein besonders großer Druckanstieg erreicht werden. In dem Hohlraum stellt sich ein Gleichgewichtszustand zwischen flüssiger und gasförmiger Phase ein. Für den Druckanstieg ist in Abhängigkeit von der Temperatur

$$p(T) = p_\mathrm{k} \cdot \mathrm{e}^{\frac{L_0}{\mathrm{R}}\left(\frac{1}{T_\mathrm{k}} - \frac{1}{T}\right)}, \tag{7.96}$$

wobei R die Gaskonstante, p_k der kritische Druck der verwendeten Flüssigkeit, L_0 deren Verdampfungswärme und T_k deren kritische Temperatur sind. Es gilt $T_\mathrm{k} > T$. Aus Gl. (7.96) ergibt sich, dass bei thermodynamischem Gleichgewicht an der Phasengrenze flüssig → gasförmig der Druck bei Temperaturerhöhung von T_1 auf T_2 exponentiell ansteigt [KITTEL01]:

Um den Druck vom Anfangswert p_1 auf den Wert p_2 zu erhöhen, ist eine Temperaturerhöhung von

$$\Delta T = T_2 - T_1 = \frac{\mathrm{R} T_1^2 \ln p_2/p_1}{L_0 - \mathrm{R} T_1 \ln p_2/p_1} \tag{7.97}$$

erforderlich. Zur Verdampfung sind Flüssigkeiten mit einem möglichst niedrigen Siedepunkt geeignet.

Die Ableitung von Gl. (7.96) nach der Temperatur

$$\frac{\mathrm{d}p(T)}{\mathrm{d}T} = \frac{p_\mathrm{k} L_0}{RT^2} e^{\frac{L_0}{R}\left(\frac{1}{T_\mathrm{k}} - \frac{1}{T}\right)} \tag{7.98}$$

zeigt, dass der kritische Druck p_k groß und die kritische Temperatur T_k sowie die Verdampfungswärme L_0 klein sein müssen, damit eine geringe Temperaturerhöhung eine möglichst große Druckerhöhung bewirkt. Die zur Auslenkung einer Membran mittels Wärmedehnung von Gasen und Flüssigkeiten erforderliche Temperaturerhöhung ΔT ist am kleinsten, wenn der abgeschlossene Hohlraum mit einem Flüssigkeits-Gas-Gemisch gefüllt ist.

- Eine breite Anwendung findet das thermomechanische Wandlerprinzip mit Phasenübergang flüssig → gasförmig bei Druckköpfen für Tintendrucker, die als **Bubble-Jet**-Druckköpfe bekannt geworden sind [HEINZL85], [WEHL95]. Dabei ist die Tinte Medium und Stellelement zugleich (**Bild 7.15**). Vor jedem Tropfenausstoß erhitzt ein kurzzeitiger Stromimpuls den Heizer für die Dauer von einigen Mikrosekunden. Die Grenzfläche des Heizers zur Tinte erreicht dabei eine Temperatur von mehr als 300 °C und erzeugt über dem Heizer eine geschlossene Dampfblase. Dazu muss die Wärmeleitung in die Tinte gut und zum Substrat schlecht sein. Mit der Blasenbildung wird der Wärmestrom vom Heizer in die Tinte fast vollständig unterbrochen. Die Dampfblase expandiert rasch und die Kraftwirkung treibt ein Tintentröpfchen aus der Düse. Die Tröpfchen erreichen eine Geschwindigkeit von mehr als 10 m/s, ihre Masse liegt zwischen 50 und 100 ng. Ein Zyklus zwischen zwei aufeinanderfolgenden Tröpfchen umfasst die Phasen Beheizen,

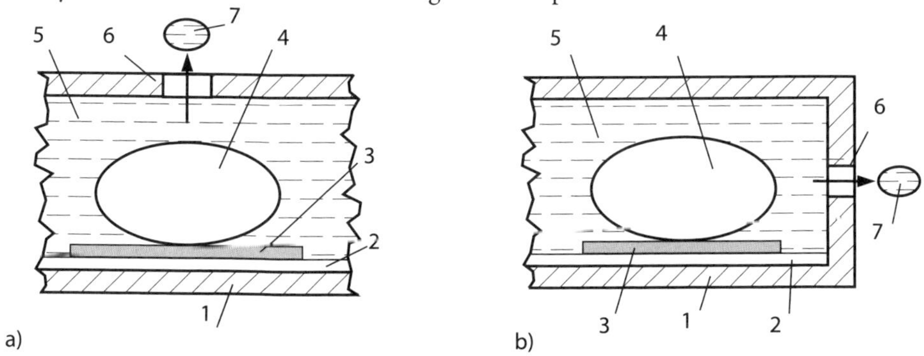

Bild 7.15 Varianten des Bubble-Jet-Prinzips
a) Düse frontal; b) Düse seitlich
1 Tintenkammer, 2 thermische Isolation, 3 Heizer, 4 Dampfblase, 5 Tinte, 6 Düse, 7 Tintentröpfchen

Filmsieden, Dampfblasenbildung, Tropfenausstoß, Kollabieren der Blase, Tropfenabriss, kapillarische Wiederbefüllung der Tintenkammer. Ein solcher Zyklus dauert etwa 200 µs, die Tropfenfrequenz beträgt etwa 5 kHz. Das dem Bubble-Jet-Druckkopf zugrunde liegende thermomechanische Wandlungsprinzip, die Erzeugung und Nutzung von Dampfblasen als Antriebselemente, kann auch zur Auslenkung beweglicher mechanischer Strukturen genutzt werden [LIN94].

7.2.5 Piezoresistive Wandler

a) Piezoresistiver Effekt

Resistive Halbleitersensoren sind infolge des resistiven Messeffektes sehr einfach und robust aufgebaut und wegen des Festkörpereffekts für die Miniaturisierung prädestiniert.

Resistive Sensoren sind nach Abschn. 7.1.2 parametrische Wandler. Im Beispiel 7.3 war abgeleitet worden, dass sich bei einem Widerstand gemäß Gl. (7.45) als Parameter der spezifische Widerstand ρ sowie die Länge ℓ und die Querschnittsfläche A des Widerstandes ändern lassen:

$$R = \frac{U}{I} = \rho \cdot \frac{\ell}{A}. \tag{7.99}$$

Im Folgenden soll ein Widerstand betrachtet werden, auf den axial eine Kraft einwirkt, so dass sich eine Dehnung $\varepsilon = \Delta\ell/\ell$ einstellt (**Bild 7.16**). Die relative Widerstandsänderung setzt sich aus der Änderung der geometrischen und Materialparameter zusammen:

$$\frac{\Delta R}{R} = \frac{\Delta\rho}{\rho} + \frac{\Delta\ell}{\ell} - \frac{\Delta A}{A} \approx \begin{cases} \dfrac{\Delta\ell}{\ell} - \dfrac{\Delta A}{A} & \text{für } \dfrac{\Delta\rho}{\rho} << \dfrac{\Delta\ell}{\ell} - \dfrac{\Delta A}{A} \\ \dfrac{\Delta\rho}{\rho} & \text{für } \dfrac{\Delta\ell}{\ell} - \dfrac{\Delta A}{A} << \dfrac{\Delta\rho}{\rho} \end{cases} . \tag{7.100}$$

Im ersten Fall dominieren die geometrischen Änderungen. Dies wird als **Dehnungsmesseffekt** bezeichnet und findet in Dehnungsmessstreifen (DMS) Verwendung. Da bei Deh-

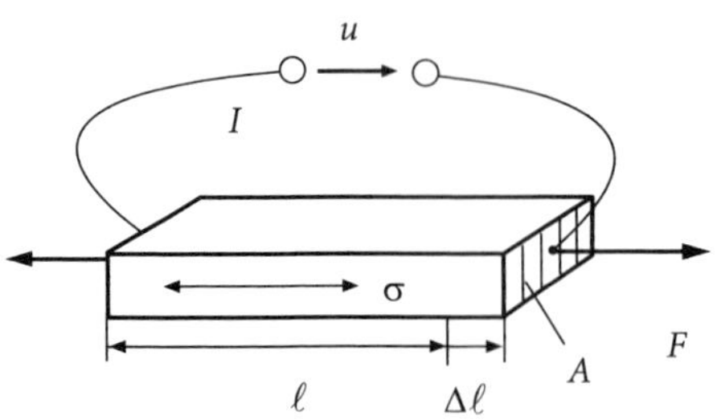

Bild 7.16 Widerstand unter Zugbelastung

nung der Widerstand länger wird und sich gleichzeitig verschlankt, wirken beide Anteile in Gl. (7.101) in der gleichen Richtung.

Den zweiten Fall, bei dem die Änderung des spezifischen Widerstandes die Widerstandsänderung bei Kraftbelastung bestimmt, bezeichnet man als **piezoresistiven Effekt**.

Der spezifische Widerstand ρ hängt von der Zahl der Ladungsträger N im Volumen $V = A \cdot \ell$ und deren Beweglichkeit μ ab (e Elementarladung):

$$\rho = \frac{V}{N \cdot \mu \cdot e}. \tag{7.101}$$

Damit wird:

$$\frac{\Delta\rho}{\rho} = \frac{\Delta V}{V} - \frac{\Delta(N \cdot \mu)}{N \cdot \mu}. \tag{7.102}$$

Mit $\varepsilon = \Delta\ell/\ell$ sowie

$$\frac{\Delta V}{V} \approx \frac{\Delta A}{A} + \frac{\Delta \ell}{\ell} \tag{7.103}$$

für kleine Längen- und Querschnittsänderungen bis in den Prozentbereich ergibt sich aus den Gln. (7.101) und (7.103).

$$\frac{\Delta R}{R} = \left[2 - \frac{1}{\varepsilon}\frac{\Delta(N\mu)}{N\mu}\right]\varepsilon = K\varepsilon. \tag{7.104}$$

Die Widerstandsänderung $\Delta R/R$ hängt dabei proportional von der Dehnung ab. Der Proportionalitätskoeffizient ist der K-Faktor. Der erste Teil des Ausdrucks in der Klammer ist durch die Geometrieänderung bestimmt. So ist für metallische Dehnungsmessstreifen

$$\left.\frac{\Delta R}{R}\right|_{\text{DMS}} = 2\varepsilon. \tag{7.105}$$

Für Halbleiter ändert sich mit der Deformation die Zahl der Ladungsträger sowie deren Beweglichkeit. Dies ergibt sich aus der Deformation der Bandstruktur durch die verzerrte Gitterstruktur. Damit wird der zweite Anteil des Klammerausdrucks in Gl. (7.104) bestimmend

$$\left.\frac{\Delta R}{R}\right|_{\text{Halbleiter}} = (20 \ldots 100)\varepsilon.$$

Piezowiderstände lassen sich einfach in Halbleiter integrieren (**Bilder 1.2, 7.17**). Sie sind dann Teil eines Verformungskörpers, z. B. einer durch Druck deformierbaren Platte oder

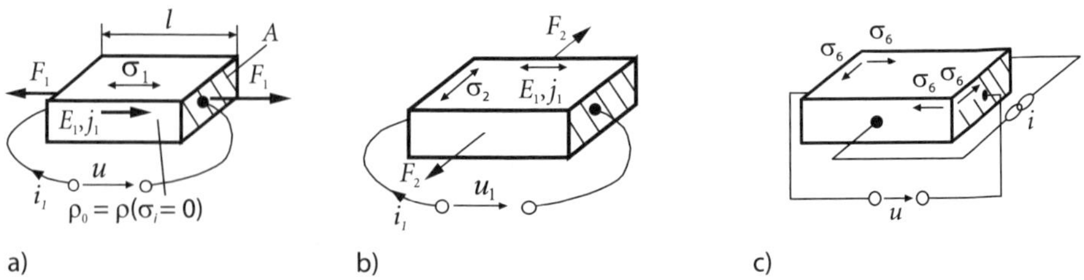

Bild 7.17 Piezoresistive Verkopplungen: a) Längseffekt; b) Quereffekt; c) Schereffekt

eines durch Kraft auslenkbaren Balkens, so dass ein mechanisches Spannungs- bzw. Dehnungsfeld auf sie wirkt.

Für integrierte Siliziumwiderstände in Siliziumverformungskörpern sind sowohl die Spannungen als auch die Dehnungen an der Grenzfläche zwischen Piezowiderstand und Substrat gleich. Aus diesem Grund wird für integrierte Piezowiderstände die Beschreibung über piezoresistive Koeffizienten π_{ij} gewählt (**Bild 7.18**). Beim piezoresistiven Längseffekt wirkt eine Kraft F_1 in der Richtung des Stromflusses I_1 und erzeugt so ein mechanisches Spannungsfeld σ_1. Dieses verändert den Zusammenhang $E_1 = \rho \cdot J_1$ in

$$E_1 = \rho_0 \left(1 + \pi_{11}\sigma_1\right) J_1 \,. \tag{7.106}$$

Dabei ist π_{11} der **piezoresistive Längskoeffizient**, der den Zusammenhang zwischen der Veränderung des spezifischen Widerstandes zwischen $\rho(\sigma_1{=}0) = \rho_0$ und $\rho(\sigma_1 \neq 0)$ beschreibt. Die resultierende relative Widerstandsänderung $\Delta R/R$ durch den Längseffekt ergibt sich aus Gl. (7.107)

$$\frac{\Delta R}{R} = \frac{R(\sigma_1) - R(0)}{R(0)} = \pi_{11}\sigma_1 \,. \tag{7.107}$$

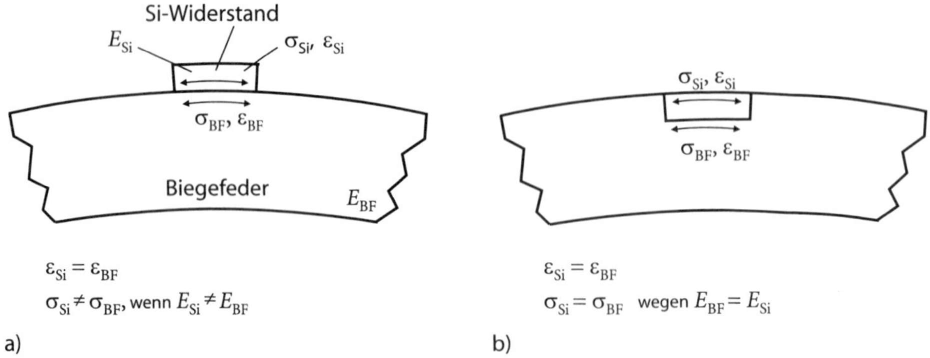

Bild 7.18 Dehnungs- bzw. Spannungsübertagung bei a) einem Silzium-Dehnungsmessstreifen; b) einem piezoresistiven Siliziumwiderstand

Der piezoresistive Quereffekt beschreibt den Einfluss einer Kraft F_2 und damit einer mechanischen Spannung σ_2 senkrecht zur Stromrichtung I_1:

$$E_1 = \rho_0 \left(1 + \pi_{12}\sigma_2\right) J_2 \tag{7.108}$$

bzw.

$$\frac{\Delta R}{R} = \frac{R(\sigma_2) - R(0)}{R(0)} = \pi_{12}\sigma_2 \ . \tag{7.109}$$

Der piezoresistive Schereffekt drückt aus, dass unter Scherbelastung (Scherspannung σ_6 in der 1-2-Ebene) ein elektrisches Feld E_1 generiert wird, wenn durch den Widerstand senkrecht ein Strom I_2 fließt:

$$E_1 = \rho_0 \pi_{66}\, \sigma_6\, J_2 \ . \tag{7.110}$$

Der Schereffekt ist im Unterschied zum Längs- und Quereffekt kein Widerstandseffekt. Durch die Ähnlichkeit zum HALL-Effekt, wo die Querverkopplung zwischen Strom und der dazu senkrecht wirkenden Spannung über die Magnetflussdichte B hergestellt wird, spricht man häufig auch vom piezoresistiven HALL-Effekt. Der Schereffekt wird wegen der Patentlage im Wesentlichen nur von der Firma Motorola eingesetzt.

Treten alle sechs möglichen Spannungskomponenten $\sigma_1 \ldots \sigma_6$ auf, folgt aus den Gln. (7.107), (7.109) und (7.111) durch lineare Überlagerung

$$E_1 = \rho_0 \left[\left(1 + \pi_{11}\sigma_1 + \pi_{12}\sigma_2 + \pi_{13}\sigma_3\right) J_1 + \pi_{66}\sigma_6 J_2 + \pi_{55}\sigma_5 J_3\right] . \tag{7.111}$$

Für E_2 und E_3 gelten analoge Gleichungen. Durch die Symmetrie des kubischen Kristalls treten im Silizium nur drei voneinander unabhängige piezoresistive Koeffizienten auf: $\pi_{11} = \pi_{22} = \pi_{33}$; $\pi_{12} = \pi_{21} = \pi_{13} = \pi_{31}$ sowie $\pi_{44} = \pi_{55} = \pi_{66}$.

Existiert ein ebener, zweiachsiger Spannungszustand mit σ_1 und σ_2, ergibt sich aus den Gln. (7.108) und (7.110) die relative Widerstandsänderung r

$$r = \frac{\Delta R}{R} = \pi_{11}\sigma_1 + \pi_{12}\sigma_2 \ . \tag{7.112}$$

Tabelle 7.8 zeigt die piezoresistiven Koeffizienten für Silizium. Den betragsmäßig größten Wert weist π_{44} im p-leitenden Silizium auf. Daraus ergeben sich zwei Möglichkeiten:

- Nutzung des piezoresistiven Schereffekts (s. oben),
- Orientierung der Piezowiderstände im Siliziumkristall derart, dass ein großer Anteil von π_{44} in die effektiven piezoresistiven Koeffizienten eingeht.

Tabelle 7.8 Piezoresistive Koeffizienten π_{ij} für p- und n-leitendes Silizium

Typ	ρ_0 / Ωcm	π_{11}/10^{11}Pa^{-1}	π_{12}/10^{11}Pa^{-1}	π_{44}/10^{11}Pa^{-1}
n-Si	11,7	-102,2	53,4	-13,6
p-Si	7,8	6,6	-1,1	138,1

Letzteres wird praktisch in den meisten Fällen getan. Dabei kann ausgenutzt werden, dass sich eine Scherdeformation auch durch zwei Normalspannungskomponenten σ_1 und σ_2 erreichen lässt, wenn die eine Spannung eine Druck- und die andere eine Zugspannung ist (**Bild 7.19**). Ganz allgemein ergeben sich für beliebige Kristallrichtungen die piezoresistiven Längs- und Querkoeffizienten [LENK75, MESCHEDER04]

$$\begin{aligned}\pi_L &= \pi_{11} - 2(\pi_{11} - \pi_{12} - \pi_{44})\left(\ell_1^2 m_1^2 + \ell_1 n_1^2 + m_1^2 n_1^2\right)\\ \pi_Q &= \pi_{12} + 2(\pi_{11} - \pi_{12} - \pi_{44})\left(\ell_1^2 \ell_2^2 + m_1^2 m_2^2 + n_1^2 n_2^2\right).\end{aligned} \tag{7.113}$$

Die $\ell_1 \dots n_2$ sind dabei die Richtungskosinus-Komponenten zwischen zwei Koordinatensystemen, bei denen das eine durch Drehung um die Winkel v, ψ und φ auf das andere übergeht:

$$\begin{aligned}&\ell_1 = \cos\psi\,\cos\varphi - \cos v\,\sin\psi\,\sin\varphi; && \ell_2 = -\cos\psi\,\sin\varphi - \cos v\,\sin\psi\,\cos\varphi\\ &m_1 = \sin\psi\,\cos\varphi + \cos v\,\cos\psi\,\sin\varphi; && m_2 = -\sin\psi\,\sin\varphi + \cos v\,\cos\psi\,\cos\varphi\\ &n_1 = \sin v\,\sin\varphi; && n_2 = \sin v\,\cos\varphi\end{aligned} \tag{7.114}$$

Für Widerstände, die entsprechend **Bild 7.20** im Grundkristall um 45° gedreht sind ([1 1 0]-bzw. [1 $\bar{1}$ 0]- Richtung in der (1 0 0)-Ebene), ergibt sich $v = 0$, $\psi = 45°$, $\varphi = 0$ und damit $\ell_1 = -\ell_2 = m_1 = m_2 = 1/\sqrt{2}$ und $n_1 = n_2 = 0$. Aus Gl. (7.114) wird

$$\pi_L = \frac{1}{2}(\pi_{11} + \pi_{12} + \pi_{44}) \qquad \pi_Q = \frac{1}{2}(\pi_{11} + \pi_{12} - \pi_{44}) \tag{7.115}$$

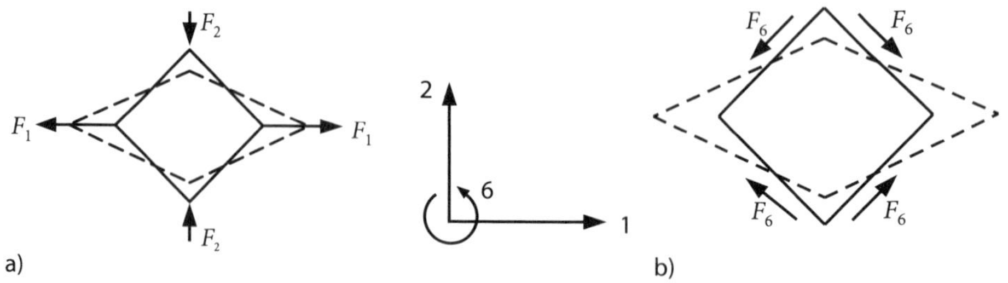

Bild 7.19 Zusammenhang zwischen a) den Normalspannungen σ_1, σ_2 und b) der Schubspannung σ_6

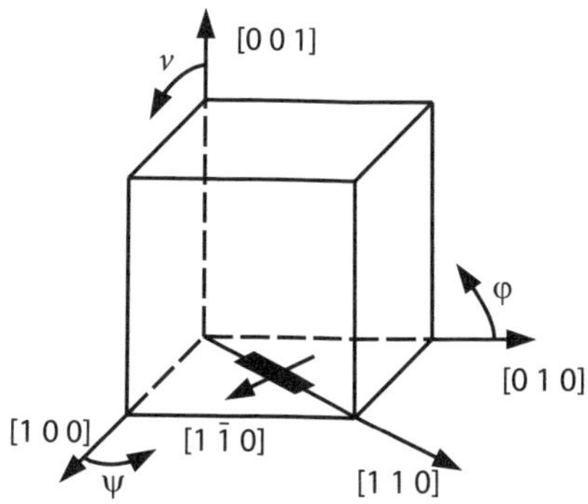

Bild 7.20 Nutzung des π_{44}-Koeffizienten durch Drehung der Widerstände im Si-Grundgitter

und für p-Silizium:

$$\pi_L \approx -\pi_Q \approx \pi_{44}/2. \tag{7.116}$$

Für zwei paarweise veränderliche Widerstände, die in einem zweiachsigen Spannungsfeld senkrecht zueinander liegen, ergibt sich aus Gl. (7.113) die relative Widerstandsänderung zu:

$$\begin{aligned} r_L &= \pi_L\ \sigma_L + \pi_Q\ \sigma_Q \\ r_Q &= \pi_Q\ \sigma_L + \pi_L\ \sigma_Q\,. \end{aligned} \tag{7.117}$$

Die Indizes L und Q für die Widerstände und die mechanischen Spannungen können dabei willkürlich gewählt werden, während π_L und π_Q den piezoresistiven Längs- und Quereffekt bezeichnen, abhängig davon, ob die entsprechende mechanische Spannung längs oder quer zur Stromrichtung im Widerstand wirkt.

b) Piezoresistive Sensoren

Piezoresistive Drucksensoren arbeiten entsprechend dem im **Bild 7.21** gezeigten Prinzip. Der Messdruck p deformiert eine Druckplatte und führt zu einem mechanischen Spannungs- bzw. Dehnungsfeld (σ_L, σ_Q bzw. ε_L, ε_Q). Jeweils zwei Widerstände R_L und R_Q werden dadurch über den piezoresistiven Effekt unterschiedlich beeinflusst. Sie bilden

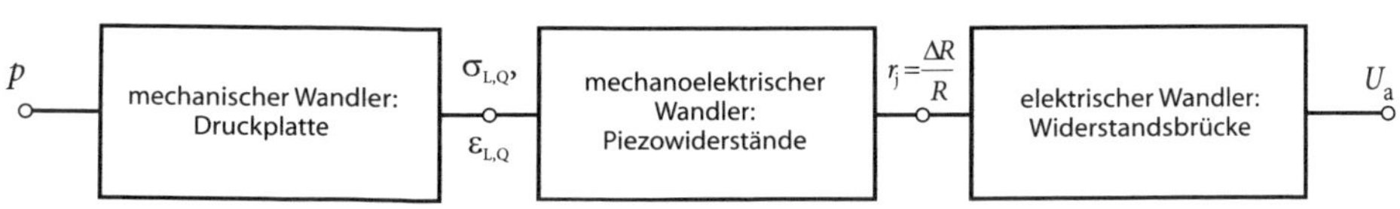

Bild 7.21 Wirkprinzip piezoresistiver Drucksensoren
p Druck, σ_i, ε_i mechanische Spannung bzw. Dehnung, r_j Widerstandsänderung, U_a Sensorausgangsspannung, L Längs-, Q Quer-

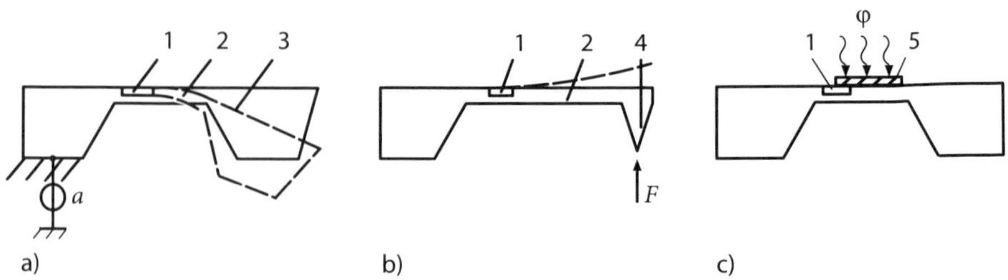

Bild 7.22 Piezoresistive Sensoren: a) Beschleunigungssensor; b) Atomkraftsensor; c) Feuchtesensor
1 Piezowiderstand, 2 Verformungskörper, 3 träge Masse, 4 AFM-Spitze, 5 quellfähiges Polymer, *a* Beschleunigung, *F* Kraft, φ relative Feuchte

eine WHEATSTONE-Vollbrücke, deren Ausgangsspannung sich proportional zum Messdruck p ändert.

Das piezoresistive Messprinzip kann für alle Messgrößen verwendet werden, die eine Deformation eines Verformungskörpers hervorrufen (**Bild 7.22**). Dies kann z. B. eine Beschleunigung sein, die über eine träge Masse eine Siliziumbiegefeder mit integrierten Widerständen auslenkt (**Bild 7.22a**). Bei AFM (Atomic Force Microscopes) führt die Kraft auf eine Spitze zur Deformation der Biegefeder (**Bild 7.22b**). In piezoresistiven Feuchtesensoren führt das feuchteabhängige Quellen einer Polymerschicht zur bimetallähnlichen Auslenkung der im Siliziumchip abgedünnten Biegeplatte (**Bild 7.22c**).

Beispiel 7.8 Sensitivität eines piezoresistiven Siliziumdrucksensors

Gesucht ist die Sensitivität des piezoresistiven Drucksensors von **Bild 7.23**. Der Sensorchip habe eine WHEATSTONE-Vollbrückenschaltung, bei der sich die Widerstände in den Brückendiagonalen paarweise gleich ändern (r_L, r_Q). Gegeben sind:

mechanische Längsspannung	$\sigma_L = \sigma_1(x_1) = \frac{1}{4}\left(\frac{b}{h}\right)^2 p\left[1 - 3\left(\frac{x_1}{b/2}\right)^2\right]$	(7.118)
mechanische Querspannung	$\sigma_Q = \sigma_2(x_1) = \nu \cdot \sigma_1(x_1)$	(7.119)
piezoresistive Koeffizienten	$\pi_L = -\pi_Q = 5 \cdot 10^{-10}\ \mathrm{m^2/N}$	(7.120)
Querkontraktionszahl	$\nu = 0{,}063$	
Brückenspeisespannung	$U_0 = 5\ \mathrm{V}$	
Abmessungen der Druckplatte	$b = 400\ \mu\mathrm{m}$, $h = 10\ \mu\mathrm{m}$	
Nenndruck	100 kPa (Luftdruck).	

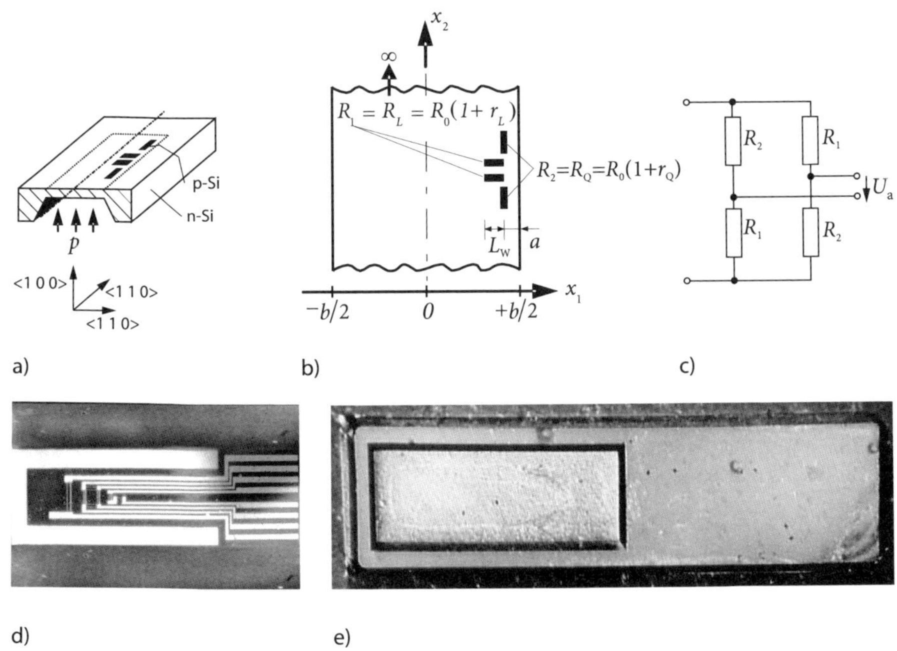

Bild 7.23 Piezoresistiver Drucksensor mit langer rechteckiger Biegeplatte für die Herzdruckmessung (Quelle: TU Dresden): a) schematische Darstellung; b) Lage der Widerstände; c) WHEATSTONE-Vollbrückenschaltung; d) und e) Fotos der Chip- Vorder- und -rückseite

Die Ausgangsspannung U_a ergibt sich aus der Differenz der Spannungen über den Widerständen R_1 und R_2 in den beiden Spannungsteilern $R_1/(R_1 + R_2)$ und $R_2/(R_1 + R_2)$:

$$\frac{U_a}{U_0} = \frac{R_2}{R_1 + R_2} - \frac{R_1}{R_1 + R_2} = \frac{R_2 - R_1}{R_1 + R_2} \tag{7.121}$$

Mit $R_1 = R_0(1+r_L)$ und $R_2 = R_0(1+r_Q)$ ergibt sich:

$$\frac{U_a}{U_0} = \frac{r_Q - r_L}{2 + r_L + r_Q} \approx \frac{1}{2}\left(r_Q - r_L\right) \tag{7.122}$$

Letzte Näherung kann getroffen werden, da die relativen Widerstandsänderungen r_L und r_Q üblicherweise höchstens im Promille-Bereich liegen und hier keine Nichtlinearitäten betrachtet werden sollen.

Mit den Beziehungen von Gl. (7.117) für orthogonal ausgerichtete Widerstände R_L und R_Q ergibt sich aus Gl. (7.121)

$$\frac{U_a}{U_0} = \frac{1}{2}\left(\pi_L - \pi_Q\right)\left(\sigma_L - \sigma_Q\right). \tag{7.123}$$

Diese Gleichung ist fundamental für piezoresistive Vollbrückenstrukturen:

- Längs- und Querwiderstände sind so im Siliziumkristall zu orientieren, dass die Differenz $\pi_L - \pi_Q$ möglichst groß wird. Das ist für (1 0 0)<1 1 0>-Orientierung optimal realisiert: $\pi_L \approx -\pi_Q \approx \pi_{44}/2$.
- Die Widerstände R_L und R_Q sind auf dem Verformungskörper so zu platzieren, dass die Spannungsdifferenz $\sigma_L - \sigma_Q$ möglichst groß wird. Im hier betrachteten Beispiel ist $(\sigma_L - \sigma_Q) = (1-\nu)\sigma_L$. Wegen der außerordentlich kleinen Querkontraktionszahl für diese Orientierung ist $1-\nu \approx 1$.

Eine Verschiebung der R_Q in die Plattenmitte würde vorteilhafterweise zu sign σ_L = -sign σ_Q führen (**Bild 7.23c**), jedoch technologische Probleme bei der Kontaktierung dieser Widerstände nach sich ziehen (thermische Fehlanpassung der Metallleitbahnen auf der dünnen Druckplatte). Deshalb werden Widerstandsanordnungen häufig im Randbereich der Druckplatten angeordnet (**Bild 7.23a**).

Aus Gl. (7.13) ergibt sich nun:

$$\frac{U_a}{U_0} = \frac{1}{2}(\pi_L - \pi_Q)(\sigma_L - \sigma_Q) \approx \pi_{44}(1-\nu) \cdot \sigma_L \tag{7.124}$$

Mit Gl. (7.118) wird für $x_1 \rightarrow b/2$, d. h.

$$\sigma_L = -\frac{1}{2}\left(\frac{b}{h}\right)^2 p \qquad \frac{U_a}{U_0} = -\frac{1}{2}\pi_{44}(1-\gamma)\left(\frac{b}{h}\right)^2 p. \tag{7.125}$$

Das Minuszeichen ist dabei ohne große Bedeutung, da die Brückenausgangsspannung einfach umgepolt werden kann. Mit den Zahlenwerten wird aus Gl. (7.124)

$$U_a = -\frac{1}{2} \cdot 5 \cdot 10^{-10} \frac{\mathrm{m}^2}{\mathrm{N}} \cdot (1 - 0{,}063) \cdot 40^2 \cdot 10^5 \frac{\mathrm{N}}{\mathrm{m}^2} \cdot 5\ \mathrm{V} = 186{,}4\ \mathrm{mV}.$$

Bei Nenndruck (Luftdruck) ergibt sich damit eine Ausgangsspannung von 186,4 mV.

Beispiel 7.9 *K*-Faktoren piezoresistiver Sensoren

Für den piezoresistiven Drucksensor nach **Bild 7.23** sollen die K_L- und K_Q-Faktoren aus den piezoresistiven Koeffizienten π_L und π_Q ermittelt werden.

Mit den Gln. (7.105) und (7.118) ist für einen Widerstand auf der sehr langen Platte:

$$\begin{aligned} R_L &= \pi_L \sigma_L + \pi_Q \sigma_Q = K_L \varepsilon_L + K_Q \varepsilon_Q \\ R_Q &= \pi_Q \sigma_L + \pi_L \sigma_Q = K_Q \varepsilon_L + K_L \varepsilon_Q \end{aligned} \tag{7.126}$$

wobei σ_L und σ_Q die mechanischen Spannungen und ε_L und ε_Q die dazugehörigen Dehnungen sind. Die Spannungen und Dehnungen sind über die Gl. (3.6) verbunden, wobei sich aus den Randbedingungen der langen Platte ergibt: $\sigma_3 = 0;\ \varepsilon_Q = 0$:

$$\varepsilon_L = \frac{1}{E}\sigma_L - \frac{\nu}{E}\sigma_Q, \quad \varepsilon_Q = \frac{1}{E}\sigma_L - \frac{\gamma}{E}\sigma_Q = 0 \tag{7.127}$$

Damit wird

$$\sigma_Q = \nu\,\sigma_L\,, \tag{7.128}$$

was bereits in Beispiel 7.8 verwendet worden war, und

$$\varepsilon_L = \frac{1-\nu}{E}\sigma_L\,. \tag{7.129}$$

Aus Gl. (7.125) ergibt sich nun:

$$\pi_L\sigma_L + \pi_Q\sigma_Q = (\pi_L + \pi_Q\nu)\cdot\sigma_L = K_L\varepsilon_L = K_L\frac{1-\nu}{E}\sigma_L$$

und

$$K_L = \frac{E}{1-\nu}(\pi_L + \pi_Q\nu)\,. \tag{7.130}$$

Ebenso ergibt sich aus Gl. (7.125):

$$\pi_Q\sigma_L + \pi_L\sigma_Q = (\pi_Q + \pi_L\nu)\cdot\sigma_L = K_Q\varepsilon_L = K_Q\cdot\frac{1-\nu}{E}\sigma_L$$

und

$$K_Q = \frac{E}{1-\nu}(\pi_Q + \pi_L\nu)\,. \tag{7.131}$$

Mit $E = 1{,}69\cdot10^{11}$ N·m^2, $\nu = 0{,}063$, $\pi_L = -\pi_Q = 5\cdot10^{-10}$ m^{2}N^{-1} für (1 0 0) <1 1 0>-Silizium wird

$K_L = -K_Q = 84{,}5$.

Gegenüber metallischen Dehnmessstreifen ($K = 2$) zeigt (1 0 0) <1 1 1>-orientiertes einkristallines Silizium nun mehr als 40fach größere K-Faktoren.

Aufgaben

7.1 Führen Sie die Umformung des Ersatzschaltbildes von **Bild 7.3a** in das von **Bild 7.3b** durch!

7.2 Leiten Sie die Wandlergleichungen $\underline{I}$, $\underline{F} = f(u, v)$ analog zu Gl. (7.20) für einen elektrostatischen Wandler ab, dessen bewegliche Elektrode nicht wie im **Bild 7.4** parallel, sondern senkrecht zur festen Bodenelektrode bewegt werden kann!

7.3 HALL-Elemente (**Bild 7.24**) sind Widerstandselemente, bei denen unter der Wirkung einer Magnetflussdichte B_Z bei Stromfluss I_x eine HALL-Spannung gemessen werden kann. Die Verkopplung zwischen HALL-Spannung $U_H = U_y$ in y-Richtung und Stromfluss I_x in x-Richtung legen nahe, dass ein umkehrbarer Wandler vorliegt.

a) Welcher Typ von Wandler liegt vor?
b) Stellen Sie die Wandlergleichungen auf!
c) Welchen Typ Wandler repräsentiert der HALL-Sensor, für den meist $I_y = 0$ und I_x = konst. vorausgesetzt wird?

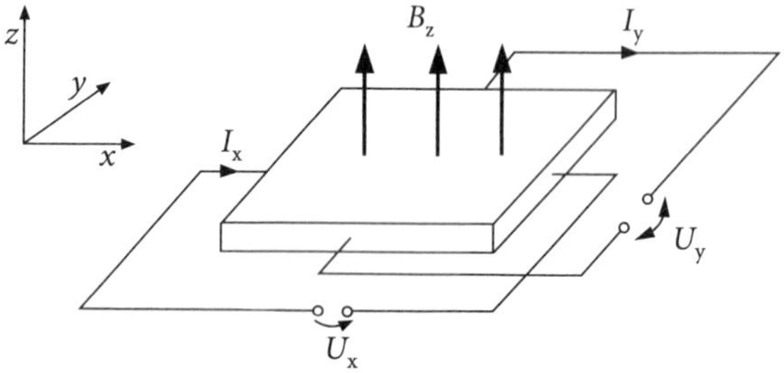

Bild 7.24 HALL-Element

7.4 Ermitteln Sie für den piezoresistiven Kraftsensor von **Bild 7.25** die Ausgangsspannung der Wheatstone-Vollbrückenschaltung! Der Biegebalken ist so breit, dass $\varepsilon_Q = 0$ gelte. Die Widerstände R_L und R_Q liegen direkt an den Rändern des Balkens ($x = 0$ bzw. $x = \ell$). Messkraft $F = 10^{-3}$ N (entspricht der Gewichtskraft von 1 g Masse), Speisespannung $U_0 = 10$ V, Biegerabmessungen $h = 10$ µm, $b = 1$ mm; $\ell = 500$ µm. Es wird (1 0 0) <1 1 1> orientiertes Silizium verwendet. Beachten Sie, dass hier in der Vollbrückenschaltung nicht Längs- und Querwiderstände verwendet werden, sondern dass zwei unterschiedliche Arten von Längswiderständen R_{L1} und R_{L2} zum Einsatz kommen!

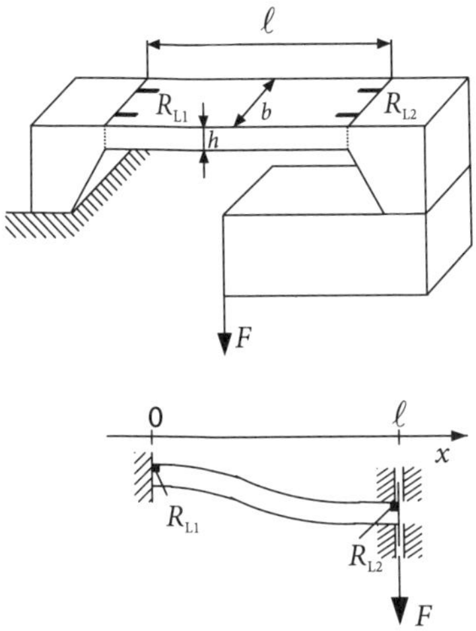

Bild 7.25 Piezoresistiver Kraftsensor

7.5 Berechnen Sie analog zu Beispiel 7.9 die *K*-Faktoren K_L und K_Q für Piezowiderstände, die in einem schmalen, langen Biegestreifen integriert sind! Dort kann als Randbedingung angenommen werden, dass der Bieger infolge seiner Schlankheit in Querrichtung spannungsfrei ist ($\sigma_Q = \sigma_3 = 0$). Wie unterscheiden sich die berechneten Werte von den in Beispiel 7.9 für breite Verformungskörper berechneten Werten?

7.6 Warum werden für elektrostatische Wandler bevorzugt Kammzellen verwendet? Welche Vorteile haben Differenzialkondensator-Anordnungen?

7.7 Im **Bild 7.26** ist ein Grenzbeschleunigungssensor in Silizium-Mikromechanik dargestellt. Die beweglich aufgehängte Masse *m* wird infolge einer Beschleunigung *a* ausgelenkt. Die Masse ist mit Kammzellen verbunden, die einen Selbsttest und die Kalibrierung des Sensors mittels elektrostatischer Kräfte ermöglichen.

Gegeben sind folgende Werte: *E*-Modul 160 GPa, Dichte 2300 kg/m^3, Dielektrizitätskonstante $8{,}85 \cdot 10^{-12}$ As/Vm, Strukturbreiten 2 µm (Federbreite, Breite der Kammelemente), Strukturtiefe 10 µm (Federdicke, Dicke der Masse, Tiefe der Kammelektroden), Federlänge 800 µm, Breite und Länge der Masse 200 µm, Elektrodenabstand 1 µm (am Kontakt und zwischen den Kammelementen).

a) Bei welcher Grenzbeschleunigung a_G schließt der Ohmsche Kontakt?
b) Wie groß ist bei dieser Grenzbeschleunigung die Kontaktkraft F_K?
c) Welchen Einfluss hat die Einbaulage des Sensors?
d) Welche Beschleunigung ist nötig, um eine Kontaktkraft $F_K \geq 1$ µN zu erzeugen?

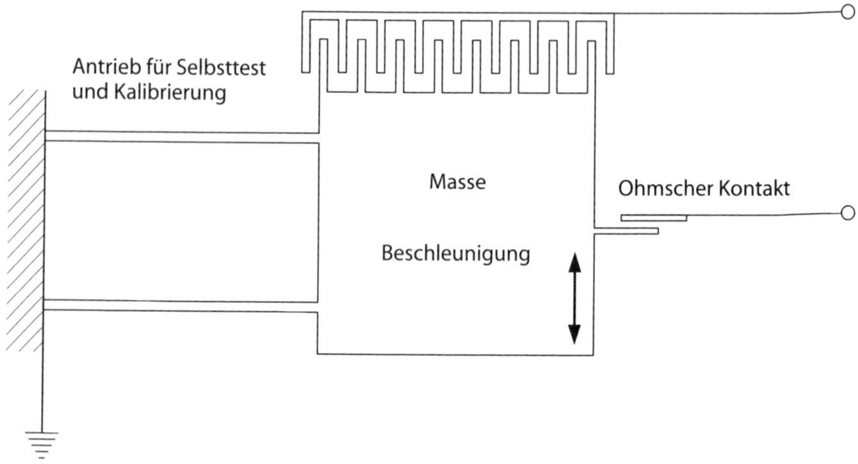

Bild 7.26 Grenzbeschleunigungssensor

e) Welche Spannung U_S ist nötig, um einen Selbsttest des Sensors durchzuführen?

f) Welche Spannung U_S ist nötig, um beim Selbsttest des Sensors eine Kontaktkraft $F_K \geq 1\ \mu N$ zu erzeugen?

g) Wie könnte das Layout verändert werden, um eine schleichende Kontaktgabe zu vermeiden (Hinweis: Ausnutzen des Pull-in-Effektes)?

7.8 Wie ist bei einem mikromechanischen 1D-Schwenkspiegel (Elektrostatischer Wandler mit Abstandsvariation gemäß **Tabelle 7.2**) der Zusammenhang zwischen Auslenkwinkel φ und Spannung U zwischen beweglicher Elektrode und Grundelektrode?

7.9 Im **Bild 7.27** ist eine Überwachungseinrichtung für die Einflugöffnung 1 dargestellt. Sie besteht aus einem mikromechanischen Schwenkspiegel 2 (Elektrostatischer Wandler mit Abstandsvariation gemäß **Tabelle 7.2**) in Kombination mit einer Laserquelle 3 und einem Fotoempfänger (im Bild nicht dargestellt). Der Schwenkspiegel wird auf seiner Eigenfrequenz betrieben und lenkt einen kollimierten Laserstrahl so ab, dass vor der Einflugöffnung eine flächenhafte Lichtschranke erzeugt wird (Lichtvorhang). Die Einflugöffnung wird von Objekten 4 (Vögel, Fledermäuse) durchflogen, die eine Unterbrechung des Strahlenganges vom Spiegel zum Fotoempfänger bewirken und dadurch detektiert werden können.

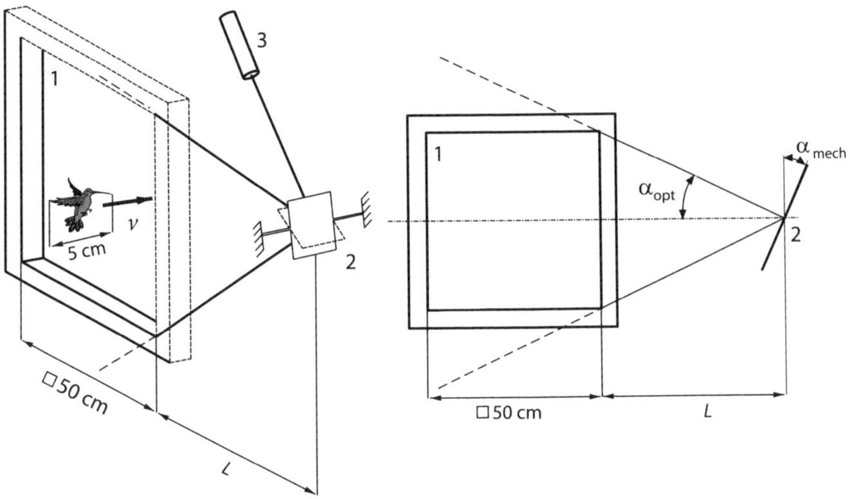

Bild 7.27 Überwachungseinrichtung für eine Einflugöffnung
1 Einflugöffnung, 2 Schwenkspiegel, 3 Laserquelle, 4 Flugobjekt

Die Größe der Einflugöffnung ist 50×50 cm². Die Flugobjekte sind mindestens 5 cm lang und haben eine Geschwindigkeit von maximal 50 km/h. Der Laserstrahl hat einen Durchmesser von 2 mm. Die mechanische Güte des Schwenkspiegels kann mit $Q = 100$ angenommen werden. Aus technologischen Gründen soll der Schwenkspiegel so gefertigt werden, dass Spiegelplatte und Torsionsfedern gleiche Dicke haben. Der Querschnitt Breite zu Höhe der Torsionsfedern soll rechteckförmig mit einem Seitenverhältnis von 2 sein. Für die Breite sollen Werte im Bereich 20 … 60 µm gewählt werden.

Zum Entwurf des Schwenkspiegels sollen aus den genannten Anforderungen Antworten auf folgende Fragen abgeleitet werden:

a) Wie groß sind die benötigte Abtastfrequenz und die benötigte Eigenfrequenz des mikromechanischen Spiegels?

b) Wie ist der Abstand L zwischen Spiegel und Einflugöffnung zu wählen, wenn der Spiegel im Resonanzbetrieb einen mechanischen Auslenkwinkel von α_{mech} – 12,5° erreicht?

c) Wie groß ist bei einem quadratischen Spiegel die benötigte Kantenlänge?

d) Welche Mindestdicke muss der Wafer zur Fertigung des Spiegels haben?

e) Welches sind die freien Designparameter des elektrostatischen Wandlers bezüglich seiner Kenngrößen Eigenfrequenz und mechanischer Auslenkwinkel? Welchen Einfluss hat die mechanische Güte? Was ist bei der Wahl des Elektrodengrundabstandes zu beachten? Welche Werte sind für die Designparameter zu wählen, um die vorgegebenen Forderungen bezüglich der Kenngrößen Eigenfrequenz und Auslenkwinkel einzuhalten?

f) Welche Konsequenzen hat es, wenn die Geschwindigkeit v der Flugobjekte größer oder kleiner als 50 km/h ist?

g) Welche Veränderungen sind an der dargestellten Überwachungseinrichtung und an den Designparametern vorzunehmen, wenn außer dem Durchflug eines Objektes auch dessen Flugrichtung detektiert werden soll?

7.10 Das mikromechanische Schrittwerk gemäß **Bild 7.28** aus einkristallinem Silizium wird mittels elektrostatischer Kammantriebe gesteuert. Die Kammantriebe betätigen wechselseitig die Vorschubklinke B und die Sperrklinke C so, dass das Zahnsegment A um 25 Schritte nach oben und unten geschwenkt werden kann. Ein Schritt entspricht der Bogenlänge von 10 µm bzw. einem Winkel von 0,3 Grad. Die Dicke aller beweglichen Teile beträgt 50 µm. Die Sperrklinke C und ihr Kammantrieb sind an einer Parallelfederanordnung aus zwei Federn aufgehangen, von denen jede eine Federkonstante von 18 N/m hat. Ihr Kammantrieb besteht aus 40 Plattenpaaren, die sich im Abstand von 9 µm gegenüberstehen. Die wirksame Länge der Kammarme beträgt 200 µm. Die Sperrklinke bewegt sich um 7 µm in Richtung der Verzahnung, entsprechend verringert sich der Plattenabstand des Kammantriebes. Die Kammantriebe werden mit einer Spannung von 50 V betrieben. Mit welcher Haltekraft F drückt die Sperrklinke C in das Zahnsegment A?

7.11 Die Erfassung kleiner Winkelgeschwindigkeiten (Drehraten, typisch kleiner 1000 °/s) im Raum durch mikromechanische Drehratensensoren kann auf die Messung der Coriolis-Beschleunigung

$$\vec{a}_{c} = -2\vec{\Omega}\times\vec{v} \qquad (7.132)$$

zurückgeführt werden (vgl. Abschn. 1.4). Hierbei bezeichnet v die Relativgeschwindigkeit eines Massepunktes im Bezugskoordinatensystem, welches sich mit der Winkelgeschwindigkeit Ω dreht. Stehen die beiden Vektoren senkrecht zueinander, wirkt im Bezugskoordinatensystem die Coriolisbeschleunigung a_{C}. **Bild 7.29** zeigt eine geeignete mikromechanische Sensorstruktur. Die Struktur wird in SOI-Technologie hergestellt. Sie ist durch äußere Federn so befestigt, dass die

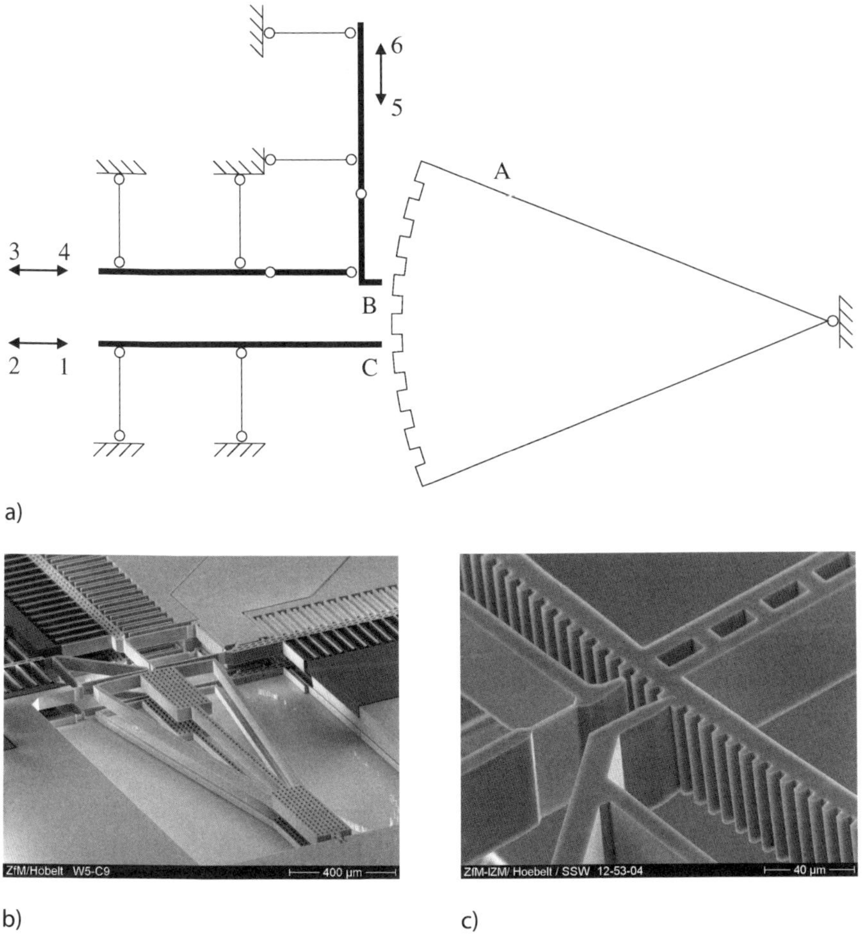

Bild 7.28 Mikromechanisches Schrittwerk: a) Wirkprinzip; b) Mikroskopbild von Zahnsegment A und Kammantrieben für die Klinken B und C; c) Detail der Verzahnung: Zahnsegment A, Vorschubklinke B, Sperrklinke C. 1-2, 3-4 und 5-6 sind die Bewegungsrichtungen der Vorschubklinke (Quelle: Zentrum für Mikrotechnologien, TU Chemnitz)

Gesamtstruktur eine Schwingbewegung in x-Richtung ausführen kann. Diese Bewegung wird Primärbewegung genannt und dient dazu, eine Relativbewegung mit der Geschwindigkeit v bereitzustellen. Die Anregung erfolgt elektrostatisch über kammförmige Antriebselektroden. Wirkt auf das System eine Winkelgeschwindigkeit Ω senkrecht zur Waferebene (z-Richtung), entsteht eine Coriolisbeschleunigung in der Waferebene, senkrecht zur Primärbewegung (y-Richtung). Zur Erfassung der Coriolisbeschleunigung dient das innere Schwingsystem, bestehend aus

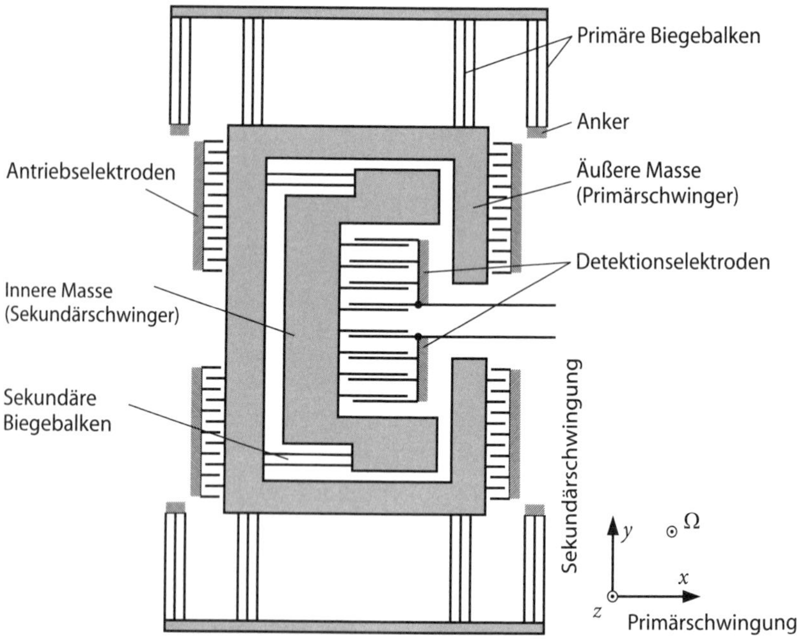

Bild 7.29 Struktur eines mikromechanischen Drehratensensors

innerer Masse und sekundären Biegebalken. Das innere Schwingsystem arbeitet wie ein Beschleunigungssensor, wobei sich in diesem besonderen Fall die zu messende Beschleunigung mit der Frequenz der Primärbewegung ändert. Die Schwingamplitude ist ein Maß für die zu messende Größe, die Drehrate des Bezugskoordinatensystems.

Die Empfindlichkeit des Sensors ist umso höher, je größer die Amplitude der Primärbewegung ist. Deshalb wird die Struktur so ausgelegt, dass sie in Resonanz betrieben wird und eine hohe Resonanzüberhöhung aufweist. Die Empfindlichkeit des Systems kann weiter erhöht werden, wenn die Eigenfrequenz des sekundären Schwingsystems auf die der Primärschwingung abgestimmt wird, um ebenfalls die Resonanzüberhöhung ausnutzen zu können.

Die Sensorstruktur besteht aus einkristallinem Silizium ($E = 169$ GPa). Die mechanisch aktive Schicht ist 50 µm dick. Auf Grund des verwendeten Trockenätzprozesses sind alle Querschnitte näherungsweise rechteckig. Die äußere und innere Masse wurden mit $m_1 = 57$ µg bzw. $m_2 = 35$ µg ermittelt. Die Biegefedern werden als masselos betrachtet.

a) Wie sind die primären Biegebalken zu dimensionieren, wenn die Eigenfrequenz der Primärbewegung f_{01} = 10 kHz betragen soll und die Breite b_f der Federn mit 5 µm vorgegeben ist?

b) Die Primärbewegung wird, wie im **Bild 7.29** dargestellt, über kammförmige Elektroden elektrostatisch angeregt. Die einzelnen Kammelektroden überlappen auf einer Breite $b_ü = 20$ µm, der Elektrodenspalt ist $d = 2{,}5$ µm und die maximal verfügbare elektrische Spannung $U = 5$ V. In jedem Antriebskamm sind für die elektrostatische Anregung $n = 30$ Kammarme an der seismischen Masse vorgesehen. Welche statische Auslenkung q_x wird damit maximal erreicht?

c) Wie wird die Schwingamplitude beeinflusst, wenn die Struktur in Resonanz angeregt wird? Welcher Parameter wird durch Veränderung des Gasdrucks im Sensorgehäuse beeinflusst?

d) Die Primärschwingung wird in Resonanz bei f_{01} = 10 kHz auf eine konstante Amplitude von 10 µm geregelt. Das innere Schwingsystem ist so dimensioniert, dass seine Eigenfrequenz ebenfalls bei $f_{02} = f_{01}$ = 10 kHz liegt. Die Resonanzüberhöhung beträgt 1000. Mit welcher Amplitude schwingt die Sekundärbewegung bei einer Drehrate von 200 °/s?

e) Die Amplitude der Sekundärschwingung ist proportional zur Coriolisbeschleunigung. Für die Detektion steht eine Differenzialkondensatoranordnung zur Verfügung. Die Elektrodenpaare sind als transversal bewegte Kammelektroden mit jeweils 20 Zinken ausgeführt. Der Elektrodenabstand beträgt 2,5 µm und die Überlappungslänge 200 µm. Welche Kapazitätsänderung wird damit pro °/s ereicht?

f) Technologietoleranzen und Umwelteinflüsse im Sensorbetrieb führen dazu, dass die Eigenfrequenzen von Primär- und Sekundärschwingung nicht exakt übereinstimmen. Wie könnte ein ständiger Abgleich der Frequenzen realisiert werden?

7.12 Ein elektrodynamischer Wandler gemäß den **Bildern 7.10a** und **7.11a** soll aktorisch betrieben werden und das bewegliche Siliziumelement mit einem Moment von $M = 5{,}6 \cdot 10^{-6}$ Nm auslenken. Die magnetische Flussdichte wird als konstant mit $B = 0{,}25$ T angenommen. Auf dem 16 mm langen und 6 mm breiten beweglichen Siliziumelement ist am äußeren Umfang eine 2 mm breite Fläche für die Anordnung der Planarspule vorgesehen. An den Ecken des beweglichen Elementes werden die sonst geraden Leiter als 90°-Ecke ausgeführt. Die elektrischen Anschlüsse zur

Planarspule werden zusammen mit den Spulenleitern aus Aluminium auf der Oberseite der Torsionsbänder (Breite 50 µm) hergestellt.

a) Welche Werte können für den Strom *I* und die Anzahl *n* der Leiterschleifen der Planarspule gewählt werden, um das geforderte Drehmoment zu erreichen? Wir gehen dabei davon aus, dass der Abstand zwischen den Leiterschleifen vernachlässigbar klein gegenüber ihrer jeweiligen Breite ist. Die Stromdichte in der Zuleitung soll nicht größer als die in der Planarspule sein (die 90°-Ecken bleiben unberücksichtigt). Zur Vereinfachung der Berechnung des Momentes kann angenommen werden, dass sich alle *n* Leiterschleifen in der Mitte des für die Planarspule angegebenen Bereiches befänden.

b) Die Dicke der Leitbahn der Planarspule beträgt 2 µm und der spezifische Widerstand von Aluminium ist $\rho_{Al} = 0{,}028\ \Omega mm^2/m$. Wie groß ist die vom Wandler aufgenommene elektrische Leistung bei dem angegebenem Drehmoment? Welche Temperaturerhöhung von Planarspule und beweglichem Siliziumelement ist bei Dauerbetrieb des Wandlers infolge der Leistungsaufnahme mit dem angegebenen Drehmoment zu erwarten, wenn die Wärmeabfuhr ausschließlich durch Konvektion erfolgt und als Konvektionskoeffizient $\alpha_K = 10\ W/m^2K$ angenommen wird?

c) Kann die Temperatur durch Variation der unter a) gewählten Werte beeinflusst werden und gibt es ein Temperaturminimum?

Wie würden die Aussagen zu b) und c) lauten, wenn man davon ausgeht, dass zwischen den Leitern der Planarspule ein Abstand von mindestens 5 µm nötig ist?

7.13 Für eine vorgegebene aktorische Anwendung werden ein elektrostatischer und alternativ ein elektrodynamischer Wandler als Lösungsvarianten betrachtet. Der Aktor soll in einem Regelkreis betrieben werden. Welche Unterschiede der Wandlertypen sind aus regelungstechnischer Sicht zu beachten, welcher Wandlertyp ist aus dieser Sicht vorzuziehen?

Literatur

[FRÜHAUF 05] *Frühauf, J.*: Werkstoffe der Mikrotechnik. Fachbuchverlag Leipzig, 2005

[HEINZL 85] *Heinzl, J., Hertz, C. H.*: Ink jet printing. Advanced Electronics and Electron Physics. New York, Academic Press 1985, S. 91

[KHAZAN 94] *Khazan, A*: Transducers and Their Elements. Englewood Chiffs: PTR, Prentice Hall 1994

[KITTEL 01] *Kittel, Ch., Krömer, H.*: Thermodynamik. München: Oldenbourg Wissenschaftsverlag, 2001

[KOVACS98] *Kovacs, G. T. A.*: Micromachined Transducers Sourcebook. Boston u. a.: CB/McGraw-Hill 1998

[LEE98] *K.B. Lee, Y.-H. Cho*: A triangular electrostatic comb array for micromechanical resonant frequency tuning. Sensors and Actuators A70 (1998), S. 112-117

[LENK01] *Lenk, A.; Pfeifer, G.; Werthschützky, R.*: Elektromechanische Systeme. Berlin u. a.: Springer 2001

[LENK75] *Lenk, A.*: Elektromechanische Systeme. Band 3: Systeme mit Hilfsenergie. Berlin: Verlag Technik 1975

[LIN94] *Lin, L., Pisano, A.*: Thermal bubble powered microactuators. Microsystem Technologies (1994) S. 51

[MEHNER94] *Mehner, J.*: Mechanische Beanspruchungsanalyse von Siliziumsensoren und -aktoren unter dem Einfluss von elektrostatischen und Temperaturfeldern. Dissertation, TU Chemnitz 1994

[MESCHEDER04] *Mescheder, U.*: Mikrosystemtechnik. 2. Aufl. Stuttgart, Leipzig: B. G. Teubner 2004

[MIDDELHOEK98] *Middelhoek*: The sensor cube revisited. Sensors and Materials 10 (1998) 7, S. 397-404

[NGUYEN02] *Nguyen, N. T, Wereley, S. T.*: Fundamentals and Application of Microfluidics. Artech House Publishers, Boston, London 2002

[ONSAGER31] *Onsager, L.*: Reciprocal relations in irreversible processes. Physical Review 37(1931), 405-426 und 38(1931), 2265-2279

[WEHL95] *Wehl, W.*: Tintendrucktechnologie: Paradigma und Motor der Mikrosystemtechnik. Feinwerktechnik, Mikrotechnik, Messtechnik, f&m 103 (1995), 1, S. 318 und 9, S. 486

[KWAAITAAL93] *Kwaaitaal, T.*: The fundamentals of sensors. Sensors and Actuators A39 (1993), S. 103-110

8 Entwurf von Mikrosystemen

Die Leistungsfähigkeit und Kosteneffizienz von Mikrosystemen wird in starkem Maße bereits in der Entwurfsphase bestimmt. Da eine Prototypenfertigung mit anschließendem Redesign außerordentlich kostenaufwändig ist, muss schon im Entwurfsprozess die Bestimmung und Optimierung des Komponentenverhaltens erfolgen. Ergebnis des optimierten Entwurfs eines Mikrosystems ist ein Simulationsmodell, das sowohl alle Systemanforderungen unter typischen Betriebsbedingungen erfüllt als auch die Funktionsfähigkeit in kritischen Belastungssituationen und die Prüfbarkeit charakteristischer Kennwerte sichert. Daneben spielen ökonomische Aspekte wie die erforderliche Chipfläche, die Anzahl der Prozessschritte und die zu erwartende Ausbeute eine wachsende Rolle. Im Folgenden werden die zur Verfügung stehenden Entwurfsmethoden und Werkzeuge erläutert und ihre gegenwärtigen Einsatzmöglichkeiten und Grenzen aufgezeigt.

8.1 Entwurfsmethoden und Werkzeuge

Das Besondere am Entwurf von Mikrosystemen ist, dass die einzelnen Funktionskomponenten unterschiedlichen physikalischen Domänen angehören, die miteinander gekoppelt sind. Wechselwirkungen zwischen mechanischen, elektrostatischen, thermischen und fluidischen Feldern werden gezielt für Sensor- und Aktorfunktionen genutzt (**Bild 8.1**). Andererseits verursachen bestimmte Interaktionen aber auch unerwünschte Nebenwirkungen, z. B. Querempfindlichkeit. Gegenstand des Entwurfes in der Mikrosystemtechnik ist die Erfassung der wesentlichen Komponenteneigenschaften in Computermodellen und die gezielte Synthese und Optimierung des Gesamtsystems.

Eine besondere Herausforderung der Komponenten- und Systemsimulation ist, die heterogenen Verhaltensmodelle der Sensor- und Aktorkomponenten mit der elektronischen Ansteuerschaltung zu verbinden, um deren Zusammenspiel bei verschiedenen Eingangssignalen und Umgebungsbedingungen zu untersuchen. Für diese Aufgabe werden die Komponentenmodelle in ihrer Parameteranzahl reduziert und in eine einheitliche Modellierungssprache wie VHDL-AMS[1] oder Verilog-AMS[2] überführt.

---

[1] http://www.eda.org/vhdl-ams/

[2] http://www.eda.org/verilog-ams/

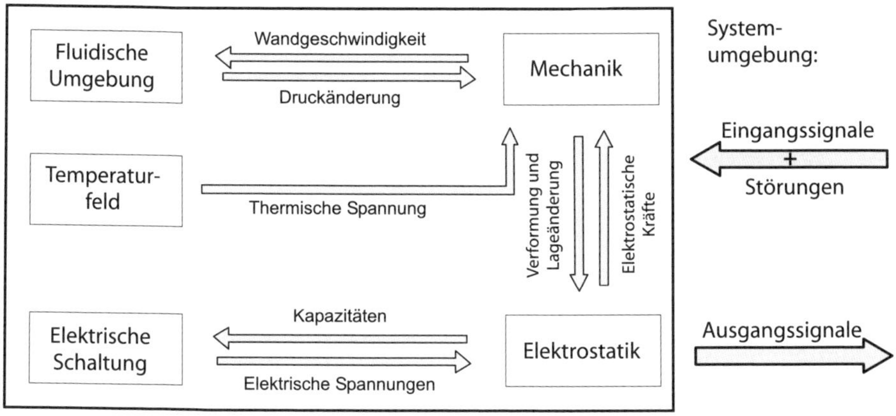

Bild 8.1 Wechselwirkungen physikalischer Domänen in einem Mikrosystem

Die meisten Eigenschaften mikrotechnischer Produkte lassen sich mit hoher Genauigkeit vorausberechnen. Dennoch unterliegen die Kennwerte der einzelnen Elemente Schwankungen, die vor allem durch Fertigungs- und Montagetoleranzen sowie durch prozessbedingte Streuungen von Materialeigenschaften hervorgerufen werden. Die Abweichungen der Eigenschaften einzelner Systemkomponenten liegen typischerweise im Prozentbereich. Sie können jedoch durch Kalibriermaßnahmen für Anwendungen mit hohen Genauigkeitsanforderungen erheblich verbessert werden.

Der Entwurfsprozess in der Mikrosystemtechnik reicht von der Erstellung eines Anforderungsprofils bis zum virtuellen Computermodell, welches das gesamte Systemverhalten darstellt. Ähnlich wie in der Gerätekonstruktion kann der Entwurfsprozess in eine Konzept- und in eine Gestaltungsphase unterteilt werden. Beide Phasen erfordern kreatives Denken und konstruktive Erfahrungen der Ingenieure. Hilfreich sind dabei Modellbibliotheken über ähnliche, bereits realisierte Mikrosysteme [MEHNER00].

Der Entwurfsprozess wird in folgende Phasen eingeteilt (**Bild 8.2**):

- In der **Konzeptphase** prüft der Entwerfer zunächst die Spezifikationen auf Vollständigkeit und Realisierbarkeit. Anschließend erfolgt die Auswahl eines geeigneten Wirkprinzips, möglicher Form- und Funktionselemente und einer passenden Fertigungstechnologie. Desgleichen müssen die technologischen Möglichkeiten der kooperierenden Fertigungsstätten in die Entscheidung einbezogen werden.
- Der eigentliche technische Entwurf sowie die Modellierung und Simulation folgen in der **Gestaltungsphase**. Hierbei wird das Gesamtsystem zunächst in abgeschlossene Funktionseinheiten, die so genannten Komponenten, unterteilt. Typische Komponenten sind elektromechanische Wandler (MEMS), die analoge und digitale Elektro-

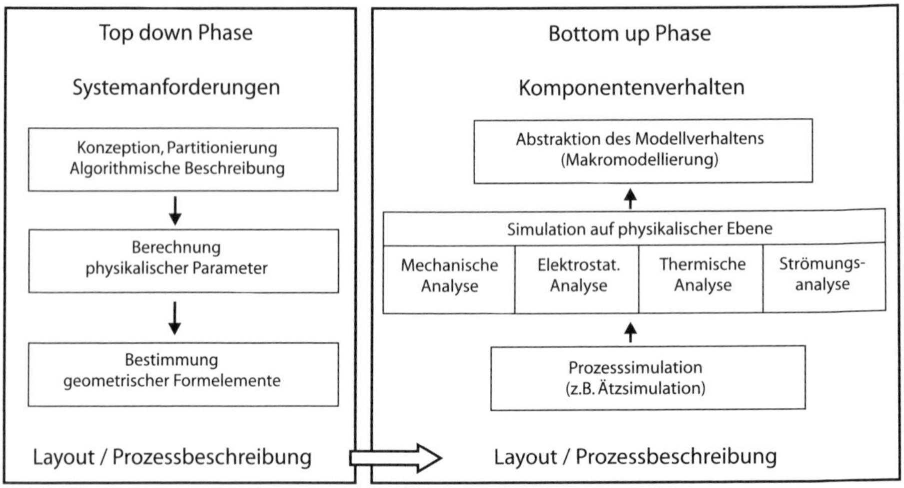

Bild 8.2 Wesentliche Elemente des Entwurfsprozesses in der Mikrosystemtechnik

nik sowie biochemische oder mikrooptische Komponenten. Elektromechanische Komponenten werden wiederum in Funktions- und Formelemente, z. B. in mechanische Feder-Masse-Systeme, kapazitive Lagedetektoren, elektrostatische Antriebe und fluidische Dämpfer untergliedert.

Im **ersten Modellierungsschritt** werden die Funktionselemente und deren Zusammenspiel durch einfache analytische Beziehungen oder in graphischer Form beschrieben. Diese **Low-level-Verhaltensmodelle** werden üblicherweise in mathematischen Berechnungsprogrammen wie MathCad[3] oder Matlab/Simulink[4], aber auch in Netzwerksimulatoren wie PSPICE[5] erstellt. Ziel der Low-level-Verhaltenssimulationen ist die näherungsweise Berechnung der physikalischen Parameter und geometrischen Abmessungen, mit denen die Komponenten- oder Systemfunktionen erfüllt werden. Typische Parameter sind Federsteifigkeiten und Massekennwerte für mechanische Funktionselemente, Kapazitäts-Auslenkungsfunktionen für elektrostatische Wandler und Dämpfungskonstanten oder Strömungswiderstände für fluidische Formelemente.

Im nächsten und oftmals schwierigeren Schritt werden die in der Konzeptphase favorisierten Formelemente dimensioniert und optimiert, um die Simulationsergebnisse mit den Anforderungen zu vergleichen. Hilfestellung bieten hier Modellbibliotheken für

[3] http://www.mathcad.com
[4] http://www.mathworks.com
[5] http://www.pscice.com, http://www.orcad.com

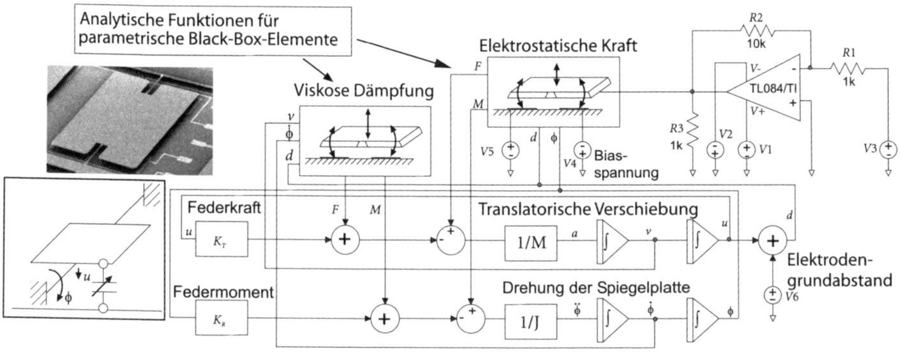

Bild 8.3 Low-level-Verhaltensmodell eines Mikroschwenkspiegels in PSPICE

häufig verwendete Formelemente. Diese sind in kommerziellen Entwurfswerkzeugen wie CoventorWare[6], IntelliSuite[7] und MemsPro[8] ansatzweise vorhanden. Häufig besitzen jedoch Designhäuser oder Fertigungseinrichtungen von MEMS eigens entwickelte Bibliotheken, die als parametrische Black-Box-Elemente in die Low-level-Verhaltensmodelle eingebunden werden. Anhand von numerischen Simulationen mit veränderten Designvariablen werden in einem iterativen Prozess geeignete Formelemente und geometrische Abmessungen ermittelt, die den geforderten physikalischen Parametern wie Steifigkeit, Masse und Eigenfrequenz entsprechen. Die Modellbibliotheken basieren im Allgemeinen auf vereinfachten analytischen Beziehungen, die für mechanische, fluidische und thermische Funktionselemente in Kapitel 6 vorgestellt wurden.

Bild 8.3 zeigt beispielhaft ein Low-level-Verhaltensmodell eines Mikroschwenkspiegels in PSPICE. In diesem Modell ist die Spiegelplatte als Starrkörper mit zwei Bewegungsfreiheitsgraden, der translatorischen Bewegung in vertikaler Richtung u und der für Ablenksysteme genutzten Drehbewegung um die Federbänder ϕ modelliert. PSPICE als Simulationsumgebung ist besonders dann vorteilhaft, wenn komplexe elektronische Schaltungen mit elektromechanischen Komponenten gekoppelt werden. Die nichtelektrischen Bauelemente werden entweder über Analogiebeziehungen in elektrische Elemente und gesteuerte Quellen gewandelt oder, wie in **Bild 8.3** gezeigt, mittels ABM-Blöcken (**Analog-Behavioural-Model**) als Signalflussgraph abgebildet. Im Modell wurden sowohl Blöcke mit konstantem Verstärkungsfaktor (Feder, Masse) als auch parametrische Black-Box-Elemente mit mathematischen Funktionen zur Beschreibung der fluidischen Dämpfung und der elektrostatischen Kraftwirkung verwendet.

6 http://www.coventor.com/coventorware/
7 http://www.intellisensesoftware.com
8 http://www.memscap.com/products-cad.html

Für einen gegebenen Satz von physikalischen Parametern können oft mehrere verschiedene Formelemente gefunden werden, die alle Anforderungen vollständig erfüllen. Selbst die Dimensionierung der Feder-Masse-Systeme führt zu mehrdeutigen Lösungen. Aus diesem Grund müssen in die Auswahl und Dimensionierung der Formelemente weitere Informationen einbezogen werden. Diese zusätzlichen Informationen sind meist Restriktionen, die sich aus dem Herstellungsprozess ergeben und in Form von **Design-Regeln** für die jeweilige Technologie definiert sind. Typische Angaben in Design-Regel-Katalogen sind minimale Stegbreiten für Federelemente, maximale Strukturabmessungen für Federn und Massekörper sowie erreichbare Grabenbreiten und Ätztiefen. Maßgeblich wird auch die erforderliche Chipfläche in die Entscheidung einbezogen.

Das Maskenlayout wird in den meisten Fällen automatisch aus den Modellbibliotheken der Formelemente erstellt. Für bestimmte Mikrotechnologien sind jedoch manuelle Korrekturen oder zusätzliche Angaben erforderlich. Beispielsweise müssen die Art der Eckenkompensation für nasschemisch geätzte Bulk-Mikrostrukturen oder der Ätzflankenwinkel und die Breite der Maskenunterätzung für Tiefenätzprozesse (DRIE) interaktiv vorgegeben werden. Der Grobentwurf, der auch als **Top-down-Phase** bezeichnet wird, ist damit abgeschlossen und eine Komponente entwickelt, die dem Anforderungsprofil des Mikrosystems entspricht. Aufgrund der vorgenommenen Modellvereinfachungen und der damit verbundenen Gefahr von Entwurfsfehlern ist jedoch eine zweite Phase erforderlich, in der eine Überprüfung des Komponentenverhaltens durchgeführt wird. Diese Phase wird als Feinentwurf oder **Bottom-up-Phase** bezeichnet (**Bild 8.2**).

Die zweite Phase beginnt mit numerischen Simulationen zu den technologischen Prozessschritten, bei denen aus dem Maskenlayout und der Prozessbeschreibung auf die genaue Form der späteren Mikrostruktur geschlossen wird. Ätzsimulationen mit SIMODE[9] oder ANISE[10] ermöglichen beispielsweise eine exakte Vorausberechnung von anisotropen nasschemischen Ätzprozessen der Bulk-Mikromechanik (**Bild 8.4**). Trockenätzprozesse mit ihren Eigenheiten, wie die Unterätzung der Maske oder schräg verlaufende Ätzflanken, werden von CoventorWare und MemsPro unterstützt. Die Prozesssimulationen liefern ein exaktes dreidimensionales Volumenmodell der Mikrostruktur, das automatisch über entsprechende Schnittstellen (IGES, SAT, I-DEAS) in Feldberechnungsprogramme zur numerischen Analyse des physikalischen Verhaltens der Komponenten eingebunden werden kann. Prozesssimulationen dienen darüber hinaus dazu, Eigenspannungen in Schichtsystemen oder auch den Bedeckungsgrad von Metallelektroden an kritischen Stellen wie Ecken und Kanten zu verifizieren.

---

9 http://www.infotech.tu-chemnitz.de/~wetel/simode.html

10 http://www.intellisensesoftware.com/Anise.html

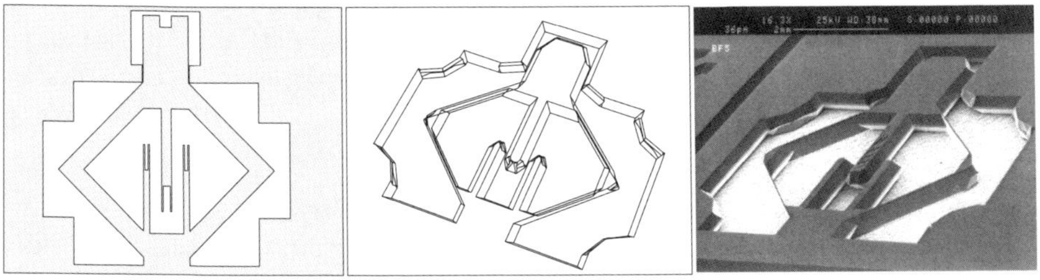

a) b) c)

Bild 8.4 Simulation des anisotropen nasschemischen Ätzens von Silizium mit SIMODE: a) Ätzmaske; b) Ätzsimulation; c) geätzte Struktur

Das mechanische, elektrostatische, thermische und fluidische Verhalten der Komponenten wird mit numerischen Programmen, basierend auf **Finiten Elementen** (FEM) oder **Boundary-Element-Methoden** (BEM), simuliert. Grundgedanke beider Verfahren ist, dass das Volumen (FEM) oder die Oberfläche (BEM) des zu berechnenden Modells in einfach beschreibbare Grundelemente (Quader, Tetraeder oder Viereckelemente) zerlegt wird. Diesen Grundelementen werden Materialeigenschaften, Randbedingungen und Lasten zugewiesen, um deren Verhalten durch mathematische Gleichungen abbilden zu können. Ähnlich wie bei einem Netzwerksimulator werden diese Gleichungen assembliert und zu einer Gesamtsystembeschreibung zusammengefügt. Die Lösung der Systemgleichungen führt zu einer Näherungslösung für die physikalischen Kennwerte des Gesamtsystems, die mit steigender Anzahl der Grundelemente gegen den exakten Wert konvergiert [BATHE02]. FEM-basierte Feldberechnungsprogramme wie ANSYS[11], ABAQUS[12] oder NASTRAN[13] sind Standardwerkzeuge für den rechnergestützten Entwurf technischer Komponenten und werden in den verschiedensten Ingenieurdisziplinen erfolgreich eingesetzt [MÜLLER99].

Feldberechnungsprogramme werden vorrangig für **Single-domain-Probleme** genutzt. So ist es gegenwärtig möglich, bestimmte Kennwerte für Low-level-Verhaltensmodelle mit höherer Genauigkeit zu extrahieren als es mit analytischen Betrachtungen erreichbar ist. Mit FEM ermittelte Kraft-Verschiebungsfunktionen berücksichtigen beispielsweise auch die Nachgiebigkeit der Einspannung an Ankerpunkten oder Nichtlinearitäten bei großen Auslenkungen. In der Elektrostatik können damit Kapazitäts-Verschiebungsfunktionen unter Einbeziehung des Streufeldes dargestellt und für fluidische Spaltströmungen die dämpfende bzw. die Federwirkung der umgebenden Luft ermittelt werden. Die ursprünglichen Low-level-Verhaltensmodelle werden auf diese Weise schrittweise verfeinert

[11] http://www.ansys.com
[12] http://www.hks.com
[13] http://www.mscsoftware.com/products/product_detail.cfm?PI=7

und in das Makromodell zur Systemsimulation eingebunden. Die automatisierte Unterstützung der Erstellung hochgenauer Makromodelle aus FEM-Daten ist Gegenstand aktueller Forschungsaktivitäten und ansatzweise in ANSYS und CoventorWare verfügbar. Die hierfür verwendete Methodik wird als Ordnungsreduktion oder Makromodellierung bezeichnet (s. Abschn. 8.3.3).

Moderne Feldberechnungsprogramme sind ebenfalls in der Lage, **Coupled-domain-Probleme** zu analysieren. Die Wechselwirkungen der einzelnen physikalischen Felder werden dabei entweder über Multifeldelemente oder durch eine Lastvektorkopplung berücksichtigt. Multifeldelemente basieren auf einer vollständigen Verhaltensbeschreibung des gekoppelten Problems für alle Grundelemente. Sie werden in Finite-Elemente-Programmen beispielsweise für den piezoelektrischen Effekt und für thermomechanische Wechselwirkungen angeboten. Weitaus flexibler ist jedoch die Lastvektorkopplung. Dabei werden in einem iterativen Lösungsprozess die einzelnen physikalischen Felder entkoppelt analysiert und deren Wechselwirkungen als **Lastvektor** in einem nachfolgenden Iterationszyklus berücksichtigt. Die Vorteile dieser Methode sind, dass herkömmliche **Single-domain-Grundelemente** der Finiten-Elemente-Programme verwendet und die Wechselwirkungen vom Anwender selbst anhand mathematischer Ausdrücke problemangepasst definiert werden können. ANSYS und andere Softwareprogramme unterstützen diese Vorgehensweise durch einen programmierbaren Multi-Feld-Löser.

Gekoppelte Feldberechnungen sind für den Entwurf von Sensoren und Aktoren unumgänglich, dennoch können sie derzeit aufgrund der Rechenzeit nur für spezielle Untersuchungen kritischer Verhaltenszustände genutzt werden. Gekoppelte Feldberechnungen im Zeit- und Frequenzbereich benötigen mehrere Stunden bis Tage an Rechenzeit, da in jeder Iteration Gleichungssysteme mit 10000 bis 100000 Freiheitsgraden zu lösen sind. Für eine Systemsimulation, bei der mikromechanische Komponentenmodelle und elektronische Schaltungsmodelle gekoppelt werden, sind diese hohen Rechenzeiten nicht vertretbar. Prinzipiell ist eine Kopplung von Feldberechnungsprogrammen mit Elektroniksimulatoren durchführbar [MEHNER00]. Eine Verfeinerung der Low-level-Modelle durch extrahierte Finite-Elemente-Kennwerte und Funktionen zu Makromodellen ist jedoch wesentlich effektiver und meist von ausreichender Genauigkeit für die Komponenten- und Systemsimulation (**Bild 8.5**).

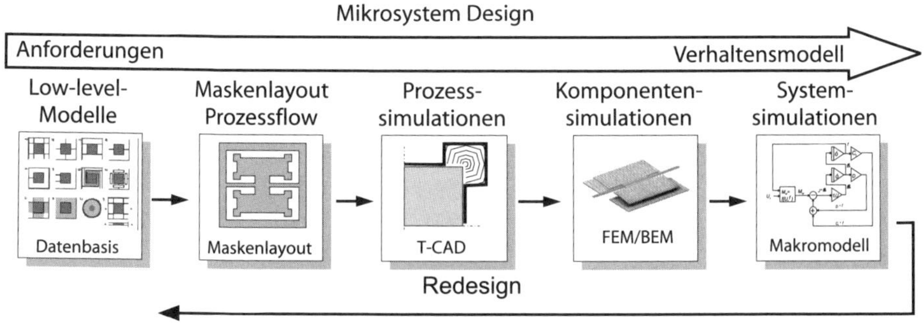

Bild 8.5 Gestaltungsphase im Entwurfsprozess der Mikrosystemtechnik

8.2 Systeme mit konzentrierten Parametern

8.2.1 Verhaltensbeschreibung elektromechanischer Systeme

Die meisten elektromechanischen Wandler der Mikrosystemtechnik können näherungsweise durch ein Feder-Masse-Dämpfer-System mit einem Bewegungsfreiheitsgrad und einem oder mehreren umgebenden elektrostatischen Feldräumen repräsentiert werden. Der Bewegungsfreiheitsgrad beschreibt die Verschiebung eines Bezugspunktes (z. B. des Schwerpunktes der Masse) unter Lasteinwirkung. Die Verschiebung ist meist translatorisch oder rotatorisch, kann aber auch krummlinig entlang einer Bahnkurve erfolgen. Verallgemeinert wird deshalb für die Verschiebung u der Begriff **generalisierte Koordinate** verwendet. **Bild 8.6** zeigt typische Mikrostrukturen und das zugehörige Verhaltensmodell.

Das Verhalten des elektromechanischen Systems von **Bild 8.6c** wird eindeutig durch die Kraft-Verschiebungsbeziehung des Freiheitsgrades u und durch die Strom-Spannungsbeziehungen an den Elektroden definiert.

Bild 8.6 Abbildung von Sensoren und Aktoren als System mit einem Freiheitsgrad: a) kapazitiver Sensor; b) elektrostatischer Aktor; c) Verhaltensmodell eines kapazitiv gekoppelten Feder-Masse-Schwingers

Die Kraft-Verschiebungsbeziehung lautet

$$M\ddot{u}+D\dot{u}+cu=F_{\mathrm{el}}+F_{\mathrm{m}} \quad \text{mit} \quad F_{\mathrm{el}}=\sum_k \frac{U_{ij}^2}{2}\frac{\partial C_{ij}(u)}{\partial u}, \tag{8.1}$$

wobei M die Masse, D die Dämpfungskonstante, c die Steifigkeit[14], F_{el} die Kraftwirkung der elektrostatischen Felder und F_{m} die äußeren mechanischen Kräfte beschreiben. Die elektrostatischen Kräfte werden durch die Differenz der Elektrodenspannungen U_{ij} und deren lageabhängige Kapazitätsfunktionen C_{ij} spezifiziert.

Weiterhin wird die Strom-Spannungsbeziehung für die i-te Elektrode wie folgt definiert:

$$I_i=\frac{dQ_i}{dt}=\sum_r \dot{C}_{ij}(u)\,U_{ij}+C_{ij}(u)\,\dot{U}_{ij} \quad \text{mit} \quad \dot{C}_{ij}(u)=\frac{\partial C_{ij}(u)}{\partial u}\,\frac{\partial u}{\partial t}. \tag{8.2}$$

Im Gegensatz zur Kraftberechnung in Gl. (8.1) werden in Gl. (8.2) nicht alle, sondern nur die Kapazitäten berücksichtigt, die unmittelbar mit der i-ten Elektrode verbunden sind. Die eigentliche Kopplung zwischen mechanischen und elektrostatischen Teilsystemen wird ausschließlich durch die Kapazitäts-Verschiebungsfunktionen $C_{\mathrm{ij}}(u)$ beschrieben. Diese Funktionen werden analytisch (z. B. durch konforme Abbildungen) oder aus den Ergebnissen von Finite-Elemente-Simulationen ermittelt.

8.2.2 Analyse des statischen Verhaltens elektromechanischer Systeme

Bei der Simulation des elektromechanischen Verhaltens werden drei Arten unterschieden:

- Die statische Analyse zur Berechnung des Arbeitspunktes,
- die harmonische Analyse zur Berechnung von Übertragungsfunktionen,
- die transiente Analyse zur Darstellung der Zeitverläufe.

Eine gewisse Sonderstellung besitzt darüber hinaus die Modalanalyse zur Berechnung von Eigenfrequenzen und -schwingformen. Diese wird jedoch nicht von Elektronik- und Systemsimulatoren unterstützt und kann damit lediglich mit mathematisch orientierten Werkzeugen sowie mit Finite-Elemente-Programmen durchgeführt werden.

Statische Simulationen werden beispielsweise zur Berechnung des Auslenkungszustandes von Mikroaktoren bei angelegten elektrischen Spannungen benötigt. Bedingt durch die

[14] Die Federsteifigkeit wird in der technischen Mechanik mit K bezeichnet. Wegen der Übereinstimmung mit den anderen Abschnitten des Buches wird hier das Symbol c verwendet.

auslenkungsabhängigen elektrostatischen Kräfte entstehen dabei im Allgemeinen nichtlineare Gleichungen, die iterativ gelöst werden müssen. Die Vorgehensweise wird zunächst am Modell eines Plattenkondensators erläutert.

Die Gleichgewichtsbeziehung zwischen mechanischer und elektrostatischer Kraft lautet

$$c\,u = F_{\text{el}} = \frac{U^2}{2}\,\frac{\partial C(u)}{\partial u} = \frac{U^2 \varepsilon A}{2(h-u)^2}\,, \tag{8.3}$$

wobei ε die Dielektrizitätskonstante, A die Plattenfläche des Kondensators und h der Elektrodenabstand in der Ausgangslage ist. Die Formulierung einer Funktion $u = f(U)$ ist nicht trivial, da für eine gegebene Spannung U bis zu drei Gleichgewichtszustände möglich sind. Umgekehrt ist es aber eindeutig möglich, für eine gegebene Auslenkung die erforderliche Spannung zu ermitteln:

$$U = \sqrt{\frac{c\,u\,2(h-u)^2}{\varepsilon A}}\,. \tag{8.4}$$

Das Komponentenverhalten kann anschaulich durch die Kraft-Verschiebungskennlinien interpretiert werden. Im **Bild 8.7a** sind elektrostatische Kraftfunktionen für drei verschiedene Elektrodenspannungen dargestellt. Für die niedrigste Spannung (durchgehende Linie) ergeben sich drei Gleichgewichtszustände in Bezug auf die Rückstellkraft der Feder. Ein Schnittpunkt befindet sich hinter der Elektrode und ist aus konstruktiver Sicht nicht erreichbar. Ein zweiter Punkt beschreibt ein instabiles Gleichgewicht, das bei kleinen Störungen (z. B. durch Erschütterung) sofort verlassen wird. Der eigentliche (stabile) Arbeitspunkt ist im linken Teil der Kurve und beschreibt die tatsächliche Auslenkung des Aktors.

Erwartungsgemäß führt eine höhere Elektrodenspannung zu einer größeren Auslenkung. Der stabile Arbeitspunkt verschiebt sich dabei nach rechts, der instabile Gleichgewichtszustand wandert nach links. Bei einer kritischen Spannung U_{PI} verschmelzen beide Ar-

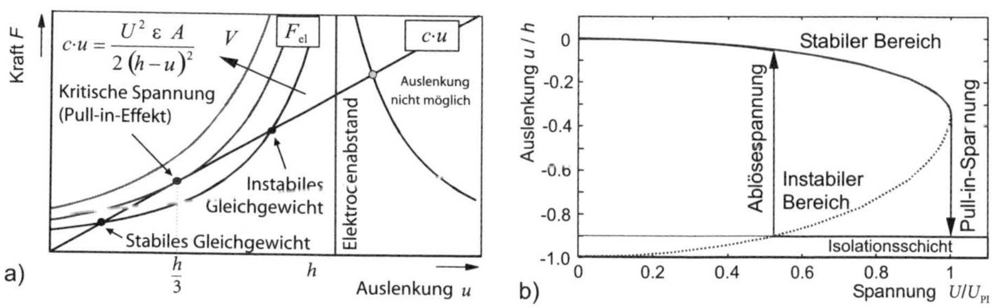

Bild 8.7 Statisches Kräftegleichgewicht bei elektrostatischen Aktoren: a) Kraft-Verschiebungs- und b) Verschiebungs-Spannungsrelation

beitspunkte und das System wird instabil. Eine weitere Erhöhung der Spannung führt zum sprungartigen Aufschlagen der Masse auf die Isolationsschicht oder auf einen Abstandshalter (**Pull-in**-Effekt) Neben der Pull-in-Spannung ist die Ablösespannung eine weitere wichtige Kenngröße. Sie beschreibt, auf welchen Wert die Spannung abgesenkt werden muss, damit sich die Masse von der Bodenelektrode löst und in den stabilen Arbeitsbereich zurückkehrt. Beide Kennwerte sind von besonderer Bedeutung für die Charakterisierung von Mikrorelais und -schaltern.

Die maximal mögliche Auslenkung eines Plattenkondensators im elektrostatischen Feld ist auf 1/3 des Elektrodenabstandes h begrenzt. Dieser Sachverhalt kann analytisch durch Berechnen der Nullstellen der ersten Ableitung der Spannungs-Verschiebungsfunktion von Gl. (8.4) bewiesen werden, gilt jedoch nur bei translatorischer Bewegung der Elektroden in vertikaler Richtung und bei konstanter Steifigkeit.

Für die numerische Berechnung des statischen Arbeitspunktes sind das **Relaxations-** und das NEWTON-RAPHSON-Verfahren weit verbreitet. Beim Relaxationsverfahren wird zunächst die elektrostatische Kraft für die aktuelle Lage bestimmt. Aus dieser Kraft und der mechanischen Steifigkeit ergibt sich die Verschiebung für die nächste Iteration. Beim NEWTON-RAPHSON-Verfahren wird in jeder Iteration der aktuelle Fehler im Kräftegleichgewicht errechnet und durch eine TAYLOR-Reihenentwicklung korrigiert. Der auftretende Fehler ist die Differenz der äußeren (elektrostatischen Kräfte) und der inneren Kräfte (Federreaktionen) des Systems. Relaxationsverfahren berechnen immer den tatsächlichen (stabilen) Arbeitspunkt des Systems. NEWTON-RAPHSON-Verfahren hingegen konvergieren zu dem Gleichgewichtszustand, der dem Startwert am nächsten liegt.

Zur Linearisierung der Spannungs-Auslenkungsfunktion in **Bild 8.8** wurden an die beiden feststehenden Elektroden eine positive bzw. negative Polarisationsspannung U_P

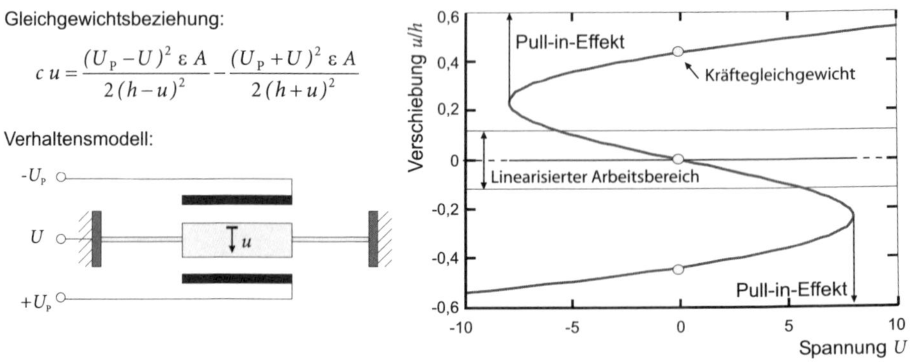

Bild 8.8 Spannungs-Verschiebungsfunktion eines Mikroaktors

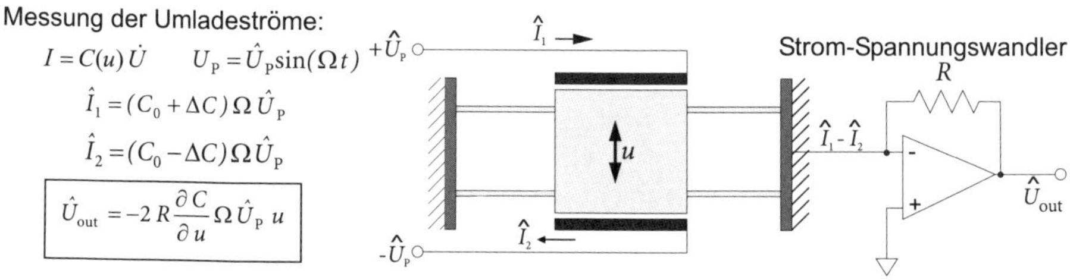

Bild 8.9 Low-level-Verhaltensmodell eines kapazitiven Sensors

angelegt. Wie zu erkennen ist, wird ein lineares Verhalten jedoch nur in einem engen Bereich von ca. ±10 % des Elektrodenabstandes gewährleistet.

Bei einem mikromechanischen Sensor wird die statische Auslenkung der Masse infolge äußerer Lasten (Beschleunigung, Druck) oftmals kapazitiv durch Messung der Umladeströme ermittelt. Dabei sind für die permanente Umladung der Kondensatoren sinusförmige Polarisationsspannungen notwendig. Bei kleinen Verschiebungen ist die Differenz der Umladeströme proportional zur Auslenkung. Die Stromdifferenz wird durch eine Brückenschaltung oder durch einen Operationsverstärker in ein Spannungssignal gewandelt. Das zugehörige Verhaltensmodell und die verwendeten analytischen Beziehungen sind im **Bild 8.9** dargestellt.

8.2.3 Analyse elektromechanischer Systeme bei harmonischen Lasten

Harmonische Analysen haben für Sensoren und Aktoren eine besondere Bedeutung, da einerseits viele Mikrostrukturen mit sinusförmigen Lasten betrieben und andererseits das Systemverhalten mittels Amplituden- und Phasengänge anschaulich verdeutlicht werden kann. Analog zur Wechselstromanalyse erfolgt die Formulierung der Gleichgewichtsbedingung für elektromechanische Systeme ebenfalls durch komplexe Gleichungen. Bei einer Erregerfrequenz Ω lautet die Kräftebilanz des mechanischen Teilsystems

$$\left[-\Omega^2 M + j\Omega D + \left(c + c_{el}\right)\right]\vec{u} = \vec{F}\,, \tag{8.5}$$

wobei $\vec{u}$ und $\vec{F}$ komplexe Zahlen sind, die zur Beschreibung von Amplitude und Phase der Verschiebung und der äußeren Kraft verwendet werden. Zusätzlich wird ein neuer Term, die elektrostatische Steifigkeit c_{el}, für harmonische Analysen benötigt.

Elektrostatische Felder ändern sowohl die Steifigkeit als auch die Resonanzfrequenz des Systems. Physikalisch wird die Steifigkeitsänderung durch auslenkungsabhängige elektrostatische Kräfte hervorgerufen, die in gleicher Weise wie auslenkungsabhängige Federkräfte dem Steifigkeitsterm von Gl. (8.5) zugeordnet werden müssen. Aus numerischer

Sicht ist für statische und transiente Berechnungen eine explizite Formulierung von c_{el} nicht unbedingt erforderlich, da sich für beide Analysearten das Kräftegleichgewicht iterativ bestimmen lässt. Wird c_{el} vernachlässigt, beeinflusst dies lediglich die Konvergenzgeschwindigkeit, nicht aber die Genauigkeit. Bei harmonischen Analysen führt ein Fehlen dieses Terms zu einem falschen Ergebnis. Deshalb wird diese Analyseart von verschiedenen Softwareprogrammen nicht unterstützt (s. Abschn. 8.3.2)

Die Berechnung von c_{el} erfolgt im Arbeitspunkt des elektromechanischen Systems. Ebenso wie die elektrostatische Kraft wird diese zusätzliche Steifigkeit durch die angelegte Gleichspannung und die statische Auslenkung beeinflusst. Für kleine Verschiebungen um den Arbeitspunkt kann die elektrostatische Kraft durch eine TAYLOR-Reihe repräsentiert werden:

$$F_{el}(u_= + \Delta u) = \frac{U_=^2}{2}\frac{\partial C(u)}{\partial u}\bigg|_{u_=} + \frac{U_=^2}{2}\frac{\partial^2 C(u)}{\partial u^2}\bigg|_{u_=} \Delta u + \cdots . \tag{8.6}$$

Dabei entspricht die erste Ableitung der Federwirkung des elektrostatischen Feldes:

$$c_{el} = -\frac{U_=^2}{2}\frac{\partial^2 C(u)}{\partial u^2}\bigg|_{u_=} . \tag{8.7}$$

Weitere wichtige Terme für die Verhaltensmodellierung sind Amplitude und Phase der elektrostatischen Kraft bei sinusförmigen Spannungen. Im Allgemeinen kann die resultierende Kraft in einen Gleichanteil, eine sinusförmige Kraft mit der Erregerfrequenz und in einen Kraftanteil mit der doppelten Erregerfrequenz zerlegt werden. Dabei gilt

$$F_{el} = \frac{(U_= + U_\sim)^2}{2}\frac{\partial C(u)}{\partial u} = \left[\frac{U_=^{\,2}}{2} + U_= \hat{U}_\sim \sin(\Omega t) + \frac{\hat{U}_\sim^{\,2}}{4}(1-\cos(2\Omega t))\right]\frac{\partial C(u)}{\partial u} . \tag{8.8}$$

Mathematische Algorithmen für harmonische Analysen berücksichtigen lediglich den Gleichanteil und den Teil der Kraft, der mit der Erregerfrequenz übereinstimmt. Aus diesem Grund ist eine harmonische Analyse nur dann sinnvoll, wenn die angelegte Polarisationsspannung $U_=$ wesentlich größer als die überlagerte Wechselspannung $U_\sim$ ist. Unter dieser Bedingung ist der Anteil der Kraft mit der doppelten Erregerfrequenz vernachlässigbar.

Harmonische Analysen erfordern eine zweistufige Lösung. In einem ersten Schritt wird der Arbeitspunkt des elektromechanischen Systems für die angelegten Polarisationsspannungen ermittelt. Ergebnisse sind die statische Auslenkung $u_=$ und die elektrostatische Steifigkeit c_{el}. In einem zweiten Schritt wird die komplexe Bewegungsgleichung

$$\left[-\Omega^2 M + j\Omega D + \left(c - \frac{U_=^2}{2}\frac{\partial^2 C(u)}{\partial u^2}\bigg|_{u_=}\right)\right]\vec{u} = U_= \vec{U}_\sim \frac{\partial C(u)}{\partial u} \tag{8.9}$$

für verschiedene Erregerfrequenzen Ω gelöst. Die graphische Darstellung der Übertragungsfunktion erfordert im Allgemeinen sehr viele Stützstellen für die nachträgliche Interpolation der Lösungen in einem Frequenzbereich.

Die Polarisationsspannung $U_=$ wirkt durch zwei Einflussfaktoren auf die Schwingamplituden des elektromechanischen Systems. In jedem Fall wird gemäß dem rechten Term von Gl. (8.9) die elektrostatische Kraftamplitude proportional zur angelegten Gleichspannung verstärkt. Für den Fall, dass die Polarisationsspannung eine ähnliche Größenordnung wie die Pull-in-Spannung hat, wird die elektrostatische Steifigkeit wirksam und erhöht zusätzlich die Nachgiebigkeit des Systems. Als typisches Anzeichen verschiebt sich die Resonanz nach links (**Bild 8.10a**). Dieser Effekt wird in der Praxis oft zum Kalibrieren von Mikrosystemen genutzt.

In einem weiteren Rechenschritt kann der zugehörige Strom aus der Bewegungsamplitude und dem Phasenwinkel ermittelt werden:

$$\vec{I} = \frac{\partial C(u)}{\partial u}\bigg|_{u_=} j\Omega\,\vec{u}\,U_= + C(u_=)\,j\Omega\,\vec{U}_\sim\,. \tag{8.10}$$

Für eine Wechselspannungsamplitude von 1 V ergibt sich aus Gl. (8.10) direkt die Admittanz des elektromechanischen Systems.

Bild 8.11 zeigt eine typische Stromfunktion eines schwach gedämpften elektromechanischen Systems. Aus den Kurven sind zwei charakteristische Kennwerte, die Eigenfrequenz des ursprünglichen mechanischen Systems bei 3,8 kHz und die durch das elektrostatische Feld verschobene Resonanzfrequenz bei 2,5 kHz, ablesbar. Die Tilgung des Stromes auf

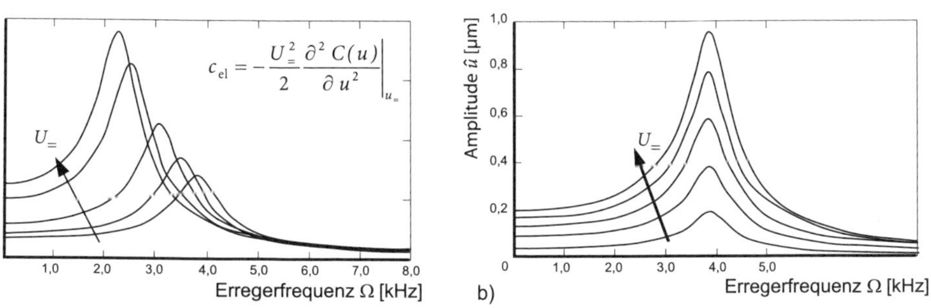

Bild 8.10 Übertragungsfunktion eines Aktors bei verschiedenen Gleichspannungen: a) Beeinflussung der elektrostatischen Steifigkeit bei hoher Polarisationsspannung; b) Polarisationsspannung ist wesentlich kleiner als die Pull-in-Spannung

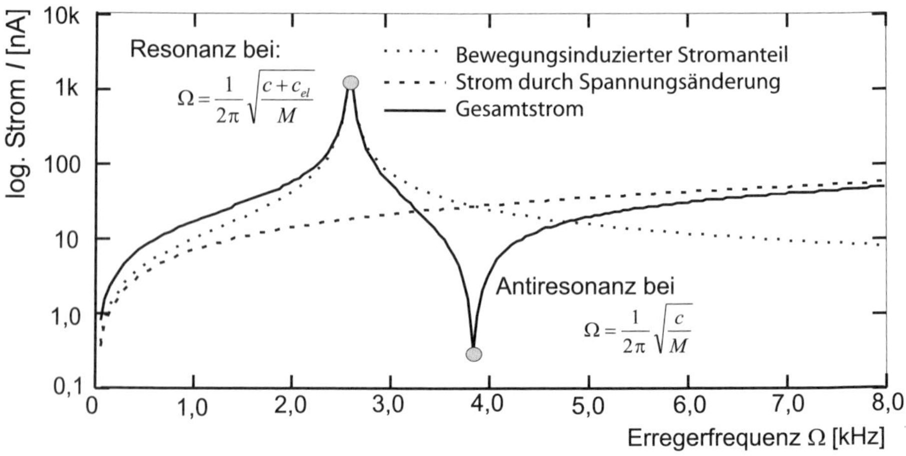

Bild 8.11 Frequenzgang des Eingangsstromes eines elektrostatischen Aktors

der Eigenfrequenz resultiert aus einer Auslöschung des bewegungsinduzierten Stromanteils (erster Term von Gl. (8.10)) durch einen um 180° phasenverschobenen Anteil, der durch die Spannungsänderung hervorgerufen wird (zweiter Term von Gl. (8.10)). Dieser Effekt entsteht jedoch nur bei einem idealen Plattenkondensator mit vertikaler Bewegung der Masse.

Eine sequenzielle Berechnung der mechanischen Auslenkung und des elektrischen Stromes ist nur für spannungsgesteuerte Sensoren und Aktoren möglich. Ist der Strom vorgegeben oder wird der Wandler als Komponente einer elektrischen Schaltung zugeordnet, ist die Quellspannung zunächst unbekannt. Für diese Systeme ist eine simultane Lösung beider Gleichungen erforderlich. Die gekoppelte Formulierung elektromechanischer Wechselwirkungen ergibt

$$\begin{bmatrix} -\Omega^2 M + j\Omega D + c - \frac{U_=^2}{2}\left.\frac{\partial C(u)}{\partial u}\right|_{u_=} & -U_= \left.\frac{\partial C(u)}{\partial u}\right|_{u_=} \\ j\Omega U_= \left.\frac{\partial C(u)}{\partial u}\right|_{u_=} & j\Omega C(u_=) \end{bmatrix} \begin{bmatrix} \vec{u} \\ \vec{U}_\sim \end{bmatrix} = \begin{bmatrix} \vec{F}_\mathrm{m} \\ \vec{I} \end{bmatrix}, \tag{8.11}$$

wobei $\vec{F}_\mathrm{m}$ äußere mechanische Kräfte und $\vec{I}$ die in das System eingespeisten Ströme abbilden. Gl. (8.11) ist kompatibel zur KIRCHHOFFschen Beschreibung elektrischer Schaltungen und wird in analoger Weise für die Einbindung elektromechanischer Sensoren und Aktoren in Netzwerkmodelle verwendet.

8.2.4 Transiente Analyse elektromechanischer Systeme

Transiente Simulationen des Zeitverhaltens werden vorrangig zur Analyse der Einschwingvorgänge von Sensoren und Aktoren und für Wandler mit nichtharmonischer Lastfunktion verwendet. Ein typisches Beispiel ist die sägezahnförmige Ablenkfunktion von mikromechanischen Schwenkspiegeln für die Bildprojektion, bei der die Verzerrungen und das dynamische Überschwingen auf ein Minimum reduziert werden müssen.

Nichtlinearitäten in elektromechanischen Systemen äußern sich deutlich im Bewegungsverhalten bei harmonischen oder sprungartigen Lastfunktionen. In **Bild 8.12a** wurden die Auslenkung und die Geschwindigkeit eines Massekörpers bei sinusförmiger Spannungserregung ermittelt. Wie erwartet erfolgt die Auslenkung der Struktur mit exakt der doppelten Frequenz des Anregungssignals. Auffällig ist, dass die Amplituden in Richtung der Anregungselektrode größer als die Amplituden der Rückschwingung sind. Außerdem ist die Schwingform deutlich verzerrt. Im rechten Teil des Bildes ist die Verschiebungsfunktion bei einer Spannungspulsfolge abgebildet. Ungewohnt ist hier die unterschiedliche Periodendauer des Schwingers bei anliegender Spannung im Vergleich zum spannungsfreien Zustand.

Die Gleichgewichtsbeziehung des dynamischen Systems setzt sich aus einer tangentialen Steifigkeitsmatrix (Jakobimatrix) und dem Residuum auf der rechten Seite zusammen

$$\begin{bmatrix} c-\frac{U_i^2}{2}\frac{\partial^2 C(u)}{\partial u^2}\Big|_{u_i} & -\frac{\partial C(u)}{\partial u}\Big|_{u_i} U_i \\ \frac{\partial^2 C(u)}{\partial u^2}\Big|_{u_i}\dot{u}_i U_i + \frac{\partial C(u)}{\partial u}\Big|_{u_i}\dot{U}_i & \frac{\partial C(u)}{\partial u}\Big|_{u_i}\dot{u}_i \end{bmatrix} \begin{bmatrix}\Delta u\\ \Delta U\end{bmatrix} = \begin{bmatrix}F\\ I\end{bmatrix} - \begin{bmatrix} M\ddot{u}_i + D\dot{u}_i + c\,u_i - \frac{U_i^2}{2}\frac{\partial C(u)}{\partial u}\Big|_{u_i} \\ \frac{\partial C(u)}{\partial u}\Big|_{u_i}\dot{u}_i U_i + C(u_i)\dot{U}_i \end{bmatrix}, \qquad (8.12)$$

das in Bezug auf Abschn. 8.2.1 um dynamische Kräfte ergänzt wurde. Ausführliche Betrachtungen zu den Integrationsverfahren sind in [BATHE02] zu finden.

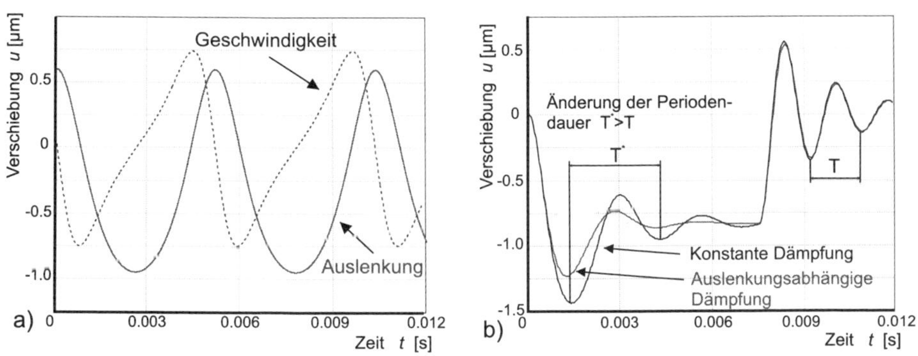

Bild 8.12 Transientes Bewegungsverhalten von elektrostatischen Aktoren: a) sinusförmige Spannungsfunktion; b) Rechteck-Spannungspulsfolge

Neben der direkten Implementierung der Systemgleichungen und des Lösungsverfahrens in mathematisch orientierte Simulationsprogramme werden für transiente Berechnungen häufig kommerzielle Werkzeuge zur Modelleingabe und Simulation genutzt. Die Verhaltensmodelle werden dabei entweder durch **Signalflussgraphen** oder durch **konservative Kirchhoffsche Netzwerke** abgebildet. Der Unterschied zwischen beiden Modellen besteht vorrangig in der Art und Weise, wie Signale zwischen den einzelnen Modellelementen (Blöcken) ausgetauscht werden. Die Kommunikation der Blöcke erfolgt über so genannte Terminals, die durch Leitungen oder mit einem Bus (Kombination mehrerer Signalleitungen) verbunden sind. Charakteristisch für ein Signalfluss-System ist, dass jede Leitung nur ein Signal überträgt, beispielsweise die Verschiebung oder Geschwindigkeit des Massekörpers bzw. die elektrische Spannung oder den Strom des elektrischen Teilsystems. Die Signalübertragung erfolgt in eine Richtung (unidirektional), die durch Deklaration der Terminals als Eingang oder Ausgang festgelegt wird. Signale können von einem Eingang auf mehrere Ausgänge verzweigt werden, die Zusammenführung ist jedoch nur über spezielle Verknüpfungselemente möglich. Signalflussgraphen werden von Matlab/Simulink und einigen Schaltungs- und Systemsimulatoren (SPECTRE, PSPICE) unterstützt.

Bild 8.13 zeigt beispielhaft die Modellierung von elektrostatisch-mechanischen Wandlern. Im vorliegenden Fall beschreibt der Signalflussgraph einen fest definierten Signallauf von den Eingangsterminals (äußere mechanische Kraft, elektrische Spannung) zu den Ausgangsgrößen (Verschiebung, Strom) des Systems. Wird der Signallauf geändert, z. B. für stromgetriebene Aktoren, ist eine Neukonzeption des Modells erforderlich. Das Zusammenwirken der Signale und die Verarbeitung in den Funktionsblöcken sind im **Bild 8.13b** verdeutlicht. Die verwendeten Blöcke haben im Wesentlichen drei Funktionen: Sie verstärken Signale um einen konstanten Faktor (Masse, Steifigkeit, Dämpfer), sie

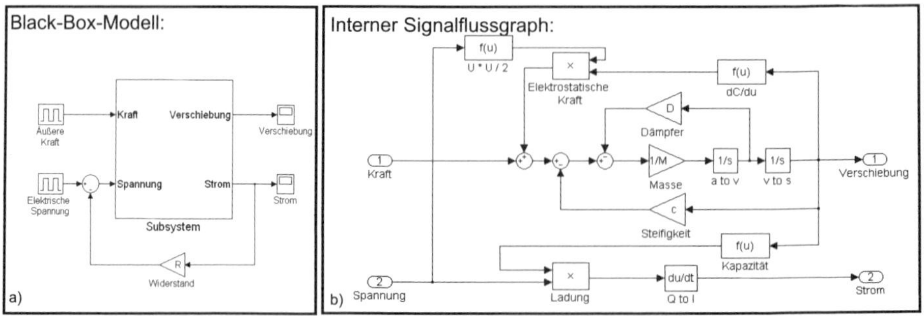

Bild 8.13 Signalflussgraph eines elektromechanischen Systems in Matlab/Simulink: a) Systemmodell eines kapazitiv gekoppelten Feder-Masse-Schwingers; b) interner Signalflussgraph

verarbeiten die Eingangsignale entsprechend einer mathematischen Funktion (Kapazität, Ableitung der Kapazität, Differenziation, Integration) oder sie verknüpfen mehrere Signale zu einem Ausgangsignal (Summation, Produkt).

In **Bild 8.13a** ist das übergeordnete Black-Box-Modell für die Verhaltensanalyse abgebildet. Zur Demonstration der Funktionalität wurden Signalquellen an den Eingängen und graphische Monitore für die Ausgangssignale angeschlossen. Problematisch ist die Berücksichtigung elektrischer Bauelemente, die nicht in gewohnter Weise direkt zwischen den Terminals eingefügt werden können, da Signalflussgraphen keine Strom-Spannungsbeziehung verwenden. Für den elektrischen Widerstand ist deshalb ein zusätzlicher Rückkoppelzweig erforderlich.

Alternativ ist die Modellierung des elektromechanischen Systems mittels konservativer KIRCHHOFFscher Netzwerke möglich (**Bild 8.14**). Der Wandler wurde hierfür durch einen Block mit vier Terminals definiert, die auf der linken Seite die elektrischen Kennwerte (Strom und Spannung) und auf der rechten Seite die mechanischen Kennwerte (Kraft und Verschiebung) beschreiben. Ähnlich wie bei einem elektrischen Bauelement führen alle Leitungen zwei Signale, die Flussgröße und das Potenzial. Die Flussgröße ist bei elektrischen Terminals der in das System hinein fließende Strom, bei mechanischen Terminals die äußere Kraft in Bezugsrichtung. Mittels der Potenzialgröße wird die Spannungsdifferenz bzw. der Spannungsabfall zwischen den Terminals elektrischer Bauelemente beschrieben. Potenzialgrößen in der Mechanik sind die Verschiebung und die Drehung. Beide Kennwerte können wie elektrische Potenziale durch Spannungsquellen, die äußeren Kräfte und Momente mittels Stromquellen, vorgegeben werden. In einem KIRCHHOFFschen Netzwerk sind die Terminals aller Blöcke stets bidirektional.

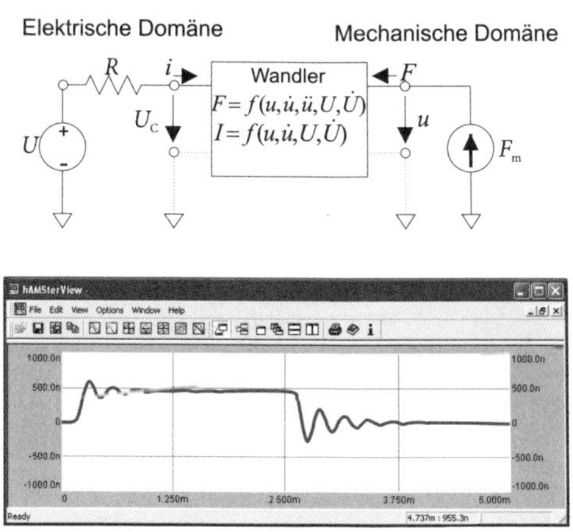


```
entity transducer is
  port (terminal elec:electrical;
        terminal struc:mechanical);
end;

architecture behavior of transducer is
  quantity U across I through elec;
  quantity u across F through struc;

  quantity cap:real;
  quantity dcdu:real;
  constant eps:real:=8.85e-12;
  constant m:real:=4.658e-7;
  constant d:real:=2.245e-3;
  constant c:real:=270.4;
  constant A:real:=1.0e-6;
  constant h:real:=10.0e-6;

begin
  F==m*u'dot'dot+d*u'dot+c*u-dcdu*U**2/2.0;
  I==U'dot*cap + cap'dot*U;
  cap==eps*A/(h-u);
  dcdu==eps*A/((h-u)**2);
end;
```

Bild 8.14 VHDL-AMS Verhaltensmodell eines elektromechanischen Wandlers

Moderne Analog-Verhaltenssimulatoren unterstützen eine Vielzahl von mathematischen Operationen, mit denen auch bestimmte Eigenschaften wie Nichtlinearitäten und Unstetigkeiten abgebildet werden. So ist es beispielsweise möglich, mit einem IF-USE-Befehl unterschiedliche Modellkonfigurationen auszuwählen oder die Eigenschaften eines Modells zu ändern.

8.3 Systeme mit verteilten Parametern

8.3.1 Verhaltensbeschreibung mittels analytischer Modelle

Für zahlreiche Applikationen werden elektromechanische Komponenten mit deformierbaren Formelementen und Elektrodenflächen verwendet. Die Auswahl eines charakteristischen Bewegungsfreiheitsgrades und die Abbildung des Systems als Feder-Masse-Dämpfer-Modell ist für diese Mikrostrukturen komplizierter als bei einem mittels Federn geführten Starrkörperelement. Dennoch ist die Herangehensweise beim Entwurf ähnlich und wird im Folgenden beispielhaft demonstriert.

Bild 8.15 zeigt einen zweiseitig eingespannten Mikrobalken, der mit elektrostatischen Kräften in Richtung Waferoberfläche ausgelenkt werden kann. Je nach angelegter elektrischer Spannung deformiert sich der Mikrobalken zu einer schüsselförmigen Biegelinie mit unterschiedlicher Amplitude. Beim Überschreiten einer kritischen Spannung entsteht auch hier ein Pull-in-Effekt, bei dem sich die bewegliche Struktur an die elektrisch isolierte Bodenelektrode anschmiegt. Mikroaktoren in ähnlicher Bauform werden als Phasenschieber für die Hochfrequenztechnik, als Mikroschalter oder für optische Applikationen (adaptive Beugungsgitter) verwendet.

Typisch für die meisten flexiblen Mikrostrukturen ist, dass der Auslenkungszustand bei verschiedenen Lastsituationen als Skalierung einer oder mehrerer charakteristischer

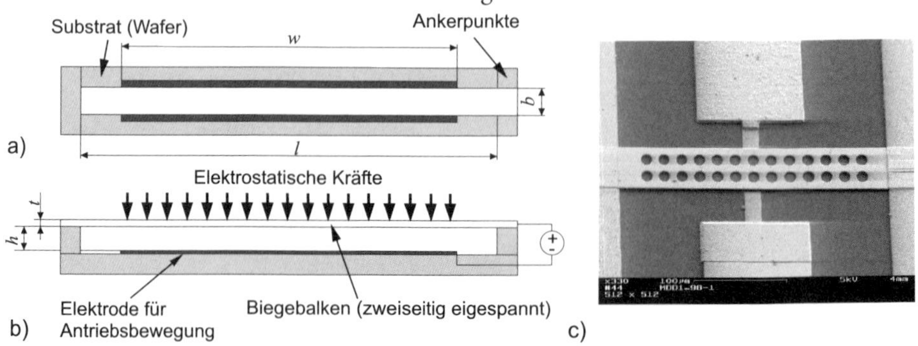

Bild 8.15 Mikroaktor mit flexibler Elektrodenanordnung in Oberflächenmikromechanik: a) Aufbau; b) Funktionsweise; c) mikromechanische Realisierung

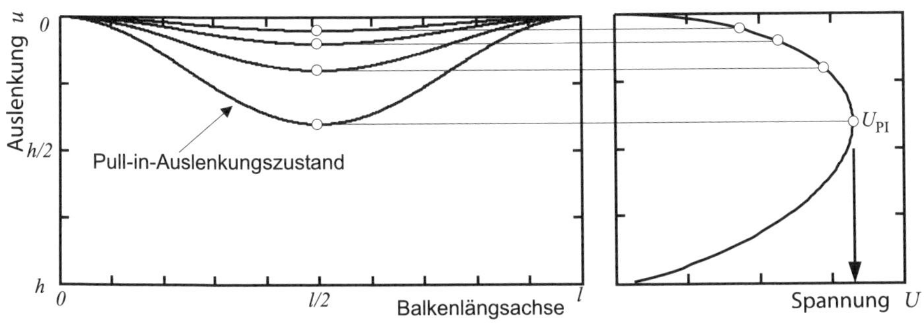

Bild 8.16 Biegelinien des Mikrobalkens bei verschiedenen Elektrodenspannungen

Bewegungszustände betrachtet werden kann (**Bild 8.16**). Diese Eigenschaft mechanischer Formelemente wird für die analytische und numerische Verhaltensbeschreibung genutzt, indem der Bewegungszustand als Überlagerung von so genannten **Formfunktionen** betrachtet wird. Die tatsächliche Verschiebung wird dann durch die Skalierungsfaktoren der einzelnen Formfunktionen, die als Gewichte bezeichnet werden, eindeutig beschrieben.

Die Verschiebung u an jedem Punkt der Struktur wird näherungsweise durch den Ansatz

$$u(x,y,z,t) \approx \sum_{i=1}^{m} \phi_i(x,y,z)\, q_i(t) \tag{8.13}$$

definiert, wobei ϕ_i die Formfunktionen und q_i deren Gewichte darstellen. Im vorliegenden Fall ist eine einzige Formfunktion ϕ_i ausreichend, um das Mikrosystem mit ausreichender Genauigkeit zu beschreiben. Geeignete Formfunktionen sind die niedrigsten Eigenschwingformen der mechanischen Struktur (s. Abschn. 8.3.3) oder die statische Auslenkung bei charakteristischen Testlasten. Für den vorliegenden Mikrobalken liefert sowohl die analytische Lösung der Biegelinie bei Punkt- als auch bei konstanten Flächenlasten eine Formfunktion, die zur Verhaltensbeschreibung verwendet werden kann (**Bild 8.17**).

Zur analytischen Beschreibung elektrostatisch-mechanischer Systeme werden wie in Abschn. 8.2.1 Energie- und Kapazitätsfunktionen benötigt.

Für den vorliegenden Biegenbalken können diese Funktionen analytisch errechnet werden (siehe Beispiel 8.3). Dabei gilt:

- Potenzielle Energie des Balkens (reine Biegung):

$$E_B(q_1) = \frac{E\,I}{2} \int_0^l u''(x)^2\,dx = E\,I \int_0^{l/2} \left(q_1 \frac{\partial^2 \phi_1(x)}{\partial x^2} \right)^2 dx \tag{8.14}$$

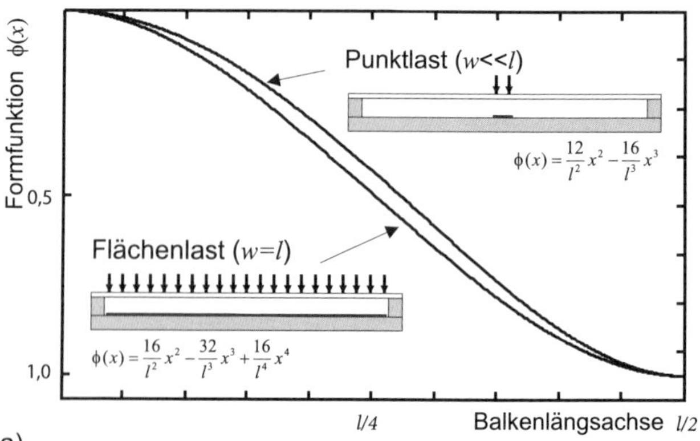

a)

Ansatz für Punktlast:

$\phi(x) = a_0 + a_1 x + a_2 x^2 + a_3 x^3$

Randbedingungen:

$\phi(x=0)=0;\ \phi(x=l/2)=1$

$\phi'(x=0)=0; \phi'(x=l/2)=0$

Formfunktion:

$$\boxed{\phi(x)=\frac{12}{l^2}x^2-\frac{16}{l^3}x^3} \quad (8.17)$$

b)

Bild 8.17 Formfunktionen eines Biegebalkens bei verschiedener Elektrodenlänge: a) Formfunktionen Φ_i; b) Herleitung der Formfunktion für zentrische Punktlasten

- Kinetische Energie:

$$E_K(\dot{q}_1)=\frac{\rho A}{2}\int_0^l \dot{u}(x)^2\,dx=\rho A\int_0^{l/2}\left(\dot{q}_1\,\phi_1(x)\right)^2 dx \qquad (8.15)$$

- Kapazität:

$$C(q_1)=\varepsilon b\int_0^l \frac{1}{h+u(x)}\,dx=2\varepsilon b\int_0^{l/2}\frac{1}{h+q_1\,\phi_1(x)}\,dx\,, \qquad (8.16)$$

wobei E der Elastizitätsmodul, I das Flächenträgheitsmoment, ρ die Dichte, A die Querschnittsfläche, ε die Dielektrizitätskonstante, b die Breite und l die Länge des Balkens sowie h der Elektrodenabstand sind.

Die zugehörigen verallgemeinerten Kennwerte wie Masse, Dämpfung, Steifigkeit und elektrostatische Kraftwirkung können direkt aus den partiellen Ableitungen dieser Funktionen nach den Gewichtsfaktoren ermittelt werden. Analog zu den bereits diskutierten diskreten Systemen ergeben sich dann die Kraft-Verschiebungs- und die Strom-Spannungsbeziehung in verallgemeinerten Koordinaten (**Tabelle 8.1**).

Das statische und dynamische Verhalten wird mit den gleichen Berechnungsverfahren ermittelt, die in Abschn. 8.2.1 für Starrkörpersysteme vorgestellt wurden. Werden mehrere Formfunktionen bzw. Elektroden zur Abbildung des flexiblen elektro-mechanischen Systems verwendet, führen die Gln. (8.22) und (8.23) auf ein gewöhnliches Differenzialgleichungssystem.

Tabelle 8.1 Berechnung charakteristischer Kennwerte für flexible Strukturen

Mechanisches Teilsystem			
Steifigkeit	**Masse**	**Dämpfung**	**Elektrostatische Kraft**
$c=\dfrac{\partial^2 E_B(q_1)}{\partial q_1^2}$ (8.18)	$M=\dfrac{\partial^2 E_K(\dot{q}_1)}{\partial \dot{q}_1^2}$ (8.19)	$D=2\xi\sqrt{c\,M}$ (8.20)	$F_{el}(q_1)=\dfrac{U^2}{2}\dfrac{\partial C(q_1)}{\partial q_1}$ (8.21)
$M\ddot{q}_1+D\dot{q}_1+c\,q_1=F_{el}(q_1)$ (8.22)			
Elektrisches Teilsystem			
$I=\dot{U}\,C(q_1)+\dfrac{\partial C(q_1)}{\partial q_1}\dot{q}_1\,U$ (8.23)			

8.3.2 Numerische Methoden auf der Basis der Finiten-Elemente-Methode

Numerische Verfahren sind zur Berechnung komplizierter Formelemente und Lastsituationen unumgänglich. Dabei haben sich in den letzten Jahren zahlreiche kommerzielle Finite-Elemente-Programmsysteme etabliert, die neben den mechanischen Feldproblemen auch Wechselwirkungen mit der Elektrostatik und der umgebenden Fluidik analysieren können. **Bild 8.18c** zeigt die detailgetreue FE-Modellierung des Mikroaktors aus Abschn. 8.3.1. Im Gegensatz zur analytischen Lösung werden mit FEM auch die Nachgiebigkeit der Ankerpunkte, der Einfluss der Perforation und das Anschmiegen an die Bodenelektrode richtig erfasst.

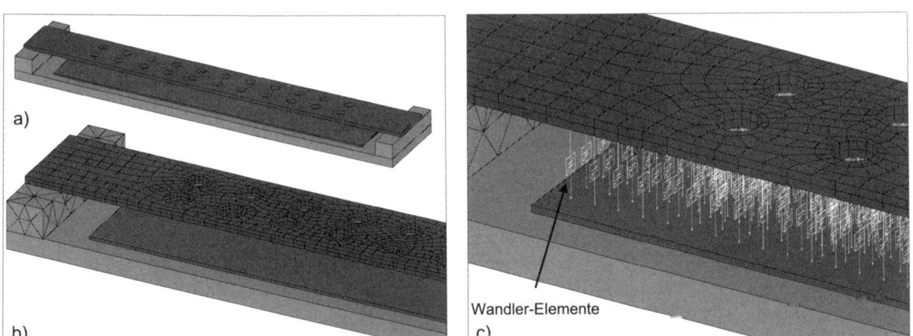

Bild 8.18 Finite-Elemente-Modell des Mikroaktors in ANSYS/Multiphysics: a) Volumenmodell; b) Finite-Elemente-Modell von Bild 8.15c; c) Wandler-Elemente zwischen den Elektroden des Mikrosystems

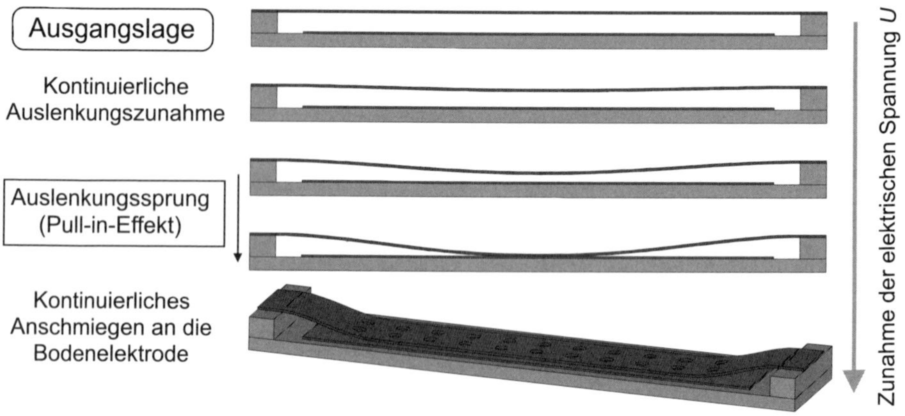

Bild 8.19 Auslenkung des Mikroaktors bei verschiedenen Elektrodenspannungen

Elektromechanische Wechselwirkungen können in FE-Systemen vereinfacht durch quasianalytische Wandler-Elemente oder durch eine wirklich dreidimensionale Vernetzung des Luftraumes mit Elektrostatik-Elementen abgebildet werden.

Wandler-Elemente [ANSYS04] werden vorrangig zur Modellierung des elektrostatischen Feldes in schmalen Spalten bewegter Platten verwendet. Die Formulierung der Verhaltensgleichungen beruht auf analytischen Beziehungen, die aus dem lokalen Elektrodenabstand und der dem Element zugeordneten Elektrodenfläche eine Kapazitätsfunktion ermitteln und daraus die elektrostatische Kraft, die Steifigkeitsänderung und den elektrischen Strom berechnen. Da an jedem FE-Knoten im Luftspalt des mechanischen Modells ein Wandler-Element angeordnet wird, ist es möglich, die unterschiedliche elektrostatische Feldverteilung an verkippten und flexiblen Elektroden mit hoher Genauigkeit abzubilden. Zur Vermeidung von Singularitäten wird die Auslenkung der zugehörigen Knoten auf einen Mindestspalt begrenzt. Durch diese Nebenbedingung können die Elemente das Anschmiegen an eine Bodenelektrode realitätsnah abbilden (**Bild 8.19**)

Wandler-Elemente stehen für alle Analysearten (statisch, harmonisch, transient) zur Verfügung und erlauben eine hohe Rechengeschwindigkeit. Als Alternative können auch 3D-Elemente zur Modellierung des elektrostatischen Feldes verwendet werden. Vorteil dieser Elemente ist, dass aufgrund der FE-Formulierung für die POISSON-Gleichung beliebige Feldverteilungen, einschließlich dem Streufeld, analysiert werden können. Nachteil ist der wesentlich größere Rechenaufwand durch die zusätzliche Diskretisierung des Luftraumes (**Bild 8.20**) und die fehlende Formulierung der elektrostatischen Steifigkeit. Gegenwärtig ist deshalb mit diesen Elementen in vielen FE-Programmen keine harmonische Analyse möglich [ANSYS04].

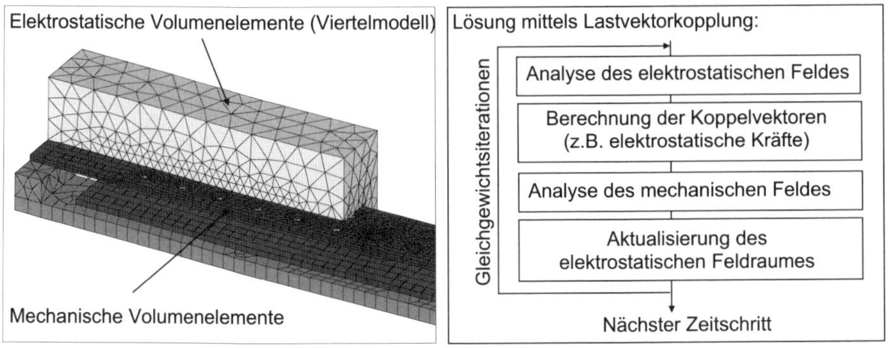

Bild 8.20 Simulation elektromechanischer Wechselwirkungen mittels Lastvektorkopplung

Die Lösung des elektromechanischen Feldproblems erfolgt durch eine Abfolge entkoppelter Simulationen, bei denen das elektrostatische und mechanische Feldproblem separat gelöst werden. Die Wechselwirkungen werden durch so genannte Lastvektoren erfasst und für die nachfolgende Gleichgewichtsiteration an die andere physikalische Domäne übergeben (**Bild 8.20**).

8.3.3 Makromodellierung komplexer Systeme durch Ordnungsreduktion

Moderne Simulationsverfahren nutzen eine Kombination von analytischen und numerischen Verfahren zur Verhaltensbeschreibung von Mikrosystemen. Die Grundidee besteht oft darin, den Deformationszustand ähnlich wie in Abschn. 8.3.1 durch eine Superposition von Formfunktionen zu beschreiben, wobei jedoch die Kennwerte der Systemgleichungen numerisch, beispielsweise mit Finite-Elemente-Methoden, extrahiert werden. Durch die Abbildung des Gesamtsystems mit wenigen Formfunktionen wird die Rechenzeit im Vergleich zu FE-Analysen deutlich verringert. Die Genauigkeit und Anwendbarkeit auf komplexe und gekoppelte Systeme wird durch die Kombination analytischer Lösungsmethoden mit Finite-Elemente-Berechnungen zur Datenextraktion jedoch nahezu beibehalten.

Ein der Makromodellierung ähnliches Verfahren wird bereits seit Jahren erfolgreich zur Lösung mechanischer Feldprobleme eingesetzt und ist als **Methode der modalen Superposition** bekannt. Die **modale Superposition** nutzt die Eigenschwingformen der mechanischen Struktur als Formfunktionen zur Abbildung des Bewegungsverhaltens während einer harmonischen oder transienten Analyse [BATHE02]. Der Vorteil der modalen Superposition besteht in einer deutlichen Verringerung der Anzahl der Freiheitsgrade im Vergleich zu einem vollständigen FE-Modell. Ein weiterer Vorteil ist, dass im

Gegensatz zur manuellen Wahl der Formfunktion in Abschn. 8.3.1 die Eigenschwingformen automatisch aus dem geometrischen Modell des Formelementes extrahiert werden können. Dies ist eine wesentliche Voraussetzung für die Automatisierung des gesamten Entwurfsablaufes in der Mikrosystemtechnik.

Aus einem Finite-Elemente-Gleichungssystem mit n Freiheitsgraden

$$\begin{bmatrix} M_{11} & M_{12} & \cdots & M_{1n} \\ M_{21} & M_{22} & \cdots & M_{2n} \\ \vdots & \vdots & \ddots & \vdots \\ M_{n1} & M_{n2} & \cdots & M_{nn} \end{bmatrix} \begin{bmatrix} \ddot{u}_1 \\ \ddot{u}_2 \\ \vdots \\ \ddot{u}_n \end{bmatrix} + \begin{bmatrix} D_{11} & D_{12} & \cdots & D_{1n} \\ D_{21} & D_{22} & \cdots & D_{2n} \\ \vdots & \vdots & \ddots & \vdots \\ D_{n1} & D_{n2} & \cdots & D_{nn} \end{bmatrix} \begin{bmatrix} \dot{u}_1 \\ \dot{u}_2 \\ \vdots \\ \dot{u}_n \end{bmatrix} + \begin{bmatrix} c_{11} & c_{12} & \cdots & c_{1n} \\ c_{21} & c_{22} & \cdots & c_{2n} \\ \vdots & \vdots & \ddots & \vdots \\ c_{n1} & c_{n2} & \cdots & c_{nn} \end{bmatrix} \begin{bmatrix} u_1 \\ u_2 \\ \vdots \\ u_n \end{bmatrix} = \begin{bmatrix} F_1 \\ F_2 \\ \vdots \\ F_n \end{bmatrix} \quad (8.24)$$

wird ein entkoppeltes System mit neuen Last- und Bewegungsgrößen:

$$\begin{bmatrix} 1 & 0 & \cdots & 0 \\ 0 & 1 & \cdots & 0 \\ \vdots & \vdots & \ddots & \vdots \\ 0 & 0 & \cdots & 1 \end{bmatrix} \begin{bmatrix} \ddot{q}_1 \\ \ddot{q}_2 \\ \vdots \\ \ddot{q}_m \end{bmatrix} + \begin{bmatrix} 2\xi_1\omega_1 & 0 & \cdots & 0 \\ 0 & 2\xi_2\omega_2 & \cdots & 0 \\ \vdots & \vdots & \ddots & \vdots \\ 0 & 0 & \cdots & 2\xi_m\omega_m \end{bmatrix} \begin{bmatrix} \dot{q}_1 \\ \dot{q}_2 \\ \vdots \\ \dot{q}_m \end{bmatrix} + \begin{bmatrix} \omega_1^2 & 0 & \cdots & 0 \\ 0 & \omega_2^2 & \cdots & 0 \\ \vdots & \vdots & \ddots & \vdots \\ 0 & 0 & \cdots & \omega_m^2 \end{bmatrix} \begin{bmatrix} q_1 \\ q_2 \\ \vdots \\ q_m \end{bmatrix} = \begin{bmatrix} f_1 \\ f_2 \\ \vdots \\ f_m \end{bmatrix} \quad (8.25)$$

Dabei ist die Dimension m wesentlich kleiner als n. Für die meisten Sensoren und Aktoren der Mikrosystemtechnik sind zehn Eigenschwingformen ausreichend.

Die Projektion der realen Lasten F des Systems in modale Lasten f erfolgt durch Multiplikation mit dem transponierten Vektor der Eigenschwingform ϕ_i

$$f_i = \phi_i^T F \,. \quad (8.26)$$

Die **Rücktransformation** der modalen Kennwerte auf die realen Verschiebungsgrößen der Mikrostruktur ergibt sich aus einer Überlagerung (Superposition) der m Eigenschwingformen, die zuvor mit den berechneten modalen Auslenkungen gewichtet wurden:

$$u = \sum_{i=1}^{m} \phi_i \, q_i \,. \quad (8.27)$$

Das Verfahren der modalen Superposition ist nicht nur für Schwingungsanalysen verwendbar, sondern kann für beliebige Analysearten und Lastsituationen genutzt werden.

Im Folgenden soll gezeigt werden, wie mittels modaler Superposition das Verhalten des Mikroaktors von **Bild 8.15** effektiv modelliert werden kann. Ebenso wie bei analytischen Berechnungsverfahren bilden Kapazitäts- und Energiefunktionen auch für die numerische Makromodellierung gekoppelter Systeme einen geeigneten Zugang. Die

Bewegungsgleichung für die m Eigenschwingformen ergeben sich analog zu **Tabelle 8.1** als

$$\ddot{q}_i + 2\xi_i\,\omega_i\,\dot{q}_i + \frac{\partial W(q)}{\partial q_i} = \phi_i{}^T F_m + \sum_r \frac{U^2}{2}\frac{\partial C(q)}{\partial q_i}\,, \tag{8.28}$$

$$I = \sum_r \left(\dot{U}\,C(q) + \sum_{i=1}^{m} \frac{\partial C(q)}{\partial q_i}\dot{q}_i\,U \right), \tag{8.29}$$

wobei $W(q)$ die im mechanischen System momentan vorhandene Dehnungsenergie, ξ_i das Dämpfungsmaß, ω_i die Eigenkreisfrequenzen und $C(q)$ die r Kapazitäten zwischen den Elektroden darstellen. Sowohl die Dehnungsenergie als auch die Kapazitäten sind multivariable Funktionen, die durch Ausgleichsrechnungen (Regression) aus den Ergebnissen von FE-Analysen gewonnen werden. Der gesamte Ablauf wird in drei Schritte untergliedert.

1. Schritt: Bestimmung relevanter Formfunktionen für das reduzierte Modell: Im einfachsten Fall können die Eigenschwingformen mit den niedrigsten Frequenzen als Formfunktion für die Lösung des gekoppelten Feldproblems verwendet werden. Wie jedoch aus **Bild 8.21** ersichtlich ist, werden meist nicht alle Eigenschwingformen tatsächlich angeregt. Ein erfahrener Ingenieur ist in der Lage, die für die Anwendung relevanten Moden manuell auszuwählen. Andererseits ist es aber auch möglich, die Modenrelevanz anhand von Testlasten automatisch zu bestimmen und nur die Formfunktionen mit dem höchsten Anteil am Deformationszustand für das Makromodell zu aktivieren.

2. Schritt: Bestimmung der Kapazitäts- und Dehnungsenergiefunktionen: Kapazitäts- und Dehnungsenergiefunktionen werden zur Berechnung der mechanischen und elektro-

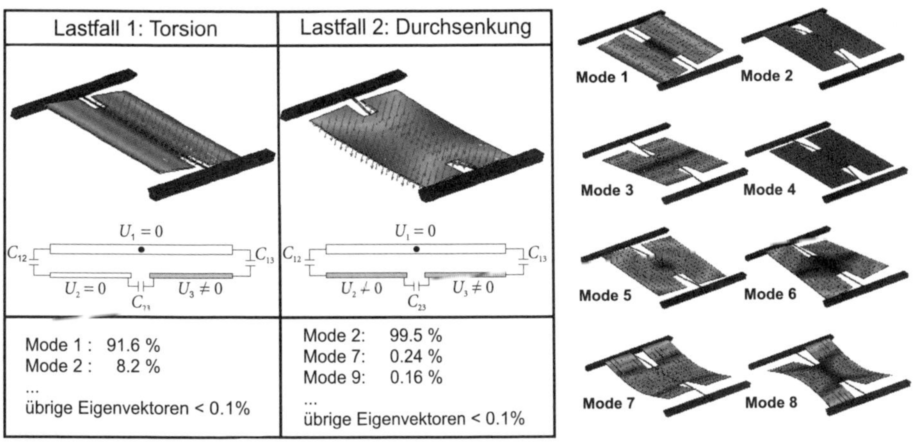

Bild 8.21 Automatische Auswahl relevanter Eigenschwingformen durch Testlasten

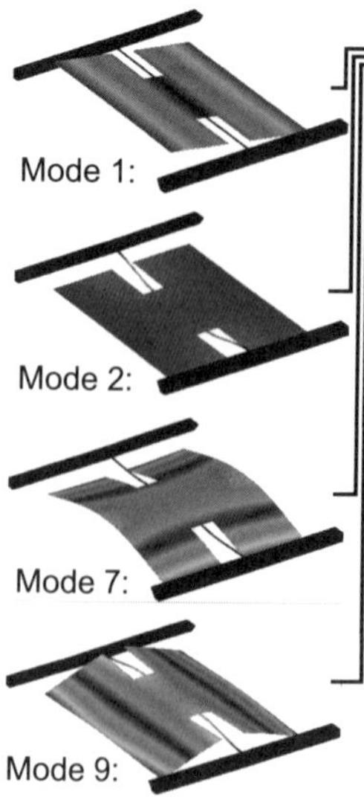

Wertetabelle der Finite-Elemente-Berechnungsergebnisse:

q_1	q_2	q_7	q_9	W	C_{12}	C_{13}	C_{23}
0	0	0	0	1.25e-19	8.65e-14	8.65e-14	1.65e-15
1.0e-06	1.0e-07	1.0e-08	1.0e-08	1.55e-08	8.35e-14	8.95e-14	1.67e-15
1.0e-06	1.0e-07	1.0e-08	-1.0e-08	1.55e-08	8.32e-14	8.98e-14	1.67e-15
1.0e-06	1.0e-07	-1.0e-08	1.0e-08	1.55e-08	8.29e-14	8.99e-14	1.67e-15
1.0e-06	1.0e-07	-1.0e-08	-1.0e-08	1.55e-08	8.56e-14	8.74e-14	1.67e-15
1.0e-06	5.0e-08	1-0e-08	1.0e-08	8.75e-09	8.54e-14	8.76e-14	1.68e-15
1.0e-06	5.0e-08	1.0e-08	-1.0e-08	8.75e-09	8.47e-14	8.83e-14	1.72e-15
1.0e-06	5.0e-08	-1.0e-08	1.0e-08	8.75e-09	8.47e-14	8.83e-14	1.72e-15

Polynomapproximation mittels Ausgleichsrechnung:

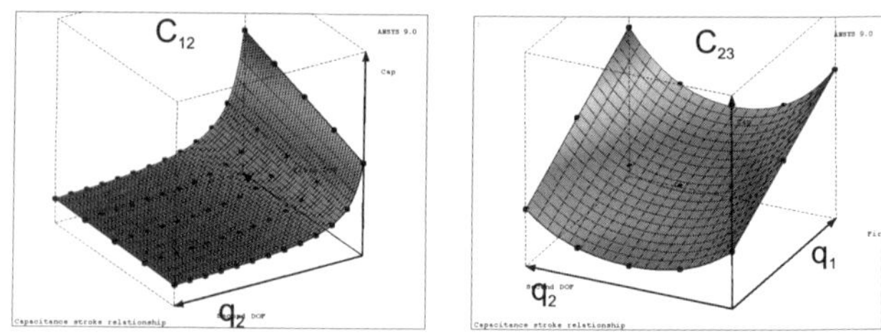

Bild 8.22 Ermittlung der Kapazitäts- und Dehnungsenergiefunktion mit FEM

statischen Kraftwirkung auf die Eigenschwingformen sowie für die Strom-Spannungsbeziehung benötigt. Für einfache Formelemente ist der jeweilige Ausdruck analytisch verfügbar, bei komplizierten Mikrosystemen müssen die Daten numerisch, mittels zahlreicher Finite-Elemente-Rechnungen (Parameterextraktion) ermittelt werden. Hierfür ist es notwendig, dass für bestimmte Linearkombinationen der Eigenschwingformen sowohl die Kapazitäten als auch die im mechanischen System gespeicherte Dehnungsenergie berechnet und in einer Wertetabelle abgelegt wird (**Bild 8.22**). Die erforderlichen Auslenkungszustände erhält man durch Multiplikation der Eigenschwingformen mit den modalen Auslenkungen, die dann als Verschiebungsrandbedingungen im FE-Modell berücksichtigt werden. In einem zweiten Schritt werden aus den vorhandenen Wertetabellen mathematische Funktionen extrahiert, mit denen die Kennwerte und deren Ableitungen auf einfache Weise beschrieben werden können (z. B. Polynome).

3. Schritt: Export des Makromodells für die Komponenten- und Systemsimulation: Mit den mathematischen Funktionen für die Kapazitäts- und Dehnungsenergie, den Eigenfrequenzen und -schwingformen sowie mit Angaben für die Dämpfung der Schwingmoden kann mit den Gln. (8.28) und (8.29) das Modell des elektromechanischen Systems in beliebige Simulationsumgebungen exportiert werden. Im Vergleich zum Low-level-Verhaltensmodell von **Bild 8.3** werden hier nicht nur die translatorische Verschiebung und die Drehung der Spiegelplatte erfasst, sondern auch die Plattenverwölbung berück-

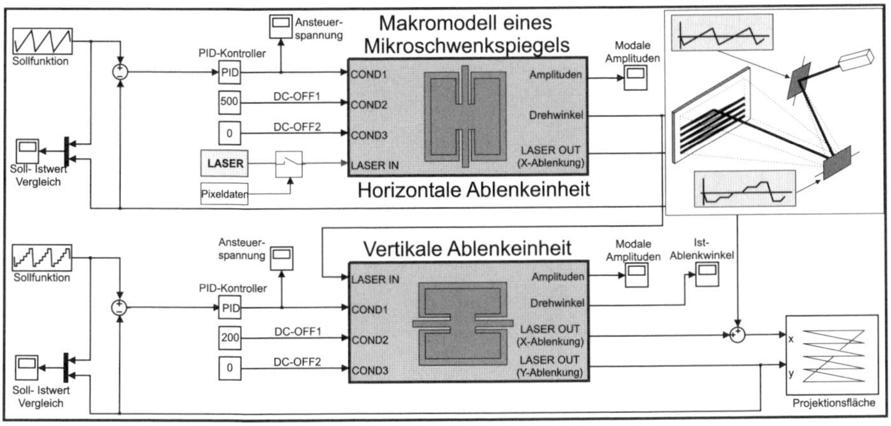

Bild 8.23 Anwendung der Makromodelle zur Systemsimulation in Matlab/Simulink

sichtigt. **Bild 8.23** zeigt das Systemmodell eines Bildprojektionssystems auf der Basis von mikromechanischen Schwenkspiegeln in Matlab/Simulink.

Ziel der Systemsimulation in **Bild 8.23** ist die exakte Analyse des Zusammenspiels zwischen dem Regler und den Mikroschwenkspiegeln. Insbesondere sollen die Auswirkungen der Plattenverwölbung und des realen Strahlverlaufes auf die Bildqualität und die erreichbare Auflösung untersucht werden. Mögliche Anwendungen für Laserprojektionssysteme sind beispielsweise Head-up-Displays für Kraftfahrzeuge, bei denen Informationen des Navigationssystems bzw. der Fahrzeuginstrumente als virtuelles Bild vor das Fahrzeug projiziert werden.

Beispiel 8.1 Statische Auslenkung eines elektromechanischen Systems

Für den kapazitiv gekoppelten Feder-Masse-Schwinger in Differenzialanordnung nach **Bild 8.8** soll die statische Auslenkung u des Massekörpers mittels Relaxations- und mittels NEWTON-RAPHSON-Verfahren berechnet werden. Modellparameter sind: Steifigkeit der Federführung c = 270 N/m, Polarisationsspannung U_P = 100 V, Elektrodenabstand h = 10 µm, Elektrodenfläche A = 1 mm^2, Steuerspannung U = 6 V. Die Steifigkeit entspricht einer Federführung mit vier Federn, wobei die Länge 500 µm, die Breite 50 µm und die Dicke 10 µm betragen. Der E-Modul ist 169 GPa. Für die Lösung wird das Programm MathCad verwendet.

Die Ergebnisse zeigen, dass das Relaxationsverfahren ein schleichendes Konvergenzverhalten, das NEWTON-RAPHSON-Verfahren dagegen eine hohe Konvergenzgeschwindigkeit aufweist.

Tabelle 8.2 Lösungsalgorithmus in der Notation von MathCad

Relaxationsverfahren	NEWTON-RAPHSON-Verfahren
$u(U) := \begin{array}{l} u_0 \leftarrow 0 \\ \text{for } i \in 0..20 \\ \quad Fel \leftarrow \frac{(Up-U)^2\cdot\varepsilon\cdot A}{2\cdot(h-u_i)^2} - \frac{(Up+U)^2\cdot\varepsilon\cdot A}{2\cdot(h+u_i)^2} \\ \quad u_{i+1} \leftarrow c^{-1}\cdot Fel \\ u \end{array}$	$u(U) := \begin{array}{l} u_0 \leftarrow 0 \\ \text{for } i \in 0..anz \\ \quad RES \leftarrow \frac{(Up-U)^2\cdot\varepsilon\cdot A}{2\cdot(h-u_i)^2} - \frac{(Up+U)^2\cdot\varepsilon\cdot A}{2\cdot(h+u_i)^2} - c\cdot u_i \\ \quad JAC \leftarrow c - \frac{(Up-U)^2\cdot\varepsilon\cdot A}{(h-u_i)^3} - \frac{(Up+U)^2\cdot\varepsilon\cdot A}{(h+u_i)^3} \\ \quad u_{i+1} \leftarrow u_i + JAC^{-1}\cdot RES \\ u \end{array}$

Tabelle 8.2 Lösungsalgorithmus in der Notation von MathCad (fortgesetzt)

Relaxationsverfahren	NEWTON-RAPHSON-Verfahren
$u_1 = 0{,}393$ µm, $u_2 = 0{,}655$ µm,	$u_1 = 1{,}150$ µm, $u_2 = 1{,}290$ µm,
$u_3 = 0{,}833$ µm, $u_4 = 0{,}957$ µm, …,	$u_3 = 1{,}295$ µm, $u_4 = 1{,}295$ µm, …,
$u_{10} = 1{,}236$ µm, …, $u_{20} = 1{,}291$ µm	$u_{10} = 1{,}295$ µm

Beispiel 8.2 Übertragungsfunktion eines elektromechanischen Systems

Für die im Beispiel 8.1 beschriebene Anordnung soll die Übertragungsfunktion bei verschiedenen Polarisationsspannungen U_P. berechnet werden. Das Dämpfungsmaß ξ ist 0,1 und die Masse M des Schwingsystems 0,466 mg. Dies entspricht einer 200 µm dicken Platte mit der Grundfläche A und einer Dichte von 2329 kg/m³.

Zunächst wird der Arbeitspunkt berechnet: Die statische Auslenkung $u_=$ ist auf Grund der symmetrisch gewählten Polarisationsspannung Null. Für die elektrostatische Steifigkeit gilt nach Gl. (8.7):

$$c_{\mathrm{el}}(U_=) = -2\frac{U_=^2 \varepsilon A}{h^3}.$$

Für eine Polarisationsspannung von 100 V ergibt sich eine elektrostatische Erweichung von 177 N/m. Dadurch verringert sich die Gesamtsteifigkeit auf 93 N/m. Infolge der Polarisationsspannung verschiebt sich die Resonanzfrequenz für das ungedämpfte System von ursprünglich 3832 Hz auf 2250 Hz.

Die Übertragungsfunktion wird mit dem Programm MathCad berechnet:

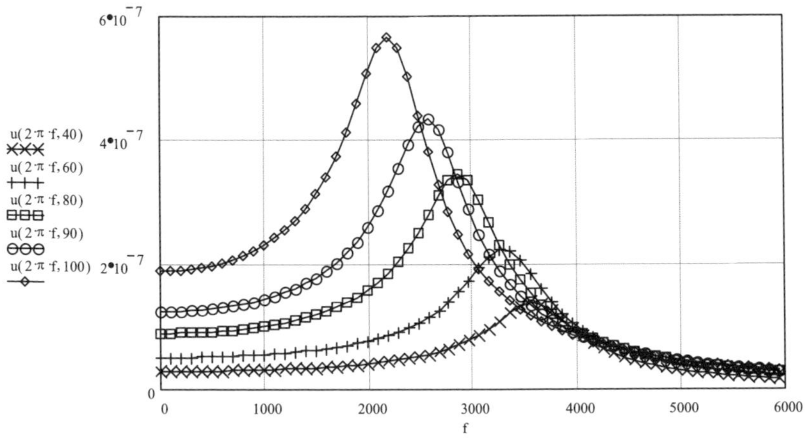

Bild 8.24 Bewegungsamplitude des kapazitiv gekoppelten Feder-Masse-Schwingers

$$c\_d(\Omega, Up) := -\Omega^2 \cdot M + i \cdot \Omega \cdot 2 \cdot \xi \cdot \sqrt{c \cdot M} + \left(c - 2 \cdot \frac{Up^2 \cdot \varepsilon \cdot A}{h^3}\right)$$ Dynamische Steifigkeit

$$u(\Omega, Up) := \left| c\_d(\Omega, Up)^{-1} \cdot \left(Up \cdot Uw \cdot 2 \cdot \frac{\varepsilon \cdot A}{h^2}\right) \right|$$ Auslenkung

$f := 1, 100 .. 6000$ Frequenzbereich

Bild 8.24 zeigt die mit MathCad berechnete Bewegungsamplitude $\hat{u}$ des kapazitiv gekoppelten Feder-Masse-Systems von Beispiel 8.1 bei einer Wechselspannungsamplitude von $U_w = 1$ V und Polarisationsspannungen zwischen 40 V und 100 V.

Beispiel 8.3 Deformationsverhalten flexibler Mikrostrukturen

Es soll die mechanische Auslenkung eines zweiseitig eingespannten Biegebalkens bei elektrostatischen Lasten mittels Formfunktionen berechnet werden: Balkenlänge 200 µm, Balkenbreite 20 µm, Balkendicke 1 µm, Elastizitätsmodul 80 GPa, Dichte 2700 kg/m^3, Elektrodenabstand 2 µm.

Als Formfunktion für die Balkenauslenkung bei Punktlast kann Gl. (8.14) dienen:

$$\phi(x) = 3 \cdot 10^8 x^2 - 2 \cdot 10^{12} x^3, \qquad \frac{\partial^2 \phi(x)}{\partial x^2} = 6 \cdot 10^8 - 12 \cdot 10^{12} x$$

Mit den Gln. (8.15) und Gl. (8.18) ergibt sich für die potenzielle Energie und verallgemeinerte Steifigkeit:

$$E_B(q_1) = -E\,I\,q_1^2 \frac{\left(6\cdot 10^8 - 12\cdot 10^{12}\,x\right)^3}{3\cdot 12\cdot 10^{12}}\Bigg|_{x=0}^{x=l/2} = 1{,}6\,q_1^2$$

Damit ergibt sich

$$c = \frac{\partial^2 E_B(q_1)}{\partial q_1^2} = 3{,}2\ \mathrm{N/m}$$

Die kinetische Energie und verallgemeinerte Masse ergibt sich aus den Gln. (8.16) und (8.19):

$$E_K(\dot{q}_1) = 3{,}714\cdot 10^{-5}\,\rho\,A\,\dot{q}_1^2 = 2{,}006\cdot 10^{-12}\,\dot{q}_1^2.$$

Damit wird

$$M = \frac{\partial^2 E_K(\dot{q}_1)}{\partial \dot{q}_1^2} = 4{,}011\cdot 10^{-12}\ \mathrm{kg}$$

und die Eigenfrequenz

$$f_1 = \frac{1}{2\,\pi}\sqrt{\frac{c}{M}} = \frac{1}{2\,\pi}\sqrt{\frac{E_B(1)}{E_K(1)}} = 142\ \mathrm{kHz}.$$

Für die Berechnung der Kapazitätsfunktion nach Gl. (8.17) ist keine geschlossene analytische Lösung des Integralausdruckes möglich. Die nachfolgenden Werte wurden deshalb mit einem numerischen Integrationsverfahren näherungsweise ermittelt.

Tabelle 8.3 Berechnung charakteristischer Kennwerte für flexible Strukturen

Verschiebung $u(x = l/2)$ Generalisierte Koordinate q_1	Kapazität $C(q_1)$	Kapazitätsänderung $dC(q_1)/dq_1$	Erforderliche Spannung U
-0,25 µm	18,9 fF	-5,40 fF/µm	17,2 V
-0,50 µm	20,4 fF	-6,78 fF/µm	21,7 V
-0,75 µm	22,4 fF	-4,42 fF/µm	23,2 V
-1,00 µm	25,0 fF	-8,90 fF/µm	22,7 V
-1,25 µm	28,8 fF	-18,9 fF/µm	20,4 V
-1,50 µm	35,2 fF	-34,5 fF/µm	16,7 V

Beispiel 8.4 Numerische Modellierung elektromechanischer Systeme mit FEM

Für das in den Beispielen 8.1 und 8.2 beschriebene elektromechanische System soll eine numerische Analyse des statischen und harmonischen Verhaltens mit ANSYS durchgeführt werden. Das elektrostatische Teilsystem soll dabei durch TRANS126-Elemente und das mechanische Teilsystem durch COMBIN14 und MASS21 abgebildet werden:

```
! Statische Analyse eines kapazitiv gekoppelten Schwingers
stiff=270           ! Mechanische Steifigkeit
dmp_rat=0.1         ! Dämpfungsmaß
mass=0.466e-6       ! Masse
area=1e-6           ! Elektrodenfläche
eps=8.85e-12        ! Permittivität von Luft
h=10e-6             ! Elektrodenabstand
/prep7
et,1,14,,1          ! Feder-Dämpfer-Element
et,2,21             ! Punktmasse
et,3,126            ! Wandler-Element
! Zuweisung der physikalischen Eigenschaften
r,1,stiff,2*dmp_rat*sqrt(stiff*mass)   ! c und D
r,2,mass            ! M
r,3,,,h             ! h
rmore,eps*area      ! e*A
! Finite-Elemente-Deklaration
n,1   $n,2,h  $n,3,2*h
e,1,2 $type,2 $real,2 $e,2 $type,3 $real,3 $e,1,2 $e,2,3
fini
/solu
! Zuweisung der Randbedingungen und Potenziale
d,1,ux,0 $d,3,ux,0 $d,1,volt,100 $d,3,volt,-100 $d,2,volt,6
cnvtol,f,,1e-8 $solve $fini
/post1
prdisp
fini

!Berechnung der Übertragungsfunktion nach Beispiel 8.2
/solu
d,1,ux,0 $d,3,ux,0 $d,1,volt,100 $d,3,volt,-100 $d,2,volt,0
cnvtol,f,,1e-8 $pstress,on $solve $fini
/solu
antype,harmonic
pstress,on $d,1,volt,0 $d,2,volt,1 $d,3,volt,0
hropt,full $harfrq,1,6000 $nsubst,100 $ kbc,1 $solve $fini
/post26
nsol,2,2,ux         ! Ausgabe der Übertragungsfunktion
plvar,2             ! am Knoten 2 in x-Richtung
```

Die erhaltenen Simulationsergebnisse sind mit den analytischen Lösungen in den Beispielen 8.1 und 8.2 identisch.

Literatur

[ANSYS04] ANSYS Release 9.0 Software Documentation. ANSYS Inc., (2004).

[BATHE02] *Bathe, K-J.*, Finite-Elemente-Methoden. Springer Verlag 2002.

[BENNINI05] *Bennini, F.*, Ordnungsreduktion von elektrostatisch-mechanischen Finite Elemente Modellen auf der Basis der modalen Zerlegung. Dissertation, TU Chemnitz, 2005

[MEHNER00] *Mehner, J.*, Entwurf in der Mikrosystemtechnik. Dresdner Beiträge zur Sensorik. Habilitationsschrift, TU Chemnitz 2000

[MÜLLER99] *Müller, G., Groth, C.*, FEM für Praktiker. Expert-Verlag 1999

9 Einfluss technologischer Prozesse auf Mikrosystemeigenschaften

Die Eigenschaften von Mikrosystemen hängen von den **geometrischen** und **Werkstoffparametern** der Funktionselemente und Komponenten ab (s. Abschn. 7.1). Durch die Fertigung kommt es zu Abweichungen dieser Parameter und damit auch zu Abweichungen der **Funktionsparameter**. Dabei werden verschiedene Fertigungsverfahren erwartungsgemäß völlig unterschiedlichen Einfluss auf die Funktionsparameter haben.

In der Praxis wird angestrebt, dass die Funktionsparameter des Mikrosystems innerhalb bestimmter **Toleranzgrenzen** bleiben. Dies hat zur Folge, dass die Entwurfsparameter von Mikrosystemen so festgelegt werden müssen, dass trotz technologisch bedingter Abweichungen die Spezifikationen erreicht werden. Dabei können kritische Parameter auftreten, die die Abweichungen der Funktionsparameter des Gesamtsystems über die Toleranzgrenzen hinaus beeinflussen. Der Mikrosystementwurf muss in besonderer Weise solche kritischen Parameter berücksichtigen. Man spricht in diesem Zusammenhang auch von **Design for Manufacturing.**

Im Folgenden soll das Vorgehen bei der Bestimmung der zu erwartenden Funktionsparameterabweichungen infolge der Fertigung dargestellt und an Beispielen demonstriert werden. Dabei wird die Vorgehensweise von [TRAH 99] verwendet, die in der industriellen Mikrosystemfertigung genutzt wird.

9.1 Parameterbasierter Mikrosystementwurf

Mikrosysteme werden innerhalb eines Fertigungsprozesses hergestellt, der eine Anzahl m von **Prozessparametern** P_i besitzt (**Bild 9.1**). Solche Prozessparameter können z. B. beim nasschemischen Ätzen die Ätzzeit und -temperatur oder bei der Ionenimplantation die Implantationsdosis und -energie sowie die Ausheilzeit und -temperatur sein.

Die Prozessparameter P_i beeinflussen geometrische und **Materialparameter** des entsprechenden Funktionselements. Prozessparameter des nasschemischen Ätzens bestimmen z. B. die Dicke und die lateralen Abmessungen als Geometrieparameter G_i einer Druckplatte für einen Drucksensor. Die Implantationsparameter beeinflussen dagegen den

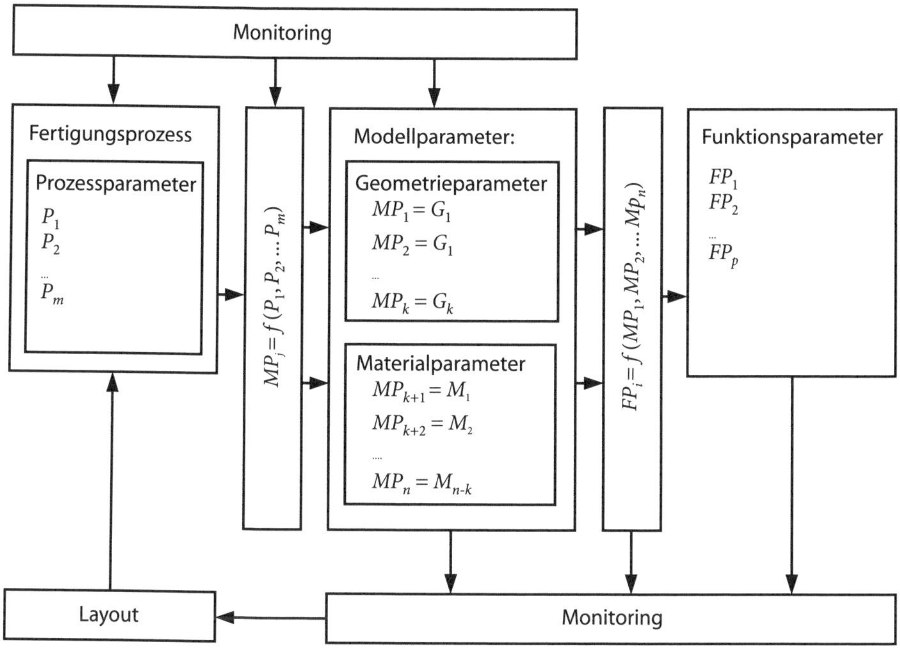

Bild 9.1 Modell eines parameterbasierten Mikrosystementwurfes (nach [TRAH 99])

spezifischen Widerstand des Siliziums als Materialparameter M_i. Die k Geometrieparameter G_i und die $(n\text{-}k)$ Materialparameter M_i ergeben die insgesamt n **Modellparameter** MP_j für das Mikrosystem.

Jeder Prozessparameter P_i beeinflusst eine bestimmte Anzahl von Modellparametern MP_j. Andererseits ist auch jeder Modellparameter MP_j von einem bestimmten Anteil der Prozessparameter P_i abhängig. Der Zusammenhang zwischen den Modellparametern MP_j und den Prozessparametern P_i ist durch den Zusammenhang

$$MP_j = f\left(P_1, P_2, ..., P_m\right) \tag{9.1}$$

gegeben. Durch das Prozessmonitoring ist die jeweilige Verteilungsfunktion der Prozessparameter P_i und der Modellparameter MP_j zu überwachen.

Die Funktionsparameter FP_i des Mikrosystems hängen von ausgewählten Modellparametern MP_j, d. h. den geometrischen und Materialparametern der Funktionselemente, ab:

$$FP_i = f\left(MP_1, MP_2, ..., MP_n\right) \tag{9.2}$$

Wichtige Funktionsparameter sind z. B. die Sensitivität *S*, Querempfindlichkeiten, die Temperaturkoeffizienten des Offsets (*TKO*) oder der Sensitivität (*TKS*) sowie Nichtlinearitäten von *S*, *TKO* oder *TKS*. Weitere wichtige auftretende Parameter sind Zuverlässigkeit, Ausbeute und Kosten.

Beispiel 9.1 Piezoresistiver Drucksensor

Für den piezoresistiven Drucksensor nach **Bild 7.23** sollen die Modellparameter MP_j bestimmt werden, die den Funktionsparameter Sensitivität *S* bestimmen. Dazu ist von der idealisierten Darstellung in **Bild 7.23** zu einem Modell überzugehen, das die relevanten Modellparameter MP_j enthält, die durch die entsprechenden Prozessparameter bei der Herstellung beeinflusst werden (**Bild 9.1**).

Gemäß Gl. (2.1) ist die Sensitivität als das Verhältnis von Ausgangsspannung U_a zum Messdruck *p* definiert:

$$S = U_a(p)/p. \tag{9.3}$$

Mit den Gl. (7.124) und (7.119) wird für einen Drucksensor mit langer Rechteckplatte

$$U_a = U_0 \pi_{44} \cdot (1-\nu) \cdot \sigma_L(p, b_w) = \frac{1}{4} U_0 \pi_{44} (1-\nu) \left(\frac{b}{h} \right)^2 p \left[1 - \left(\frac{b_w}{b} \right)^2 \right] \tag{9.4}$$

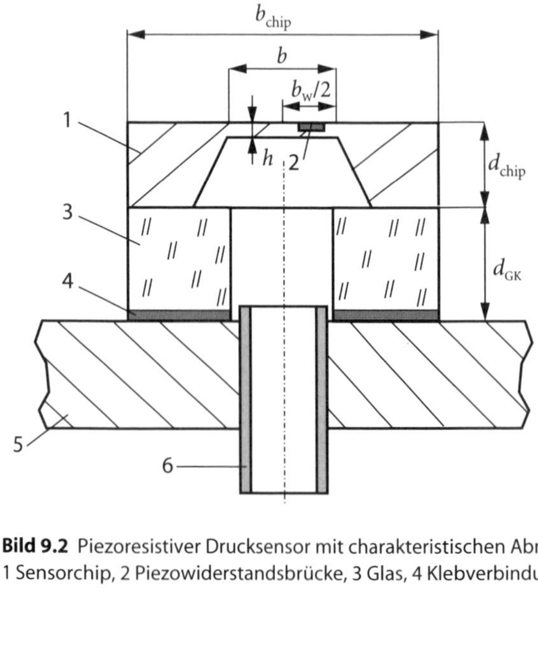

Bild 9.2 Piezoresistiver Drucksensor mit charakteristischen Abmessungen
1 Sensorchip, 2 Piezowiderstandsbrücke, 3 Glas, 4 Klebverbindung, 5 IC-Träger, 6 Druckröhrchen

bzw.

$$S = \frac{1}{4} U_0 \pi_{44} (1 - \nu) \frac{b^2 - 3b_{\mathrm{w}}^2}{h^2}. \tag{9.5}$$

Tabelle 9.1 Abhängigkeit der Modellparameter aus Gl. (9.5) von den Prozessparametern für piezoresistive Drucksensoren gemäß **Bild 9.2**

Funktionsparameter *FP*	**Modellparameter *MP* (Geometrieparameter *G*, Materialparameter *M*)**	**Prozessparameter *P* (Auswahl)**
FP_1 Sensitivität S	$MP_1 = G_1$: Plattendicke h	P_1 Ätzzeit P_2 Konzentration der Ätzlösung P_3 Temperatur der Ätzlösung
	$MP_2 = G_2$: Plattenbreite b	P_1, P_2, P_3 (wie oben); P_4 relevante Abmessung der Lithografiemaske für Ätzresist
	$MP_3 = G_3$: Widerstandslage b_{w}	P_5 relevante Abmessung der Lithografiemaske für Piezowiderstände
	$MP_4 = M_1$: piezoresistiver Koeffizient π_{44}	P_6 Kristallorientierung der (1 0 0)-Waferoberfläche bei der Waferherstellung P_7 Orientierung der <1 0 0> Hauptfase bei der Waferherstellung P_8 Ionenimplantationsdosis P_9 Ionenimplantationsenergie P_{10} Ausheiltemperatur P_{11} Ausheilzeit nach Ionenimplantation
	$MP_5 = M_2$: Querkontraktionszahl ν	P_6, P_7 (wie oben)
FP_2 Nichtlinearität	$MP_1 \ldots MP_5$ und weitere	Entsprechend
FP_i	…	…

Gl. (9.5) enthält als Modellparameter den piezoresistiven Koeffizienten π_{44} und die Querkontraktionszahl ν (Materialparameter) sowie die Dicke h und die Breite b der Druckplatte und die Lage der Widerstände b_{w} auf der Platte (Geometrieparameter). In **Tabelle 9.1** ist eine Auswahl möglicher Prozessparameter P zusammengestellt, die entsprechend Gl. (9.1) die Modellparameter MP_1 bis MP_5 und damit gemäß der allgemeinen Gl. (9.2) bzw. der speziellen Gl. (9.5) die Sensitivität S beeinflussen. Die Zusammenhänge $MP_j = f(P_i)$ sind für die verwendeten Fertigungsverfahren konkret anzugeben. Ebenso sind die Abhängigkeiten weiterer Funktionsparameter von den relevanten Modellparametern in analoger Weise zur Ableitung von Gl. (9.5) zu bestimmen. Dazu können die im Kapitel 8 beschriebenen Methoden und Verfahren genutzt werden.

9.2 Robuster Mikrosystementwurf

Durch Abweichungen ΔP_i der Prozessparameter P_i werden im Herstellungsprozess der Mikrosysteme entsprechend Gl. (9.1) Änderungen ΔM_i der Materialparameter M_i verursacht, die gemäß Gl. (9.2) dann zu Abweichungen ΔFP_K der Funktionsparameter FP_K führen.

In der Praxis wird häufig in der technischen Spezifikation für Mikrosysteme gefordert, dass die Funktionsparameter FP_K jeweils innerhalb bestimmter Toleranzgrenzen liegen. Für den Drucksensor von Beispiel 9.1 bedeutet dies z. B., dass die Sensitivität S innerhalb eines Bereiches $S_{\text{Soll}} \pm \Delta S_{\max}$ liegt. Dazu müssen natürlich die entsprechenden Modellparameter MP_1 bis MP_5 innerhalb bestimmter Grenzen liegen. Gl. (9.2) beschreibt den Zusammenhang zwischen den Modell- und den Funktionsparametern für den Zielwert FP_k, d. h. für den Arbeitspunkt AP_k. Die Abweichung ΔFP_i infolge der Abweichung ΔMP_j eines Modellparameters ergibt sich aus dem ersten Glied einer TAYLOR-Reihenentwicklung zu

$$\Delta FP_{ij} = \left.\frac{\partial FP_i}{\partial MP_j}\right|_{\text{AP}} \cdot \Delta MP_j \,. \tag{9.6}$$

Diese Gleichung setzt voraus, dass der Zusammenhang $FP_i = f(MP_j)$ linear ist oder im Arbeitspunkt AP bei kleinen Änderungen ΔMP_j linearisiert werden kann. Wenn diese Voraussetzungen nicht gegeben sind, ist Gl. (9.6) durch entsprechende Glieder mit höherer Ordnung für die Ableitung zu ergänzen. Die Abweichung ΔFP_{ij} kann als relative Abweichung $\Delta FP_{ij,\text{rel}}$ auf die maximal zulässige Abweichung $\Delta FP_{i,\text{zul}}$ des Funktionsparameters FP_i bezogen werden:

$$\begin{aligned} \Delta FP_{ij,\text{rel}} &= \frac{\text{Abweichung von } FP_i \text{ durch Abweichung von } MP_j}{\text{maximal zulässige Abweichung von } FP_i} \\ &= \frac{\Delta FP_{ij}}{\Delta FP_{i,\text{zul}}} = \frac{\left.\dfrac{\partial FP_i}{\partial MP_j}\right|_{\text{AP}} \cdot \Delta MP_j}{\Delta FP_{i,\text{zul}}} . \end{aligned} \tag{9.7}$$

Der relative Abweichungsbeitrag $\Delta FP_{ij,\text{rel}}$ wird auch als **Einflussstärke** bezeichnet [TRAH99]. Zur Abschätzung der Gesamtabweichung $\Delta F_{ij,\text{rel}}$ muss nun der Einfluss der Abweichungsbeiträge $\Delta FP_{ij,\text{rel}}$ aller Modellparameter MP_j $(j = 1 \ldots n)$ berücksichtigt werden. Analog zum Konzept der Ermittlung der kombinierten Messunsicherheit[1] lässt sich dies erreichen, wenn die Abweichungen ΔMP_j als Quellen für Unsicherheitsbeiträge zur relativen Unsicherheit des Funktionsparameters FP_i betrachtet werden. Dabei werden die Abweichungen ΔMP_j, $\Delta FP_{ij,\mathrm{zul}}$ und $\Delta FP_{ij,\mathrm{rel}}$ als absolute bzw. relative Parameterunsicherheiten $u(MP_j)$ und $u(FP_{ij,\mathrm{rel}})$ betrachtet:

$$\mathrm{Var}(\Delta MP_j) \leftrightarrow u(MP_j), \tag{9.8}$$

$$\mathrm{Var}(\Delta FP_{ij,\mathrm{rel}}) \leftrightarrow \mathrm{u}(FP_{ij,\mathrm{rel}}). \tag{9.9}$$

Die Quadrate der Parameterunsicherheiten bilden die Parametervarianzen $\mathrm{Var}(MP_j)$ und $\mathrm{Var}(FP_{ij,\mathrm{rel}})$:

$$\mathrm{Var}(MP_j) = u^2(MP_j), \tag{9.10}$$

$$\mathrm{Var}(FP_{ij,\mathrm{rel}}) = u^2(FP_{ij,\mathrm{rel}}). \tag{9.11}$$

Die Verwendung der Parametervarianzen Var ist von besonderem Vorteil, wenn die Abweichungen der Modellparameter MP_j unterschiedlichen **Verteilungsfunktionen** gehorchen:

- Ist die Abweichung ΔMP_j von MP_j normal verteilt, dann ergibt sich die Parameterunsicherheit $u(MP_j)$ direkt aus der Standardabweichung $s(MP_j)$, so dass für die Varianz gilt:

$$\mathrm{Var}(MP_j) = u^2(MP_j) = s^2(MP_j). \tag{9.12}$$

- In vielen Fällen sind nur die unteren und oberen Toleranzgrenzen $MP_{j,\mathrm{u}}$ und $MP_{j,\mathrm{o}}$ bekannt. Bei einer Temperatur-Zweipunktregelung während des Herstellungsprozesses könnte z. B. die Temperatur um maximal ±3 K von einem Arbeitspunkt abweichen, ohne dass man die direkte Temperaturverteilung genau kennt. Hier muss mangels zusätzlicher Informationen von einer Gleichverteilung ausgegangen werden, für deren Varianz gilt[2]:

$$\mathrm{Var}(MP_j) = u^2(MP_j) = \frac{(MP_{j,\mathrm{o}} - MP_{j,\mathrm{u}})^2}{12}. \tag{9.13}$$

---

[1] DIN 1319-4: Grundlagen der Messtechnik, Auswertung von Messungen, Meßunsicherheit 1999; DIN (Hg.): Leitfaden für die Angabe der Messunsicherheit beim Messen. Berlin: Beuth Verlag 1995; Adunka, F.: Messunsicherheiten: Theorie und Praxis. Essen: Vulkan-Verlag 1998

[2] Storm, R.: Wahrscheinlichkeitsrechnung, mathematische Statistik und Qualitätskontrolle. 11. Aufl. Leipzig: Fachbuchverlag 2001

Der Varianzbeitrag $\mathrm{Var}(MP_j)$ des Modellparameters entsprechend den Gln. (9.12) oder (9.13)[3] zur Varianz des Funktionsparameters FP_i ergibt sich aus den Gln. (9.7) bis (9.9) zu

$$\mathrm{Var}(FP_{ij,\mathrm{rel}}) = \left(\frac{\partial FP_i}{\partial MP_j}\right)^2_{\mathrm{AP}} \cdot \frac{\mathrm{Var}(MP_j)}{(\Delta FP_{i,\mathrm{zul}})^2}\,. \tag{9.14}$$

Die relative Gesamtvarianz $\mathrm{Var}(FP_{i,\mathrm{rel}})$ ergibt sich dann als Summe der Einzelbeiträge der MP_j zu

$$\mathrm{Var}(FP_{i,\mathrm{rel}}) = \sum_{j=1}^{n} \mathrm{Var}(FP_{ij,\mathrm{rel}}) = \frac{1}{(\Delta FP_{i,\mathrm{zul}})^2} \cdot \sum_{j=1}^{n} \left[\left(\frac{\partial FP_i}{\partial MP_j}\right)^2_{\mathrm{AP}} \cdot \mathrm{Var}(MP_j)\right]. \tag{9.15}$$

Für die Parameterunsicherheit $u(FP_{j,\mathrm{rel}})$ des Funktionsparameters FP_i gilt entsprechend mit den Gln. (9.10) und (9.11):

$$\begin{aligned} u(FP_{i,\mathrm{rel}}) &= \sqrt{\sum_{j=1}^{n} u^2(FP_{ij,\mathrm{rel}})} \\ &= \frac{1}{(\Delta FP_{i,\mathrm{zul}})} \cdot \sqrt{\sum_{j=1}^{n} \left[\left(\frac{\partial FP_i}{\partial MP_j}\right)_{\mathrm{AP}} \cdot u(MP_j)\right]^2} = \frac{u(FP_i)}{\Delta FP_{i,\mathrm{zul}}}. \end{aligned} \tag{9.16}$$

Dabei ist $u(FP_i)$ die absolute Streuung des Funktionsparameters FP_i. Die Gln. (9.15) und (9.16) gelten in dieser Form nur, wenn die Materialparameter unabhängig voneinander sind. Im anderen Fall sind entsprechende Kovarianz-Terme in die Gln. einzubeziehen, wie dies z. B. bei der Bestimmung der Messunsicherheit geschieht[1].

Die Funktionsparameterunsicherheit $u(FP_i)$ entspricht der 1σ-Streuung, falls dieser Funktionsparameter normalisiert ist. Dann liegen 68,27 % aller Systeme im 1σ-Bereich, d. h. im Bereich $\pm\Delta FP_{ij,\mathrm{zul}}$. Je kleiner die Parameterstreuung $u(FP_{i,\mathrm{rel}})$ ist, desto größer ist der Anteil der Mikrosysteme, für die der Funktionsparameter FP_i innerhalb der zulässigen Grenzen liegt. **Tabelle 9.2** zeigt den Anteil an Elementen, der innerhalb vorgegebener Grenzen $\pm\Delta FP_{i,\mathrm{zul}}$ liegt, in Abhängigkeit vom Verhältnis $u(FP_{i,\mathrm{rel}})$.

---

[3] Bei anderen Verteilungsfunktionen sind auch andere Beziehungen für $\mathrm{Var}(MP_j)$ möglich.

Tabelle 9.2 Anteil von Mikrosystemen, für die ein Funktionsparameter FP_i in den Grenzen $\pm\Delta FP_i$ liegt

Normierung $\dfrac{1}{u(FP_{i,\mathrm{rel}})} = \dfrac{\Delta FP_{i,\mathrm{zul}}}{u(FP_i)}$	**Anteil**	**Grafik**
1	68,27 %	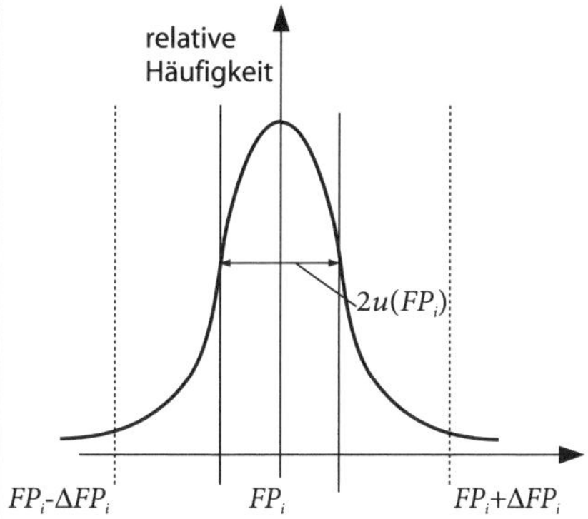
2	95,45 %	
3	99,73 %	
4	99,98 %	

Beispiel 9.2 Sicherer Systementwurf

Es wird angestrebt, dass mindestens 99,73 % aller hergestellten Drucksensoren eine Sensitivität S aufweisen, die im Bereich (100,0 ± 1,0) mV/kPa liegt. Es soll ermittelt werden, wie groß die Gesamtstreuung $u(FP_i)$ infolge von Abweichungen aller Modellparameter $MP_1 \ldots MP_n$ sein darf.

Gemäß **Tabelle 9.2** ist für eine entsprechend geforderte Häufigkeitswahrscheinlichkeit

$$\frac{\Delta FP_{i,\mathrm{zul}}}{u(FP_i)} = \frac{1}{u(FP_{i,\mathrm{rel}})} \geq 3 \,. \tag{9.17}$$

Daraus folgt:

$$u(FP_i) \leq \frac{1}{3} \Delta FP_{i,\mathrm{zul}} = \frac{1}{3} \cdot 1{,}0 \frac{\mathrm{mV}}{\mathrm{kPa}} = 0{,}33 \frac{\mathrm{mV}}{\mathrm{kPa}}.$$

Die Gesamtsensitivitätsstreuung darf 0,33 mV/kPa nicht übersteigen.

Der Bereich $\pm\Delta FP_{i,\mathrm{zul}}$ selbst kann ein durch Spezifikation vorgegebenes Toleranzband sein. Im Fall justierbarer Parameter kann $\Delta FP_{i,\mathrm{zul}}$ aber auch der Bereich sein, der durch **Trimmen** einstellbar ist.

Zur Gesamtstreuung $u(FP_{i,\mathrm{rel}})$ des Funktionsparameters FP_i tragen entsprechend Gl. (9.16) alle beeinflussenden Modellparameter MP_j bei. Aus der Größe der einzelnen Beiträge $u(FP_{ij,\mathrm{rel}})$ kann abgeschätzt werden, welche Anteile die Gesamtstreuung am meisten bestimmen. **Tabelle 9.3** zeigt, wie gemäß [TRAH 99] die Streuungsanteile $u(FP_{ij,\mathrm{rel}})$ hinsichtlich ihres Einflusses auf die zu erwartende Gesamtstreuung klassifiziert werden.

Tabelle 9.3 Klassifizierung der Einzelstreuungsbeiträge $u(FP_{ij,\mathrm{rel}})$

Streuungsanteil	Klassifizierung
$1 < u(\mathrm{FP}_{ij,\mathrm{rel}})$	hyperkritisch
$k < u(\mathrm{FP}_{ij,\mathrm{rel}}) < 1$	kritisch
$0 < u(\mathrm{FP}_{ij,\mathrm{rel}}) < k$	unkritisch
$u(\mathrm{FP}_{ij,\mathrm{rel}}) = 0$	ohne

$k = 1/\sqrt{n}$; n Zahl der Modellparameter

Die Zahl n der Modellparameter, die einen Funktionsparameter beeinflussen, kann bei Mikrosystemen durchaus größer als 100 sein. Wird angenommen, dass alle Modellparameter MP_j in gleicher Höhe zur Gesamtstreuung $u(FP_{i,\mathrm{rel}})$ beitragen, ergibt sich aus Gl. (9.13):

$$u(FP_{i,\mathrm{rel}}) = \sqrt{n} \cdot u(FP_{ij,\mathrm{rel}}) \; . \tag{9.18}$$

Damit ist bereits jeder Modellparameter als kritisch zu betrachten, für den in Gl. (9.17) $u(FP_{i,\mathrm{rel}}) = 1$ wird. Dies ist bei gleich großem Beitrag aller Modellparameter der Fall, wenn $u(FP_{ij,\mathrm{rel}}) > 1/\sqrt{n}$ ist (s. **Tabelle 9.3**). Für einen einzelnen kritischen Parameter tritt dies bei $u(FP_{ij,\mathrm{rel}}) > 1$ ein. Letzterer Fall wird als hyperkritisch bezeichnet (**Tabelle 9.3**).

Folgende Schlussfolgerungen können gezogen werden:

- Treten nur unkritische, d.h. keine kritischen oder hyperkritischen Modellparameter auf, ist der Mikrosystementwurf sicher bzw. robust.
- Übersteigt die Gesamtstreuung einen zulässigen Wert, sind die diejenigen Abweichungen $u(MP_j)$ der Modellparameter zu verringern, die die größten Beiträge zur Gesamtstreuung leisten.
- Die Streuung $u(MP_j)$ kann ggf. durch den Einsatz anderer Fertigungsverfahren mit entsprechend geänderten Prozessparametern P erreicht werden.

Beispiel 9.3 Robuster Entwurf für einen piezoresistiven Drucksensor

Gegeben sei ein piezoresistiver Siliziumdrucksensor mit langer Rechteckplatte gemäß Beispiel 9.1. Die Sensitivität S ergibt sich gemäß Gl. (9.5) zu

$$S = \frac{1}{4} U_0 \pi_{44} (1 - \nu) \frac{b^2 - 3b_\mathrm{w}^2}{h^2} . \tag{9.19}$$

Die Speisespannung U_0 beträgt 5 V. Die Materialparameter sind mit folgenden Toleranzgrenzen bekannt:

$\pi_{44} = (5{,}00 \pm 0{,}05) \cdot 10^{-10}\,\mathrm{m^2/N}$
$\nu = 0{,}063 \pm 0{,}001.$

Die Druckplatte wird durch anisotropes KOH-Ätzen hergestellt, so dass infolge von Abweichungen der Waferdicke und der Ätzzeit Toleranzen auftreten:

$b = (400 \pm 4)\,\mu\mathrm{m}$
$h = (10 \pm 5)\,\mu\mathrm{m}.$

Durch Abweichungen im Fotolithografieprozess weist die Widerstandsbrücke Lageabweichungen auf:

$b_W = (390 \pm 1)\,\mu\mathrm{m}.$

Die maximale Sensitivitätsstreuung ΔS_{zul} soll ±10 % der Sensitivität nicht überschreiten. Die Sensitivität S ist damit der hier zu betrachtende Funktionsparameter FP_i. Er hängt von den fünf Modellparametern $MP_j \in \{\pi_{44}; \nu; b; h; b_W\}$ ab.

Der wahrscheinlichste Wert für die Sensitivität S ist der, der sich aus den wahrscheinlichsten Werten (Mittelwerten) für die einzelnen MP_j ergibt:

$$S = \frac{1}{4} U_0 \pi_{44} (1-\nu) \frac{b^2 - 3b_W^2}{h^2} = \frac{1}{4} \cdot 5\mathrm{V} \cdot 5 \cdot 10^{-10}\,\mathrm{Pa}^{-1} \cdot 0{,}932 \cdot \frac{400^2 - 3 \cdot 390^2}{100} \\ = -1{,}73 \cdot 10^{-6}\,\mathrm{V/Pa}. \tag{9.20}$$

Die maximal zulässige Abweichung für die Sensitivität ist

$$\Delta FP_{i,\mathrm{zul}} = \pm \Delta S_{\mathrm{zul}} = \pm 0{,}1 \cdot S = \pm 1{,}73 \cdot 10^{-7}\,\mathrm{V/Pa}. \tag{9.21}$$

Das Vorgehen zur Ermittlung der auf diese maximal zulässige Abweichung bezogenen Streuung $u(S_{rel})$ der Sensitivität S und der Einfluss der einzelnen Modellparameter darauf ist in **Tabelle 9.4** dargestellt. Beispielhaft soll die Berechnung für den Einfluss der Plattendicke h betrachtet werden. Beschreibt $\Delta h = \pm 5\,\mu\mathrm{m}$ die obere und untere Grenze der Plattendicke, ohne dass weitere Informationen zur Verteilungsfunktion vorliegen, muss von einer Gleichverteilung der Dickenwerte im Bereich $h - \Delta h = 5\,\mu\mathrm{m}$ bis $h + \Delta h = 15\,\mu\mathrm{m}$ ausgegangen werden. Die dazugehörige Unsicherheit ist nach Gl. (9.13)

$$u(h) = [(h + \Delta h) - (h - \Delta h)] / \sqrt{12} = \Delta h / \sqrt{3} = 2{,}89\,\mu\mathrm{m}. \tag{9.22}$$

Diese Abweichung geht über die Sensitivitätsempfindlichkeit $\partial FP_i/\partial MP_j = \partial S/\partial h$ als Unsicherheitsbeitrag $(\partial S/\partial h)\cdot\Delta h$ in die Gesamtabweichung für die Sensitivität ein:

$$u(S_h) = u(FP_{ij}) = \partial S / \partial h \cdot u(h). \tag{9.23}$$

Dabei folgt aus Gl. (9.18)

$$\frac{\partial S}{\partial h}=\frac{1}{4}U_0\pi_{44}(1-\nu)\left(b^2-3b_{\mathrm{w}}^2\right)\frac{d}{dh}\left(\frac{1}{h}\right)=-\frac{1}{2}U_0\pi_{44}(1-\nu)\frac{b^2-3b_{\mathrm{w}}^2}{h^3}=-2\cdot S\cdot\frac{1}{h} \tag{9.24}$$

und mit Gl. (9.22)

$$u(S_h)=-S\cdot\frac{2\cdot u(h)}{h}=4{,}98\cdot 10^{-7}\ \mathrm{V/Pa}. \tag{9.25}$$

Die auf die maximal zulässige Abweichung bezogene relative Abweichung $u(FP_{ij,\mathrm{rel}})$ = $u(S_{h,\mathrm{rel}})$ wird dann

$u(S_{h,\mathrm{rel}}) = 2{,}89 > 1.$

Gemäß der Klassifizierung von **Tabelle 9.3** ist die durch das nasschemische Ätzen hervorgerufene Abweichung der Plattendicke hyperkritisch für die Einhaltung der Spezifikation hinsichtlich der maximal zulässigen Abweichung der Sensitivität. Wie **Tabelle 9.4** zu entnehmen ist, stellt die Plattendicke den einzigen kritischen Modellparameter für die Sensitivität dar. Um den Entwurf robust bzw. sicher zu machen, sind deshalb Maßnahmen notwendig, die zu einer Verringerung der Schwankungsbreite für die Plattendicke h beim anisotropen Ätzen führt. Dies lässt sich beispielsweise durch Anwendung des elektrochemischen Ätzstopps beim KOH-Ätzen (s. Abschn. 4.6) erreichen.

Angenommen, dass sich die Abweichungen dann auf $\Delta h = \pm 0{,}5$ µm verkleinern, verringert sich auch der Abweichungsbetrag $u(S_{h,\mathrm{rel}})$ auf ein Zehntel:

$$u(S_{h,\mathrm{rel}})=0{,}29<k=1\big/\sqrt{5}=0{,}45. \tag{9.26}$$

Damit wird der Einfluss der Plattendicke auf die Sensitivität unkritisch und der Entwurf insgesamt sicher. Nach wie vor ist allerdings die Abweichung der Plattendicke der Hauptbeitrag zur Gesamtabweichung $u(FP_{i,\mathrm{rel}}) = u(S_{\mathrm{rel}})$ gemäß Gl. (9.16).

In der Praxis werden häufig **Toleranzbänder** im Sinne von z. B. $\pm n{\cdot}\sigma$-Bändern verwendet. Dort geht man davon aus, dass für $n = 3$ (3σ-Band) beispielsweise 99,73 % der Teile im Toleranzband liegen. Die nach Gl. (9.16) berechnete Unsicherheit $u(FP_i)$ stellt die Standardabweichung einer Normalverteilung dar, so dass in diesem Fall mit einem Toleranzband $FP_i \pm n{\cdot}u(FP_i)$ gearbeitet werden kann. In gleicher Weise kann dann für die Klassifizierung von Modellparametern gemäß **Tabelle 9.3** statt mit $u(FP_{ij,\mathrm{rel}})$ mit $n{\cdot}u(FP_{ij,\mathrm{rel}})$ gearbeitet werden.

Tabelle 9.4 Ermittlung der kritischen Entwurfsparameter für den Funktionsparameter Sensitivität piezoresistiver Drucksensoren von Beispiel 9.1

MP_j	$u(MP_j)$ (nach Gl. (9.13))	$\frac{\partial FP_i}{\partial MP_j} \cdot u(MP_j) = u(FP_{ij})$ (nach Gl. (9.16))	$\lvert u(FP_{ij,\text{rel}})\rvert = \left\lvert \frac{u(FP_{ij})}{\Delta FP_{i,\text{zul}}} \right\rvert$	Klassifizierung $k = 1/\sqrt{5} = 0{,}45$ (nach Tab. 9.3)
π_{44}	$\frac{\Delta\pi_{44}}{\sqrt{3}} = \frac{0{,}05 \cdot 10^{-10}\,\text{m}^2\text{N}^{-1}}{\sqrt{3}}$	$S \cdot \frac{u(\pi_{44})}{\pi_{44}} = 9{,}97 \cdot 10^{-9}\,\text{V/Pa}$	$5{,}78 \cdot 10^{-2}$	unkritisch
ν	$\frac{\Delta\nu}{\sqrt{3}} = \frac{0{,}001}{\sqrt{3}}$	$S \cdot \frac{u(\nu)}{\nu} = 1{,}07 \cdot 10^{-9}\,\text{V/Pa}$	$6{,}20 \cdot 10^{-3}$	unkritisch
b	$\frac{\Delta b}{\sqrt{3}} = \frac{4\,\mu\text{m}}{\sqrt{3}}$	$S \cdot \frac{2b \cdot u(b)}{b^2 - 3b_\text{w}^2} = 8{,}48 \cdot 10^{-9}\,\text{V/Pa}$	$4{,}91 \cdot 10^{-2}$	unkritisch
b_w	$\frac{\Delta b_\text{w}}{\sqrt{3}} = \frac{1\,\mu\text{m}}{\sqrt{3}}$	$-S \cdot \frac{6b_\text{w} \cdot u(b_\text{w})}{b^2 - 3b_\text{w}^2} = -1{,}27 \cdot 10^{-11}\,\text{V/Pa}$	$7{,}36 \cdot 10^{-5}$	unkritisch
h	$\frac{\Delta h}{\sqrt{3}} = \frac{5\,\mu\text{m}}{\sqrt{3}}$	$-S \cdot \frac{2u(h)}{h} = 4{,}98 \cdot 10^{-7}\,\text{V/Pa}$	2,89	hyperkritisch
Relative Gesamtstreuung $u(S_\text{rel})$ (nach Gl. (9.13))			2,89	Entwurf unsicher
h[1]	$\frac{\Delta h}{\sqrt{3}} = \frac{0{,}5\,\mu\text{m}}{\sqrt{3}}$	$-S \cdot \frac{2u(h)}{h} = 4{,}98 \cdot 10^{-8}\,\text{V/Pa}$	0,29	unkritisch
Relative Gesamtstreuung $u(S_\text{rel})$ (nach Gl. (9.13))			0,29	Entwurf sicher

[1] mit elektrochemischem Ätzstopp

Aufgaben

9.1 Benennen Sie für den Drehratensensor von **Bild 1.7** mindestens fünf Material- und zehn Geometrieparameter und ordnen Sie jedem dieser Modellparameter mindestens fünf Prozessparameter zu!

9.2 Berechnen Sie für Beispiel 9.4, wie die Toleranzgrenzen von Δh verringert werden müssen, dass die Plattendicke h gerade kein kritischer Parameter mehr ist!

9.3 Für das Beispiel 9.4 wird gefordert, dass die maximale Sensitivitätsabweichung ΔS nur ±1 % betragen darf. Dabei wird durch spezielle Ätzstoppverfahren erreicht, dass die Plattendicke nur noch Abweichungen Δh von maximal ±0,1 µm aufweist. Welche Modellparameter sind kritisch? Schlagen Sie technologische Maßnahmen vor, mit denen ein sicherer Entwurf erreicht werden kann.

Literatur

[TRAH 99] *Trah, H.-P., Franz, J.; Marek, J.:* Physics of semiconductor sensors. In: Kramer, B. (Hg.): Advances in Solid State Physics. Braunschweig, Wiesbaden: Vieweg 1999. S. 25-36

Anhang A Physikalische Konstanten

Elektrische Elementarladung	$e = 1{,}6022 \cdot 10^{-19}$ As
Dielektrische Feldkonstante	$\varepsilon_0 = 8{,}8542 \cdot 10^{-12}$ As/Vm
Magnetische Feldkonstante	$\mu_0 = 1{,}2566 \cdot 10^{-6}$ Vs/Am
PLANCKsche Konstante	$h = 6{,}6261 \cdot 10^{-34}$ Js
BOLTZMANN-Konstante	$k = 1{,}3807 \cdot 10^{-23}$ J/K
STEFAN-BOLTZMANN-Konstante	$\sigma = 5{,}6705 \cdot 10^{-8}$ W/m²K⁴

Anhang B Koordinatentransformation

In der Mikrosystemtechnik wird Silizium für eine Vielzahl von Aktoren und Sensoren verwendet. Im Hinblick auf die mechanischen und elektrischen Eigenschaften dieser Mikrosystemkomponenten sowie deren Fertigung werden die Funktionselemente häufig nicht in den Grundrichtungen des Siliziumsgitters (z. B. in [1 0 0]-Richtung) orientiert, sondern in beliebig andere Richtungen [*h k l*] (s. Abschnitte 4.6 und 7.2.5). Die tensoriellen Eigenschaften für diese Richtungen lassen sich aus denen der Grundorientierung über Koordinatentransformationsbeziehungen berechnen.

Ausgangspunkt ist die Drehung des Ausgangskoordinatensystems *xyz* um die Winkel ψ, φ und ν in das Koordinatensystem $x'y'z'$ (**Bild B.1**).

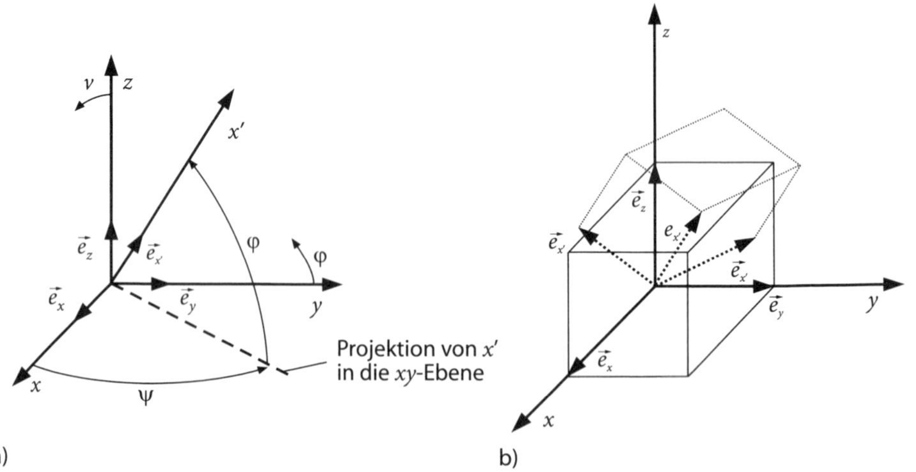

Bild B.1 Transformation des Koordinatensystems durch Drehung um die Eulerschen Winkel ψ, φ und ν (dargestellt für die Drehung der x-Achse. Die y- und die z-Achse sind analog um die entsprechenden Winkel ψ, φ und ν zu drehen)

Die Transformationsgleichungen lauten damit

$$\begin{bmatrix} e_x \\ e_y \\ e_z \end{bmatrix} = \begin{bmatrix} cos(e_x e_{x'}) & cos(e_x e_{y'}) & cos(e_x e_{z'}) \\ cos(e_y e_{x'}) & cos(e_y e_{y'}) & cos(e_y e_{z'}) \\ cos(e_z e_{x'}) & cos(e_z e_{y'}) & cos(e_z e_{z'}) \end{bmatrix} \cdot \begin{bmatrix} e_{x'} \\ e_{y'} \\ e_{z'} \end{bmatrix} = \begin{bmatrix} l_1 & l_2 & l_3 \\ m_1 & m_2 & m_3 \\ n_1 & n_2 & n_3 \end{bmatrix} \begin{bmatrix} e_{x'} \\ e_{y'} \\ e_{z'} \end{bmatrix} \tag{B.1}$$

bzw.

$$\begin{bmatrix} e_{x'} \\ e_{y'} \\ e_{z'} \end{bmatrix} = \begin{bmatrix} l_1 & m_1 & n_1 \\ l_2 & m_2 & n_2 \\ l_3 & m_3 & n_3 \end{bmatrix} \cdot \begin{bmatrix} e_x \\ e_y \\ e_z \end{bmatrix}. \tag{B.2}$$

Die Richtungskosinusse zwischen den beiden Koordinatensystemen ergeben sich damit zu

$$\begin{aligned} l_1 &= \cos\psi\cos\varphi - \cos\upsilon\sin\psi\sin\varphi \\ l_2 &= -\cos\psi\sin\varphi - \cos\upsilon\sin\psi\cos\varphi \\ l_3 &= \sin\nu\sin\psi \\ m_1 &= \sin\psi\cos\varphi + \cos\nu\cos\psi\sin\varphi \\ m_2 &= -\sin\psi\sin\varphi + \cos\nu\cos\psi\cos\varphi \\ m_3 &= -\sin\cos\psi \\ n_1 &= \sin\nu\sin\varphi \\ n_2 &= \sin\nu\cos\varphi \\ n_3 &= \cos\nu \end{aligned} \tag{B.3}$$

B.1 Elastische Koeffizienten

Der Zusammenhang zwischen dem Dehnungstensor ε_i ($\varepsilon_1 \ldots \varepsilon_3$ Normaldehnungen; $\varepsilon_4 \ldots \varepsilon_6$ Scherdehnungen) und dem Spannungstensor σ_i ($\sigma_1 \ldots \sigma_3$ Normalspannungen; $\sigma_4 \ldots \sigma_6$ Schubspannungen) ist in VOIGTscher Notation über folgende Beziehungen gegeben:

$$\varepsilon_i = s_{ij} \cdot \sigma_j \tag{B.4a}$$

bzw.

$$\sigma_i = c_{ij} \cdot \varepsilon_j \tag{B.4b}$$

mit

$$s_{ij} = c_{ij}^T. \tag{B.4c}$$

Hier sind s_{ij} die Elastizitätskoeffizienten und c_{ij} die Elastizitätsmoduln. Im gedrehten Koordinatensystem ergibt sich

$$\varepsilon_i' = s_{ij}' \cdot \sigma_j' \tag{B.5}$$

mit

$$s'_{ij} = \begin{bmatrix} s_{11} - sF_1 & s_{12} + (1/2)sF_{12} & s_{12} + (1/2)sF_{13} & sG_{231} & sG_{31} & sG_{21} \\ s_{12} + (1/2)sF_{12} & s_{11} - sF_2 & s_{12} + (1/2)sF_{23} & sG_{32} & sG_{132} & sG_{12} \\ s_{12} + (1/2)sF_{13} & s_{12} + (1/2)sF_{23} & s_{11} - sF_3 & sG_{23} & sG_{13} & sG_{123} \\ sG_{231} & sG_{32} & sG_{23} & s_{44} + 2sF_{23} & 2sG_{123} & 2sG_{312} \\ sG_{31} & sG_{132} & sG_{13} & 2sG_{123} & s_{44} + 2sF_{31} & 2sG_{231} \\ sG_{21} & sG_{12} & sG_{123} & 2sG_{312} & 2sG_{231} & s_{44} + 2sF_{12} \end{bmatrix} \quad \text{(B.6)}$$

und

$$\begin{aligned} s &= 2s_{11} - 2s_{12} - s_{44} \\ F_i &= l_i^2 m_i^2 + m_i^2 n_i^2 + n_i^2 l_i^2 \\ F_{ij} &= l_i^2 l_j^2 + m_i^2 m_j^2 + n_i^2 n_j^2 \\ G_{ij} &= l_i l_j^3 + m_i m_j^3 + n_i n_j^3 \\ G_{ijk} &= l_i l_j l_k^2 + m_i m_j m_k^2 + n_i n_j n_k^2. \end{aligned} \quad \text{(B.7)}$$

Silizium kann für jedes Koordinatensystem als quasi-isotrop betrachtet werden, so dass sich entsprechende Elastizitäts- und Schubmoduln E' und G' sowie Querkontraktionszahlen ν' einführen lassen:

$$\frac{1}{E'} = s'_{11} = s_{11} - s\left(l_1^2 m_1^2 + m_1^2 n_1^2 + l_1^2 n_1^2\right) \quad \text{(B.8)}$$

$$\frac{1}{G'} = s'_{44} = s_{44} + 2s\left(l_1^2 l_2^2 + m_1^2 m_2^2 + n_1^2 n_2^2\right) \quad \text{(B.9)}$$

$$\nu' = -\frac{s'_{12}}{s'_{11}} = -\frac{2s_{12} + s\left(l_1^2 l_2^2 + m_1^2 m_2^2 + n_1^2 n_2^2\right)}{2s_{11} - 2s\left(l_1^2 m_1^2 + m_1^2 n_1^2 + l_1^2 n_1^2\right)}. \quad \text{(B.10)}$$

Für die <1 1 0>-Richtung bei (1 0 0)-Silizium sind $\nu = 0°$, $\psi = 45°$ und $\varphi = 0°$, so dass sich aus den Beziehungen von Gl. (B.3) ergibt

$$l_1 = -l_2 = m_1 = m_2 = 1/\sqrt{2}$$

$$l_3 = m_3 = n_1 = n_2 = n_3 = 0.$$

Aus Gl. (B.8) folgt damit

$$E_{(1\,0\,0)<1\,1\,0>} = \frac{1}{s_{11} - (2s_{11} - 2s_{12} - s_{44})/4} = 1{,}69 \cdot 10^9\ \mathrm{N/m^2} \quad \text{(B.11)}$$

sowie aus Gl. (B.10)

$$\nu_{(1\,0\,0)<1\,1\,0>} = -\frac{2s_{12}+s/4}{2s_{11}-s/2} = -\frac{s_{11}+s_{12}-s_{44}/2}{s_{11}+s_{12}+s_{44}/2} = 0{,}063 \tag{B.12}$$

(vgl. **Tabelle 3.8**).

In den verschiedenen Richtungen der (1 0 0)-Fläche ($\nu = 0°$, $\varphi = 0°$) von Silizium beträgt der Elastizitätsmodul

$$E_{(1\,0\,0)} = \frac{1}{s_{11}-(2s_{11}-2s_{12}-s_{44})l_1^2 m_1^2} \tag{B.13a}$$

und

$$\nu_{(1\,0\,0)} = -E_{(1\,0\,0)}\left[s_{12}-(2s_{11}-2s_{12}-s_{44})\cdot\left(l_1^2 l_2^2+m_1^2 m_2^2\right)\right]. \tag{B.13b}$$

Der biaxiale Elastizitätsmodul $E_{(1\,0\,0)}$ / (1 - $\nu_{(1\,0\,0)}$) ist damit orientierungsunabhängig:

$$\left(\frac{E}{1-\nu}\right)_{(1\,0\,0)} = \frac{1}{s_{11}+s_{12}}. \tag{B.14}$$

Für Polysilizium ergeben sich die elastischen Eigenschaften aus der Mittelwertbildung über alle auftretenden Orientierungen. Sind die Kristallite völlig zufällig verteilt, ergibt sich ein mittlerer Elastizitätsmodul [SENTURIA01]

$$\overline{E} \approx 1/\left(0{,}6s_{11}+0{,}4s_{12}+0{,}25s_{44}\right) = 1{,}45\,\text{GPa}\,. \tag{B.15}$$

Bei bestimmten Texturen, d. h., wenn die Verteilung der Kristallite keine Gleichverteilung mehr ist, sondern eine Vorzugsorientierung aufweist, ändert sich Gl. (B.15).

Die Mittelwertbildung für die Querkontraktionszahl ist außerordentlich kompliziert, weil die Mittelwertbildung über alle Orientierungen mit zusätzlicher Berücksichtigung der rechtwinkligen Lage von Längs- und Querachse erfolgen muss. [SENTURIA01] empfiehlt als guten Schätzwert für die meisten amorphen und polykristallinen Si-Schichten den Wert $\overline{\nu} = 0{,}25$.

In **Tabelle B.1** sind berechnete Werte für die elastomechanischen Größen und für die piezoresistiven Koeffizienten für verschiedene Texturen in Poly-Silizium zusammengestellt[1].

[1] French, P. J.: Polysilicon: a versatile material for microsystems. Sensors and Actuators A 99 (2002), S. 3-12

Tabelle B.1 Elektromechanische und piezoresistive Koeffizienten für Poly-Si ohne und mit Textur

Textur	Elastizitätsmodul E in GPa	Querkontraktionszahl $\overline{\nu}$	Piezoresistiver Längskoeffizient $\overline{\pi}_L$ in 10^{-11} m^2N^{-1}	
			p-Si	n-Si
ohne	160	0,27	+53,1	-55,8
[1 0 0]	150	0,25	+39,4	-68,0
[1 1 1]	171	0,21	+72,8	-31,6
[3 1 1]	156	0,23	+49,5	-56,9
[1 1 0]	167	0,22	+64,5	-40,9
[3 3 1]	168	0,22	+66,7	-38,2

B.2 Piezoresistive Koeffizienten

In einem Widerstand ohne mechanische Spannungsbelastung ($\sigma_j = 0$) tritt Stromfluss (Stromdichte J_i) nur in den Richtungen auf, in denen eine elektrische Feldstärke E_i wirkt:

$$\begin{bmatrix} E_1 \\ E_2 \\ E_3 \end{bmatrix} = \begin{bmatrix} \rho_1 & 0 & 0 \\ 0 & \rho_2 & 0 \\ 0 & 0 & \rho_3 \end{bmatrix} \cdot \begin{bmatrix} J_1 \\ J_2 \\ J_3 \end{bmatrix}. \tag{B.16}$$

Durch mechanische Spannungen σ_j ändert sich die Symmetrie, so dass sich auch in den anderen Richtungen ein Stromfluss herausbilden kann.

Die Verallgemeinerung von Gl. (7.112) führt zu

$$\begin{aligned} \frac{1}{\rho_{11}}E_1 + \frac{1}{\rho_{12}}E_2 + \frac{1}{\rho_{13}}E_3 &= (1+\pi_{1m}\sigma_m)J_1 + \pi_{6m}\sigma_m J_2 + \pi_{5m}\sigma_m J_3 \\ \frac{1}{\rho_{12}}E_1 + \frac{1}{\rho_{22}}E_2 + \frac{1}{\rho_{23}}E_3 &= \pi_{6m}\sigma_m J_1 + (1+\pi_{2m}\sigma_m)J_2 + \pi_{4m}\sigma_m J_3 \, . \\ \frac{1}{\rho_{13}}E_1 + \frac{1}{\rho_{23}}E_2 + \frac{1}{\rho_{33}}E_3 &= \pi_{5m}\sigma_m J_1 + \pi_{4m}\sigma_m J_2 + (1+\pi_{3m}\sigma_m)J_3 \end{aligned} \tag{B.17}$$

Die σ_m sind die sechs mechanischen Spannungskomponenten, so dass entsprechend VOIGTscher Summennotation in diesen Gln. jeweils über den Index $m \in \{1,\ldots,6\}$ zu addieren ist. Die Gl. (B.17) beinhaltet 6×6 = 36 piezoresistive Koeffizienten π_{im}. Die technisch interessanten Kristalle haben jedoch eine ziemlich große Symmetrie, so dass viele der Koeffizienten gleich oder aber Null sind. Für kubische Kristalle ist

$$\pi_{11} = \pi_{22} = \pi_{33}$$
$$\pi_{12} = \pi_{21} = \pi_{13} = \pi_{31} = \pi_{23} = \pi_{32}$$
$$\pi_{44} = \pi_{55} = \pi_{66}.$$

Alle anderen piezoresistiven Koeffizienten sind Null. Die Matrix π_{im} hat damit folgende Form:

$$\pi'_{44} = \begin{bmatrix} \pi_{11} & \pi_{12} & \pi_{12} & 0 & 0 & 0 \\ \pi_{12} & \pi_{11} & \pi_{12} & 0 & 0 & 0 \\ \pi_{12} & \pi_{12} & \pi_{11} & 0 & 0 & 0 \\ 0 & 0 & 0 & \pi_{44} & 0 & 0 \\ 0 & 0 & 0 & 0 & \pi_{44} & 0 \\ 0 & 0 & 0 & 0 & 0 & \pi_{44} \end{bmatrix}. \tag{B.18}$$

Im gedrehten Koordinatensystem sind in den Gln. (B.17) alle Größen durch die transformierten, gestrichenen Größen zu ersetzen ($E \rightarrow E'$; $\rho \rightarrow \rho$; $\pi \rightarrow \pi'$; $\sigma \rightarrow \sigma'$; $J \rightarrow J'$). Die Matrix von Gl. (B.18) verändert sich dann für das neue Koordinatensystem zu

$$\pi'_{im} = \begin{bmatrix} \pi_{11} - 2\pi F_1 & \pi_{12} + 2\pi F_{12} & \pi_{12} + \pi F_{13} & 2\pi G_{231} & 2\pi G_{31} & 2\pi G_{21} \\ \pi_{12} + 2\pi F_{12} & \pi_{11} - 2\pi F_2 & \pi_{12} + 2\pi F_{23} & 2\pi G_{32} & 2\pi G_{132} & 2\pi G_{12} \\ \pi_{12} + 2\pi F_{13} & \pi_{12} + 2\pi F_{23} & \pi_{11} - 2\pi F_3 & 2\pi G_{23} & 2\pi G_{13} & 2\pi G_{123} \\ \pi G_{231} & \pi G_{32} & \pi G_{23} & \pi_{44} + 2\pi F_{23} & 2\pi G_{123} & 2\pi G_{312} \\ \pi G_{31} & \pi G_{132} & \pi G_{13} & 2\pi G_{123} & \pi_{44} + 2\pi F_{31} & 2\pi G_{231} \\ \pi G_{23} & \pi G_{12} & \pi G_{123} & 2\pi G_{312} & 2\pi G_{231} & \pi_{44} + 2\pi F_{12} \end{bmatrix} \tag{B.19}$$

mit

$$\pi = \pi_{11} - \pi_{12} - \pi_{44}. \tag{B.20}$$

Für die Längs- und Querkoeffizienten π_L und π_Q gilt wegen der Entsprechung der π_{im} zu den π_{im}' für die transformierte Gl. (B.17) im gedrehten Koordinatensystem

$$\pi_L \equiv \pi'_{11} \tag{B.21}$$
$$\pi_Q \equiv \pi'_{12}. \tag{B.22}$$

Tabelle B.2 zeigt für ausgewählte Orientierungen in Silizium die piezoresistiven Koeffizienten π_L und π_Q.

Tabelle B.2 Piezoresistive Längs- und Querkoeffizienten für ausgewählte kristallografische Orientierungen in Silizium

Wafer-orientierung	Strom-richtung	$\pi_L = \pi'_{11}$	Quer-richtung	$\pi_Q = \pi'_{12}$
(1 0 0)	[1 1 0]	$\frac{\pi_{11} + \pi_{12} + \pi_{44}}{2}$	[1 $\bar{1}$ 0]	$\frac{\pi_{11} + \pi_{12} - \pi_{44}}{2}$
(1 1 0)	[0 0 1]	π_{11}	[1 1 0]	π_{12}
	[1 1 1]	$\frac{\pi_{11} + 2\pi_{12} + 2\pi_{44}}{3}$	[1 1 0]	$\frac{\pi_{11} + 2\pi_{12} - \pi_{44}}{3}$
(1 1 1)	[1 1 0]	$\frac{\pi_{11} + \pi_{12} + \pi_{44}}{2}$	[1 1 2]	$\frac{\pi_{11} + 5\pi_{12} - \pi_{44}}{6}$

Literatur

[BAO05] *Bao, M.*: Analysis and Design Principles of MEMS Devices. New York u. a.: Elsevier 2005

[LENK75] *Lenk, A.:* Elektromechanische Systeme. Band 3: Systeme mit Hilfsenergie. Berlin. Verlag Technik, 1975

[MESCHEDER04] *Mescheder, U.:* Mikrosystemtechnik. 2. Aufl. Stuttgart, Leipzig: B. G. Teubner 2004

[SENTURIA01] *Senturia, S. D.:* Microsystem Design. Boston u. a.: Kluwer Academic Publishers 2001

Anhang C Eigenschaften von Siliziumoxid- und Siliziumnitrid-Schichten

Die Eigenschaften von SiO_2- und Si_3N_4-Dünnschichten werden außerordentlich stark vom Schichtabscheideverfahren beeinflusst (**Tabellen C.1, C.2**).

Tabelle C.1 Eigenschaften von SiO_2-Schichten

Abscheideverfahren	PECVD	$SiH_4 + O_2$	TEOS	$SiCl_2H_2$ + N_2O	Thermisch
Abscheidetemperatur in °C	200	450	700	900	1100
Zusammensetzung[1]	$SiO_{1,9}$(H)	SiO_2(H)	SiO_2	SiO_2(Cl)	SiO_2
Kantenbedeckung	nicht konform	nicht konform	kon-form	konform	konform
Thermische Stabilität	verliert H	Verdichtung	stabil	verliert Cl	exzellent
Dichte in g/cm^3	2,3	2,1	2,2	2,2	2,2
Brechungsindex	1,47	1,44	1,46	1,46	1,46
Intrinsische Spannung in MPa[2]	-300 ... +300	+300	-100	-100	-300
Durchbruchfeldstärke in V/µm	300 ... 600	800	1000	1000	1000
Ätzrate in nm/min (H_2O : HF = 100 : 1)	40	6	3	3	3

[1] in Klammern: eingebaute Atome;

[2] + Zugspannung, – Druckspannung

Tabelle C.2 Eigenschaften von Si_3N_4-Schichten

Abscheideverfahren	**LPCVD**	**PECVD**
Abscheidetemperatur in °C	700 ... 800	250 ... 350
Zusammensetzung[1]	$Si_3N_4(H)$	SiN_xH_y
Si/N-Verhältnis	0,75	0,6...1,2
Anteil an H-Atomen	4 ... 8	20 ... 25
Brechungsindex	2,01	1,8 ... 2,5
Dichte in g/cm^3	2,9 ... 3,1	2,4 ... 2,8
Spezifischer Widerstand in Ω·cm	10^{16}	10^{6} ... 10^{15}
Durchbruchfeldstärke in V/µm	1.100	500
Intrinsische Spannung in MPa[2]	+1000	-200 ... +500

[1] in Klammern: eingebaute Atome;

[2] + Zugspannung, - Druckspannung

Literatur

[SZE83] *Sze, S. M. (Hg.):* VLSI-Technology. New York: McGraw-Hill 1983

[KOVACZ98] *Kovacz, G.T.A.:* Transducers Sourcebook. Boston u. a.: WCB/ McGraw-Hill 1998

Anhang D Nomenklatur von Dünnschichtprozessen

Für die Abscheidung und Strukturierung dünner Schichten steht eine große Auswahl von Verfahren zur Verfügung, die unterschiedliche Zielstellungen und physikalische Prozesse sowie eine große Variabilität der beteiligten Partikel aufweisen. Infolge des großen Spektrums an Verfahren und deren einfacher Unterscheidung verwendet man häufig nur Abkürzungen (Akronyme) für die Verfahrensbezeichnung. Im Allgemeinen folgt der Aufbau dieser Bezeichnungen der Struktur

$$X_1X_2Y(B)Z.$$

Hier bezeichnen

Z	die Hauptzielstellung des Verfahrens
Y	die Art der beteiligten Partikel
B	gegebenenfalls, ob der Partikelstrom kollimiert (strahlförmig) ist (B von beam)
X_1, X_2	Besonderheiten der Technik.

In **Tabelle D.1** sind die wichtigsten Varianten für Z, Y und X zusammengestellt.

Beispiele:

IBE	Ionenstrahlätzen (Ion Beam Etching)
FIBE	Fokussiertes Ionenstrahlätzen (Focused Ion Beam Etching)
DRIE	Tiefes reaktives Ionenätzen (Deep Reactive Ion Etching)
CARIBE	Chemisch unterstütztes reaktives Ionenstrahlätzen (Strom reaktiver Ionen, unterstützt durch einen chemischen Gasstrom)
CVD	Chemische Gasphasenabscheidung (Chemical Vapour Deposition)

Im praktischen Gebrauch werden viele Ausnahmen oder ungenaue Bezeichnungen verwendet. (**Tabelle D.2**):

Tabelle D.1 Abkürzungen im Namen von Dünnschichtprozessen

Z Hauptzielstellung	Y Partikel	X_1X_2
E Ätzen (Etching)[2]	N Neutralteilchen (Neutrals)	R Reaktiv
D Deposition	R Radikale	F fokussiert A unterstützt (assisted)[1]
M Modifikation	I Ionen	TA thermisch unterstützt (thermally assisted)
	E Elektronen	CA chemisch unterstützt (chemically assisted)
	P Photonen	RA reaktiv unterstützt (reactively assisted)
	T Phononen	D tief (deep)
		CV aus chemischer Gasphase (chemical vapour)
		PV aus physikalischer Gasphase (physical vapour)
		PL mit gepulstem Laser (pulsed laser)

[1] „assisted" wird benutzt, wenn neben der Energieform der beteiligten Partikel noch andere Energiequellen beteiligt sind; [2] selten auch Verdampfen (Evaporation)

Tabelle D.2 Ausnahmen oder ungenaue Bezeichnungen für Akronyme in der Dünnschichttechnik

Im Gebrauch:	Besser wäre:
RIE Reaktives Ionenätzen	RAIBE reaktiv unterstütztes Ionenstrahlätzen
PE Plasmaätzen (bei hohen Temperaturen)	TARE thermisch unterstütztes radikalisches Ätzen

Mit der Nomenklatur von **Tabelle D.1** lassen sich für eine Reihe von Verfahren Akronyme finden, die allerdings bisher völlig ungebräuchlich sind (**Tabelle D.3**):

Tabelle D.3 Bezeichnungen gemäß der Nomenklatur von Tabelle D.1 für bekannte Verfahren

Gebräuchliche Bezeichnung	Abkürzung gemäß Nomenklatur von Tabelle D.1 (ungebräuchlich)
Fotolithografie	PBM Photon Beam Modifikation
Sandstrahlen	NBE Neutral Beam Etching
Elektronenstrahlverdampfung	EBE Electron Beam Etching
Thermische Zersetzung	TE Thermal Etching
Laserablation	PBE Photon Beam Etching

Literatur

[BERENSCHOT96] *Berenschot, E.; Jansen, H.; Burger, G.-J.; Gardeniers, H.; Elwenspoek, M.:* Thermally assisted ion beam etching of polytetrafluorethylene – A new technique for high aspect ratio etching of MEMS. In: Proceedings of the Ninth Annual International workshop on Micro Electro Mechanical Systems, February 11-15, 1996, San Diego, California, USA. IEEE 1996, S. 277-284

Anhang E Haftung bei oberflächen-mikromechanischen Strukturen

Die Haftung beweglicher Strukturen der Oberflächenmikromechanik wird durch Kapillarkräfte in den dünnen Spalten hervorgerufen, die infolge der wässrigen Lösungen zum Herausätzen der dünnen Opferschichten entstehen (Abschn. 4.10, **Bild 4.45**).

E.1 Kapillarkräfte

Bild E.1 zeigt einen Flüssigkeitstropfen in einem Kapillarspalt zwischen zwei festen Platten. Wenn der Kontaktwinkel φ zwischen Flüssigkeit und Spalt kleiner als 90° ist, dann ist der Druck innerhalb des Tropfens kleiner als in der umgebenden Luft. Damit ergibt sich eine Anziehungskraft F zwischen den Platten, die im statischen Gleichgewichtsfall als äußere Gegenkraft aufgebracht werden muss. Die Druckdifferenz Δp_{FL} an der Grenzfläche zwischen Flüssigkeit und Luft ist proportional zur Oberflächenspannung γ_{FL}:

$$\Delta p_{\mathrm{FL}} = p_{\mathrm{F}} - p_{\mathrm{L}} = \frac{\gamma_{\mathrm{FL}}}{r}. \qquad \text{(E.1)}$$

Der Radius r des Flüssigkeitsmeniskus ist negativ, wenn die Krümmung konkav ist (**Bild E.1a**). Er ergibt sich aus der Geometrie zu

$$r = -\frac{d}{2} \cdot \frac{1}{\cos\varphi}. \qquad \text{(E.2)}$$

Die äußere Gegenkraft F, die für das Gleichgewicht nötig ist, wird damit zu

$$F = -\Delta p_{\mathrm{FL}} \cdot A = \frac{2 \cdot A \cdot \gamma_{\mathrm{Fl}} \cdot \cos\varphi}{d}. \qquad \text{(E.3)}$$

Im Gleichgewicht wird der Kontaktwinkel φ durch die Oberflächenspannungen flüssig-Luft (Index FL) und fest-flüssig (Index SF) bestimmt, die zur Oberflächenspannung zwischen festen Platten und Luft (Index SL) beitragen:

$$\gamma_{\mathrm{SL}} = \gamma_{\mathrm{SF}} + \gamma_{\mathrm{FL}} \cos\varphi. \qquad \text{(E.4)}$$

Die Gesamtoberflächenenergie E_0 für die Anordnung von **Bild E.1** ergibt sich damit zu

$$E_O = A_G\gamma_{SL} - A_B(\gamma_{SL} - \gamma_{SF}) = 2(A_G\gamma_{SL} - A_B\gamma_{FL}\cos\varphi). \quad \text{(E.5)}$$

Die Gesamtfläche A_G und die Oberflächenspannungen $\gamma_{SL,}\gamma_{SF}$ und γ_{FL} sind konstant, so dass E_0 als Funktion der benetzten Fläche A_B beschrieben werden kann:

$$E_0 = C - 2A_B\gamma_{FL}\cos\varphi\,. \quad \text{(E.6)}$$

C ist eine Konstante mit $C = 2(A_G\gamma_{SL})$. Der Ausdruck $\gamma_{FL}\cos\varphi$ beschreibt die Haftspannung.

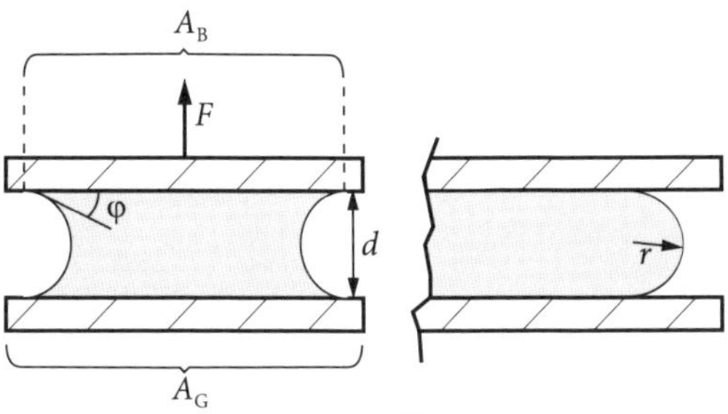

Bild E.1 Kapillarkräfte an einem dünnen, flüssigkeitsgefüllten Spalt: a) konkave; b) konvexe Krümmung des Flüssigkeitsmeniskus. φ Kontaktwinkel, A_B benetzte Fläche, A_G Gesamtfläche, d Spaltbreite, F Kraft, r Radius des Meniskus

E.2 Kritische Länge von Biegefedern

Mechanisch bewegliche oberflächenmikromechanische Strukturen haften über den Flüssigkeitsfilm an der Substratoberfläche, wenn die Gesamtenergie dort ein Minimum hat. Die Gesamtenergie E_{ges} besteht dabei aus der elastischen Deformationsenergie E_D und der Oberflächenenergie E_0:

$$E_{ges} = E_D + E_O. \quad \text{(E.7)}$$

Die Deformationsenergie der Biegefeder nach **Bild E.2** beträgt

$$E_D = \frac{Eh^3d^2b}{2x^3}. \quad \text{(E.8)}$$

Dabei sind b die Biegefederbreite und E der Elastizitätsmodul.

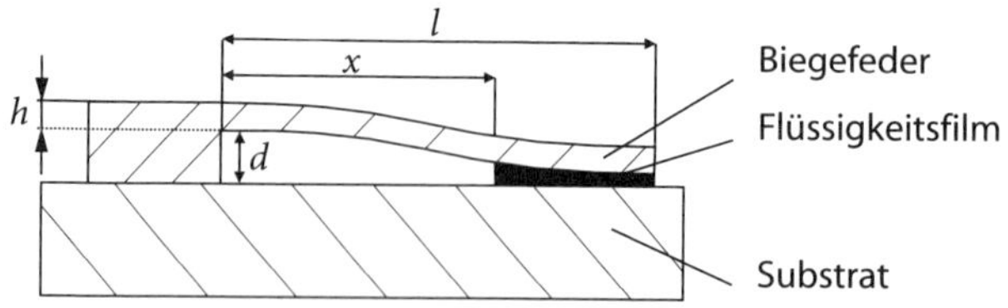

Bild E.2 Deformation der Biegefeder

Die Oberflächenenergie E_0 ergibt sich gemäß Gl. (E.6) für die Haftfläche $A_B = (l-x)b$ zu

$$E_O = C - \gamma_S (l-x) w \tag{E.9}$$

mit $\gamma_S = 2\gamma_{FL} \cos\varphi$ als flächenbezogene Adhäsionsenergie. Das Kräftegleichgewicht stellt sich für das Minimum von E_{ges} ein:

$$\frac{\partial E_{ges}}{\partial x} = \frac{\partial E_D}{\partial x} + \frac{\partial E_0}{\partial x} = 0. \tag{E.10}$$

Durch Einsetzen der Gln. (E.8) und (E.9) in Gl. (E.10) ergibt sich

$$-\frac{3}{2} \cdot \frac{Eh^3 d^2 b}{x_{GG}^4} + \gamma_S b = 0, \tag{E.11}$$

wobei x_{GG} die Gleichgewichtslänge des Biegers ist, der nicht am Substrat haftet.

Die kritische Biegerlänge l_k, bei der Haftung auftritt, ergibt sich aus der Bedingung $l_k > x_{GG}$:

$$l_k = \sqrt[4]{\frac{3}{2} \cdot \frac{Eh^3 d^2}{\gamma_S}}. \tag{E.12}$$

Für andere mechanische Strukturen ist in Gl. (E.8) die entsprechende Deformationsenergie zu formulieren und in Gl. (E.6) bzw. (E.9) die aktuelle Adhäsionsfläche einzusetzen.

Literatur

[TAS96] *Tas, N.; Sonnenberg, T.; Jansen, H.; Legtenberg, R.; Elwenspoek, M.:* Stiction in surface micromachining. Journal of Micromechanics and Microengineering 6 (1996), S. 385-397

Symbolverzeichnis

a	Abmessung; Beschleunigung; Gitterkonstante; Koeffizient der Ansatzfunktion; Konstante; Richtungskomponente; Verkürzung
b	Breite; ganze Zahl; Konstante; Lageparameter; Richtungskomponente
c	Elastizitätsmodul; Federsteifigkeit; ganze Zahl; Richtungskomponente; spezifische Wärmekapazität
d	Abstand; Durchmesser; ganze Zahl; piezoelektrische Koeffizienten
e	Einheitsvektor; Elementarladung; natürliche Zahl
f	Frequenz; Funktion; modale Last
f_F	FANNING-Reibungsfaktor
g	Erdbeschleunigung
h	Dicke; ganze Zahl; Höhe; PLANCKsche Konstante; Richtungskomponente
i	Zählindex
j	imaginäre Einheit; Zählindex
k	BOLTZMANN-Konstante; Dämpfungskonstante; Faktor; ganze Zahl; Koeffizient; Reaktionsordnung; Richtungskomponente; WEIBULL-Modul; Zählindex
k_S	spezifische Reaktionskonstante
k^2	Kopplungsfaktor
l	ganze Zahl; Länge; Richtungskomponente
m	atombezogene Ladungszahl; Dimension einer Matrix; Koeffizient; Masse; Richtungskomponente; Zählindex
$\dot{m}$	Massenstrom
n	Anzahl; Ladungsträgerdichte; Nachgiebigkeit; Richtungskomponente; Stückzahl; Teilchendichte; Zählindex; Zahl der Freiheitsgrade; Zahl der Modellparameter

p	Druck; Partialdruck; Richtungskomponente; Dampfdruck
p	Löcherdichte
p^{++}	sehr große Löcherdichte (hochdotiert)
q	Gewicht der Formfunktion; Schwerpunktabstand; Wärmestromdichte
r	Abstands-/Längenverhältnis; Anzahl; Krümmungsradius; Ortsvektor; Reibungsimpedanz; relative Widerstandsänderung
s	Elastizitätskoeffizient; komplexe Frequenz; Schichtdicke; Spaltabstand; Standardunsicherheit; Verrückung; Weg
t	Dauer; Zeit
u	Auslenkung; Parameterunsicherheit/Standardabweichung; Unterätzung; Strömungsgeschwindigkeit
v	Geschwindigkeit
w	Federanzahl
x	Auslenkung; Koordinate; Temperaturverhältnis
y	Auslenkung; Koordinate
z	Koordinate
A	Aktivität; Anisotropie; Fläche; Kanalquerschnitt; Oxidationskonstante; Wandler-/Transformatorkonstante
B	Breite; Durchbiegung (Bow); magnetische Flussdichte; Oxidationskonstante
C	Kapazität; Konstante, Wärmekapazität
Ca	CAUCHY-Zahl; Kapillaritätszahl
D	Dämpfungsmaß/-konstante; Defektdichte; Diffusionskoeffizient; Durchmesser; dielektrische Verschiebung
E	Elastizitätsmodul; elektrische Feldstärke; Energie
E_a	Aktivierungsenergie
E_g	Bandlücke
EI	Steifigkeit
Eu	EULER-Zahl

F	Ausfallwahrscheinlichkeit; Kraft; reale Last; Sichtfaktor; Transformationskoeffizient
FK	fixe Kosten
FP	Funktionsparameter
FPD	Ebenheit (Focal Plane Deviation)
G	Geometrieparameter; Proximityabstand; Schubmodul; Transformationskoeffizient
H	Höhe
I	Flächenträgheitsmoment; Ionenstrom; Strom;
J	Flussdichte; Flussgröße; Massenträgheitsmoment; Stromdichte
K	K-Faktor; Konzentration; Kosten; Steifigkeit
Kn	KNUDSEN-Zahl
L	Diffusionslänge; Induktivität; Kanallänge; Linienbreite; Trägheit
L_0	Verdampfungswärme
M	Biegemoment; Masse; Materialparameter
MP	Modellparameter
N	Anzahl kritischer Maskenebenen
Ne	NEWTON-Zahl
P	Leistung; Prozessparameter
Pe	PECLET-Zahl
Q	Ladung; Resonanzgüte; Wärmemenge
R	Ätzrate; Krümmungsradius; Widerstand
R_a	Rauheit
R_m	Bruchgrenze
R_p	projizierte Reichweite
Re	REYNOLDS-Zahl
S	Entropie; Selektivität; Sensitivität; Teilchenstromdichte
T	Keiligkeit (Taper); Temperatur

TB	thermisches Budget
TKO	Temperaturkoeffizient der Offsetspannung
TKS	Temperaturkoeffizient der Sensitivität
TTV	Gesamtdickenabweichung
U	Spannung
V	Volumen
VK	variable Kosten
W	Energie; halbe Kanalweite; Verwerfung (Warp); Widerstandsmoment
We	WEBER-Zahl
X	antreibende Größe
Y	Ausbeute; Wandler-/Gyratorkonstante
α	thermischer Längenausdehnungskoeffizient; Wärmeübergangszahl; Geometrieverhältnis; Winkel
α_A	Verdampfungskoeffizient
α_S	SEEBECK-Koeffizient
β	Winkel
γ	flächenbezogene Adhäsionsenergie; Kompressibilitätsfaktor; Oberflächenspannung; thermischer Volumenausdehnungskoeffizient; Wandlerkoeffizienten; Winkel
ε	Dehnung; Dielektrizitätskonstante; Emissivität; Permittivität
η	dynamische Viskosität; Wirkungsgrad
ϑ	Temperatur
λ	Ähnlichkeitskonstante; freie Weglänge; Maßstabsfaktor; Skalierungsfaktor; Wärmeleitfähigkeit; Wellenlänge
μ	Beweglichkeit; dynamische Viskosität
ν	kinematische Viskosität; Querkontraktionszahl
ξ	Dämpfungsmaß
π	Ähnlichkeitskennzahl; piezoresistiver Koeffizient

ρ	Absorptionsgrad; Dichte; spezifischer Widerstand
σ	mechanische Spannung; Oberflächenspannung; Realteil der komplexen Frequenz; STEFAN-BOLTZMANN-Konstante; Streuung
τ	Ladungsträgerlebensdauer; Oxidationszeitkonstante; Torsionsspannung; Zeitkonstante
υ	EULERscher Winkel im transformierten Koordinatensystem
φ	EULERscher Winkel im transformierten Koordinatensystem; Kontaktwinkel; Winkel; Winkelversatz
ω	Kreisfrequenz
Δ	Abweichung; Änderung, Differenz
Π	Produkt
Σ	Summe
Φ	Abdampfrate; Eigenschwingform; Formfunktion; Wärmestrom
ψ	EULERscher Winkel im transformierten Koordinatensystem
Ω	Drehrate; Erregerfrequenz; Winkelgeschwindigkeit

Indizes

a	abgegeben; Ausgangs-
ab	Abscheide-
b	Biege-; Breiten-
c	Koerzitiv-
ch	charakteristisch
chip	Chip-
d	Dicken-; dynamisch
e	Eigen-

eff	effektiv
el	elektrisch
err	erregend
fluid	fluidisch
ges	Gesamt-
h	dickenabhängig; Hybrid-; hydraulisch
i	Innen-
k	kritisch; Kurzschluss-; Kanten-
l, ℓ	Längen-; Leerlauf-
m	Massen-; miniaturisiert; mittlerer; monolithisch
max	maximal
mech	mechanisch
min	minimal
n	Elektronen-; Feder-
p	Löcher-; polar
pol	Polarisations-
q	quer-
r	Remanenz-
rel	relativ
rot	rotatorisch
t	Torsions-
th	thermisch
u	Auslenkungs-; Unterätz-
x, *y*, *z*	Koordinatenrichtung
zul	zulässig
A	Atom-; Auslass-
Ätz	Ätz-

B	benetzt; Biegebalken-
BA	Beschleunigungsaufnehmer
Bond	Verbindungs-
C	Kondensator-
D	Deformations-; Durchbruch-
Diff	Diffusions-
E	Einlass-
Eu	Eckenunterätzungs-
F	Faser-; Film-; Flüssigkeits-
FL	an der Grenzfläche Flüssigkeit-Luft
G	Glastransformations-; Gesamt-
GG	Gleichgewichts-
GK	Gegenkörper-
Glas	Glas-
GS	Grenzschicht-
H	Heiz-
I	Impuls-
K	kinetisch; Kontakt-; Konvektions-; Kugel-
L	Längs-; Lateral-; Leitungs-; Luft-
N	End-; Nenn-
O	Oberflächen-
Ox	Oxid-
P	Perioden-; Polarisations-
PS	Planarspule
Q	Quer-
Reakt	Reaktions-
S	Schmelz-; Sensor-; Siede-; Strahlungs-; Substrat-

Si	Silizium-
SF	an der Grenzfläche fest-flüssig
SL	an der Grenzfläche fest-Luft
Soll	Soll-
T	Abstimm-; Teilchen-
U	Unterätz-
V	Vertikal-
W	Wandler-; Widerstands-
0	Amplitude; Ausgangswert; Bezugs-; Resonanz-; Umgebungs-
1, 2, 3	Koordinatenrichtungen
=	statisch

Abkürzungsverzeichnis

ABM	Analog Behavioural Model
ABS	Antiblockiersystem
AFM	Atomic Force Microscope
AIM	Air-gap Insulated Microstructures
AMS	Analoge und Mixed-Signal-Systeme
AP	Arbeitspunkt
APCVD	Atmospheric Pressure Chemical Vapour Deposition
ASTM	American Society for Testing and Material
B	Bow
BEM	Boundary Element Method
BESOI	Bond-and-Etch-back Silicon on Insulator
BHF	Buffered HF, gepufferte Flusssäure
BiCMOS	Bipolar und CMOS-Technologie auf einem Chip
bK	bewegliche Kämme
BOX	Buried Oxide
CMOS	Complementary Metal-Oxide-Semiconductor
CMP	Chemical Mechanical Polishing
CSD	Chemical Solution Deposition
CSP	Chip-size Packaging
CVD	Chemical Vapour Deposition
C&W	Chip and Wire
DI	deionisiert

DIN	Deutsches Institut für Normung
DNQ	Diazonaphtoquinon
DNS	Desoxiribonukleinsäure
DRIE	Deep Reactive Ion Etching
DIL	Dual In Line
DMS	Dehnmessstreifen
DSMC	direkte Simulation Monte Carlo
ECD	Electrochemical Deposition
EDP	Ethylendiamin und Pyrokatechol (Brenzkatechin)
EP	Epoxidharz
F	Flat
FC	Flip Chip
FED STD	US Federal Standard
FE	Finites Element
FEM	Finite Elemente Methode
fK	feste Kämme
FK	fixe Kosten
FPD	Focal Plane Deviation
FZ	Float Zone
GBL	Gamma-Butylor-Azeton
HARMST	High Aspect Ratio Micro System Technologies
HART	High Aspect Ratio Trenches
HF	Hauptfase
IBW	integrierter Blutdruckwandler
IC	Integrated Circuit
IPA	Isopropylalkohol
ISO	Internationale Standardisierungsorganisation

LIGA	Lithografie, Galvanik, Abformung
LPCVD	Low Pressure Chemical Vapour Deposition
LTO	Low Temperature Oxide
K	Kerbe
Kfz	Kraftfahrzeug
KTFR	Kodak's Thin Film Resist
MBE	Molecular Beam Epitaxie
MD	molekulare Dynamik
MEMS	Mikro-Elektro-Mechanische Systeme
MOCVD	Metal Organic Chemical Vapour Deposition
MOD	Metal Organic Destruction
MOMBE	Metal Organic Molecular Beam Epitaxie
N	Nordpol
NF	Nebenfase
NPCVD	Normal Pressure Chemical Vapour Deposition
OLED	organische Leuchtemitterdiode
PA	Polyamid
PC	Polycarbonat
PDMS	Polydimethylsiloxan
PECVD	Plasma Enhanced Chemical Vapour Deposition
PGMEA	Propylglykolmethyletherazetat
PI	Polyimid
PLD	Pulsed Laser Deposition
PP	Polypropylen
PMMA	Polymethylmethacrylat
PSG	Phosphorosilikatglas
PTFE	Polytetrafluorethylen

PVC	Polyvinylchlorid
PVD	Physical Vapour Deposition
PVDF	Polyvinylidenfluorid
ppm	Parts per Million (10^{-6})
RCA	Radio Corporation of America
RIE	Reactive Ion Etching
RS	Rückseite
RT	Raumtemperatur
RTA	Rapid Thermal Annealing
S	Südpol
SC	Standard Clean
SCREAM	Single Crystal Reactive Etching and Metallization
SDB	Silicon Direct Bonding
SEMI	Semiconductor and Materials International
SFB	Silicon Fusion Bonding
SIMOX	Separation by Implanted Oxygen
SIMPLE	Silicon Micromachining by Plasma Etching
SOD	Spin on Dielectric
SOG	Spin on Glass
SOI	Silicon on Insulator
T	Taper
TAB	Tape Automated Bonding
TB	Thermal Budget
TC	Thermocompression
TEOS	Tetraethoxysilan
TKO	Temperaturkoeffizient der Offsetspannung
TKS	Temperaturkoeffizient der Sensitivität

TMAH	Tetramethylammoniumhydroxid
TS	Thermosonic
TTV	Total Thickness Variation
US	Ultraschall
UV	Ultraviolett
VAR	Varianz
VHDL	Very Large Scale Integration Hardware Descripton Language
VK	variable Kosten
VS	Vorderseite
W	Warp
Y	Yield (Ausbeute)

Stichwortverzeichnis